普通高等教育“十二五”规划教材

单元机组集控运行

主　编　赵星海
副主编　钱　进　王升龙
参　编　张炳文　李　宽
主　审　辛国华

机械工业出版社

本书以600MW及以上机组的系统、控制、保护及运行为基础来编写，并紧密结合国家能源发展规划和电力工业技术发展方向，且针对当前高等工程教育的“卓越工程师教育培养计划”，突出单元机组的设备和系统的特点，注重理论与实践相结合，注重知识的深度与广度相结合。

本书共分为六章，重点介绍了单元机组的启动与停运、单元机组运行维护、单元机组的控制与保护、单元机组试验及机组事故处理等相关知识内容。

本书可作为高等院校热能与动力工程专业教材、高职高专火电集控运行专业教材，也可作为大型火电厂运行人员的培训教材，或供相关工程技术人员参考。

图书在版编目（CIP）数据

单元机组集控运行/赵星海主编.—北京：机械工业出版社，2013.3（2025.1重印）
普通高等教育“十二五”规划教材
ISBN 978-7-111-41702-6

Ⅰ.①单… Ⅱ.①赵… Ⅲ.①火电厂—单元机组—集中控制—高等学校—教材
Ⅳ.①TM621.6

中国版本图书馆CIP数据核字（2013）第040903号

机械工业出版社（北京市百万庄大街22号 邮政编码100037）
策划编辑：蔡开颖 责任编辑：蔡开颖 尹法欣
版式设计：霍永明 责任校对：卢惠英 刘怡丹
封面设计：张 静 责任印制：张 博
北京雁林吉兆印刷有限公司印刷
2025年1月第1版第6次印刷
184mm×260mm · 15.75印张 · 384千字
标准书号：ISBN 978-7-111-41702-6
定价：45.00元

电话服务
客服电话：010-88361066
010-88379833
010-68326294

网络服务
机 工 官 网：www.cmpbook.com
机 工 官 博：weibo.com/cmp1952
金 书 网：www.golden-book.com
机工教育服务网：www.cmpedu.com

前　　言

随着我国电力工业的高速发展，我国的电网规模已超过美国跃居世界第一位，而发电装机容量继续位列于世界第二位。近年来，我国电力供应不足的矛盾基本得到解决，且电力系统的安全性、可靠性、经济性和资源配置能力得到大幅度提高，基本满足了我国经济快速发展的需要。

到2011年底全国装机容量达到10.56亿kW，大容量的超临界（或超超临界）火电机组已成为电网的主力机型，且随着机组容量的提高，其热力系统更加庞大、复杂，热力设备的数量众多且热力循环的生产过程复杂，只有保证单元机组的各系统和设备之间高效协调配合及快速有效的联锁保护，才能确保火电厂生产的安全性、可靠性、可用性和经济性。此外，大型火电机组采用集控运行方式，要求运行人员的专业知识面广，且运行技术水平高。现代大型火电厂要求运行值班员必须全面掌握热能与动力工程、电力系统及自动化、自动控制、化学、暖通、输煤及外语等专业的相关知识，真正达到全能值班员的标准要求。

本书以火电超临界、超超临界机组为重点，紧密结合国家的能源发展规划和电力工业技术发展方向，并结合当前国家提出的高等工程教育“卓越工程师教育培养计划”，突出单元机组运行的特点，注重理论和实践结合，注重知识的深度和广度。

本书编者均有多年从事火电厂工程设计、技术改造、调试及培训的经历，且对火电厂的生产过程、主辅热力设备、热力系统及运行方式等方面有丰富的理论和实际经验。本书重点介绍了单元机组的启动与停运、运行维护、控制与保护、试验及事故处理等相关知识内容。

本书由东北电力大学赵星海教授担任主编并统稿，贵州大学钱进副教授和东北电力大学王升龙副教授担任副主编，东北电力大学张炳文教授和吉林省电力有限公司电力科学研究院李宽工程师参加编写。第1章、第2章由赵星海编写，第3章由钱进编写，第4章由王升龙编写，第5章由李宽、赵星海编写，第6章由张炳文编写。

本书由辛国华教授主审。辛国华教授在百忙之中详细审阅了书稿，并提出了许多宝贵意见，使编者受益匪浅。本书在编写过程中，得到宁夏京能宁东发电有限责任公司郑广庆、国电东北电力有限公司吉林热电厂王国旭、中国电力工程顾问集团东北电力设计院赵立业、长春工程学院张子蝉等人的大力支持及配合，在此一并表示衷心感谢。

由于编者水平有限，书中难免有不足和错误之处，恳请读者批评指正。

编　者

目　　录

第1章　单元机组概述

1.1　单元机组的特点及其运行方式

1.1.1　单元机组的特点

大型火力发电厂（火电厂）为提高机组运行的经济性，热力系统设计时均采用了回热加热系统和蒸汽中间再热系统。对于采用中间再热的机组，应采用单元制方式运行，即一台锅炉直接向与其配合的一台汽轮机供汽，汽轮机旋转带动发电机做功，发电机所发出的电功经一台升压变压器送往电力系统，即组成了锅炉、汽轮机、发电机的纵向联系独立单元。各独立单元之间除了机组启、停需要公用全厂蒸汽系统和厂用电外，机组之间无其他横向联系。正常运行时，各独立单元所需的蒸汽和厂用电均取自本单元，这种系统称为单元系统。具备独立单元和单元系统特点的机组称为单元机组。随着我国电力工业的快速发展，单元机组的容量和参数不断提高，热力系统更加庞大复杂，热力设备数量众多且热力循环的生产过程复杂，只有通过单元机组的各系统、设备之间高效协调配合及快速有效的联锁保护，才能确保机组生产的安全性、可靠性、可用性和经济性。

与非单元机组相比，单元机组具有系统简单、投资少、操作方便、自动化程度高，以及安全、稳定、可靠等优点，有利于机、炉、电实现分散控制与集中管理的生产方式。但与非单元机组相比，单元机组响应外界负荷变化的速度较慢而且有较大的延迟，当本单元任意主要设备或主要辅助设备发生故障时，本单元机组则需降负荷运行或被迫停运，此时相邻单元之间不能相互支援。

1.1.2　单元机组的运行方式

为保证单元机组的安全、经济运行，火电厂在生产过程中同时需要监视和控制的参数，及在规定时间内需完成的各项操作项目数量众多。同时，各控制对象之间既相互联系又互相影响，因此对单元机组自动控制的要求也日益提高。现代大型机组采用分散控制系统或集散控制系统（DCS），其特点为分散控制、集中管理、分级管理、分而治之，是一套综合协调控制系统。该系统分散了火电厂控制任务的同时，也分散了火电厂运行的风险，同时对火电厂生产过程的管理和监视进行有效集中，进一步提高火电厂运行的安全性。

机组采用集控运行方式，要求运行人员的专业知识面广且运行技术水平高。现代大型火电厂要求运行值班员，必须全面掌握热能与动力工程、电力系统及自动化、自动控制、化学、暖通、输煤及外语等专业的相关知识，达到全能值班员的标准。

下面从单元机组集控运行的角度，对自动控制的相关知识进行简要介绍。

1. 自动控制

自动控制是指在没有人直接参与的情况下，控制装置使生产设备或生产过程按预定的目标进行的一切技术手段。其主要内容包括检测、控制、报警和保护四方面。火电厂自动控制的主要内容为自动检测、自动控制、顺序控制和自动保护四部分。

（1）自动检测　是指自动检查和测量，反映机组生产过程和运行情况的各种参数以及生产设备的工作状态。

（2）自动控制　是指自动和连续的调节、控制机组的运行工况，使机组的运行参数维持在规定的范围内或按一定的规律变化。

（3）顺序控制　是指根据预先设定的步骤、条件或时间，对生产过程中的设备和系统自动的依次进行一系列操作，以改变设备和系统的工作状态。

（4）自动保护　是指当机组在启停、甩负荷或运行中发生危机人身、设备安全的工况时，为防止事故的发生和避免事故的扩大，监控设备应自动采取的保护动作。

2. 分散控制系统（DCS）

所谓分散控制系统是指以多台计算机为基础，采用数据通信技术和显示技术，对生产过程进行分散控制、集中管理、分级管理的综合协调控制系统。DCS 主要包括：数据采集系统（DAS）、机组协调控制系统（CCS）、辅机顺序控制系统（SCS）、锅炉炉膛安全监控系统（FSSS）、汽轮机旁路控制系统（BPC）、汽轮机数字电液控制系统（DEH）等。DCS 结构功能图如图 1-1 所示。

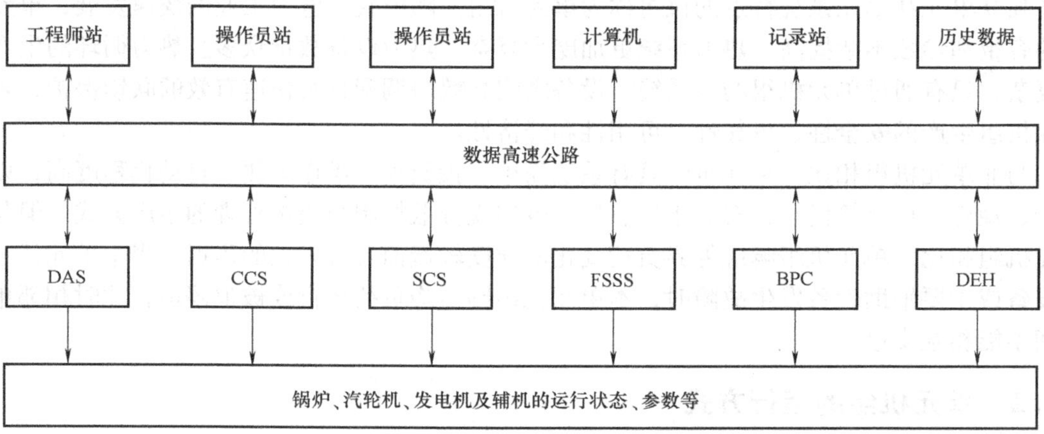

图 1-1　DCS 结构功能图

1.1.3　单元机组集控运行管理制度

为规范火电厂生产运行的管理工作，提高运行和管理水平，健全生产责任制，逐步推行现代化企业的管理理念，保证发电设备能够在安全、经济、可靠、环保的良好状态下运行，火电厂针对单元机组集控运行，制订了大量的相关管理制度。

下面对单元机组运行中涉及的重要管理制度，进行简要介绍。

1. 操作票管理制度

操作票是按照规程形成的操作规范，是具有正确顺序的书面操作程序。严格执行操作票制度，能有效防止误操作事件的发生，确保工作现场人身和设备的安全，火电厂要求完成操作票的执行率为100%且合格率为100%。火电厂运行操作票管理制度的主要内容，包括以下几方面：

1）加强运行操作票的管理，是做好火电厂生产管理基础工作的重要条件之一。机组启停、系统倒换、定期试验、线路停送电等操作，均应全部填写操作票。必须认真执行操作票制度，严禁无票操作。

2）运行操作票分为两类，即电气倒闸操作票和热力操作票。

3）运行操作票实行"一票一卡"制："一票"即操作票、"一卡"即危险因素控制卡，"一票"必须附有针对该项操作的"一卡"。

4）运行操作票应按规定的编号方法统一编号，用黑色墨水钢笔或中性笔填写。填写内容应清楚、干净，不准用红笔或铅笔填写。填写操作票必须使用专业术语，不准简化和字迹潦草。操作票中的设备名称、编号、接地线位置、日期以及人员姓名不得改动。严禁错、漏字，审查时发现错漏字，应重新填写操作票。

5）凡遇有重要操作（机组并网、投退重要系统等），在操作任务未完成之前或操作中发生事故，现场不得进行交接班工作。交班前半小时不进行主要或重大操作，但一些试投、试转工作应照常进行。

6）在事故处理时，可以不填写操作票，但必须要执行操作监护制度，操作任务必须明确，且在运行日志上详细记录。

7）填写好的操作票由操作人签字，然后由监护人、机组长、值长审核签字。

8）现场实际操作前，应由监护人和操作人共同检查操作票，发现问题及时改正。

9）操作时需要两人共同进行，操作中应严格执行"唱票、对照、复诵"的监督、保护操作制度。

10）各专工每天要对操作票进行检查，重大操作要到现场把关，发现问题应及时指出。

11）各专工每月将操作票收回，进行统计、检查、总结和考核。

12）已执行的操作票，应保存三个月。

2. 工作票管理制度

工作票是指在电力生产的设备检（维）修、安装、试验等工作中，为确保工作范围与运行设备的可靠隔离，保证工作过程中的人身安全和设备安全，明确运行方与作业方各自的安全责任，双方共同签订的书面安全协议。工作票是正确实施安全措施、准许工作的书面依据。

下面简要介绍一下，火电厂工作票管理制度的主要内容：

1）当工作负责人填写好工作票时，应交给工作票签发人审核，由工作票签发人对票面内容、危险点分析和控制措施进行审核，确认无误后签发。签发工作票的同时，要签发"危险点控制措施票"，不得签发没有"危险点控制措施票"的工作票。

2）值班人员接到工作票后，应及时审查工作票的全部内容，必要时需填写补充安全措施，确认无问题后填写收到工作票的时间，并在接票人处签字。

3）根据工作票计划的开工时间、安全措施内容、机组启停计划和值长意见，由机组长安排运行人员执行工作票所列安全措施。运行人员根据工作票的要求填写操作票，依据操作票做好现场的安全措施。

4）检修工作开始前，工作许可人须会同工作负责人到场，对照工作票逐项进行检查。确认所列安全措施已完善并正确执行。工作许可人需向工作负责人详细说明哪些设备带电、有压力、高温、爆炸和触电危险等，双方共同签字完成工作票许可手续。工作票一份由工作负责人持有，一份保存在运行人员处。工作负责人和工作许可人不允许在开工后，单方面变动安全措施。

5）工作间断时，工作人员应从现场撤出，所有安全措施保持不动，工作票仍由工作负责人执存。间断后继续工作，无须通过工作许可人，但开工前工作负责人应重新认真检查安全措施是否符合工作票的要求。针对危险点所列，工作负责人应分析和落实相应控制措施，并将危险点分析、控制措施以及注意事项向全体工作人员交代清楚方可工作。若无工作负责人带领，工作人员不得进入工作地点。

6）工作结束后，工作负责人应全面检查并组织清扫、整理工作现场，确认无问题后，带领工作人员撤离现场，在检修交代本上详细记录检修项目、发现的问题、试验结果以及有无设备变动等。工作许可人和工作负责人应共同到现场验收，检查设备状况（有无遗留物件、是否清洁等），然后在工作票上填写工作结束时间、双方签名，工作方告终结。对于点检定修的设备，还应由管理该设备的点检员对检修质量进行确认后在“点检验收人”处签名。运行值班人员应拆除临时围栏，取下标示牌，恢复安全措施，汇报值长（或机组长）。对未恢复的安全措施，运行值班人员应汇报值长（或机组长）并作好记录，然后在工作票右上角加盖“已执行”章，工作票方告终结。

3. 运行交接班管理制度

运行交接班是指运行各岗位工作的移交和接替工作。

下面简要介绍火电厂运行交接班管理制度的主要内容：

1）交班前按照巡检规定时间，巡检人员需对就地设备进行全面巡回检查。交班前1h主值全面检查CRT画面参数，交班前50min主值、副值向机组长汇报检查情况。辅控副值向辅控主值汇报检查情况，机组长及辅控主值向值长汇报设备运行情况。

2）交班前40min值长填写值长日志。

3）交班前50min，机组长及辅控主值安排本机组人员查看设备缺陷消除、验收及注销工作的完成情况，同时安排本机组人员清扫专责区及表盘卫生，填写日志、设备定期试验倒运等台账记录。

4）接班前30min接班人员进入现场，按接班巡回检查分工对现场设备进行检查，控制室检查DCS、CRT运行参数、日志、表单记录、管辖区域及表盘卫生，并向交班人员了解运行方式、设备定期试验倒运、设备缺陷情况。

5）接班前5min由交班值长主持班前碰头会。

6）交班值长向接班人员进行运行操作及机组运行工况交底。

7）接班机组长、辅控主值向本值值长汇报班前检查情况。

8）接班值长布置上级有关文件精神、本班工作重点及注意事项。

9）按照规定的时间正点交接班，双方值长、机组长及辅控主值在运行日志上共同签字，正式交接完毕，交班人员退出现场。

10）接班后机组长及辅控主值向本机组人员布置本机组的重点工作、操作注意事项及针对设备缺陷等情况需作的事故预想。

11）交班后由值长主持班后碰头会，对本班安全工作、生产任务及优缺点进行总结，明确责任、吸取教训、制定防范措施。

4. 设备定期试验及轮换管理制度

定期试验是指对运行设备或备用设备进行动态或静态启动、转动，以检测运行或备用设备的健康水平；定期轮换是指在规定的时间内对运行设备与备用设备进行倒换运行的方式。

定期试验与定期轮换的工作，应按照运行规程、检修规程的规定，在规定时间内由岗位主值班员负责组织进行。火电厂设备定期试验及轮换工作流程图，如图 1-2 所示。

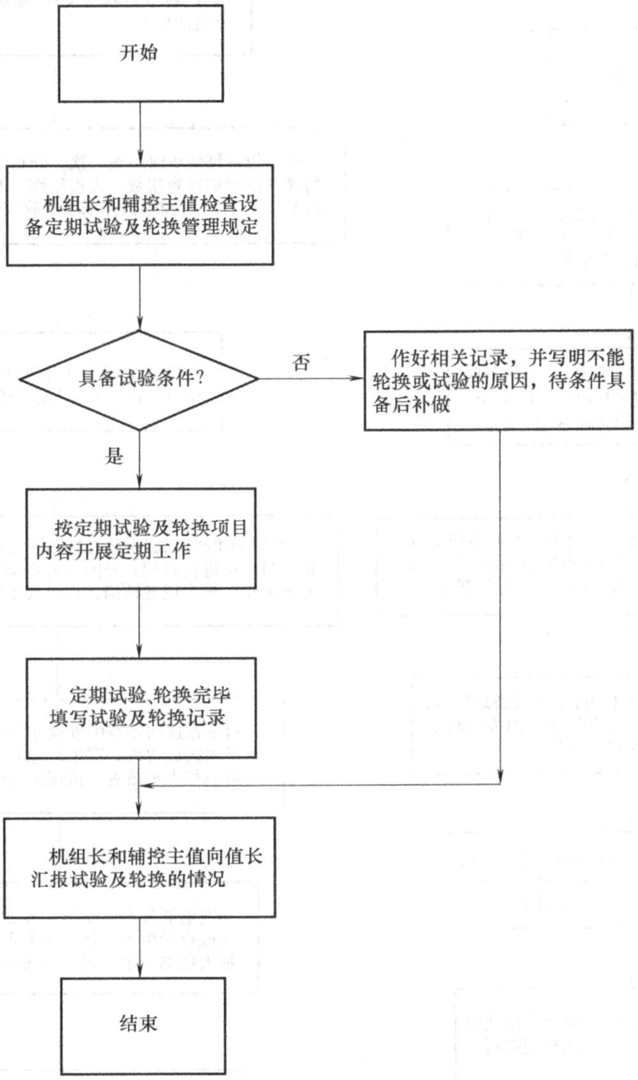

图 1-2　火电厂设备定期试验及轮换工作流程图

5. 巡回检查管理制度

巡回检查是指能及时发现运行设备缺陷并能采取有效措施，确保发电设备连续、安全运转的检查工作。巡回检查的流程图，如图 1-3、图 1-4 所示。图中 A 类事故为巡回检查发现的一般性事故，该事故不影响机组正常运行；B 类事故为巡回检查发现的辅机类事故，一般需要进行投、停辅机操作；C 类事故为巡回检查发现的重大事故，该事故会影响机组的正常生产运行。

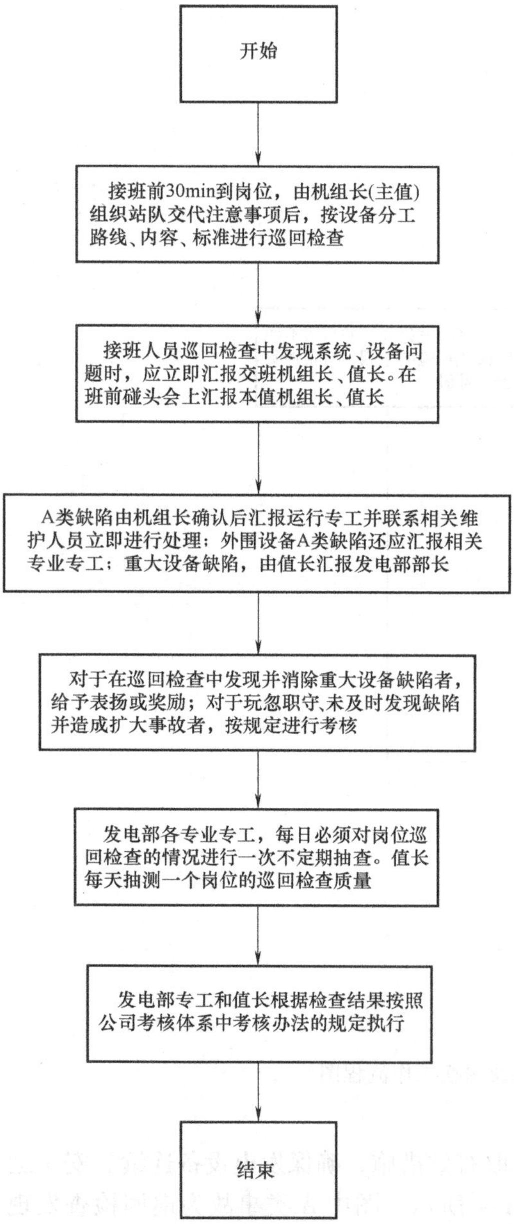

图 1-3　班前巡回检查流程图

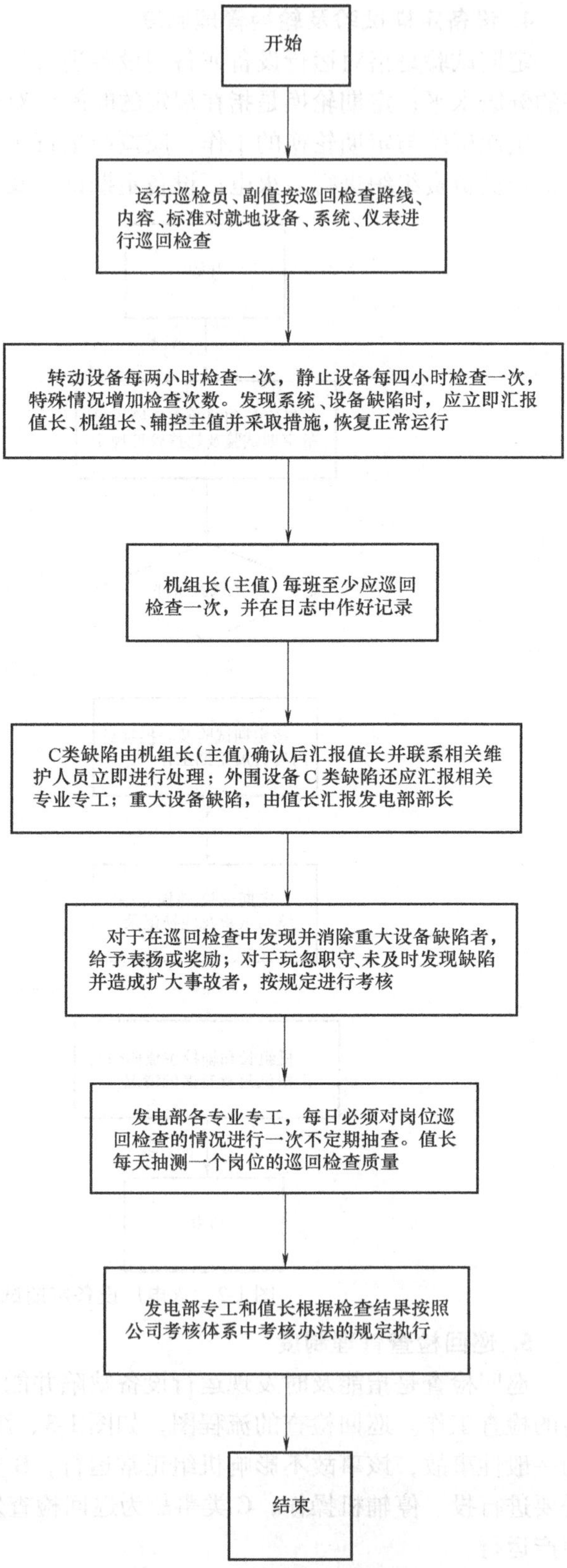

图 1-4　班中巡回检查流程图

6. 运行分析管理制度

运行分析管理是指生产人员及生产管理人员对设备及系统的运行、检修工作、运行操作、试验及安全经济性进行的岗位分析、专业分析、专题分析、异常分析和综合分析的管理。

其主要内容包括：

1）对设备的运行参数和运行方式的安全性、合理性及偏离运行规程规定值的分析。

2）对运行、生产的技术经济指标完成情况的分析。

3）对点检中、巡检中、运行中发现的设备和参数异常情况的分析。

4）对机组启、停及设备、系统试验倒运过程中，运行人员操作情况的分析。

5）对交接班、巡回检查、设备定期试验及轮换标准执行情况的分析。

6）对工作票、操作票执行情况的分析。

7）对设备检修、试验质量及自动装置运行情况、仪表指示情况的分析。

7. 台账记录管理制度

台账是反映生产运行管理活动的历史记录。通过对台账的管理，可提高火电厂运行的规范化。一般火电厂发电部的台账设置分为值班班务台账、集控室公用台账及专业管理台账三类。清晰、细致的台账记录，可以使运行人员对设备及系统运行情况有更加深入地了解，对机组的突发事故能准确、快速地分析，对提高机组运行的安全性和经济性有很大帮助。

1.2 单元机组设备及系统

1.2.1 锅炉设备及系统

锅炉设备包括锅炉本体和辅助设备两部分，锅炉本体由“锅”和“炉”两大部分组成。“锅”是指锅炉的汽水系统，由省煤器、启动分离器（或锅筒）、下降管（亚临界及以下机组）、水冷壁、过热器、再热器等设备组成。“炉”是指锅炉的燃烧系统，由炉膛、烟道、燃烧器及空气预热器等设备组成。

锅炉辅助设备包括锅炉本体以外的全部设备，主要有输煤、制粉、通风、给水、除尘、除灰、水处理及热工仪表等设备。

为了保证锅炉本体汽、水、风、烟、燃料系统的连续、稳定工作，还需其他辅助装置的配合工作，如：

（1）输煤设备　由卸煤、贮煤、碎煤及输送设备等组成，用以保证燃料的供应。

（2）制粉设备　由给煤、磨煤、干燥及分离设备等组成，用以磨制并供应合格的煤粉。

（3）通风设备　由送风机、引风机、烟风调节装置、烟风道及烟囱等组成，用以保证燃料燃烧所需空气的连续供应及所产烟气的顺利排出。

（4）给水设备　由给水泵、管道及附件组成，用以保证向锅炉连续、可靠地供水。

（5）除尘、除灰设备。燃料燃烧后，其灰分一部分随烟气飞出称为飞灰，另一部分从炉底排出称为灰渣。除尘设备用来清除烟气中的飞灰，防止造成环境污染，并可减轻引风机的磨损。除灰设备则用来清除燃烧剩余的灰渣，并将其送往灰场。

（6）水处理设备　为确保蒸汽的品质及防止锅炉结垢和腐蚀，电站锅炉都设有水处理设备，用以清除水中的悬浮物、油类、溶解性气体以及各种盐类等。

(7) 热工仪表及其他　为了保证锅炉安全、经济地运行，需配备安全门、水位表及温度、压力、流量计、氧量等多种仪表。

综上所述，锅炉设备是由锅炉本体和大量辅助设备所构成的。

1. 锅炉的分类

1) 按容量可分为小型、中型和大型，但它们之间无固定的分界。随着锅炉技术的发展，锅炉的容量也在不断提高，以往的大型锅炉现今只能划归为中型甚至小型锅炉。

2) 按蒸汽参数可分为低压（小于1.3MPa）、中压（3.8MPa）、高压（9.8MPa）、超高压（13.7MPa）、亚临界压力（16.7MPa）、超临界压力（22MPa以上）及超超临界压力等类型。

3) 按燃烧方式可分为层燃炉、室燃炉和旋风炉。按所用燃料的不同，室燃炉又可分为燃气炉、燃油炉和煤粉炉。室燃炉是火电厂锅炉的主要燃烧方式，在煤粉炉中由于排渣方式不同，又可分为固态排渣炉和液态排渣炉。

4) 按工质在蒸发受热面中流动的方式，可分为自然循环锅炉、控制循环锅炉、直流锅炉和复合循环锅炉。

2. 锅炉的循环方式

流经锅炉蒸发受热面的工质为汽和水的混合物，汽水混合物可能一次或多次流经蒸发受热面，对于结构不同的锅炉，推动汽水混合物流动的方式也不一样。按此特点可把锅炉分为自然循环锅炉、控制循环锅炉、直流锅炉及复合循环锅炉。

(1) 自然循环锅炉　锅炉给水经给水泵送入省煤器，受热后进入蒸发系统。蒸发系统包括不受热的下降管、受热的蒸发管、集箱和锅筒。当水在蒸发管中受热时，部分水转变为蒸汽，故蒸发管中为汽水混合物，而在不受热的下降管中则全部为水。水的密度大于汽水混合物的密度，故在下集箱两侧有不平衡的压差，以推动汽水混合物在蒸发系统中循环流动，水在下降管中向下流动，汽水混合物在蒸发管中向上流动。汽水混合物进入锅筒后进行汽水分离，锅筒的上半部为蒸汽而下半部为水。分离出的蒸汽流经过热器送出，分离出的水汇同省煤器来水混合后，流入下降管往复循环。单位质量的水每循环一次只能有一部分转变为蒸汽，或者说单位质量的水要循环多次才能完全汽化，这种循环流动是由于蒸发管受热而形成的，故称为自然循环。自然循环锅炉的循环水量大于生成的蒸汽量，单位时间内循环水量同生成蒸汽量的比值称为循环倍率。自然循环锅炉的循环倍率约为4～30。

(2) 控制循环锅炉　如果在循环回路中加装循环水泵，就可增强工质的流动能力，这种循环方式称为控制循环，或称多次强制循环。在控制循环锅炉的循环回路中，循环流动压头要比自然循环时增大很多，故可更自由的布置蒸发受热面。在自然循环锅炉中为了维持蒸发受热面中工质的良好流动，常使蒸发段管道为垂直或近于垂直布置。但在控制循环锅炉中，蒸发段管道既可垂直布置也可水平布置，其中的汽水混合物既可向上、也可向下流动，因而能更好地适应锅炉结构的要求。控制循环锅炉的循环倍率约为3～10。

(3) 直流锅炉　直流锅炉没有锅筒，工质一次性通过蒸发段和过热段变为过热蒸汽，其循环倍率为1。直流锅炉的主要特点是：在省煤器、蒸发段和过热段之间没有固定不变的分界面，水在蒸发受热面中全部转变为蒸汽，工质沿整个行程的流动阻力均由给水泵克服。

(4) 复合循环锅炉　在锅炉低负荷时循环倍率大于1，在锅炉高负荷时循环倍率等于1。

3. 直流锅炉的特点

1）直流锅炉的结构特点。直流锅炉无锅筒，工质一次性通过各受热面，各受热面之间无固定的界限，且随着锅炉负荷的变化而变化。直流锅炉的结构特点主要表现在蒸发受热面和汽水系统上。直流锅炉的省煤器、过热器、再热器、空气预热器及燃烧器等与自然循环锅炉相似。

2）直流锅炉适用于压力等级高的锅炉。根据其工作原理，任何压力的锅炉在理论上都可采用直流型。但实际制造过程中，中、低压锅炉不采用直流型，高压锅炉采用直流型的也较少，超高压、亚临界压力等级的锅炉较广泛地采用直流型，而超临界压力的锅炉只能采用直流型。中、低压锅炉容量较小、仪表较简单、自动化控制水平较低、对给水的品质要求不高，自然循环方式工作可靠，因此通过技术经济对比采用自然循环较合理。当压力超过14MPa时，由于汽水密度差越来越小，采用自然循环方式的可靠性大大降低。而超临界压力的锅炉，由于蒸汽与水的密度一致，汽水不能靠密度差进行自然循环，故只能采用直流形式。

3）直流锅炉需布置小直径蒸发管。直流锅炉采用小直径蒸发管会增加水冷壁的流动阻力，但由于水冷壁内工质的流动为强制流动，故对其影响不大；且采用小直径蒸发管大大降低了水冷壁的截面积，提高了管内汽水混合物的流速，保证了水冷壁工作的安全。在工作压力相同的条件下，水冷壁管道的壁厚与管径成正比，直流锅炉采用小管径蒸发管且无锅筒，可以降低锅炉的金属耗量，与自然循环锅炉相比直流锅炉通常可节省20%～30%的钢材。

4）直流锅炉的给水品质要求高。直流锅炉无锅筒，不能进行锅内水处理，给水带来的盐分除一部分被蒸汽携带外，其余部分将沉积在受热面上影响传热，因此为确保直流锅炉受热面的工作安全，其给水品质要求高。

5）直流锅炉的自动控制水平高。由于直流锅炉无锅筒且蒸发受热面管径小、金属耗量少，使得直流锅炉的蓄热能力较低。当负荷变化时，依靠自身锅水和金属蓄热来减缓汽压波动的能力较低。当负荷发生变化时，直流锅炉必须同时调节给水量和燃料量，以保证物质平衡和能量平衡，才能稳定汽压和汽温，所以直流锅炉对燃料量和给水量的控制系统要求高。

4. 制粉系统

将原煤仓中的煤输送到磨煤机，干燥、磨制成煤粉并送往锅炉燃烧器的全部设备及其管道统称为制粉系统。

制粉系统可分为直吹式和中间储仓式两种。直吹式制粉系统，是指原煤经磨煤机磨制成煤粉后，直接吹入炉膛燃烧；而中间储仓式制粉系统，是指将磨好的煤粉先储存在煤粉仓中，然后再根据锅炉运行负荷的需要，从煤粉仓经给粉机通过一次风送入炉膛燃烧。

制粉系统中，燃料的干燥及煤粉的输送需一定的风量，而燃料在炉内的燃烧也需要一定的空气量。根据燃烧的需要，通常把入炉的总风量划分为一次风、二次风和三次风。输送煤粉进入炉膛的空气称为一次风，它的作用是输送煤粉和供燃料着火用氧；只起助燃作用而不携带煤粉，经燃烧器喷口直接送入炉膛的空气称为二次风。直吹式制粉系统用磨煤乏气作为一次风，而中间储仓式制粉系统有的用磨煤乏气作为一次风，有的用热风送粉，即用热空气作为一次风，此时将磨煤乏气作为三次风从主燃烧器上部的乏气喷口高速吹入炉内，以回收乏气中夹带的少量细粉并对火焰起扰动作用。

1）直吹式制粉系统中，磨煤机磨制的煤粉全部直接送入炉膛燃烧，运行中的制粉量在任何时刻均等于炉内燃烧的消耗量，即制粉量是随锅炉负荷变化而变化的。制粉系统的工作情况直接影响锅炉的运行工况。

直吹式制粉系统大都配以中、高速磨煤机。如果钢球磨煤机采用直吹式系统，那么在机组低负荷或变负荷运行时将是不经济的，所以只有带基本负荷的锅炉才考虑采用钢球磨煤机直吹式制粉系统。

直吹式制粉系统无中间储仓式制粉系统的细粉分离器、煤粉仓、螺旋输粉机及给粉机等设备，系统简单。图1-5所示为风扇磨煤机直吹式制粉系统。由图可知，风扇磨煤机本身代替了排粉机，使制粉系统大大简化。国内磨制烟煤的风扇磨煤机大多采用图1-5a所示的热风干燥直吹式制粉系统。而磨制高水分褐煤的风扇磨煤机，一般采用图1-5b所示的热风和炉烟混合物作为干燥剂的直吹式制粉系统。

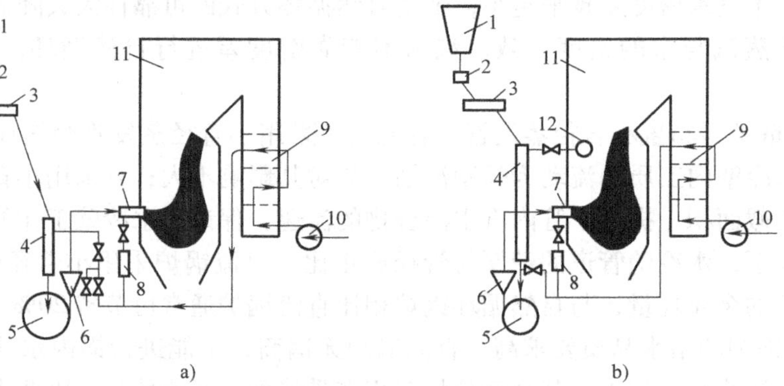

图1-5 风扇磨煤机直吹式制粉系统

a）热风干燥 b）热风和炉烟干燥

1—原煤仓 2—自动磅秤 3—给煤机 4—下行干燥管 5—磨煤机 6—粗粉分离器 7—燃烧器 8—二次风箱 9—空气预热器 10—送风机 11—锅炉 12—抽烟口

如图1-5所示，原煤由原煤仓落下，经过记录煤量的自动磅秤后，通过给煤机均匀地落入风扇磨煤机，被磨成煤粉。由送风机来的空气在空气预热器中加热后分成两部分：一部分作为二次风经二次风箱分配，再经燃烧器进入炉膛；另一部分进入磨煤机，用以干燥和输送煤粉。空气携带煤粉离开磨煤机后进入煤粉分离器，过粗的煤粉被分离出来送回磨煤机重新磨制，而携带煤粉的空气则作为一次风，通过燃烧器送入炉膛。下行干燥管是用来对煤进行预热干燥的。

我国的褐煤一般水分不高（大部分煤的水分在15%~30%），因此最初设计的风扇磨煤机直吹式制粉系统基本采用热风干燥方式。现在直吹式制粉系统多采用三介质干燥方式，即干燥剂由高温炉烟、低温炉烟和热风三种介质组成。该种干燥方式有以下优点：

① 由于干燥剂内炉烟占有一定的比例，降低了氧气的浓度，有利于防止高挥发分的褐煤煤粉发生爆炸。

② 炉烟较多，可以降低燃烧器区域的温度，避免燃用低灰熔点褐煤时炉内结渣。

③ 当燃煤水分变动幅度较大时，只改变高、低温炉烟的比例，就能满足制粉系统干燥的需要，而且一次风温和一、二次风量之间的比例关系可保持相对稳定，减轻了水分变动对

炉内燃烧的影响。

2）中间仓储式制粉系通常配以钢球磨煤机，且多为负压系统。由原煤斗来的煤，经自动磅秤、给煤机，在下行干燥管中与干燥用热风相遇后，一同进入钢球磨煤机。磨制好的煤粉由干燥剂从磨煤机内带出，输送至粗粉分离器，经分离后粗粉返回磨煤机重新磨制，而合格的煤粉则由干燥剂送至细粉分离器。在细粉分离器中，质量分数约为 90% 的煤粉被分离出来，经锁气器和筛网（防止木质纤维落入煤粉仓，造成给粉机堵塞）落到煤粉仓或经螺旋输粉机送到邻近制粉系统的煤粉仓中，再按锅炉的需要由可调节的给粉机送入一次风管，由一次风送入炉内燃烧。

由细粉分离器上部出来的干燥剂（也称磨煤乏气）还含有质量分数约为 10% 的细煤粉，为了回收这部分煤粉，一般由排粉风机提高压头后送入炉膛中燃烧。磨煤乏气可作为一次风输送煤粉进入炉膛，这种系统称为乏气送粉系统。乏气送粉系统的主要特点是一次风温度低，对燃料的着火燃烧不利。当燃用无烟煤、贫煤和劣质烟煤时，为稳定着火燃烧，常用热空气作为一次风输送煤粉，这种系统称为热风送粉系统。如此时携带煤粉的磨煤乏气由燃烧器中专门的喷口送入炉内燃烧，即为三次风。

3）与中间仓储式制粉系统相比，直吹式制粉系统的优点为系统简单、布置紧凑、省钢材、投资少、运行电耗小、爆炸的危险性也小。但直吹式制粉系统对锅炉来说，其工作的可靠性和可用性差。

如果制粉系统出现故障，则会威胁到锅炉的正常运行甚至被迫停炉。锅炉负荷变化时，直吹式制粉系统燃煤量的调节只能在给煤机上进行，因此系统调节的延迟性大。直吹式制粉系统的磨煤机与其供粉的各燃烧器之间，在运行中无法调整燃料和空气的分配比例，容易出现风粉不均现象。由此可见，直吹式制粉系统要求有较高的运行水平。

中间仓储式制粉系统可靠性好，与直吹式制粉系统相比，该制粉系统出现故障时不会立即影响锅炉的正常运行，磨煤机的工作和锅炉的运行负荷之间互不牵制，因此磨煤机可以经常保持在最经济的负荷下工作，这对于在低负荷下经济性很差的钢球磨煤机来说尤为有利。锅炉负荷变化时，只需要调节给粉机转速或投停给粉机台数，制粉系统就会迅速适应负荷变化，系统延迟性小。但中间仓储式制粉系统复杂，建筑尺寸大，初投资费用大，运行电耗高，有爆炸的危险。

磨煤机及相应制粉系统的选择，关键在于燃料的种类。当燃用挥发分很低或较硬的煤种时，以采用钢球磨煤机中间仓储式制粉系统为好；当燃用挥发分较高且较软的煤种时，以采用直吹式制粉系统为好。由于中、高速磨煤机及其对应的直吹式制粉系统初投资（包括厂房、地基在内）和运行费用都大为节省，在煤种适应的情况下应优先考虑使用。

5. 燃烧系统

燃烧系统是组织煤粉燃烧的系统，应合理组织炉内燃烧工况，保证煤粉燃烧各阶段的温度、氧气等供应条件充足。燃烧过程除煤粉气流能迅速着火和稳定燃烧外，还要使燃烧的煤粉与空气充分混合，才能使煤粉燃烧完全，提高燃烧效率，保证锅炉的安全、经济运行。

在煤粉锅炉中，燃料和空气都是通过燃烧器以射流的形式送入炉膛。煤粉燃烧器按其出口气流特征，可分为直流燃烧器和旋流燃烧器两大类。

出口气流为直流射流或直流射流组的燃烧器，称为直流燃烧器。出口气流中含有旋转射流的燃烧器称为旋流燃烧器，旋流燃烧器的出口气流可以是几个同轴旋转射流的组合。

直流射流和旋转射流在气流构成和空气动力特性方面（如速度分布、射程、卷吸特性及回流区等）是不同的，因而以这两种射流为基础的直流燃烧器和旋流燃烧器，在组织燃料着火和燃烧方面也是不同的。

1）直流燃烧器的出口由一组圆形、矩形或多边形的喷口所构成。着火和燃烧所需的空气分别由不同喷口，以直流射流的形式喷入炉膛。根据流过介质的不同，燃烧器喷口可分为一次风口、二次风口和三次风口。这些射流在炉膛中的发展情况，就决定了燃料的着火条件和燃烧强度。锅炉设备中应用的射流都是湍流射流，射流进入炉膛空间后会不断卷吸周围介质，射流卷吸周围介质的能力（在炉膛中能卷吸高温烟气量的多少），对煤粉的着火有很大影响，因为煤粉气流卷吸的高温烟气是着火热量的主要来源。当喷口尺寸由大变小时，射流的卷吸能力增强，因此直流煤粉燃烧器在喷口流通面积不变的情况下，如将一个大喷口分成几个小喷口时，会使射流的卷吸能力增强，但射程将缩短。

直流燃烧器根据一、二次风口的布置情况不同，燃烧器大致可分为均等配风和分级配风两种方式。

① 均等配风直流燃烧器是指采用一、二次风口相间布置，即在两个一次风口之间均等布置一个或两个二次风口。

在均等配风方式中，一、二次风口间距相对较近，且一、二次风在炉膛内能快速混合，一般适用于烟煤和褐煤，又称“烟煤-褐煤型”直流燃烧器。这种风口布置方式在国内外燃用烟煤和褐煤的锅炉上应用较多，如美国燃烧工程公司（CE）对于挥发分含量高于13%的煤种，几乎全部采用一、二次风口相间布置的均等配风直流燃烧器。

② 分级配风直流燃烧器是指把煤粉燃烧所需的二次风分级、分阶段地送入燃烧的煤粉气流中。

在一次风煤粉气流着火后送入部分二次风，促使已着火的煤粉气流燃烧过程能继续扩展。待炉膛内煤粉全部着火以后，再分批、高速的喷入二次风，使它与着火燃烧的煤粉强烈混合，借以加强炉内气流的扰动，促进煤粉的燃烧和燃尽过程。因此在分级配风方式中，通常将一次风口比较集中地布置在一起，而二次风口分层布置，且一、二次风口间保持较大的距离，以此来控制一、二次风射流在炉内的混合点。煤的挥发分越低，灰分越高，一、二次风口间的距离应越大一些，两者的混合自然也就晚一些。

直流燃烧器适用于无烟煤、贫煤和劣质烟煤等，所以又叫“无烟煤型”直流燃烧器。它在国内燃用无烟煤的切向燃烧煤粉锅炉中得到了广泛的应用。

2）旋流燃烧器出口的二次风射流是绕燃烧器轴线旋转的射流，而一次风射流可为直流射流或旋转射流。由于旋流燃烧器出口截面的几何形状均为圆形，故该种燃烧器又称为“圆形燃烧器”。

旋转射流除具有直流射流存在的轴向速度和径向速度外，还存在切向速度，故称该射流为旋转射流。其特点有以下几方面：

① 在旋转射流的中心部分产生一个低压区，造成了径向和轴向的压力梯度。特别是轴向的反向压力梯度，将吸引中心部分的烟气沿轴线反向流动，即在燃烧器出口附近形成与气流方向相反的回流运动，因而在旋转射流的内部产生了回流区——内回流区，这是旋转射流的重要特点。内回流区的尺寸和回流量随旋转射流的旋转强度的增大而增大。在燃烧过程中，其从内、外两侧卷吸高温烟气，对稳定着火起着十分重要的作用。

② 由于和周围介质进行强烈的湍流扰动，沿射流方向的切向速度衰减很快。旋转射流中轴向速度的衰减比切向速度慢一些，但比直流射流衰减要快。即在相同的出口截面积和初始速度下，旋转射流的射程要比直流射流短。

③ 旋转射流的外扩展角一般比直流射流大，且随着旋转强度的增大外扩展角度也增大。

旋流燃烧器是根据旋流装置的形式命名的，按照产生旋转气流方法的不同，常见的旋流燃烧器可分为蜗壳型和叶片型两大类。前者选用蜗壳作为旋流器，故称为蜗壳型旋流燃烧器（双蜗壳型旋流煤粉燃烧器、单蜗壳型旋流煤粉燃烧器）；后者用叶片作为旋流器，故称为叶片型旋流燃烧器（切向叶片式旋流燃烧器、轴向叶片式旋流燃烧器）。

3）燃烧器的布置方式不同，在炉内所形成的空气动力特性也截然不同。在运行状态下，炉内的空气动力特性在很大程度上决定了燃料的着火、燃烧和燃尽过程。

旋流燃烧器常用的布置方式为前墙布置和两面墙布置。采用旋流燃烧器的锅炉，燃烧器在炉膛内形成的空气动力特性基本为各自独立互不影响，它主要取决于燃烧器本身的结构和工况参数的选择，燃烧器彼此之间的影响较弱。

燃烧器为前墙布置时，沿炉膛高度方向可以布置成一排或两排。此时，从每个燃烧器喷口射出的旋转射流最初是各自独立地扩展，依靠中心回流卷吸高温烟气，以保证煤粉、空气射流迅速被加热、着火。但在主气流上下两侧形成了两个非常明显的停滞漩涡区。旋流燃烧器前墙布置时，磨煤机可以布置在炉前，煤粉管路较短且形状尺寸较一致，分配到各燃烧器的煤粉较均匀，因而沿炉膛宽度方向烟气温度的偏差较小。这种布置方式的缺点为：整个炉膛内火焰的扰动较轻，特别是燃烧后期的混合较差；炉内形成了明显的停滞漩涡区，火焰在炉膛中充满情况不佳；前墙的燃烧火焰可能直冲后墙，造成后墙水冷壁热负荷较高，容易引起后墙结渣。

旋流燃烧器两面墙布置时，炉内两方火焰在炉室中央相互撞击后，气流大部分向炉膛上方运动，只有少部分气流下冲到冷灰斗内，在其中形成停滞漩涡区。如果对冲的两个燃烧器负荷不对称，炉内高温火焰中心区将偏向负荷较低的一侧，导致该侧水冷壁结渣。两面墙布置的缺点是：锅炉低负荷运行、调换磨煤机或停用部分燃烧器时，沿炉膛宽度方向烟气温度差将增大，不利于炉膛出口受热面的工作。另外，没有布置燃烧器的两面墙，其水冷壁中部热负荷偏高，容易引起结渣。

直流燃烧器四角布置切圆燃烧方式中，直流燃烧器布置在炉膛的四角或接近四角，燃烧器的几何轴线与炉膛中心的一个或两个假想圆相切。

直流燃烧器切圆燃烧的炉膛空气动力特性，不仅取决于每个燃烧器本身的结构和工况参数的选择，还取决于燃烧器的布置方式。此时，某一角燃烧器的煤粉气流着火所需热量，除依靠本身卷吸烟气和接受炉膛辐射热以外，主要靠来自上游邻角高温火焰的冲击。所以，切圆燃烧炉内各燃烧器射流间的相互作用，对炉内燃烧过程有重要影响。

直流燃烧器切圆燃烧方式，由于着火条件好，煤种适应性强，一、二次风混合的快与慢可通过燃烧器结构进行适当的调节，燃烧后期气流扰动强，有利于燃尽等优点，得到了广泛的应用。但从燃烧器喷口出来的气流并不能保持沿喷口几何轴线方向前进，而会出现一定程度的偏斜，即气流偏向炉墙一侧。偏斜严重时，会导致燃烧器射流贴附或冲击炉墙，这是造成炉膛水冷壁结渣的主要原因。

6. 风烟系统

锅炉的风烟系统也称通风系统，其作用是供给燃料燃烧所需要的空气，排走燃料燃烧所生成的烟气，并克服空气流经各个部件和烟气流经各受热面的流动阻力。

锅炉通风的方式有自然通风和强制通风两种：

（1）自然通风　它是利用外界冷空气与烟囱内部热烟气之间的密度差而产生的引力进行的通风方式。该种通风方式仅适用于小容量锅炉。

（2）强制通风　强制通风又称为机械通风，可分为以下三种类型：

1）负压通风。除利用自然通风外，还在锅炉烟囱之前的引风系统中设置引风机，用来克服通风的流动阻力。

该通风方式一般适用于小容量的锅炉。由于在大型锅炉中，风烟道的流动阻力很大，采用该通风方式会在锅炉的炉膛和风烟道中造成很大的负压，使大量冷空气由不严密处漏入炉膛和风烟道，从而引起燃烧过程恶化、引风机负荷增加、降低锅炉效率等问题。

2）正压通风。在锅炉烟风系统中只设置送风机，利用其压头克服全部烟风道的流动阻力。

该通风方式的优点是省略了引风机，使系统简化，消除漏风，提高锅炉效率，且通过送风机的是干净的低温空气，电能消耗量小并且使风机工作寿命延长。但该通风方式存在炉墙工作的安全性较差及要求炉墙严密性高等问题。该通风方式在燃油锅炉中应用较多。

3）平衡通风。该通风方式在电站锅炉中应用最为普遍，它利用送风机克服风道（包括燃烧设备）的流动阻力，利用引风机克服烟道的流动阻力，并使炉膛出口处保持20~30Pa的负压。

该通风方式可使锅炉全部烟道都处于负压下工作，烟气不致从炉膛或烟道喷出，锅炉房较安全，卫生条件较好，且烟道漏风量较小。但该通风方式所采用的设备较多，投资较大，且系统相对复杂。

7. 除尘设备

电站锅炉的除尘器是将烟气中的飞灰颗粒进行分离的设备。

根据生产的需要，在实践中火电厂采用了多种多样的除尘器。根据所利用的除尘机理不同，除尘器可分为机械除尘器（机械力）和电除尘器（静电力）两大类。机械力包括有重力、惯性力、离心力、冲击、粉尘与水滴碰撞等，过滤也是机械力作用的一种形式。根据在除尘过程中是否采用液体进行除尘或清灰，又可分为干式除尘器和湿式除尘器。

（1）机械除尘器　包括重力沉降式除尘器、惯性除尘器和旋风除尘器等。这类除尘器的特点是结构简单、造价低、维护方便，但除尘器效率低，往往用作多级除尘器系统中的前级预除尘。

（2）过滤式除尘器　包括袋式除尘器和颗粒层除尘器等，其特点是以过滤机理作为除尘的主要原理。根据选用的滤料和设计参数不同，袋式除尘器的效率高达99.9%以上。

（3）湿式除尘器　包括低能湿式除尘器和高能文氏管除尘器，这类除尘器的主要特点是用水作为除尘介质。一般来说，湿式除尘器的除尘效率高，当采用文氏管除尘器时，对微细粉尘效率可达到99.9%以上，但其所消耗的能量较高。湿式除尘器的主要缺点是除尘的同时会产生灰水，需进行处理以消除二次污染。

（4）电除尘器　即利用静电力作为除尘机理，分为干式除尘器（干法清灰）和湿式除尘器（湿法清灰）两类。这类除尘器的特点是除尘效率高，消耗动力少。其主要的缺点是消耗钢材多，初投资大。

1.2.2　汽轮机设备及系统

汽轮机设备是以蒸汽为工作介质，将工质的热能转变为机械能的高速旋转机械。它具有单机功率大、效率高、运转平稳、单位功率制造成本低以及使用寿命长等优点。

汽轮机设备是火电厂三大主要设备之一，其设备及系统主要包括以下方面：

（1）汽轮机本体　由汽轮机的转动部分（转子）和固定部分（定子）组成。

（2）调节保护系统　主要包括调节阀、调速器、调速传动机构、主油泵、油箱（EH油箱）、安全保护装置等。

（3）辅助设备　包括凝汽器、抽真空设备、高低压加热器、除氧器、汽动给水泵、凝结水泵、循环水泵等。

（4）热力系统　主要由主蒸汽系统、再热蒸汽系统、汽轮机旁路系统、凝结水系统、给水系统、回热加热系统等组成。

1. 汽轮机的分类

（1）按工作原理分　大型汽轮机均由级按顺序串联构成，来自锅炉的过热蒸汽依次通过汽轮机的各级，将其热能转换为机械能。

级是汽轮机中最基本的做功单元，在结构上由喷嘴叶栅（静叶栅）和与之配合的动叶栅组成。蒸汽在汽轮机级中以不同的方式进行能量转换，便构成了不同工作原理的汽轮机。其具体分类如下：

1）冲动式汽轮机。主要由冲动级组成，蒸汽主要在喷嘴叶栅中膨胀，而在动叶栅中只有少量膨胀。

2）反动式汽轮机。主要由反动级组成，蒸汽在喷嘴叶栅和动叶栅中都进行膨胀。

冲动式汽轮机和反动式汽轮机在火电厂中都获得了广泛的应用，这两类汽轮机的差异不仅表现在工作原理上，还表现在结构上。前者为隔板型，后者为转鼓型。

（2）按热力特性分　可大致分为凝汽式汽轮机、背压式汽轮机、调整抽汽式汽轮机及中间再热式汽轮机等类型。

1）凝汽式汽轮机。蒸汽在汽轮机中膨胀做功后，做功乏汽排入凝汽器并凝结成水。

2）背压式汽轮机。汽轮机的排汽压力远高于大气压，汽轮机排汽直接用于工业热负荷使用。背压式汽轮发电机组的特点是“以热定电”的强迫电负荷的生产形式。

3）调整抽汽式汽轮机。从汽轮机中间某级抽出一定参数、流量的蒸汽（在规定的蒸汽参数范围之内）对外供热，其凝汽汽流仍排入凝汽器。

4）中间再热式汽轮机。蒸汽在汽轮机高压缸内膨胀做功后，冷段排汽引入锅炉再热器重新吸热后，通过热段返回汽轮机中、低压缸继续膨胀做功，最终将做功乏汽排入凝汽器并凝结成水。

（3）按主蒸汽压力分　按进入汽轮机新蒸汽的压力等级不同，可分为以下类型：

1）低压汽轮机。主蒸汽压力小于1.47MPa。

2）中压汽轮机。主蒸汽压力为1.96～3.92MPa。

3）高压汽轮机。主蒸汽压力为5.88～9.80MPa。

4）超高压汽轮机。主蒸汽压力为11.77～13.93MPa。

5）亚临界压力汽轮机。主蒸汽压力为15.69～17.65MPa。

6）超临界压力汽轮机。主蒸汽压力大于22.15MPa。

7）超超临界（高效超临界）压力汽轮机。主蒸汽压力大于32MPa。

（4）按汽流方向分　可分为轴流式汽轮机、辐流式汽轮机、周流式汽轮机。

（5）按汽轮机的用途分　可分为电站汽轮机、工业汽轮机、船用汽轮机。

（6）按汽缸数目分　可分为单缸、双缸和多缸汽轮机。

（7）按机组转子轴数分　可分为单轴和双轴汽轮机。

（8）按汽轮机工作形式分　可分为固定式和移动式汽轮机。

2. 相关术语规定及机组容量匹配原则

（1）汽轮发电机组术语规定　由于我国大型机组均为引进型或国产引进型，对于采用不同国家制造技术，其术语的定义和描述内容有一定差别。以下对汽轮发电机组相关术语作简要介绍：

1）国际电工委员会（IEC）对汽轮发电机组术语的定义。

① 发电机功率：指发电机接线端（输出端）处的功率，若采用非同轴励磁时，需扣掉外部励磁的功率。

② 净电功率：指发电机功率，扣除厂用电功率。

③ 经济功率（ECR）：指机组在此功率下，汽轮机热耗率或汽耗量为最小值。

④ 保证最大连续功率：指在规定的端部条件及运行寿命期内，机组在发电机输出端连续输出的功率。通常在该功率下，考核机组所保证的热耗率。在此功率下，调节汽门不一定要全开。

⑤ 调节汽阀全开工况功率：指在规定的主蒸汽参数条件下，汽轮机调节汽门全开，机组所能输出的功率。

⑥ 最大过负荷能力：指在规定的过负荷条件下，如末级给水加热器停运或提高主蒸汽的压力且在汽轮机调节汽门全开情况下，机组所能输出的最大功率。

2）国际上对汽轮发电机组术语的定义。

① 汽轮机组的铭牌出力（TRL）：指汽轮机在额定主蒸汽和再热蒸汽参数工况下，排汽压力为11.8kPa、补水率为3%时，能在发电机接线端输出供方所保证的出力。

② 保证最大连续出力（TMCR）：指汽轮机在通过铭牌功率所保证的进汽量、额定主蒸汽和再热蒸汽参数工况下，排汽压力为4.9kPa、补水率为0%时，机组所能保证达到的出力。

③ 调节阀全开（VWO）最大计算出力：汽轮机组在调节汽门全开时，通过计算得出最大进汽量和在额定的主蒸汽、再热蒸汽参数工况下，并且额定排汽压力为4.9kPa、补水率为0%时，计算所能达到的出力。

（2）机、炉、电容量匹配原则　火电厂的设计过程实质就是机组容量和参数匹配的过程。机组容量匹配的原则为：

1）发电机容量。一般发电机的功率，应与机组的VWO工况功率相匹配。若采用美国技术设计制造的汽轮机组，则发电机的功率应与汽轮机VWO＋5%OP（Over Press）工况的功率相匹配。在我国，考虑汽轮机和发电机功率配合时，除了功率因数外，还应合理确定发电机的效率。

2）锅炉最大连续蒸发量（BMCR）。应与汽轮机的设计流量（即计算最大进汽量）相匹配，不必增加额外裕量。若汽轮机按 VWO 工况计算最大功率，则 BMCR 等于汽轮机 VWO 工况对应时的最大进汽量。若采用美国技术设计制造的汽轮机组，则 BMCR 应等于汽轮机 VWO +5% OP 工况下对应的最大进汽量。

3. 汽轮机本体结构

汽轮机采用不同的配汽方式，对汽轮机的运行性能、结构，特别是汽缸高、中压部分的布置和结构有很大影响。汽轮机最常采用的配汽方式为喷嘴配汽和节流配汽。一般情况下，节流配汽的汽轮机在设计工况下效率稍高于喷嘴配汽的汽轮机，而在部分负荷下前者的效率则低于后者。

在设计工况下，节流配汽汽轮机效率高的原因在于，节流配汽的汽轮机无调节级，不存在调节级中的部分进汽损失。此外，节流配汽机组的第一级余速可被下一级利用。而在部分负荷下效率降低，则是由于节流损失增大而引起的效率降低。节流损失的大小与机组流量（功率）变化程度有关，也和机组总的理想焓降大小有关。流量变化越大，阀门节流程度越高，节流损失也就越大。机组的总理想焓降越大，即初压/背压比越大，节流损失则越小（占总焓降的比例越小）。

对于中间再热机组，节流损失仅存在于中间再热之前的高压级内。由于高压机组的背压远大于凝汽式机组的背压，所以对高压缸来讲，节流损失是相当大的。中、低压缸的焓降一般要占机组总焓降的2/3～3/4，但这一部分不受节流损失的影响，因此对整个汽轮机来讲节流损失将大为减小。对于中间再热机组，节流损失随初压力的增加而有所降低，这是因为初压的增加对高压机组的初压/背压比影响不大（随着初压力的提高，高压机组的背压也将按比例增长），但却会扩大中、低压机组焓降在汽轮机总焓降中所占的比例，从而使整个机组的节流损失有所减少。

汽轮机组采用喷嘴配汽时，在部分负载下的经济性优于节流配汽的汽轮机，但它的高压机组在变工况下的蒸汽温度变化比较大，会引起较大的材料热应力，因此调节级汽缸壁产生的热应力会限制这种汽轮机迅速响应外扰的速度。而节流配汽的汽轮机情况则不同，各级温度随负荷变化的幅度大体相等。所以，节流配汽的汽轮机虽然部分负荷下的效率较低，但它适应工况变化的能力高于喷嘴配汽的汽轮机。大功率汽轮机的热经济性是建立在机组安全性的基础上考虑的，故控制机组运行中的热应力变化具有重要意义，所以带基本负荷的大功率汽轮机倾向于采用节流配汽方式。其在部分负荷下效率低这一缺点，可对机组采用滑压运行方式来弥补。

汽轮机最佳的配汽方式，是采用所谓的双重配汽方式，兼顾喷嘴和节流两种配汽方式的优点，将汽轮机设计成高负荷时为节流配汽，低负荷时转为喷嘴配汽的节流-喷嘴混合配汽方式。

国外实践表明，随着蒸汽参数的提高，汽轮机结构的柔性相应增大，特别是汽轮机的进汽部分，不管是高压进汽部分还是中压进汽部分，这点都尤为重要。由于该部位是汽轮机的高温区域，故尽可能地减小其在变工况下的固有热应力，对机组适应高温运行有很重要的意义。经验表明，与高参数机组相比，汽轮机进汽部分采用一些新的结构方式，可增强其相互膨胀，防止汽缸与喷嘴之间产生裂纹。这些新的结构方式包括：蒸汽室和汽缸分离并铰接在基础上、蒸汽室和汽缸采用柔性很大的导汽管连接、喷嘴汽室与汽缸采用装配式连接等。

（1）汽缸　是汽轮机的静止部分，其作用是将蒸汽与大气隔绝，提供蒸汽完成能量转换的封闭空间。同时，它还要支承汽轮机的其他静止部件，如隔板、隔板套、喷嘴汽室等。按蒸汽在汽轮机内流动过程参数变化的特点，汽缸的高、中压部分承受蒸汽的内压力，低压部分缸体承受外部大气压。由于汽缸的质量大、结构复杂，且在运行过程中蒸汽的温度和比体积变化较大，汽缸各部分承受的应力沿汽缸的分布有较大的差别。因此，在设计和制造汽缸的过程中，仍需考虑较多问题。主要包括汽缸及其结合面的严密性，汽轮机启动过程中的汽缸热膨胀、热变形、热应力，以及汽缸刚度、强度和蒸汽流动特性等。

为了便于加工、装配和检修，一般将汽缸做成水平中分形式。其主要特点为：把汽缸分为上下两部分，转子从其径向中心穿过，为使汽缸能承受较大蒸汽压力而不发生泄漏，汽缸上下两部分利用紧固件联接，火电厂最常用的为螺栓和螺母。它们沿上下缸中分面外径的法兰，将上下缸体紧密联接在一起。为了保证法兰结合面的严密性，汽缸中分面在制造过程中必须光洁、平整。法兰螺栓的联接一般采用预应力联接方式，即汽缸在安装螺栓时给螺栓一定的预紧力，经过一段时间应力松弛后，仍能保证法兰结合面的严密性。另外，汽缸的进汽部分应尽可能分散布置，以免造成局部热应力过大，引起汽缸变形。

随着机组容量的增大和蒸汽参数的不断提高，设计密封性能好且可靠的法兰十分困难，为解决这一问题，大型汽轮机往往做成双层缸体结构，在内、外缸之间的夹层中通入一定压力和温度的蒸汽，从而使内、外缸承受的压差和温差减小。另外，双层缸结构的缸体和法兰都可以做得较薄，减小产生的热应力，有利于改善机组的启动和负荷适应能力。一般情况下，双层缸的定位方法为：外缸用猫爪支承在轴承座上，内缸与外缸采用螺栓联接，同时利用定位销和导向销对缸体进行定位和导向。

由于汽缸在机组运行过程中要承受内压力和内外壁温差引起的热应力，为了保证汽轮机动静部分正常运行时位置的正确，缸体材料必须具有足够的强度、良好的稳定性、抗疲劳性，并且应具有一定的抗氧化能力。对于汽缸的中分面法兰紧固件，因其在应力松施条件下工作并承受拉伸应力，因此紧固件材料应具有较高的抗松弛性能、足够的强度、较低的缺口敏感性、较小的蠕变脆化倾向及一定的抗氧化性能力。通常螺母的强度比螺栓低一级，这样可减轻螺栓的磨损，并能防止长期工作后咬死。

（2）低压缸喷水装置　在机组低负荷或空载情况下（特别是在机组甩负荷之后），由于低压缸没有足够的蒸汽量将汽缸内的摩擦鼓风产生的热量带走，会导致排汽温度升高，影响与排汽缸连接的轴承座标高，使低压转子的中心线改变，造成机组振动或发生事故。因此，在低压缸排汽区应设置喷水装置，当排汽温度升高时按要求自动投入，以降低低压缸温度。另外，还应限定低压缸排汽温度的极限值，当排汽温度超过此数值时，作用于汽轮机的危急遮断系统（ETS）会使汽轮机跳闸。

（3）滑销系统　汽轮发电机组从启动开始至正常运行状态，由于汽缸和转子的材料不同、几何尺寸不同、汽缸和转子内外缸之间受热的膨胀量不同，必然会产生胀差。为了保证汽轮机在启、停过程中，汽缸和转子能按设计要求定位和对中，保证其膨胀不受阻碍，汽轮机配有一套完善的滑销系统。汽轮机的滑销系统主要由横销、纵销、立销等部件组成，通过在不同部位的安装，控制汽轮机的膨胀方向。一般情况下，大型汽轮机由于轴系长，缸体绝对膨胀值大，均采用多死点的滑销系统，保证汽轮机沿不同方向上的自由膨胀。

1）横销。保证汽轮机汽缸沿横向自由膨胀，限制其轴向位移，使汽缸运行在允许间隙的范围内。

2）纵销。保证汽缸沿轴向自由膨胀，限制横向膨胀，纵销中心线和横销中心线的交叉点形成汽缸的死点，当汽缸膨胀时该点始终保持不变。

3）立销。限制汽缸的纵向和横向的膨胀，但允许汽缸上下膨胀。

设置滑销系统，可使机组的各部件在温度变化时所产生的膨胀或收缩合理进行。滑销系统设计是否合理，会直接影响机组运行的安全性。

（4）联轴器 汽轮机各转子间，以及汽轮机转子与发电机转子之间均应采用联轴器联接，用以传递转矩和轴向力。

联轴器特制的螺栓，承受预紧力与轴向力引起的拉应力、传递转矩引起的切应力、转子自重引起的弯曲应力等。机组运行工况的变化，会直接影响螺栓的受力状态，故螺栓是联轴器中十分重要的零件。联轴器根据其工作特性，大致可分为挠性、半挠性、刚性三类。

1）挠性联轴器。一般由蛇形弹簧和传递齿轮组成，因其有较大的挠性而得名。它的优点是允许被联接转子之间有较大的偏心，对机组振动传递不敏感，该优点可大大减轻现场机组转子找中的工作量，并且当机组振动时也易于查找原因。它的缺点是结构复杂，传递转矩较小，且不传递轴向力。因此，这种联轴器只适用于中、小型机组或各自有推力轴承的两个转子上。

2）刚性联轴器。一般为整锻式或套装式，其结构简单，轴向尺寸短，传递转矩大且能传递轴向推力，可使多个转子共用一个推力轴承。有时，刚性联轴器处机组还能省去一个支持轴承，这样就更简化了机组的结构，使机组转子轴向尺寸缩短。其缺点是对被联接转子的同心度要求严格（一般要求两半联轴器端面的偏差小于 0.02mm、中心偏差小于 0.02mm）。此外，某段转子的振动能传递到被联接的另一段转子上，该特点使得机组发生振动时，查找振动原因非常困难。现代大功率机组一般都采用刚性联轴器。

3）半挠性联轴器。一般由波形筒连接器组成，它的性能处于挠性和刚性之间。它能减小两转子之间相互振动的影响，略微补偿两转子之间的同心度。由于汽轮机和发电机之间各轴承座的热膨胀不同，运行中的转子中心之间是可能产生偏差的。国产 200MW、300MW 机组的发电机和汽轮机低压转子之间都用半挠性联轴器联接。

（5）汽封（轴封） 汽轮机轴封装置有两方面的功能：一是在汽轮机压力区段防止蒸汽外泄，确保进入汽轮机的蒸汽全部沿汽轮机的叶栅通道流动做功，提高汽轮机效率；二是在汽轮机真空区段，防止汽轮机外侧的空气向汽轮机内漏，保证汽轮机组的真空，降低汽轮机背压，提高汽轮机的做功能力。

一般情况下，每个汽缸都有一组轴封，每组轴封由多段轴封组成，并配有相应的轴封供汽系统，图 1-6 所示为高、低压缸轴封结构实物图。

图 1-6 高、低压缸轴封结构实物图

轴封的形式一般分为镶片式和梳齿式两种。

(6) 轴封系统　汽轮机的轴封、轴封冷却器（或称为轴封加热器）及减温减压器等采用管道和阀门相互连接，构成了汽轮机的轴封系统。汽轮机轴封系统的作用是：

1) 防止汽缸内蒸汽向外泄漏，同时防止空气漏入汽缸的真空部分。

2) 回收汽封漏汽、减少系统能量和工质损失。

大机组都采用具有自动调节装置的闭式轴封系统，不同机组的轴封系统各不相同，但作用是一致的。火电厂汽轮机轴封供汽汽源，主要由主蒸汽系统、冷再热蒸汽系统及辅助蒸汽系统提供。其中辅助蒸汽一般作为轴封系统供汽的备用汽源使用。

(7) 轴承　为保证汽轮机转子在汽缸内的正常工作，汽轮机毫无例外地采用了径向支持轴承和推力轴承。

径向支持轴承，承担转子的重量和因部分进汽或振动引起的其他附加力，并确定转子的径向位置，保证转子与汽缸的中心线一致；推力轴承，承担汽流引起的轴向推力，并确定转子的轴向位置，确保汽轮机动、静部分的间隙。由于汽轮发电机组属重载高速设备，轴承全部采用以油膜润滑理论为基础的滑动轴承。

在选用汽轮发电机组轴承时，主要考虑下列因素：① 确保不出现油膜振荡，汽流激振力的影响，具有良好的抗干扰能力，检修时不需要揭开汽缸和转子就能取出和更换各轴承，采用水平中分面轴承，无需吊转子就能在水平和垂直方向进行调整；② 推力轴承能持续承受在任何工况下所产生的双向最大推力；③ 各支持轴承均设置轴承金属温度测点，测点位置和数量满足汽轮机运行监视的要求。

(8) 盘车装置　汽轮机启动前和停机后，为避免转子的弯曲变形，需设置连续盘车装置。

在汽轮机启动冲转前，转子两端由于轴封供汽，蒸汽会从轴封两端漏入汽轮机，并集中在汽缸上部，使转子和汽缸产生温差，若此时转子不动则会产生热弯曲。同样，汽轮机停机后，转子仍具有较高的温度，蒸汽聚集在汽缸的上部，由于汽缸结构不同，汽轮机上下缸温降速度不同，也会使转子产生热弯曲。

另外，在汽轮机启动前，通过盘车可使汽轮机上下缸及转子温度均匀、自由膨胀、不发生动静部分摩擦，有助于消除温度较高的轴颈对轴瓦的损伤，还能消除转子由于重力产生的自然弯曲。

盘车一般分为低速盘车和高速盘车两类：高速盘车的转速一般为 40 ~ 80r/min，而低速盘车一般为 2 ~ 10r/min。高速盘车对油膜的建立较为有利，对转子的加热或冷却较为均匀，但盘车装置功率较大，高速盘车时如果温降速度控制不好，容易磨坏汽封齿。此外，高速盘车需要一套可靠的顶轴油系统，从而使盘车装置系统更为复杂。从发展方向看，盘车装置有向低速盘车发展的趋势。

4. 热力系统

根据工质热力循环的特征和顺序，以火电厂的安全和经济性为前提，将汽轮机与锅炉本体及其辅助设备用管道和附件连接起来的一个有机整体，称为热力系统。汽轮机部分的热力系统主要包括：主蒸汽及再热蒸汽系统、旁路系统、凝结水系统、给水系统、轴封系统、回热抽汽系统及辅助蒸汽系统等。

(1) 主蒸汽及再热蒸汽系统　主蒸汽系统是指从锅炉过热器出口集箱至汽轮机主汽门进口的蒸汽管道、阀门、疏水管及连接部件组成的热力系统；再热蒸汽系统是指从汽轮机高压缸排汽经锅炉再热器至汽轮机中压联合汽门的全部管道、支管及附件组成的热力系统。

通常，将汽轮机高压缸排汽到锅炉再热器入口集箱的再热蒸汽管道、支管及附件组成的热力系统，称为低温再热蒸汽系统（冷段）；锅炉再热器出口集箱到汽轮机中压联合汽阀的管道、支管及附件组成的热力系统，称为高温再热蒸汽系统（热段）。

火电厂的主蒸汽及再热蒸汽系统具有输送工质流量大、参数高、管道长且金属材料质量高等特点，它对机组运行的安全性、可靠性和经济性影响很大。所以，对该系统设计的基本要求是：简单、安全、可靠，调度灵活，投资合理，便于安装及维护。

选择主蒸汽及再热蒸汽系统时，应根据火电厂的类型和参数、机组的类型和参数，经过综合技术经济比较后确定，且应符合DL/T 5000—2000《火力发电厂设计技术规程》中的相关规定。对于采用中间再热系统的机组，其系统均为单元制。

随着机组容量和参数的提高，炉膛宽度随之增大，烟气流量和烟气温度分布不均会造成两侧汽温偏差增大，这就要求蒸汽系统具有良好的混温措施。国际电工协会规定，最大允许持久性汽温偏差为15℃，最大允许瞬时性汽温偏差为42℃。单元制机组主蒸汽系统的连接方式分为双管式系统、双管-单管-双管式系统、单管-双管式系统三种。

1）双管式主蒸汽系统。从锅炉过热器出口集箱两端引出两根对称管道，至汽轮机左右两侧进入高压缸。采用该系统可避免大直径的主蒸汽和再热蒸汽管道的使用，尤其是某些需要进口且价格昂贵的大口径耐热合金钢管。该系统具有明显优势，可较大幅度降低管道投资。此外，系统的布置能够满足高中压缸双侧进汽的需要，在管道的支吊及应力分析中也比单管系统易于处理。但该系统的蒸汽温度偏差较大，有的主蒸汽温度偏差达30～50℃，再热汽温偏差更大，这将使汽缸等高温部件受热不匀而导致变形。为了消除或减小蒸汽的温差，往往在高中压缸自动主汽门前设置一根中间联络管，以减小双管间的压差和温差。

2）双管-单管-双管式主蒸汽系统（“2-1-2”布置方式）。采用两根管道从过热器出口集箱引出，后合并为一根蒸汽管道用以混温并输送至汽轮机主汽门附近，再分为两根管道送入汽轮机。通常，单管长度应为管道直径的10～20倍，这样才能达到充分混合、减小温差的目的。

3）单管-双管式主蒸汽系统（“1-2”布置方式）。采用一根管道从锅炉过热器出口集箱引出，将蒸汽输送到汽轮机主汽门附近，再分为两根管道送入汽轮机。

机组只要设置了两个及以上的主汽阀，就不能采用纯单管系统。但单管系统的混温特点，有利于满足汽轮机两侧进口蒸汽温差的要求，并且有利于减少压降、减小汽缸的温差和热应力及避免轴封摩擦等。

（2）旁路系统 汽轮机的旁路系统是热力系统的一个重要组成部分。它在机组启动、停机及机组故障情况下，起调节及保护作用。中间再热式汽轮机一般都装设旁路系统。

1）旁路系统的作用。

① 加快机组的启动速度，改善机组启动条件，降低汽轮机各部件的寿命损耗。

② 保护再热器。

③ 回收工质，消除噪声。

④ 对于寒冷地区的直接空冷机组，旁路系统具有在冬季启动及机组低负荷运行时的防冻功能。

⑤ 汽轮机部分甩负荷或全甩负荷时，可以迅速平衡锅炉与汽轮机之间的不平衡汽量。

利用旁路系统可以防止锅炉超压，减少锅炉安全阀动作的次数，从而尽可能减少安全门的排放量。

2）旁路系统的类型。可分为高压旁路、低压旁路及整机大旁路三类。旁路系统的连接形式可分以下四种：

① 两级串联旁路系统：由高压旁路和低压旁路组成，该旁路系统应用广泛。其特点为高压旁路容量为锅炉的30%～40%MCR（最大连续出力），且对机组快速启动（特别是热态启动）有利。

② 两级并联旁路系统：由高压旁路和整机大旁路组成。高压旁路容量设计为锅炉的10%～17%MCR，其目的是机组启动时保护再热器；整机大旁路容量设计为锅炉的20%～30%MCR，其目的是将各运行工况（启动、电网甩负荷、机组事故等）的多余蒸汽排入凝汽器，特别当锅炉超压时，可减少安全阀动作次数甚至不动作。

③ 三级旁路系统：由高压旁路、低压旁路和整机大旁路组成。其特点为能适应机组各工况的调节，运行灵活性高。当机组负荷骤变及甩负荷时，能将大量的蒸汽迅速排往凝汽器，以避免锅炉超压、安全阀动作。但该旁路系统存在设备多、复杂、金属耗量大且现场布置困难等问题。

④ 整机大旁路系统：锅炉来的新蒸汽绕过汽轮机高、中、低压缸，经减温减压器后直接排入凝汽器。其优点为系统简单、投资少、方便布置、便于操作；缺点是当机组启动或甩负荷时，炉内再热器内没有蒸汽通过，再热器得不到冷却，处于干烧状态。

3）旁路系统的容量。是指机组在额定工况下，旁路系统的流量与锅炉额定蒸发量的比值。旁路系统的容量应能满足机、炉允许运行方式的要求。对不同的机、炉运行方式，对旁路容量的要求也不相同：

① 启动要求：汽轮机在冷态、温态、热态或极热态启动时，汽缸金属温度分别处在不同的水平上。为了满足汽轮机不同状态的启动要求，使蒸汽参数与汽缸金属温度相匹配，避免过大的热应力，要求旁路系统满足一定的容量，用来快速提高主、再热蒸汽的温度和压力。尤其是在热态或极热态启动时，汽缸金属温度很高，为了提高蒸汽参数，必须设置较大容量的旁路。对于采用中压缸启动方式的机组，为了保证负荷切换时的平稳，高压旁路容量还应选得更大一些。因此，为满足机组启动要求，旁路系统容量应在30%～50%MCR以上。

② 锅炉最低稳定负荷的要求：对于停机不停炉的运行工况，旁路系统应能排放锅炉最低稳燃不投油负荷的蒸汽量。在自然循环锅炉中，负荷降低会使水冷壁中工质流量减小，其最低负荷受到水动力稳定性的限制。对于工质一次性上升的直流锅炉，为了保证锅炉蒸发受热面、过热器和再热器受热面必要的冷却，锅炉最低负荷对旁路系统也有一定的要求。目前，从满足锅炉最低负荷要求方面考虑，旁路系统容量应为30%MCR。

③ 机组甩负荷的要求：汽轮机甩负荷后，可选择不同的运行方式，如停机停炉、停机不停炉、带厂用电运行或汽轮机维持空转等。若要保证锅炉过热器安全门在机组甩负荷时不发生动作，则旁路系统的容量应足够大，通常设置为100%MCR的高压旁路；若允许锅炉过热器安全门瞬时动作，则旁路系统容量主要按锅炉最低稳燃负荷考虑，可取为30%～50%MCR。

④ 低压旁路的选择：在选择低压旁路时，应考虑对再热器工作状态的干扰尽可能小，并保持凝汽器工况稳定。当汽轮机甩负荷时，若要保证再热器安全门不发生动作，则低压旁

路的容量应选为100% MCR；若允许再热器安全门瞬间开启，则低压旁路的容量可取为60% ~70% MCR。

(3) 凝结水系统 指工质由凝汽器的热井出口经凝结水泵，通过轴封冷却器、化学精处理装置及各低压加热器，最后流入除氧器的管道和附件组成的有机整体。

凝结水系统的容量应考虑按汽轮机VWO工况时，可能出现的凝结水量加上进入凝汽器的经常疏水量及正常补水量进行设计。

现对某火电厂600MW超临界机组凝结水系统的设计、运行及保护功能作简要介绍：

我国引进型机组或国产引进型机组，凝结水系统多采用中压凝结水精处理系统，此系统中仅设凝结水泵，不设凝结水升压泵，系统较简单。凝汽器热井中的凝结水由凝结水泵升压后，经中压凝结水精处理装置、轴封冷却器和四台低压加热器后进入除氧器。

凝结水系统采用两台100%容量的凝结水泵，且一台运行、一台备用。当一台凝结水泵发生故障时，备用泵自动启动并投入运行。凝结水泵进口管道上设置电动隔离阀、过滤器及波形膨胀节，出口管道上设置止回阀和电动隔离阀。进出口的电动阀门将与凝汽器联锁，以防止凝结水泵在进出口关闭状态下运行。

对于沿海建设的火电厂，考虑到海水泄漏的可能，系统采用100%容量的凝结水精除盐装置及100%容量的电动旁路。

系统设置一台全容量的轴封冷却器、四台全容量的表面式低压加热器及一台除氧器，轴封冷却器设有单独的100%容量的电动旁路。5、6号低压加热器为卧式、双流程形式，采用电动隔离阀的小旁路系统，以减少除氧器过负荷运行的可能性；7、8号低压加热器采用复合式单壳体结构，置于凝汽器颈部与凝汽器成为一体，并采用电动大旁路系统。

凝结水精除盐装置出口的凝结水，在进入轴封冷却器之前，将供给各辅助系统的减温用水、辅助系统的补充用水以及设备或阀门的密封用水。在凝结水精除盐装置出口处还设有当凝汽器热井高水位时，将凝结水再循环至凝结水储水箱的系统。另外，此处还设有凝结水放水管，当安装或检修后再启动时，将不合格的凝结水放入排水管。

经凝结水精处理后的凝结水，进入轴封冷却器。轴封冷却器为表面式热交换器，用以凝结轴封漏汽和低压门杆漏汽。轴封冷却器依靠抽吸风机维持微真空状态，以防蒸汽漏入大气中和汽轮机润滑油系统中。为维持微真空状态，还必须有足够的凝结水量通过轴封冷却器，以凝结上述漏汽。

凝结水系统设有最小流量再循环管路，自轴封冷却器出口的凝结水管道引出，经最小流量再循环阀流回凝汽器，以保证机组在启动和低负荷期间，凝结水泵工作的最小流量要求，防止凝结水泵汽蚀。同时，也保证机组启动和低负荷期间，有足够的凝结水流过轴封冷却器，维持轴封冷却器的微真空状态。最小流量再循环管道按凝结水泵、轴封冷却器所允许的最小流量二者中较大者进行设计。最小流量再循环管道上还设有调节阀，以控制在不同工况下的再循环流量。

在轴封冷却器之后的管道上，还设有控制除氧器水箱水位的调节阀。为了提高调节性能，并列布置主、副调节阀，分别用于正常运行及低负荷运行。在除氧器入口管道上设有止回阀，以防止除氧器内蒸汽倒流入凝结水系统。

每台机组配备一台凝结水储水箱，在正常运行时向凝汽器热井补水和回收热井高水位时的回水，以及提供化学补充水。机组启动期间，储水箱向凝结水系统及闭式循环冷却水系统提供启动用水。储水箱水源为化学除盐水，其水位由补充水进水管上的调节阀控制，且各单元机组的储水箱设有联络管。

（4）给水系统　是指从除氧器出口到锅炉省煤器入口的全部设备及其管道连接组成的系统，包括低压给水系统和高压给水系统。以给水泵为界，给水泵进口之前为低压系统，给水泵出口之后为高压系统。给水系统按最大运行流量即锅炉最大连续蒸发量工况时相应的给水量进行设计。

给水系统输送的工质流量大、压力高，对火电厂的安全、经济运行至关重要。给水系统事故会使锅炉给水中断，造成紧急停炉或降负荷运行，严重时会威胁锅炉的安全。因此，对给水系统设计的要求是：在机组任何运行方式和发生任何事故的情况下，都能保证不间断地向锅炉供水。

火电厂给水系统一般设置两台50%容量的汽动给水泵和1台30%容量的电动启动/备用给水泵（对于超临界空冷机组，为了减轻凝汽器的热负荷，空冷机组给水泵一般情况下仍采用电动而不用汽动）。每台汽动给水泵配置1台电动给水前置泵，汽动给水泵与电动给水前置泵不考虑交叉运行。给水启动旁路的电动给水泵采用调速泵，并配有1台与主泵共用一台电动机的液力偶合前置泵。在一台汽动给水泵故障时，电动给水泵和另一台汽动给水泵并联运行，可以满足汽轮机80%～90%TRL的需要。

给水系统设置三台全容量、单列、卧式、双流程高压加热器（1000MW机组高压加热器采用双列、卧式、双流程）。由于目前高压加热器制造的质量及可用性明显提高，因此，三台高压加热器给水采用电动（或液动）关断大旁路系统。当任一台高压加热器故障时，三台高压加热器同时从系统中退出，给水系统能快速切换通过给水旁路供给省煤器，这时机组仍能带额定负荷。这样既简化系统、减少发生故障的概率，又可以减少昂贵的高压阀门，且节省火电厂的初投资。

给水泵出口设有最小流量再循环管道并配有相应的控制阀门等，以确保在机组启动或低负荷工况流经给水泵的流量大于其允许的最小流量，保证给水泵的运行安全。每根再循环管道都单独接至除氧器水箱。

电动给水泵出口设有给水启动调节阀，以弥补液力偶合器在低负荷时的不足，调节的范围按偶合器的特性确定。给水总管上不装设调节阀，机组正常运行时，给水流量由控制给水泵汽轮机或电动泵液力偶合器的转速进行调节。

给水系统还为锅炉过热器的减温器、事故情况下的再热器减温器、汽轮机的高压旁路减温器提供减温喷水，并提供给锅炉炉水循环泵高压冲洗水。锅炉再热器减温喷水从给水泵的中间抽头引出。过热器减温喷水有两种可行的方案：第一种方案为，汽动和电动给水泵均设置增压级，以满足锅炉各种负荷下过热蒸汽减温水量和水压的要求，泵的增压级出口设流量控制阀，在达到一定负荷时，按过热蒸汽温度来调整控制阀的开度；另一种方案为，喷水从高压加热器前引出，为满足低负荷时过热器减温喷水的压头要求，在喷水引出点下游的主给水管道上装设一只电动可调缩孔。汽轮机高压旁路的减温水及锅炉炉水循环泵的高压冲洗水，可从给水泵的出口母管引出。

（5）回热抽汽系统　是指从汽轮机各个中间级抽出部分蒸汽，送到加热器中用于给水和凝结水的加热。

回热抽汽系统是机组原则性热力系统最基本、最重要的组成部分。采用抽汽加热锅炉给水和凝结水的目的在于，减少机组冷源损失的同时，由于利用了在汽轮机做过部分功的蒸汽来加热给水，提高了锅炉给水的温度，减少了锅炉受热面的传热温差，从而减少了给水加热过程的不可逆损失，在锅炉中的吸热量也相应减少，故回热抽汽系统对于提高机组的热经济性是有利的。

系统中的各级抽汽管道，按汽轮发电机组VWO工况各抽汽点的（热平衡）抽汽量进行设计。设计压力（除二段抽汽外）取汽轮机VWO工况热平衡计算所得相应级抽汽压力的1.1倍；设计温度为汽轮机VWO工况热平衡计算所得相应级抽汽参数，等熵求取管道在设计压力下的相应温度。二段抽汽管道的设计压力和设计温度，需参照低温再热蒸汽管道设计压力和设计温度相关技术标准要求。

回热抽汽系统必须满足汽轮机超速保护、汽轮机进水保护、除氧器水箱及加热器水位过高保护的要求。

汽轮机各段抽汽管道将汽轮机与各级加热器、除氧器相连，当汽轮机突降负荷或甩负荷时，蒸汽压力急剧降低，这些加热器和除氧器内的饱和水将“闪蒸”成蒸汽，与各抽汽管道内滞留的蒸汽一同返回汽轮机。这些倒灌回汽轮机的蒸汽，会在汽轮机内继续膨胀做功而造成汽轮机的超速。此外，加热器管束破裂，管子与管板或集箱连接处泄漏，以及加热器疏水不畅造成水位过高等情况，都会使水倒灌回汽轮机引起汽轮机水冲击。为避免上述事故的发生，抽汽管道上须安装电动隔离阀和气动止回阀。其中，气动止回阀安装在汽轮机抽汽口附近，电动隔离阀的安装位置则靠近加热器。当电网或汽轮机发生故障时主汽门关闭，同时气动止回阀联锁保护快速关闭，切断抽汽管道，防止因汽水倒灌引起汽轮机超速或水冲击。

由各种原因引起的加热器水位升高到事故报警水位时，电动隔离阀和气动止回阀将自动关闭。电动隔离阀作为防止汽轮机进水的一级保护，气动止回阀兼作防止汽轮机进水的二级保护。

（6）辅助蒸汽系统　为保证机组安全、可靠的启停，以及机组在低负荷和甩负荷等各种工况条件下，提供必要的汽源供全厂各车间使用，故火电厂设有辅助蒸汽系统。

辅助蒸汽系统的供汽能力，按一台机组启动和另一台机组正常运行的用汽量之和考虑。火电厂机组设有本机辅助蒸汽系统，及全厂辅助蒸汽母管。辅助蒸汽的来源为：当机组正常运行时，辅助蒸汽汽源由四段抽汽提供；机组在启动、低负荷、机组跳闸时的备用汽和停机后保养用汽，均来自全厂辅助蒸汽母管。当四段抽汽不能满足辅助蒸汽系统用汽参数时，应立即切换到由本机高压缸排汽供给。

辅助蒸汽母管还将与启动锅炉房通过厂区的蒸汽管道相连，当某台机组需要启动或全厂停机需再次启动时，辅助蒸汽将由启动锅炉供给。

辅助蒸汽集箱向锅炉空气预热器吹灰、化学车间、给水泵汽轮机调试和除氧器启动供汽，其供汽参数需满足以上设备用汽参数的要求。辅助蒸汽集箱的蒸汽，经减温后供给其他系统用汽，如轴封系统用汽、空调系统用汽等。

1.2.3　电气设备及系统

1. 同步发电机

同步发电机是火电厂电能生产的重要设备，发电机运行的可靠程度，直接影响电网及向用户供电的安全性、经济性和可靠性。发电机由定子、转子、端盖、轴承、密封油装置、冷却器及外罩、出线盒、引出线及瓷套端子、集电环等组成。

在发电机的运行过程中，发电机绕组和铁心都要发热，且所产生的热量与发电机输出功率有密切关系。发电机输出功率越大，运行时发热量越多。当发电机出力超过额定值时，会使发电机温度过高且超过绝缘允许值。为此，可人为提高机内冷却效果，使冷却介质在相同时间内，从机内带走更多的热量，则发电机的出力就会增大。可见，发电机的冷却效果好坏，在一定程度上可影响发电机出力的大小。发电机组的冷却方式，可分为外冷和内冷两类：

（1）外冷　外冷包括空冷和氢冷两类：

1）空冷。冷却介质为空气，即用空气携带出因发电机内损耗而产生的热量。该方式结构简单，但其冷却效果差。

2）氢冷。冷却介质为氢气，即用氢气携带出因发电机内损耗而产生的热量。该方式冷却能力强、通风损耗小，但结构复杂，且现场需配置储氢装置。

（2）内冷　内冷包括定子水内冷和转子氢内冷两类。该方式为冷却介质通过导线内部，将损耗热量带走。与外冷的冷却方式相比，其冷却能力高，可减小发电机体积，节省材料，有利于使发电机的容量提高。但其发电机结构复杂，铜损较大。

目前我国火电厂发电机冷却采用的方式通常有三种：全氢冷方式、水氢氢方式及双水内冷方式。

2. 定子机座和定子绕组

（1）定子机座　定子机座是一个由钢板装配并焊接而成的机壳。

定子机座用于容纳和支承定子的铁心和绕组，且为整个发电机内部循环冷却介质提供多条路径。其内部的辐向隔板加强机组的刚度以支撑定子铁心，并且起到防止谐振的作用。定子机座用机座侧面的地脚螺栓固定到基础上，实现基础对机座的支持，且定子铁心与机座之间采用弹簧隔板结构。

（2）定子绕组　定子绕组由绝缘线棒组成，安装在定子铁心槽内，将线棒端部相连构成线圈，通过并联环连接成相应的相带。

定子绕组的端部由径向可调绑扎环、鼻端径向撑紧环、上下层线棒之间的充胶支撑管及适形材料等固定在锥环上，形成牢固的整体。锥环的前端搭接在铁心端部的小撑环上，以便于滑动。锥环的外圆周与绝缘支架固定在一起，绝缘支架又通过无磁性的弹簧板与定子铁心端部的分块压板固定在一起，从而形成柔性连接结构。整个定子绕组的端部成为沿径向和切向固定牢固、沿轴向可伸缩的“刚-柔”固定结构。

3. 转子

转子由转轴、绕组及端部绝缘固定件、阻尼系统、护环、中心环、风扇、联轴器等构成。

图 1-7 所示为某火电厂采用哈尔滨电机厂的发电机转子装配图。该转轴是由合金钢整体锻件机械加工而成，其制造的质量通过机械、化学、冶金检查和非破坏性试验来保证。转子本体通过开槽来安装转子线圈，转子线圈通过槽楔固定在转子槽内。当转子旋转时，槽楔要承受转子线圈的离心力。转子磁极在与转轴垂直的方向上，开有横向月牙槽，以平衡小齿区域和大齿区域两个方向的刚度。转子磁极、风扇座环和集电环风扇座环上，安装平衡块以减轻转子振动。

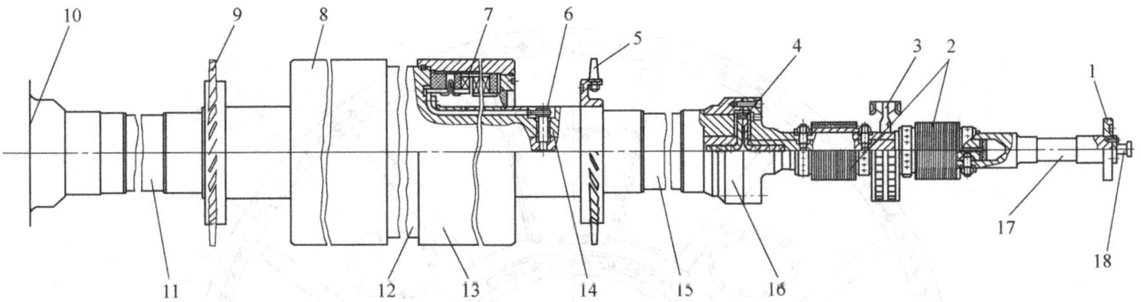

图 1-7 发电机转子装配图

1—平衡盘 2—集电环 3—离心式风扇 4—轴向导电杆联接螺钉 5—励端浆式风扇 6—绕组引出线和径向导电螺钉 7—转子绕组端部 8—汽端护环 9—汽端浆式风扇 10—汽端联轴器 11、15—汽端轴颈 12—转子本体 13—励端护环 14—轴向导电杆 16—励端联轴器 17—集电环端轴颈 18—测速齿轮

4. 端盖

外端盖内置主轴承、油密封装置和进油管。

主轴承和油密封装置用来支承转子，而进油管为主轴承和油密封装置供油。外端盖在水平轴线处分成上下两部分以便拆卸和安装。上、下端盖及端盖和机座之间的结合面均注入密封胶以防止氢气泄漏。

转轴穿过外端盖，从机座的两端伸出，以提供油密封装置来防止氢气泄漏。油密封装置装配在轴承的内侧，拆下外挡油盖即可方便的对轴瓦进行检查，且不会发生氢气泄漏。励磁端轴承座、密封座及油挡与发电机端盖绝缘，避免产生轴电流。端盖结构如图 1-8 所示。

5. 变压器

变压器是一种静止的电气设备，是电力系统输电、变电及配电时用以改变电压、输送交流电能的电气设备。其利用电磁感应原理，把一种电压等级的交流电能转换为频率相同的另外一种电压等级的交流电能。在火电厂中变压器是主要的电气设备之一，其主要类型包括主变压器、启/备用变压器、高压厂用电变压器及低压厂用电变压器等。

随着电力系统容量的增大及电压等级的提高，电能在输送和分配过程中，升压或降压的层次有递增趋势。变压器虽然效率很高（95% 以上），但每年电力系统中变压器的总能量损耗仍较大。因此，减少变压层次、经济合理的选用变压器容量、改善变压器的运行方式、提高变压器运行的可靠性，是变压器运行中的关键问题。

变压器一般由铁心、绕组、油箱、绝缘套管及冷却系统等组成。

1）铁心是变压器的磁路，铁心的材料一般采用高导磁性的硅钢片相互绝缘叠成。

2）绕组是变压器的电路部分，由铜或铝的绝缘导线绕制而成。低压绕组靠近铁心，高压绕组在最外层。在铁心柱上绕组按同心圆筒的方式套装，绕组间及铁心柱间有绝缘间隙和散热通道。铁心和绕组是变压器进行电磁能量转换的有效部分。

3）油箱是油浸式变压器的外壳，用钢板焊成。油箱内装满变压器油，变压器的铁心及绕组浸泡在油中。变压器油既起绝缘作用，又起冷却散热作用。大、中型变压器的油箱上另设一个储油柜，通过连通管与油箱相连，且上部装设一台呼吸器。正常时，储油柜内一半是油、一半是空气，变压器油受热膨胀后，储油柜的油面上升，上半部的空气通过呼吸器排入大气；冷却时，变压器油面下降，油与空气的接触面始终是储油柜的横截面，这样可减少油与空气的接触，使油的绝缘强度得到保证。呼吸器的下端装有能够吸收水分和杂质的吸湿

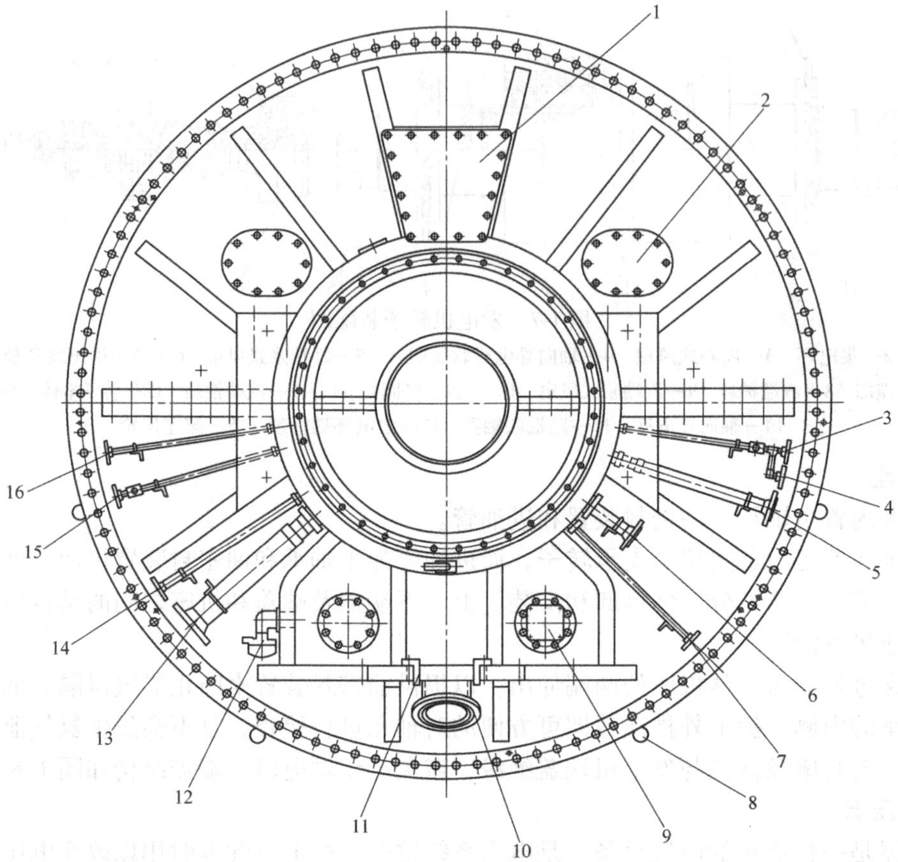

图 1-8 端盖结构图

1、2—观察孔 3—油密封空侧压力信号 4—油密封空侧压差信号 5—油密封空侧进油 6—轴承回油通气连结 7—高压油顶起进油 8—端盖定位块 9—视油窗 10—轴承回油 11—横向定位键调节块 12—浮球液位计 13—轴承进油 14—油密封氢侧进油 15—油密封氢侧压差信号 16—油密封空侧推力进油

器，储油柜的上部装有全密封式且带磁性的油位指示器，连通管中装设有能保护变压器的重要装置——气体继电器。

4）绝缘套管的作用是将变压器内部的高、低压引线引至油箱的外部。绝缘套管不但作为引线对地的绝缘，且担负着固定引线的作用。40kV 以下电压等级的变压器绝缘套管，一般以瓷质作为对地绝缘。60kV 及以上电压等级的变压器绝缘套管，目前多采用电容式绝缘套管，其内部可装设电流互感器。

6. 励磁系统

同步发电机的励磁系统，一般由励磁功率单元和励磁调节器两部分组成。

励磁功率单元为火电厂同步发电机提供直流电流，即励磁电流。励磁调节器根据输入的信号和给定的调节准则，控制励磁功率单元的输出。整个励磁系统是由励磁调节器、励磁功率单元和发电机构成的一个反馈控制系统。励磁调节器检测发电机的电压、电流和其他状态量，然后按给定准则对励磁功率单元发出控制信号，实现控制功能。

电力系统在正常运行时，发电机励磁电流的变化主要影响电网的电压以及与电网并联运行机组间的无功功率分配。

励磁调节器由基本控制和辅助控制两大部分组成：

（1）基本控制　基本控制由调差、测量比较、综合放大和移相触发单元组成，实现电压调节和无功功率分配等基本调节功能。

（2）辅助控制　辅助控制是为满足发电机不同的运行工况，改善电力系统稳定性而设置的，它包括励磁系统稳定器、电力系统稳定器和励磁限制器等。

励磁系统的任务，主要有以下几方面：

1）正常运行条件下，提高发电机励磁电流，并根据机组所带负荷的情况，相应调整励磁电流，以维持发电机机端电压水平。

2）使电网中并列运行的各机组所带的无功功率分配合理。

3）在电网故障造成发电机电压严重下降时，将励磁电流迅速增到最大值，以提高电力系统的暂态稳定性。

4）在机组突然解列甩负荷时，能将励磁电流迅速降到相应数值，以防止发电机机端电压过度升高。

5）在发电机内部发生短路时，能进行快速灭磁，将励磁电流迅速减到零值，以减轻故障对发电机的损坏。

6）在机组的不同运行工况下，要求对发电机实施过励磁限制和欠励磁限制，以确保发电机组的安全稳定运行。

汽轮发电机的刷架和集电环系统，是供给转子励磁电流的动静结合装置，对发电机的正常运行起着关键作用。刷架和集电环系统的工作效果，主要取决于电刷上恒压弹簧的压力、集电环线速度、集电环外表面粗糙度和跳动，因此应严格遵守制造厂图样和设备说明书等有关技术资料规定。此外，如振动、温度、湿度、粉尘和化学污染等因素对刷架和集电环系统的安全运行也有很大影响。

思　考　题

1-1　试述单元机组的特点。

1-2　试述中间再热机组采用单元制运行方式的原因。

1-3　试述火电厂自动控制的内容以及自控控制的组成。

1-4　试述火电厂 DCS 的组成及特点。

1-5　试述火电厂操作票制度、工作票制度的特点以及二者之间的关系。

1-6　锅炉热力系统主要包括哪些？各系统的作用是什么？

1-7　试述直流锅炉的特点。

1-8　试述锅炉燃烧器分类以及各类燃烧器的特点。

1-9　试述锅炉通风方式的分类及各类通风方式的特点。

1-10　汽轮机热力系统主要包括哪些？各系统的作用是什么？

1-11　试述汽轮机的分类原则及各类型机组的工作特点。

1-12　试述汽轮机滑销系统的分类及作用。

1-13　试述汽轮机轴封系统的作用。

1-14　试述旁路系统的分类及作用。

1-15　试述给水再循环管道的作用。给水系统的容量如何确定？

1-16　试述凝结水最小流量再循环管道的作用。凝结水泵容量选择的原则是什么？

第2章 单元机组的启动与停运

单元机组的启动与停运，是对火电厂热力设备及热力系统的加热和冷却过程。在启、停过程中，热力设备及系统的金属本身会产生温差（如径向方向、轴向方向），导致设备及系统的金属各部位热胀冷缩不均匀，从而产生热应力。当热应力超过允许值时（如一次应力、二次应力），设备及系统会产生疲劳损伤、裂纹，并影响使用寿命甚至损坏。因此，掌握单元机组启、停过程的热力特性，制订合理的机组启、停方式，是火电厂安全生产运行的重要工作。

2.1 单元机组的启动

单元机组的启动是指从锅炉点火开始，经过升温、升压、暖管，当蒸汽参数达到要求时，对汽轮机进行冲转、暖机、检查、升速，直至发电机并网带负荷的全过程。由于机组的启动是一个复杂的热量交换和传递过程（该过程属于工质非稳态换热过程），对设备及热力系统会产生较大的热冲击，且产生较大的热应力。因此，制订机组合理的启动方式，能够减小机组在启动过程中的热应力、热变形、胀差及振动等问题。在保证机组启动安全的前提下，尽量缩短启动时间、减少热损失、提高火电厂的经济性。单元机组属于炉、机、电纵向联系，是独立、完善的热力循环系统，故机组启动的各环节操作必须协调一致、互相配合，这样才能顺利、安全地完成机组启动的全过程。

2.1.1 单元机组启动方式分类

1. 按汽轮机冲转进汽方式分类

（1）高中压缸启动　冲转蒸汽同时进入汽轮机的高压缸和中压缸，对汽轮机进行冲转。该启动方式使高中压缸进汽均匀，对采用高中压缸合缸的机组特别有利，可使汽缸的分缸处加热均匀，减小汽轮机汽缸和转子的热应力。但该方式在机组启动初期，由于再热蒸汽温度较低，造成中压缸温升较慢，从而限制了机组的启动速度。

（2）中压缸启动　冲转蒸汽先进入汽轮机的中压缸，高压缸此时暂不进汽。为防止高压缸鼓风摩擦发热，应使高压缸启动过程处于真空状态。当机组达到一定转速或初带负荷后，再进行“倒缸”操作，逐步向汽轮机高压缸进汽，恢复机组正常的热力循环流程。该启动方式，克服了中压缸温升速度慢的问题，加快了机组启动时间；同时，有利于控制汽轮机启动时的胀差，并且减小机组启动时的热应力。但该启动方式操作复杂，需对机组进行高中压缸的切换操作。

2. 按控制汽轮机进汽阀门分类

（1）调节阀启动　在机组启动过程中，汽轮机主汽门保持全开，进入汽轮机的蒸汽流量由调节阀控制。该启动方式一般采用部分进汽，容易导致汽缸受热不均、温差较大。但机组在启动直至带负荷的过程中，无主汽门与调节汽门的切换操作，机组启动方便且运行安全。现代机组一般都采用调节阀启动，在机组冲转过程中保持汽轮机全周进汽，以减小机组启动过程中的温差和热应力。

（2）主汽门启动　在机组启动过程中，汽轮机调节汽门保持全开，进入汽轮机的蒸汽流量由主汽门控制。该启动方式可保证汽轮机全周进汽，使汽缸受热均匀、温差小。但机组在启动直至带负荷过程中，主汽门受到蒸汽强烈的冲刷，会导致主汽门关闭不严、严密性差等问题，当机组发生事故时，极易引起汽轮机的超速。

3. 按机组启动前金属温度分类

按机组启动前金属温度可分为：冷态启动、温态启动、热态启动和极热态启动。

由于我国引进型或国产引进型机组采用的汽轮机生产工艺及技术标准不相同，故对于按金属温度划分的启动类型也不相同，具体划分依据需根据各自的生产厂家规定来执行。

4. 按机组停机时间分类

1）机组停机时间超过 72h 后的启动，称为冷态启动。

2）机组停机时间在 8 ~ 72h 之间的启动，称为温态启动。

3）机组停机时间在 2 ~ 8h 之间的启动，称为热态启动。

4）机组停机时间在 2h 内的启动，称为极热态启动。

5. 按冲转蒸汽参数分类

（1）额定参数启动　从机组启动直至带负荷的全过程，冲转蒸汽参数始终保持额定值。采用该启动方式的机组冲转蒸汽参数高、工质损失大、蒸汽节流损失大、汽轮机调节级前后温差变化剧烈、冲转流量小、汽缸加热不均匀、汽轮机热应力大。故该启动方式已不被单元机组所采用。

（2）滑参数启动　利用低温（一定过热度）蒸汽对汽轮机进行冲转，蒸汽参数随机组冲转和机组接带负荷的变化而变化，当机组出力达到额定值时，蒸汽参数也达到额定值。采用该启动方式的机组冲转蒸汽参数低、工质损失小、蒸汽节流损失小、汽轮机受热均匀、所受热冲击小，设备利用率有所提高，启动时间随之缩短。故该启动方式已被单元机组广泛采用。

机组滑参数的启动方式，又可分为真空法和压力法两种。

1）真空法。机组启动前，将热力系统抽真空的范围一直建立到锅筒。采用该启动方式的机组抽真空时间长，且由锅炉控制机组的升速和升负荷过程，机组启动过程中易发生水冲事故。由于锅炉存在较大的热惯性，机组对外界负荷响应的时间有很大延迟，所以汽轮机升速率和升负荷速率都很难控制，故该方式已不被单元机组所采用。

2）压力法。机组启动前，将热力系统抽真空范围一直建立到汽轮机，锅炉点火升温、升压后，且待冲转蒸汽参数达到要求后，便可对汽轮机进行冲转。采用该启动方式的机组抽真空时间短，且冲转期间锅炉不会进行过大的燃烧调整，可有效避免水冲事故的发生。机组启动操作简单、控制方便，故该启动方式已被单元机组广泛采用。但由于该启动方式冲转蒸汽参数低，汽轮机初带负荷后需长时间进行暖机。

2.1.2　单元机组启动前的检查

单元机组启动前的检查和准备工作，是机组能否安全、顺利、快速启动的重要保障。准备工作是为了确认火电厂各设备及系统处于完好和预启状态，以便任意时刻都能投入运行。

故火电厂对机组启动前的检查和准备工作十分重视，该项工作完成的好坏，直接影响机组启动能否顺利进行。

1. 锅炉启动前的检查和准备工作

1）机组启动前，存在下列条件之一，锅炉禁止启动：

① 锅炉系统和设备的检修工作未结束，工作票未终结，或经检查、试运不合格。

② 机组设备存在严重缺陷，主要辅助设备故障或联锁保护试验不合格。

③ 锅炉主要检测仪表（如主蒸汽温度、主蒸汽压力、再热蒸汽温度、再热蒸汽压力、分离器水位、炉膛压力、锅炉总风量、总燃料量、给水流量、蒸汽流量、炉膛火焰的监测仪表）不能正常投入使用。

④ 锅炉炉膛安全监控系统（FSSS）不能正常投入运行。

⑤ DAS、DCS、MCS 系统异常，影响机组运行操作和监视。

⑥ 锅炉主要自动控制装置功能失去，或主要辅助设备的调节装置故障。

⑦ 锅炉任意一项主要安全保护传动不合格，或锅炉保护动作值不符合规定。

⑧ 热控信号系统故障，不能正常投入运行。

⑨ 锅炉及主要附属系统、设备、安全保护性阀门或装置（如锅炉安全阀、空气阀、事故放水门、燃油速断阀等）动作不正常。

⑩ 高、低压旁路系统不正常，无法满足锅炉启动要求。

⑪ 仪用压缩空气系统工作不正常，不能提供锅炉正常用气。

⑫ 锅炉发生灭火后，原因未查明，缺陷未消除。

⑬ 电除尘或脱硫、脱硝系统不正常，且短时不能修复。

⑭ 锅炉重要部位的保温不完善。

⑮ 全厂污水处理系统不能投入运行。

2）锅炉启动前，应具备以下条件：

除了上述禁止锅炉启动的条件外，锅炉启动前还应具备以下条件：

① 锅炉各平台、楼梯、栏杆、盖板均完好无损，通道内无杂物，检修安全措施及围栏应拆除，现场清洁完整。

② 锅炉本体各支吊架完整、牢固，未见变形及损坏，管道及容器保温完好，膨胀指示正确并已作好启动前的记录，照明及通信装置完整。

③ 燃烧器、煤仓间、磨煤机的油系统消防设施齐全，备用设备状态良好。

④ 确认各风烟、制粉、汽水等系统内无人工作、无遗留工具，各检修孔、人孔、看火孔门关闭严密。

⑤ 各系统阀门、挡板完整齐全，传动装置连接完好，限位装置完好，且开关灵活、指示正确并经校验合格。

⑥ 所有的安全阀完好并已拆除试验堵头，过、再热器水压试验堵阀打开。

⑦ 热工仪表信号投入正确，且试验用仪表已拆除。所有取样测量一次门完好，并处于打开位置。

⑧ 热工联锁保护自动装置投入运行，电气系统运行正常，电气联锁保护投入运行。

⑨ 各主、辅设备联锁保护传动试验结束，各项保护、联锁定值正确，设备联动正常，报警信号正常。各电动、气动阀门传动正常，检修后的辅机试运转完毕，且能够正常启动。

⑩ 汽水系统阀门的位置正确。

⑪ 根据锅炉启动前的检查卡，风烟系统阀门位置正确。

⑫ 暖风器及疏水系统具备投运条件。

⑬ 吹灰系统完好，并对其进行预暖，确保灰枪退出且备用设备状态良好。

⑭ 锅炉压缩空气系统投入正常运行，炉前燃油系统（等离子点火装置除外）的吹扫、雾化系统投入运行，点火前 2h 联系值班员投入炉前燃油循环。

⑮ 启动风烟系统 1h 前，联系脱硫值班员，脱硫烟气挡板无相关检修工作，烟气挡板全开。

⑯ 输煤、除灰、化学、脱硝值班人员完成对设备系统进行的检查准备工作。

⑰ 锅炉房辅助蒸汽系统投入运行，且应有可靠的备用汽源。

⑱ 制粉系统具备启动条件。

⑲ 高、低压旁路具备运行条件，且备用状态良好。

⑳ 除氧器及系统运行正常，且给水品质、温度均合格。

3）锅炉启动前，需准备的工作有以下几方面：

① 机组所有检修工作已结束，影响启动的全部工作票注销。

② 机组分散控制系统（DCS），应至少在锅炉点火前 5h 投入连续运行。

③ 所有变送器及测量仪表信号管路取样阀打开，排污阀关闭，所有仪表正常。

④ 投入辅汽、辅机冷却水、闭式循环冷却水及压缩空气系统，且工质参数正常。

⑤ 各辅机电动机测绝缘良好后，电源开关送至“工作”位置。机械部分无卡涩，润滑油的油质合格、油量充足，且冷却水、密封水等均正常。

⑥ 各电动、气动执行机构分别送电、接通气源，开关动作正常且开度指示与实际位置相符。

⑦ 锅炉炉膛内、烟风系统内确认无人，各人孔、检查孔均已关闭。管道支吊架牢固，且管道保温完好。

⑧ 锅炉本体各处膨胀指示器正常。

⑨ 厂房内各处照明良好，事故照明系统正常。

⑩ 除灰、除尘、吹灰装置备用，锅炉点火前 2h，投入电除尘灰斗加热、绝缘子加热及振打装置。

⑪ 锅炉各风门、挡板操作灵活，开度指示与实际位置相符。

⑫ 炉膛火焰监视及电视探头设备完整、位置正确、密封完好，冷却空气系统正常。

⑬ 检查机组蒸汽、给水、减温水、疏水等汽水系统正常，系统阀门调整到启动状态。

⑭ 检查制粉系统设备正常，原煤斗上装有一定的煤量，磨煤机液压油系统电加热投入运行，待油温合格后，投入油泵。

⑮ 点火燃油系统建立油循环，且运行正常。进行微油点火枪投运前的检查和试验，各阀门状态正确。

⑯ 微油/等离子点火系统所有检修工作已结束、工作票已终结，所有措施恢复且电源正常。系统各阀门处于正确状态，微油/等离子点火系统具备点火条件。

⑰ 脱硫、脱硝系统的检修工作已全部结束，工作已终结，所有措施恢复，且脱硫、脱硝系统具备启动条件。

⑱ 给水泵处于备用状态。

⑲ 按照锅炉启动前的设备系统检查卡进行检查，确认设备、系统状态正确，满足锅炉启动要求。

2. 汽轮机启动前的检查和准备工作

1）汽轮机启动前的基本要求，有以下几方面：

① 机组大、小修后的启动，应由总工程师主持，发电部、设备部领导及相关技术人员参加。

② 机组正常启动时，由值长统一指挥，并主持集控人员按规程启动。发电部专工负责现场技术监督和技术指导。

③ 机组大、小修后的启动前，应检查有关设备和系统的变动、竣工报告以及油质合格报告是否齐全。

④ 确认影响机组启动的检修工作全部结束，工作票全部收回，现场卫生符合标准，有关检修的临时工作平台拆除，且冷态验收合格。

⑤ 主要附属设备试验合格。

⑥ 机组大、小修后，由设备部负责统一协调安排，发电部配合作各阀门的传动试验。

⑦ 联系热工人员做好有关设备、系统的联锁保护试验工作，并作好记录。

⑧ 所有液位计明亮清洁，各有关压力表、流量表及保护仪表信号一次门全部开启。

⑨ 各转动设备轴承油位正常，且油质合格。

⑩ 所有电动门、调门、调节挡板送电，显示状态与实际相符，控制气源投入。

⑪ 各保护装置、自动调节装置及热工信号装置良好，热工人员将所有热工仪表、信号、保护装置送电。

⑫ 机组启动专用工具、仪器、仪表、各种记录表纸及启动用操作票等已准备齐全。

⑬ 所有电气设备绝缘合格，外壳接地线完好。各种有关的操作电源、控制电源、仪表电源等均应送上且正常。

⑭ 厂区消防系统正常。

2）汽轮机出现下列情况之一，机组禁止启动：

① 影响汽轮机启动的系统和设备检修工作未结束，且工作票未注销。

② 汽轮机主要联锁保护试验不合格，保护动作值不符合规定。

③ DCS、DEH、TSI（汽轮机监测仪表系统）或其他控制装置工作不正常，影响汽轮机启动或正常运行。

④ 汽轮机主要监测仪表监视功能不能正常运行。

⑤ 任一高中压主汽门、调门、高排逆止门、抽汽逆止门、高排通风阀，存在关闭不严、卡涩或动作失灵。

⑥ 交直流润滑油泵、高压备用密封油泵、EH 油泵、顶轴油泵任一故障或其相应的联锁保护试验不合格。

⑦ 盘车装置故障、盘车盘不动或盘车电流超限。

⑧ 转子偏心度大于原始值的 ±0.02mm。

⑨ 盘车时，汽轮发电机组动静部分有明显的金属摩擦声或其他异响。

⑩ 汽轮机润滑油、EH 油箱油位低于规定值，或油质不合格。

⑪ 高中压缸的外缸，上下缸温差大于 50℃。高中压缸的内缸，上下缸温差大于 35℃。

⑫ 主机危急保安器动作不正常，或任一超速保护不能可靠动作。

⑬ 调速系统不能维持机组在空载负荷或甩负荷后机组的转速，不能控制转速在危急遮断器动作值以下。

⑭ 高中压缸胀差超过规定值（如某 660MW 超临界机组，高中压缸胀差规定大于 10.3mm 或小于 -4mm）；低压缸胀差超过规定值（如某 660MW 超临界机组，低压缸胀差大于 27mm 或小于 -3.5mm）。

⑮ 汽水品质不符合要求。

⑯ 发电机定子冷却水系统有故障，或水质不合格。

⑰ 发电机密封油、氢冷系统故障，或氢气纯度、湿度不合格。

⑱ 厂用、仪用压缩空气系统工作不正常。

⑲ 汽轮机主要保温不完善。

⑳ 高、低压旁路阀门关闭不严，或动作不正常。

㉑ 有其他威胁机组安全启动或安全运行的严重缺陷。

3）汽轮机启动前应做的检查和准备工作，有以下几方面：

① 机组检修工作结束，所有工作票终结，且现场清洁无杂物。

② 机组大、小修后，有关设备、系统的更改应有设备异动报告。

③ 运行人员应在各系统、设备试运转时参与验收工作，在验收时应对设备进行详细的检查，完成验收工作后，方可办理工作票终结手续并做好记录。

④ 在验收中发现设备存在缺陷，且不能确保机组安全运行时，应及时向有关部门提出。设备缺陷在投运之前必须消除，并将缺陷情况输入缺陷管理系统备案。

⑤ 集控室控制盘、就地控制盘柜等齐全完整，各指示灯指示正确，声光报警装置完好。各操作盘上的仪表、键盘、操作手柄、按钮等完整好用。DCS 显示器清晰，厂房内外各处照明良好，室内有可靠的事故照明设备。

⑥ 各主、辅设备有关电气、热工联锁和保护试验已完成并合格，各电动、气动阀门已调试完毕，且开关方向正确。

⑦ 检修后的辅机已分部试运行且正常。

⑧ 楼梯、栏杆、平台完整牢固，通道及设备周围无妨碍工作和通行的杂物。

⑨ 所有系统连接完好，管道支吊架牢固，且管道保温完好。

⑩ 各处临时围栏、标示牌及各种管道上的临时堵板均已拆除。

⑪ 消防设施完备，厂区消防系统正常。

⑫ 所有就地测量装置一、二次门开启，表计指示正确。

⑬ DCS、DEH、TSI 等控制、监视系统投入正常，DCS 画面上各参数指示正确。

⑭ 各油箱的油位正常、油质合格，各转动设备轴承油位正常、油质合格。

⑮ 汽轮机启动前，必须核对汽轮机保护装置的投入情况。

⑯ 此外，在汽轮机启动前的准备和检查工作中，还应重点检查以下项目：

a. 汽轮机高中压主汽门、调门及其控制执行机构正常。

b. 汽轮机滑销系统正常，缸体能自由膨胀。

c. 主油箱事故放油阀关闭。

4）汽轮机启动前机组需进行的试验，有以下几方面：

① 机组大联锁试验。

② 主机联锁保护试验。

③ 各辅助系统联锁保护试验。

④ 汽轮机交直流润滑油泵、高压备用密封油泵联锁试验。

⑤ EH 油泵联锁试验。

⑥ 顶轴油泵联锁试验。

⑦ 高、低压旁路系统试验。

⑧ ETS 通道试验。

⑨ OPC 电磁阀试验。

⑩ 汽轮机调节系统静态试验（调节系统检修后进行）。

⑪ 各电动门、气动门、调节门的全行程开、关试验。

3. 发电机启动前的检查和准备工作

1）发电机启动前，需进行的检查和准备工作，有以下几方面：

① 发电机、励磁系统的检修工作已全部结束，工作票收回。临时安全措施已全部拆除，常设遮栏及标示牌均已恢复，并有检修人员核对设备可以投运的书面报告。

② 发电机、电流互感器、电压互感器、封闭母线、励磁系统及避雷器各部分清洁、无杂物、无积水、无漏油及漏气现象。

③ 发电机一、二次回路接线正确牢固，无松动和脱落现象，电流互感器二次端子箱均可靠封闭。

④ 发电机外壳、封闭母线外壳、发电机出口电压互感器柜、励磁变压器柜、主变外壳、高厂变外壳、中性点接地变压器柜已可靠接地，接地线紧固、无断线和松动现象，各绝缘垫无破损，且保持清洁干燥。

⑤ 发电机大轴接地电刷接触良好，无破损、松动及卡涩现象。

⑥ 发变组（发电机变压器组）系统无报警信号，发电机各部位温度与所处状态相对应。

⑦ 发电机气密试验合格，氢气置换完毕，氢气纯度≥98%，压力为 0.3MPa，无漏氢现象，发电机氢气湿度合格。检查发电机氢气冷却器已投入运行，检查氢气干燥器投入运行，氢气湿度仪运行正常。

⑧ 备用的二氧化碳充足。

⑨ 发电机定冷水系统运行正常，定冷水水质合格，定冷水系统各部无渗水、漏水现象。

⑩ 发电机液位开关正常，液位开关视窗内无油、水，液位开关无报警信号。

⑪ 发电机出线罩通风机投入运行，且风机运行正常。

⑫ 封闭母线微正压装置投入运行，维持封闭母线内压力在 0.3～1.5kPa。

⑬ 发电机密封油系统投入运行，油氢压差为 85kPa，密封油供油温度≥40℃，密封油回油温度≤70℃。

⑭ 发变组保护装置、同期装置、厂用电切换装置、电能计量装置、故障录波器、发电机接口柜的接线牢固，柜内外清洁无杂物。各装置无报警、跳闸信号，各保护按规定投入。

⑮ 发电机出口断路器、发电机出口隔离开关在分闸状态。发电机出口隔离开关、发电机侧接地刀开关在分闸状态，发电机出口断路器操作机构储能正常，SF_6（六氟化硫）气压

合格、压力在850kPa左右。

⑯ 发电机出口避雷器柜的三相短路接地线已全部拆除。

⑰ 发电机出口电压互感器、高压熔断器完好并投入，发电机出口电压互感器一、二次回路连接牢固，二次插头接好、二次小开关合好且柜门关闭严密。

⑱ 发电机中性点消弧、变压器引线接地牢固，柜内外清洁无杂物。中性点刀开关确认已合好，并用销钉锁定。

⑲ 发电机局部放电监测仪投入运行，且无异常报警。发电机绝缘工况监测仪投入运行，无异常报警和漏气现象。

⑳ 发电机滑环、电刷投入运行前，需按规定进行全面、细致的检查。消防器材的布置应符合消防要求，且各处照明充足。

2）发电机启动前，还需确认以下试验合格：

① 发电机出口断路器分、合闸试验合格。

② 发电机出口断路器、隔离开关，两组冷却风机启停正常。

③ 配合继电保护人员做发电机的保护传动试验结果正常。

④ 配合继电保护人员做励磁回路的保护联锁试验结果正常。

⑤ 励磁装置整流柜、冷却风扇启停试验正常，冷却风扇两路电源切换试验正常。

⑥ 核对励磁系统的一次回路极性，结果正确（新投入运行或大修后）。

⑦ DCS报警试验正常，软光字牌正常。

⑧ 柴油发电机启动试验及事故照明切换试验正常。

⑨ 机组保安PC段联锁切换试验正常。

⑩ 热工联锁保护及机炉电大联锁试验正常。

⑪ 发电机新投入运行或大、小修后定子内冷水的水压试验合格。

⑫ 发电机新投入运行或大、小修后发电机气密的试验合格。

⑬ 发电机新投入运行、大修后或同期回路检修后，假同期试验合格。

3）发电机启动前，对其他附属系统的检查工作如下：

① 确认直流系统运行正常（如某厂660MW机组直流110V系统，电压范围在117～122V；直流220V系统，电压范围在230～235V。）。

② 确认UPS系统运行正常、可靠。

③ 确认柴油发电机热备用状态良好。

④ 确认主变、高厂变、高公变运行正常，无报警信号。6kV厂用段和公用段母线电压正常。

⑤ 确认停机变空载运行正常，无报警信号。

⑥ 确认各低压厂用变压器运行正常，各380V PC段、MCC段、保安MCC段、阀门配电屏运行正常。

2.1.3 单元机组冷态启动

1. 直流锅炉启动特点

（1）启动阶段应进行锅炉清洗　对于运行中的锅炉，给水中的杂质除了一部分溶于蒸汽被带出之外，其余部分都沉积在受热面上。因此，超临界锅炉除了对给水品质要求严格外，还应在启动阶段进行冷态和热态的清洗。清洗的污垢主要有两部分，一部分为锅炉本身及循环系统在停运期间生成的产物，另一部分为运行中受热面上沉积的盐垢。

（2）启动期间，直流锅炉需维持足够的启动流量　直流锅炉启动时，由于没有自然循环回路，故超临界锅炉受热面的冷却方式，是从锅炉开始点火就必须连续、不间断地向锅炉供水，且保持一定的流量和压力（消除直流锅炉脉动的影响），以保证受热面得到安全、连续的冷却。启动流量的选择，一般在保证受热面可靠冷却和工质流动稳定的前提下，应尽可能选得小一些，以免启动时间过长，减少启动中工质和热量的损失。通常，直流锅炉的启动流量为25%～30% MCR。

（3）启动过程中，直流锅炉会发生短暂的汽水膨胀现象　直流锅炉启动点火后，水冷壁内工质温度逐渐升高，达到饱和温度时开始汽化，这时工质的比体积会突然增大很多倍。达到汽化点以后的水将从锅炉内被排挤出去，这时进入启动分离器的工质流量要比给水量大得多，这种现象称为直流锅炉启动中的汽水膨胀现象。启动中主要通过控制燃料投入的速度和避免给水温度的突然升高，来控制工质的膨胀程度，从而保证锅炉启动分离器水位的基本稳定。运行实践证明，在汽水膨胀开始前，适当减少燃料量，可以减小工质膨胀高峰时的膨胀量。

（4）启动时间短、速度快　直流锅炉是由许多小管径且管壁较薄的管子组成，无厚壁锅筒限制升温速度，因而升温可快速进行，即允许快速启动。从冷炉点火至锅炉达到额定参数，锅炉本身的启动时间一般仅需40～45min。

2. 锅炉上水

锅炉点火前，应首先向锅炉上水。锅炉的上水方式，可分为以下几种：

1）静压上水。机组冷态（或温态）启动时，不再启动电动给水泵，而是首先采用除氧器充压法向锅炉进水，代替电动给水泵向锅炉上水。当汽水分离器起压后，静压上水困难时，可以启动汽泵前置泵，增加上水压头。

2）由于汽泵的前置泵出口扬程低，当分离器压力接近0.15MPa时，前置泵无法进一步满足锅炉给水压力的需要。这时直接启动汽动给水泵（这时小汽轮机汽源为高压辅汽集箱来汽），利用小汽轮机升速、暖机的过程，可进一步提高给水压力，以满足锅炉供水的需要。当负荷升至一定值时（大约为30% MCR左右），进行小汽轮机汽源的切换（即从高压辅汽集箱来汽切换至四段抽汽）。

3）锅炉进水温度一般应控制在110℃及以下，且需严格控制进水速度。夏季进水时间应不小于1.5h，冬季进水时间应不小于2.5h。当水温与启动分离器壁温的温差大于50℃时，应适当延长进水时间。同时，冬季进水流量应控制在100t/h，夏季应控制在150t/h。

3. 直流锅炉的冷态清洗

锅炉冷态启动前必须进行水清洗，以除去沉积在受热面上的杂质、盐分和铁锈，直至炉水品质达到允许锅炉点火启动的要求。

（1）冲洗流程　化学除盐水→凝汽器热井→凝结水泵→凝结水精处理系统→轴封冷却器→低压加热器→除氧器→给水泵→高压加热器→省煤器→水冷壁→启动分离器→贮水箱→排放至疏水扩容器→冷凝水箱→机组排水槽。

（2）冲洗方法　除氧器冲洗合格后，给水先通过高压加热器旁路（后投主路），向锅炉进水至启动分离器正常水位，然后通过水冷壁进口集箱、启动分离器、贮水箱及排污阀排放，当水排放干净后再向锅炉送水冲洗，如此反复排放至出口水中含铁量小于500μg/L，一般在200～300μg/L时将水返回凝汽器热井循环冲洗，利用凝结水精处理装置除去清洗水中的铁。当启动分离器出口水中含铁量降至100μg/L后认为锅炉冷态清洗完成，可转入热态冲洗。当热井与启动分离器间建立循环后，应投入给水泵入口加氨处理设备，控制冲洗水pH值为9.0～9.5。

（3）冷态清洗合格标准　省煤器入口水中含铁量小于50μg/L，启动分离器出口水中含铁量小于100μg/L。冷态冲洗结束，需保证直流锅炉的流量为30%MCR。

4. 直流锅炉热态清洗

随着锅炉工质温度的升高，工质中铁含量逐渐增加，如果给水中铁含量超过100μg/L，则必须对锅炉进行热态清洗。

（1）冲洗流程　给水系统→省煤器→水冷壁→启动分离器→贮水箱
↓
除氧器←疏水扩容器→机组排水槽

（2）冲洗方法　当锅炉水冷壁出口水温达到一定温度时，就可对锅炉进行热态清洗。热态清洗时投入5%BMCR的热负荷，增加给水流量，使水冷壁的循环冲洗流量达到600t/h左右，且应使除氧水尽可能达到对应压力下的饱和温度。同时，加入联氨，调节清洗水的pH值范围在9.0～9.5。当启动分离器、贮水箱中取样分析铁含量小于500μg/L时，将水回收至除氧器，投入凝结水精处理系统，直至启动分离器、贮水箱中取样分析铁含量小于50μg/L时，热态水冲洗结束。单元机组热态清洗应在工质汽水膨胀结束后进行。

5. 直流锅炉旁路系统（启动分离系统）

汽轮机在启动初期的冲转和暖机过程中，要求维持一定的蒸汽压力和蒸汽流量。为解决直流锅炉机组启动时，炉、机对蒸汽参数要求不一致的矛盾，维持一定的启动参数，并保证进入汽轮机的蒸汽具有对应压力下50℃以上的过热度，同时回收工质和热量，减少启动过程中的工质和热量损失，直流锅炉都配置专门的启动分离系统（启动旁路系统）。直流锅炉的旁路系统是超临界机组的一个重要组成部分，由于直流锅炉没有固定的汽水分界面，在锅炉启动过程中及低负荷运行时，给水量会低于炉膛受热面保护和维持稳定流动所需的最小流量，因此必须在炉膛内维持一定的工质流量以保护水冷壁不致过热和超温。

设置旁路系统的主要目的，是为了在锅炉启动、低负荷运行及停炉过程中，通过旁路系统建立并维持炉膛内最小流量，以保持受热面水动力稳定和传热不发生恶化，特别是防止发生亚临界压力下的偏核态沸腾和超临界压力下的类膜态沸腾现象，保护炉膛水冷壁，同时满足机组启动及低负荷运行的要求。

下面对直流锅炉启动旁路功能进行简要介绍，直流锅炉的启动旁路系统主要有以下功能：

（1）辅助锅炉启动　建立冷态和热态循环清洗工况，建立启动压力与启动流量。

（2）协调机、炉工况　满足直流锅炉启动过程中要求的流量与压力，满足汽轮机启动过程中，机组需要的蒸汽流量、压力及温度。

（3）热量与工质回收　借助启动旁路系统，回收启动过程中锅炉排放的热量和工质。

（4）安全保护　直流锅炉的启动旁路系统，不应是功能越全面越好，而是要根据机组容量、参数及承担电网负荷的性质等因素合理的选定。此外，启动旁路系统在运行中的效果还与锅炉、汽轮机、辅机的性能有关，主机、辅机与系统的性能统一，才能达到预想的功能。总之，启动系统的选型要综合考虑其技术特点、系统投资及火电厂运行模式等因素。此外，直流锅炉启动旁路系统有内置式启动分离器和外置式启动分离器。

6. 风烟系统启动

锅炉风烟系统的启动，一般步骤如下：

1）启动锅炉的空气预热器，待空气预热器运行正常后，将其导向轴承油站的冷却水投入运行，将空气预热器辅助蒸汽吹灰系统进行暖管。

2）根据环境温度决定是否投入暖风器，启动风机前暖风器如投入，则需提高供汽压力。

3）启动火检冷却风机，同时将另一台投入备用状态，检查冷却风母管压力并维持规定值。

4）启动送、引风机。确认第一台引风机启动条件满足后，启动第一台引风机，调节动叶开度维持炉膛负压在 -100 ~ -150Pa；确认第一台送风机启动条件满足后，启动第一台送风机。

5）确认第二台引风机启动条件满足，同时就地检查第二台引风机不倒转后，启动第二台引风机，调节两台引风机静叶至相同负荷，保持炉膛负压在 -100 ~ -150Pa，将炉膛压力控制投入自动。确认第二台送风机启动条件满足后，同时就地检查第二台送风机不倒转，启动第二台送风机，同时调节两台送风机动叶角度，使两台送风机负荷相同，保持总风量在30% ~40% BMCR。

6）联系辅网启动燃油泵，建立锅炉燃油系统循环，控制燃油循环压力为规定值，并进行燃油泄漏试验。

7）利用微油点火的锅炉，其燃油泄漏试验前，应具备如下条件：

① 锅炉燃油进油快关阀关闭。

② 所有油枪进油角阀关闭。

③ 燃油压力正常。

8）锅炉燃油泄漏试验的具体步骤如下：

① 燃油泄漏试验开始，开启进油快关阀，燃油压力控制阀全开，同时关闭回油阀，对炉前燃油母管充油 30s。

② 充油 30s 计时结束，关闭进油快关阀，180s 泄漏试验计时开始。

③ 如果在泄漏试验过程中，油压小于 1.0MPa，则泄漏试验失败，油压下降过快，应查明原因，然后再重做泄漏试验。

④ 在泄漏试验计时周期内，燃油压力仍大于 1.0MPa，则开启回油阀，泄油 30s 后，计时 30s 作进油快关阀泄漏试验。30s 内进油快关阀后压力大于 1.0MPa，油泄漏试验完成；如进油快关阀后压力小于 1.0MPa，则油泄漏试验失败，需消除原因后重新作油泄漏试验。

7. 锅炉吹扫

1）锅炉点火前及停炉后都要对其进行吹扫，锅炉吹扫条件主要包括：

① 任一台引风机运行。

② 任一台送风机运行。

③ 任一台空气预热器运行。

④ 所有给煤机全停。

⑤ 所有磨煤机全停且其出口快关挡板全关。

⑥ 所有一次风机全停。

⑦ 火检冷却风压力正常。

⑧ 所有油枪的油角阀关闭。

⑨ 所有火检无火。

⑩ 燃油进油快关阀关闭。

⑪ 锅炉总风量在30%～40%MCR。

⑫ 无MFT跳闸指令。

⑬ 炉膛压力正常。

2）当以上吹扫条件全部满足后，在操作画面上指示“吹扫准备就绪”信号，运行人员在操作画面上发出“启动炉膛吹扫”指令，炉膛吹扫开始。操作画面上指示“炉膛吹扫进行中”，吹扫计时器开始倒计时，吹扫时间为300s。

3）在吹扫过程中，FSSS逻辑连续监视吹扫允许条件，当吹扫条件不满足时，炉膛吹扫自动终止，吹扫重新计时。此时应检查不满足要求的吹扫条件，条件满足后对锅炉进行重新吹扫。

4）当所有吹扫条件全部满足且持续300s吹扫完成后，在操作画面上指示“吹扫完成”信号，锅炉吹扫结束。

5）炉膛吹扫完成后，确认所有二次风挡板均自动至点火位。锅炉MFT复位，在“炉膛吹扫及MFT复位”画面上确认信号无报警。

6）开启燃油系统供油快关阀及回油调节阀（或等离子系统），锅炉准备点火。

7）当锅炉吹扫结束后点火前，其还应具备以下条件：

① 锅炉MFT复位。

② 任一给水泵已投入运行且工作正常。

③ 冷、热态冲洗结束，且水质合格。

④ 主给水量不小于最低启动流量。

⑤ 炉前燃油系统压力控制在1.3MPa左右。

⑥ 等离子系统或微油点火系统已具备点火条件。

⑦ 总风量：30%MCR＜总风量＜40%MCR。

⑧ 火检冷却风机已投入运行，且火检冷却风压力正常。

⑨ 炉膛烟温检测装置运行正常。

⑩ 炉膛监视电视送电，且冷却风正常。

⑪ 锅炉吹扫完毕。

⑫ 按照锅炉启动前检查卡的要求进行全面检查，锅炉各系统、阀门状态正确。

⑬ 将高、低压旁路阀，及高、低旁路减温水投入自动控制。

⑭ 投入辅汽供空气预热器吹灰系统。

⑮ 根据实际情况，决定是否投入暖风器系统。

⑯ 全面检查记录锅炉膨胀指示数据。

8. 锅炉点火

（1）微油点火　锅炉微油点火（即采用微油枪点火），一般操作步骤如下：

1）确认炉前燃油系统检查卡中内容已执行完毕，在锅炉满足点火条件后，对锅炉进行点火操作。

2）导通一次风通道，启动一台密封风机和一次风机，开启微油燃烧器助燃风门，保证助燃风压力维持在规定值。

3）维持辅助蒸汽压力在较高压力下，逐步开大暖风器来汽阀门，暖风器投入运行，同时调节微油燃烧器周界风门在5%～10%开度。

4）调节总风量至30%～40%MCR，确认二次风门自动控制正常。

5）打开微油点火系统供油关断阀及回油调节阀，建立油循环并调整微油母管压力。

6）投油条件满足后，启动锅炉油枪，确认油枪燃烧状况、火检运行状况良好。观察火焰电视可正常监视到炉膛的燃烧状况，确认燃油母管压力正常。

7）按照机组冷态启动曲线进行升温、升压，汽水分离器金属内壁温升变化率不大于5℃/min，内外壁温差的变化率不大于25℃/min，各相邻屏间温差不大于50℃。

8）若点火失败再次进行点火，需重新进行吹扫。

9）锅炉点火后，确认已全开过热器、再热器疏水阀。

10）调整风量使燃烧稳定，检查燃烧器室和中心筒壁温，严格控制炉膛出口烟温不超过540℃（防止再热器干烧损坏）。

11）锅炉点火后，应投入空气预热器连续吹灰，并注意监视空气预热器冷端平均温度。

12）锅炉点火后，确认高、低旁路控制压力、温度变化速率，高、低旁减温器正常投入运行。

13）检修或长期停运后启动，要严格监视锅炉的受热膨胀情况，从点火直到带满负荷，做好膨胀记录，发现问题及时汇报。

（2）等离子点火　锅炉等离子点火，一般操作步骤如下：

1）导通一次风通道、启动一台密封风机、一次风机，调整一次风机动叶开度，维持一次风压在规定值。

2）调节磨煤机入口风量及一次风管风速在规定值，维持辅助蒸汽压力在较高状态，逐步开大磨煤机暖风器来汽阀门，暖风器投入运行，尽量保证磨煤机入口风温在150℃以上。

3）投入大风箱压差自动控制系统，同时调节等离子燃烧器周界风门开度。联系检修人员，将磨煤机出口分离器挡板开度调至45°。

4）投入等离子冷却水系统及压缩空气系统，并保持各自压力在规定值。

5）按等离子点火装置的启动程序顺序，启动等离子发生器。调节电弧功率在280kW左右、电流在300～500A、电压在360～400V。在煤粉着火稳定后，为延长等离子发生器阴极的使用寿命，可适当降低等离子发生器电流至280A，电压降至300V。降电压要多次微调，否则容易引起断弧。

6）将对应启动的磨煤机切换至“等离子”运行方式，就地观察等离子燃烧器的燃烧情况及火焰稳定情况。

7）按锅炉升温、升压的规定，视磨煤机出口温度的情况增加给煤机煤量，为保证入炉煤的完全燃烧，一般情况下应保持磨煤机出口温度在65℃以上。

8）调整一次风量，监视周界风门开度。根据就地观察的等离子燃烧器燃烧情况和火焰稳定情况，确定合理的一次风速及二次风门开度。

9）根据机组运行要求，增大或减小启动磨煤机的出力。同时，根据火焰燃烧情况对一、二次风进行调整。

10）等离子点火燃烧器投入运行初期，要注意观察火焰的燃烧情况、电源功率的波动情况及等离子点火燃烧器管壁温度。冷态启动时，二次风门一般在等离子燃烧器投入运行0～30min时开度尽量小，以提高初期燃烧效率。随着炉温的升高，逐渐开大风门，防止烧坏燃烧器，燃烧器壁温原则上应控制在500～600℃为宜。

11）投入等离子燃烧器后，为防止可燃气体沉积在未投入燃烧器的邻角而产生爆燃，应适当开启邻角下二次风，使可燃气体及时排出炉膛。

12）等离子点火燃烧器投入运行时，应注意观察并记录烟温检测装置的温度。且在等离子燃烧器投入运行的初期，为控制温升，上部二次风门要适当开大，防止再热器系统超温。

13）加强炉内燃烧状况监视，不可单凭火焰监视器判断，应实地观察炉膛燃烧情况，发现炉内燃烧恶化、炉膛负压波动大，应采取相应调整措施。若炉膛燃烧仍然不好，应立即停止煤粉输送，必要时停止等离子发生器，经充分通风、查明原因后再重新投入。

14）等离子燃烧器运行期间，必须定期化验飞灰含碳量，防止大量不完全燃烧物聚积在尾部烟道造成二次燃烧。

15）在锅炉升温、升压过程中，对锅炉的膨胀情况应加强检查并记录，同时应加强空气预热器的吹灰。

16）当磨煤机在“等离子”方式下运行时，等离子发生器中任意一支发生断弧时，光字牌将发出声光报警，此时应检查并确认断弧角出口门关闭，同时检查断弧原因。如因电极材料耗尽引起的断弧应尽快更换电极，恢复等离子发生器的运行。

17）当磨煤机在“等离子”方式下运行，等离子发生器中的任意两支发生断弧时，机组将自动保护并停止磨煤机的运行，此时应仔细检查断弧原因，待问题解决后重新启动。

18）当锅炉负荷升至最低不投油负荷以上，且等离子发生器在运行状态时，应及时将磨煤机运行方式切换至“正常”，防止因等离子发生器断弧而造成磨煤机跳闸。

19）当一次风温满足磨煤干燥要求后，应及时切换至热一次风系统。

20）投入捞渣机系统，燃烧器壁温经检查正常，根据机组冷态升温、升压曲线，逐渐增加给煤机出力。机组并网后，当启动磨煤机的煤量达一定值时，应及时启动另一台磨煤机。锅炉升温、升压阶段，有疏水及蒸汽进入排汽装置进行疏水扩容时，应及时投入扩容器的减温水。汽水分离器起压后，高压旁路、低压旁路压力控制检查正常，高压旁路、低压旁路阀后温度正常。

9. 锅炉升温升压

锅炉的升温、升压速率控制，主要是根据锅炉升温、升压曲线的要求来确定。其目的是将锅炉受热部件及汽轮机本体部件的热应力控制在允许的范围之内。锅炉受热部件的热应力，是根据锅炉中的汽水分离器及主蒸汽管道中厚壁管区的内外壁温差所引起的应力而综合考虑确定的。

机组冲转后，锅炉的升温、升压速率则是根据冲转、升速和汽轮机增负荷的要求来进行。此时，锅炉的升温、升压速率主要受汽轮机热应力的限制。

图 2-1 所示为某超临界直流锅炉冷态启动曲线，由图可知汽轮机冲转时，锅炉的流量为185t/h、主蒸汽压力为8.92MPa、温度为360℃，再热蒸汽压力为1.0MPa、温度为320℃。锅炉满负荷运行时蒸汽的压力为25.4MPa、温度为566℃。

在锅炉升温、升压的同时，应根据汽轮机旁路系统设置的特点，相应投入旁路运行。

单元机组采用旁路系统在机组冷态启动时，通过改变新蒸汽流量，协调机组滑参数启动和停机不同阶段的蒸汽参数匹配，可缩短启动时间。汽轮机每次启动和负荷骤变时，其寿命损耗不同。如机组冷态启动和热态启动两者寿命损耗相差 10 倍左右，金属温度变化速率小，汽轮机寿命损耗就少。故可通过旁路系统的调节，满足启、停机时对汽温变化速率的要求，并严格控制汽轮机金属温度变化速率，减少汽轮机寿命损耗，延长汽轮机使用寿命。表 2-1 为某火电厂不同工况下机组寿命损耗情况的统计。

表 2-1　不同工况下机组寿命损耗情况

机组工况类别	次　数	点火至满负荷时间/h	寿命消耗/次	总寿命损耗（%）
冷态启动	500	5～6	0.00008	4
温态启动	4000	2～3	0.000065	26
热态启动	5000	1～1.5	0.00003	15
极热态启动	500	<1	0.000014	0.7
负荷骤变（阶跃）	12000	—	0.000005	6

此外，旁路系统还可在机组跳闸、甩负荷、电网故障和停机不停炉时，保护再热器并防止再热器处于干烧状态。旁路系统在机组启动时，可将多余的蒸汽回收到凝汽器，避免高压蒸汽对空排放产生的噪声污染。

10. 暖管

单元机组冷态启动前，其管道、阀门、设备及连接件等金属温度均为环境温度。暖管是锅炉点火后，利用所产生的低温蒸汽，对主蒸汽系统、再热蒸汽系统、汽轮机法兰螺栓加热装置、轴封供汽系统等进行预热的过程。其目的是减小机组启动时，对管道产生过大温差而造成热应力超标。在进行暖管操作时，应注意管道的疏水，当蒸汽流入环境温度的管道时，会放热且凝结成水，如果这些凝结水不能及时排出，便会引起管道的水冲、振动和晃动。如果这些凝结水被高速蒸汽带入汽轮机，则将发生汽轮机的水冲事故。同时，合理的疏水方式，还可以提高蒸汽温度，加快暖管速度。故机组启动时，需预先暖管并充分排放管内疏水，以确保机组启动的安全。

在暖管过程中，主蒸汽管道、再热蒸汽管道中的疏水，一般经疏水扩容器排至凝汽器。此时凝汽器已接带负荷，故循环水泵、凝结水泵及抽真空设备应在暖管操作前投入运行。如因设备故障影响机组的真空时，应立即关闭导向凝汽器的所有疏水阀，并开启所有排大气疏水阀。高参数、大容量机组的主汽门和调节门体积大、形状复杂、壁厚不均，易因过大的热应力而产生裂纹，所以在暖管时应注意温升速度，或对主汽门和调节门采用预暖方式。

11. 汽轮机冲转及升速

本阶段是汽轮机转子由静止（或从盘车状态）状态变化到高速转动状态，同时汽轮机本体金属由冷态变化到热态的过程。汽轮机冷态冲转前，需先对 DEH 主控制器画面的阀位、主断路器及机组状态进行确认，其主要内容见表 2-2。

表 2-2　某火电厂 DEH 主控画面的状态信号的确认

棒　　图	状　　态	棒　　图	状　　态
高压主汽门阀位指示	0% 阀位	汽轮机状态	跳闸
高压调节门阀位指示	0% 阀位	阀门控制方式	单阀
中压主汽门阀位指示	0% 阀位	发电机功率控制回路	切除
中压调节门阀位指示	0% 阀位	主蒸汽压力控制回路	切除
主断路器	解列	DEH 控制方式	操作员自动

汽轮机进汽冲转前，在 DEH 画面上设定“转速目标值”和“升速率”并确认后，点击“运行”。汽门开启的同时，汽轮机开始升速，当汽轮机转速大于盘车转速时，检查盘车是否脱开，盘车装置停运并停电。监视轴承振动、轴承温度、胀差、缸温和轴向位移的变化情况。

如图 2-1 所示，汽轮机冲转流量为 185t/h，汽轮机转速在 500r/min 时进行远方或就地打闸，进行机组的低速检查。低速检查项目包括：高、中压主汽门和调门关闭是否严密，汽轮机转速下降是否正常，就地检查（利用听音棒）汽轮机内部和轴封处有无金属摩擦及异响，监听发电机声音是否正常，检查轴承油流及机组振动情况是否良好。汽轮机低速摩擦检查期间，转子转速不得低于 50r/min。

当检查完毕并确认机组无问题，且汽轮机重新挂闸设定目标值后，机组继续按一定速率升速，监视汽轮机转速上升情况。当要通过临界转速时，转子升速率应能自动设定为最大值，快速通过临界转速区。

当汽轮机转速通过临界转速后，需稳定在一个固定值进行充分的暖机，如图 2-1 所示，该火电厂汽轮机转子速度升至 2000r/min 后开始暖机，暖机时间大约为 150min。为避免汽轮机发生共振，禁止在临界转速区内定速暖机。机组暖机期间，应注意汽缸膨胀、高中压缸胀差、低压缸胀差、轴向位移、上下缸温差及转子热应力的变化情况，暖机过程要严格按照机组冷态启动曲线来执行。

汽轮机冲转及升速过程中，应注意的问题：

1）在任何情况下，禁止强行挂闸。

2）机组启动后，要防止主蒸汽、再热蒸汽温度波动过大，严防蒸汽带水。

3）机组热态启动前，连续盘车应不少于 4h，若盘车中断则应重新计时。

4）机组热态启动时，必须先供轴封后抽真空，以免汽轮机转子受到骤冷。该操作步骤与机组冷态启动恰好相反，机组冷态启动应先抽真空，后供轴封。

5）中速暖机前，汽轮机轴瓦振动不超过 0.03mm，否则应立即打闸停机。通过临界转速时，汽轮机轴瓦振动不超过 0.1mm，轴承振动不超过 0.25mm，否则应立即打闸停机，严禁强行通过临界转速或降速暖机方式。

6）机组启动过程中，如因振动异常而导致停机，必须回到盘车状态进行全面检查，认真分析并查明原因。当机组又具备启动条件时，连续盘车投入应不少于 4h 才能再次启动，严禁盲目启动。

7）在升速过程中，应迅速平稳地通过各轴系临界转速，保证机组不在共振转速范围内停留。

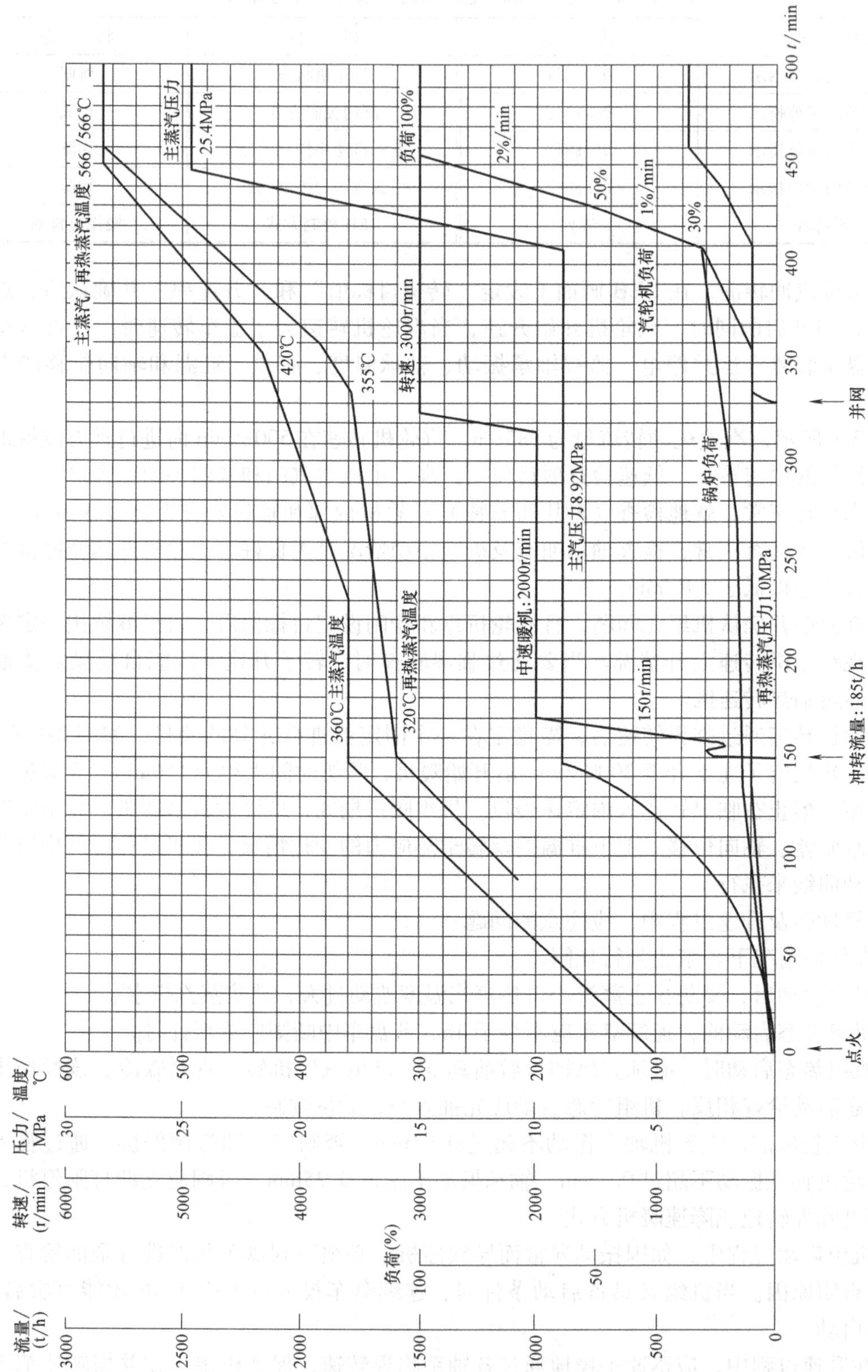

图 2-1 直流锅炉冷态启动曲线

8）检查润滑油压、油温、油质及各轴承油流，应正常。

9）检查发电机氢、油、水系统及EH油系统，应运行良好。

10）TSI装置指示的参数值均正常，当机组胀差正值上升较快时，应停止机组的升温、升压，延长暖机时间，适当提高背压，必要时降低汽压、汽温。汽轮机正常冲转升速过程中，禁止以手动方式控制转速的增减。

汽轮机冲转及升速过程中，发生下列情况之一，应立即打闸停机：

1）机组启动过程中且在中速暖机之前，轴承振动超过规定值。

2）机组启动过程中且通过临界转速时，轴承振动或相对轴振动超过规定值，应立即打闸停机，严禁强行通过临界转速或降速暖机。

3）主、再热蒸汽温度在10min内突然降低50℃。

4）高压外缸上、下缸温差超过50℃，高压内缸上、下缸温差超过35℃。

12. 机组并网初带负荷及升负荷

（1）机组并网及初带负荷　一般要求如下。

1）汽轮发电机组作完试验，且检查完毕后，联系值长准备机组并网。

2）汽轮发电机组并网采用准同期法，机组准同期并网应满足以下条件：

① 发电机电压与电网电压相等。

② 发电机频率与电网频率相等。

③ 发电机电压相位角与电网电压相位角一致。

④ 发电机的相序与电网相序相等。

3）汽轮发电机组并网并初带5%负荷，机组冷态启动时保持初带负荷暖机30min。

初带负荷进行暖机的负荷值大小，根据蒸汽和金属温度的匹配情况来决定。两者相差越大，暖机初带负荷的选取值则越小。初带负荷越小，蒸汽流量越小，暖机效果就越差，且负荷过小易造成汽轮机排汽温度升高，一般规定机组并网初期的最低负荷为5% MCR。但暖机初带负荷也不能过高，负荷越大汽轮机进汽量增加得越多，金属又要经历一个剧烈的加热过程，会产生过大的热应力，甚至造成胀差超限情况。

初带负荷暖机，一般要求稳定运行至少30min。在稳定运行期间，主汽门前蒸汽温升控制在1～2℃/min。除严格控制蒸汽温度变化率和金属温差外，还需监视机组胀差的变化。如发现机组胀差过大时，应延长暖机时间，同时采用调整真空或调整法兰加热装置等方法，同步对机组胀差进行调整；如发现机组振动值过大时，也应延长暖机时间，同时检查汽轮机缸胀、轴向位移、各轴承金属温度及回油温度是否正常，润滑油压和EH油压是否正常，汽缸上、下壁温差是否正常。

（2）机组升负荷至额定负荷　汽轮机升负荷过程就是增加汽轮机的进汽量，汽轮机各级压力和温度都将随着机组负荷的增加而提高。在机组升负荷过程中，控制金属的温升速率，可归结为控制汽轮机的升负荷速率。

允许的升负荷速率取决于调节级金属的允许温升速率，根据汽轮机的参数和结构特点，可制订不同的速率值。初带负荷暖机和升负荷过程中，除需对油系统、机组振动、金属温度、轴封供汽情况进行重点监督外，还需对转子的轴向推力变化加以严格监视。一般认为，负荷增加后，蒸汽的流量增加，轴向推力要增大，推力支承部分的弹性位移要增加。因此，在机组升负荷过程中，应对转子的轴向位移、推力瓦温度及推力瓦回油温度进行认真的检查和记录，发现异常应停止升负荷，分析原因并予以处理。

机组升负荷过程中，必须加强监视振动情况。若升负荷过程中引起机组振动，则说明机组受热不均，或因本体轴向、径向间隙消失而引启动静部分摩擦碰撞，或因受热不均改变了机组的中心。当机组的振动逐渐增大时，必须停止对机组的升负荷操作，使机组在原负荷下维持运行一段时间，当机组振动减小后，可以继续升负荷。如果停止升负荷后，机组振动仍较大，或二次升负荷时机组振动重新出现，则需仔细研究、找出原因，以确认机组是否可以继续运行。

低压加热器通常随机组启动而投入运行，但高压加热器则在机组负荷达到一定值或抽汽压力大于除氧器启动时的最低工作压力时方可启动。低压加热器投入运行过晚，会影响汽缸上下壁温差；高压加热器投入运行晚，会影响锅炉最佳给水温度，使锅炉超温、结渣甚至爆管，对锅炉运行的安全极为不利。随着机组升负荷，凝汽器中热井水位也逐渐升高，所以应及时调整凝结水最小流量再循环阀门，保持热井正常水位。根据机组负荷增加的大小，确定是否关闭凝结水最小流量再循环阀门。图 2-2 所示为某火电厂超临界机组的高中压缸带旁路系统冷态启动曲线。

2.1.4 单元机组的热态和极热态启动

1. 单元机组热态和极热态启动特点

（1）热态启动　是指单元机组停机 8h 后启动，此时机组的高压缸第一级金属温度在 415 ~ 450℃之间。

（2）极热态启动　是指单元机组停机 2h 后启动，此时机组的高压缸第一级金属温度在 450℃以上。

单元机组的热态和极热态启动具有如下特点：

1）机组启动前，金属温度高。

2）汽轮机进汽冲转的蒸汽参数高。

3）机组启动时间短。

机组热态或极热态启动时，其温度水平高，冲转、升速、并网、带负荷的速度快。但如果启动过程操作不当、机炉配合不协调，也会发生损坏设备的事故。

2. 机组热态和极热态启动冲转参数的选择

机组热态、极热态启动前，其本身金属部件具有很高的温度，故只有选择更高的蒸汽参数，才能使冲转蒸汽温度与机组金属温度相匹配。即冲转温差需满足汽轮机的热应力、变形和胀差等要求，所以机组一般采用正温差启动（冲转蒸汽温度高于金属温度）。

对于没有热态或极热态启动曲线的机组，一般规定机组在热态或极热态启动时，冲转的蒸汽温度高于高压缸第一级上缸内壁金属温度 50 ~ 100℃，但最高不能超过额定主蒸汽温度。此外，冲转蒸汽的过热度应大于 50℃。

如果机组为热态和极热态启动，采用正温差方式且冲转蒸汽温度超过额定主蒸汽温度时，机组必须采用负温差启动（冲转蒸汽温度低于金属温度）。

机组负温差启动过程中，转子和汽缸先受到冲转蒸汽的冷却，而后随冲转蒸汽参数的升高而被加热，在此过程中转子和汽缸经受一次交变的热应力，会加剧机组寿命损耗。若采用冲转蒸汽的温度过低，则会在转子表面和汽缸内壁引起过大的热应力；严重时，会产生裂缝

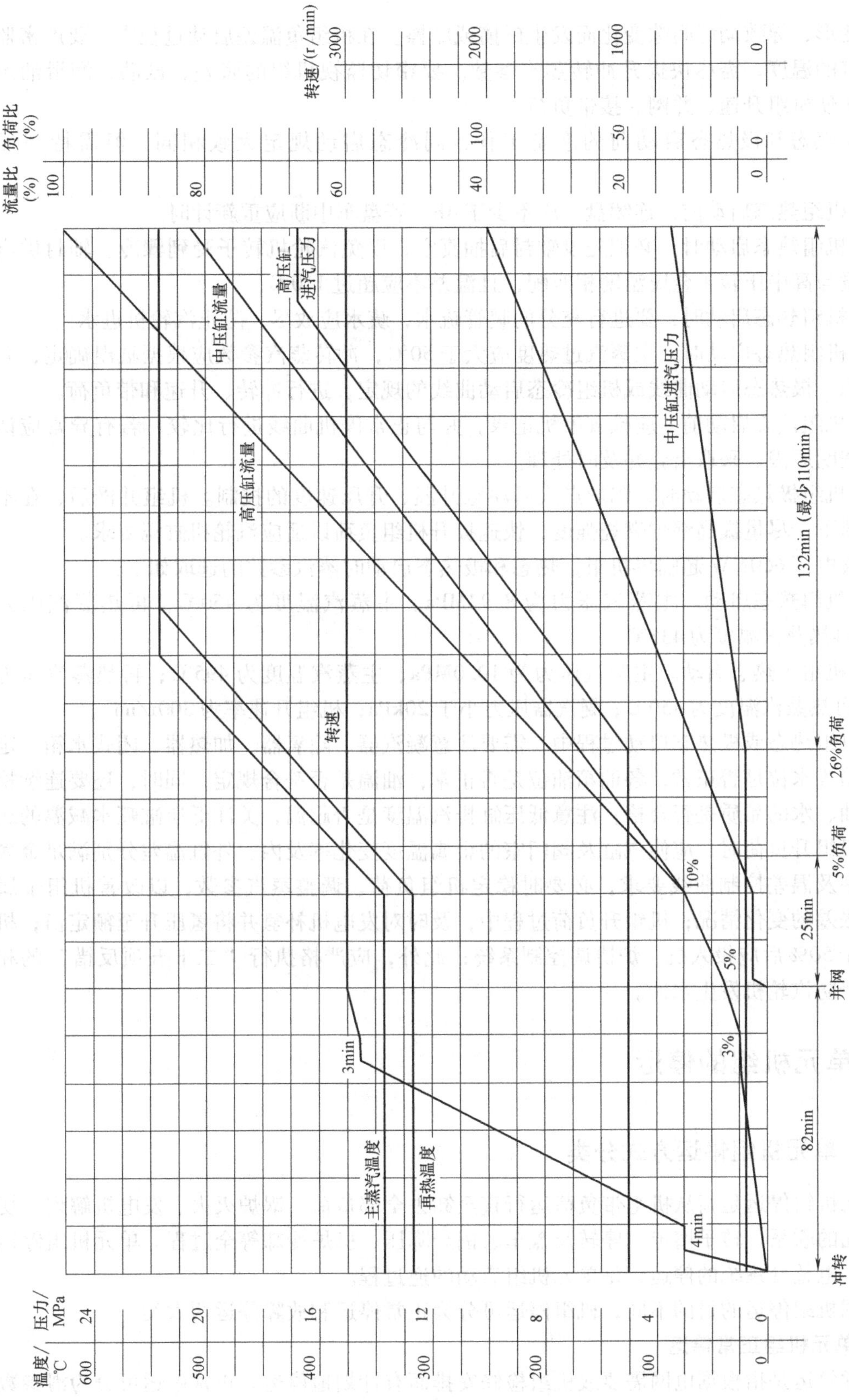

图 2-2　高中压缸带旁路系统冷态启动曲线

和永久变形，导致动静间隙变化而发生碰撞或摩擦。在机组负温差启动过程中，要严密监视冲转蒸汽的温度，需尽快提升冲转蒸汽参数。要密切监视机组的胀差、振动、润滑油温度等，尽快使机组升速、并网、接带负荷。

机组热态和极热态启动前的准备工作，同冷态启动规定大致相同，但需特别强调的是：

1）机组热态启动前，连续盘车应不少于4h，若盘车中断应重新计时。

2）机组热态启动时，必须先投轴封后抽真空，以免汽轮机转子受到骤冷。轴封供汽温度应尽量与高中压转子金属温度相匹配，且温差不应超过110℃。

3）机组热态启动时，要进行充分的暖管疏水，疏水应放尽，防止汽轮机进水。

4）机组热态启动时，主蒸汽过热度应大于50℃，冲转蒸汽参数应根据缸温确定，并按相关热态、极热态启动曲线或机组冷态启动曲线的规定，进行冲转、升速和带负荷。

5）机组热态启动前，应检查停机记录，并与正常停机曲线进行比较，若有异常应认真分析、查明原因、采取措施并及时处理。

6）机组极热态启动时，锅炉点火后注意升温、升压速度的控制。机组并网后，在不超温的前提下，尽量提高锅炉燃烧强度，快速提升机组负荷以适应汽轮机缸温要求。

某火电厂660MW超临界机组，热态和极热态启动时蒸汽参数的选取如下：

1）机组热态启动。主蒸汽压力为8.92MPa、主蒸汽温度为450℃；再热蒸汽压力为1MPa、再热蒸汽温度为435℃。

2）机组极热态启动。主蒸汽压力为10.0MPa、主蒸汽温度为495℃；再热蒸汽压力为1MPa、再热蒸汽温度为450℃；凝汽器压力小于20kPa；机组升速率为300r/min。

在机组热态或极热态启动过程中，需要注意凝汽器、除氧器、加热器、闭式水箱、定子冷却水箱等水位是否正常，各油箱油位是否正常，油温是否符合规定；同时，还要连续检测各汽、油、水的品质是否合格；注意低压缸排汽温度是否超温，关注低压缸喷水减温的运行情况；机组升负荷时，应使汽缸及阀门室的金属温度变化率及内、外缸温差分别满足金属温度变化率及温差控制曲线要求，必要时稳定机组负荷、调整蒸汽参数，以改善机组金属温度，即胀差的变化情况；机组升负荷过程中，及时对发电机补氢并将氢压升至额定值；机组负荷大于50%后应投入机、炉协调控制系统；此外，应严格执行“二十五项反措”的相关规定，严防汽轮机发生水冲。

2.2 单元机组的停运

2.2.1 单元机组停运方式分类

单元机组停运是指从机组带负荷运行直至卸去全部负荷，锅炉灭火、发电机解列、切断机炉之间的联系、转子惰走、停转及盘车、锅炉降压、机炉冷却等全过程。单元机组停运是炉、机、电整套系统的停运，是单元机组启动的逆过程。

根据机组停运的目的不同，机组停运可分为正常停运和故障停运两大类。

1. 单元机组正常停运

正常停运是指根据电网需要或机组检修安排而有计划地停运。正常停运可分为滑参数停运和额定参数停运两类。

为了能快速降低汽轮机金属温度，缩短检修周期，一般单元机组选择滑参数停运。滑参数停运时，保持汽轮机调节阀全开，汽轮机负荷（转速）随锅炉蒸汽参数的降低而降低，机炉金属温度也相应下降。

为了机组短时消缺或参与电网调峰，机组需采用停机备用方式，一般单元机组选择额定参数停运。额定参数停运时，为了保持停机后机组维持较高的温度水平，一般选择逐渐关小调节阀以减少机组负荷，但维持主汽门前蒸汽参数基本不变。由于停机过程中，蒸汽参数基本不变，故停机后机组金属温度不会有大的变化，且不会产生过大的热应力。

2. 单元机组故障停运

故障停运是指由于机组发生异常情况（故障），不能继续维持正常工作，保护装置自动动作或人为切断汽轮机的进汽而停运。故障停运原则上要求不破坏真空进行停机。

故障停运又分为紧急故障停运和一般故障停运。

当发生的故障对机组运行构成严重威胁时，必须立即对汽轮机打闸、发电机解列，同时破坏真空，进行机组紧急故障停运。

机组一般故障停运，可按相关的规定使机组平稳的停机，而不破坏真空。

2.2.2 单元机组正常停机

1. 停机前的准备工作

1）接值长指令，机组准备停运。

2）各岗位人员对设备、系统进行全面检查并统计缺陷，做好停机前的准备工作。确认机组主、辅设备不存在影响正常停机的重大缺陷，通知辅网人员做好停机前的准备工作。

3）分别试转主机交流润滑油泵、直流油泵、高压备用密封油泵、顶轴油泵，检查各油泵出口油压、声音、振动是否正常，试验正常后停泵。

4）试转盘车电动机。

5）停机前视情况将辅汽切换为邻机或启动锅炉供汽，确保辅汽压力正常。

6）检查轴封及除氧器的辅助汽源，备用状态良好。

7）高、低压旁路投入自动状态。

8）机组停运前必做的试验项目包括：主、调汽门活动试验，抽汽逆止门活动试验，机组大修前的机组热力试验。

2. 机组额定参数停机

运行人员要根据运行规程，制订合理的机组减负荷方式。在机组有功功率下降的过程中，还需注意调节励磁变阻器来调整发电机的无功功率，保持发电机端电压不变。减负荷后发电机的定子和转子线圈、铁心温度均降低，运行人员应及时调整冷却介质及密封油的工作参数。

在机组减负荷过程中，要注意调整汽轮机的轴封供汽参数，以控制机组胀差和保持真空。机组减负荷的速度，应满足汽轮机金属温降速度的要求。为使汽缸和转子的热应力、膨胀及胀差控制在规定范围内，机组每减一定负荷后，要在该负荷点处停留一定的时间，以减少各部件间的温差过大。

随着机组负荷的降低，锅炉需逐渐减少燃料量，同时对燃烧工况作出相应调整，以确保炉内燃烧的稳定。减负荷时要注意监视锅炉的蒸汽参数，及时停用减温水以维持汽温，并根据锅炉燃烧调整的要求，及时投入汽轮机旁路系统。

单元机组额定参数停机的主要操作步骤如下：

1）在协调方式或机炉跟随方式下降负荷，应缓慢减少锅炉的燃料量和给水量，发出逐渐减少汽轮机负荷指令，并控制负荷变化率。

2）机组负荷降低到一定值时，考虑切换辅汽汽源，并调整辅汽集箱压力。

3）机组负荷降低到一定值时，停止一台汽泵运行，高压加热器（高加）随机滑停或由高到低切除，低压加热器（低加）应随机滑停。

4）根据机组的负荷和背压，停运一台循环泵。

5）机组负荷降低到一定值时，除氧器应进行汽源切换，并维持除氧器的最低工作压力。

6）机组负荷降低到一定值时，确认中低压疏水门开启。

7）机组负荷降低到一定值时，确认低压缸喷水自动投入运行。

8）机组负荷降低到一定值时，确认高压疏水门开启。

9）机组负荷降低到一定值时，汇报值长机组已具备解列条件。

10）机组减负荷至零，启动高压备用密封油泵、交流润滑油泵，检查运行是否正常。

11）确认发电机无功功率接近零，手动脱扣汽轮机，确认发电机解列及锅炉 MFT。否则，运行人员应立即手动解列。

12）额定参数停机时，在汽轮机打闸后，应先检查发电机有功功率是否为零，功率表停转或逆转以后，再将发电机与系统解列；或利用发电机逆功率动作保护解列，机组严禁带负荷解列。

3. 机组滑参数停机

机组从满负荷开始减负荷至 85% ~90% 的额定负荷后，维持一段时间运行，随后锅炉调整燃烧，使蒸汽参数滑降。首先保持主蒸汽温度基本不变，降低主蒸汽压力，调节阀全开，然后按规定的速率降低汽温，因再热蒸汽温度的下降滞后于主蒸汽温度，故应在再热蒸汽温度下降后，再进行机组下一阶段的降压、降温。伴随着每阶段的蒸汽降压和降温，机组负荷也逐渐降低，金属温度也逐渐下降。

当机组负荷和蒸汽参数降低到一定值时，可考虑采用两种方式停机。第一种方式为：当蒸汽参数和机组负荷降到一定值时，汽轮机打闸、锅炉熄火、发电机解列、转子惰走，当转子转速到零时，必须立即投入盘车；第二种方式为：当锅炉 MFT 后，维持汽轮机调节阀全开，利用锅炉余热继续发电，待机组负荷到零时发电机解列。随着锅炉余汽量的减少，机组转速逐渐降低，接近机组临界转速范围时，利用降低真空的方法，使机组转速迅速通过临界区。采用第二种方法停机，可缩短汽轮机开缸检修时间。

单元机组滑参数停机的主要操作步骤如下：

1）确认汽轮机 DEH 运行方式为“操作员自动”方式，及“顺序阀”控制方式。

2）设定目标负荷 A 后，机组以一定速率减负荷。

3）机组负荷降低至一定值时，考虑切换辅汽汽源，调整辅汽集箱压力。

4）机组负荷降低至 A 值时，将“顺序阀”控制方式转换为“单阀”控制方式，在此工况下保持机组负荷不变，锅炉在此以定压方式稳定运行大约 220min。

5）机组负荷降低至 A 值时，停运一台汽泵。高加随机滑停或由高到低切除，低加应随机滑停。

6）根据机组的负荷和背压，停运一台循环泵。

7）机组定压运行结束，检查主汽参数，设定目标负荷 B 值，以一定速率减负荷。

8）机组负荷降低至一定值时，除氧器进行汽源切换，并维持除氧器最低工作压力。

9）机组负荷降低至一定值时，确认中低压疏水门开启。

10）机组负荷降低至一定值时，确认低压缸喷水自动投入。

11）机组负荷降低至一定值时，确认高压疏水门开启。在机组负荷继续下降时，在 DEH 画面上，将功率反馈回路退出。

12）机组负荷降低至一定值时，检查关闭主、再热蒸汽管道疏水。

13）机组负荷降低至 B 值，汇报值长机组已具备解列条件。

14）确认发电机无功功率接近零，手动脱扣汽轮机，确认发电机解列、锅炉 MFT。否则，应立即手动解列。

4. 机组停运后的操作

1）汽轮机打闸后，同时需确认机组转速下降。检查高中压主汽门、调节门、各级抽汽逆止门、高排逆止门关闭。

2）转子转速下降时，注意检查润滑油压力是否正常。发电机密封油/氢压差调节是否正常，并及时调整润滑油、密封油温度正常。

3）转子转速下降时，注意转子通过临界转速区的振动情况，倾听缸内声音是否正常。

4）当机组转速降至一定值时，确认顶轴油泵自动启动。否则应手动启动，同时确认顶轴油供油母管压力正常。

5）当机组转速降至一定值时，根据实际运行情况，可停止抽真空设备运行，或打开真空破坏门破坏真空。

6）当机组转速到零时，应立即投入连续盘车，监视转子偏心度和盘车电流，倾听机内无异响。

7）当机组转子转速到零时，需完整记录转子惰走时间，并绘制转子惰走曲线。

8）当凝汽器真空到零时，停止向轴封供汽、停运轴封冷却器风机。

9）停用氢气冷却器。

10）停运 EH 油系统。

11）停止除氧器加热，当锅炉完全不需要上水时，停运给水泵。

12）当低压缸排汽温度降至 50℃以下，且无其他凝结水用户时，停运凝结水泵。

13）确认无热源进入凝汽器后，可停止循环水系统。

14）停运发电机定子冷却水泵，关闭闭式水箱补水门。

15）如发电机仍维持氢压，密封油系统和机组润滑油系统必须保持正常运行。如需进行发电机排氢操作，待排氢结束后确认发电机内已置换为空气。低压备用密封油门开启，并确认油压正常。停运空、氢侧密封油泵和高压备用密封油泵。

16）润滑油主油箱的排烟风机应维持运行。

17）当所有闭式水用户停用后，停运闭式冷却水泵。当无其他辅机冷却水用户时，停运辅机冷却水泵。

18）停机后监视并记录汽缸金属温度、转子偏心度、盘车电流、汽缸膨胀、胀差等重要参数，直至机组下次热态启动或汽缸金属温度低于150℃时为止。

从汽轮机打闸开始，直到转子完全静止的过程称为转子的惰走。机组在此过程所经历的时间，称为转子惰走时间。根据转速随时间降低的关系而绘成的曲线，称为转子惰走曲线，如图2-3所示。

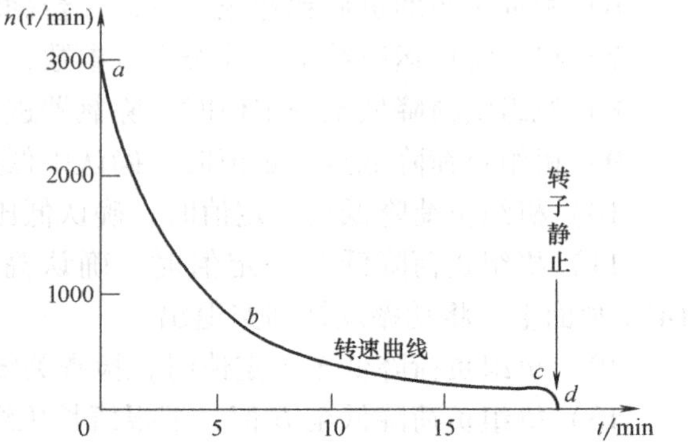

图2-3　转子惰走曲线示意图

新建机组投入运行一段时间后，待各设备及系统工作正常后，即可在机组停机时测绘转速与时间的关系曲线，此曲线即为该机组的标准惰走曲线。

图2-3所示为单元机组转子惰走曲线示意图，可以看出转子惰走曲线根据转速下降速率的不同，曲线分为三段：*ab*段机组转子转速下降速度较快，主要是由于汽轮机鼓风摩擦损失与转子转速的三次方成正比；*bc*段机组转子转速下降速度较缓慢，主要是由于该阶段转子转速已经很低，鼓风摩擦损失较小，转子动能主要消耗在拖动主油泵和轴承摩擦的机械阻力上；*cd*段机组转子转速急剧下降，主要是由于汽轮机的油膜已被破坏，摩擦阻力增大，转子转速迅速下降。

每次机组停机时，都应记录转子的惰走时间，并仔细检查转子的惰走情况。通过把停机的惰走时间、惰走情况与该机组的标准惰走曲线相比较，可以发现机组惰走时存在的问题。如机组停机时，转子惰走时间急剧缩短，可能是由于轴承摩擦或机组动静部件摩擦；如机组停机时，转子惰走时间明显加长，可能是由于主汽阀门关闭不严或抽汽阀门关闭不严，导致蒸汽内漏回汽轮机所致。

5. 机组停运过程中的注意事项

1）注意凝汽器的背压和低压缸排汽温度，排汽温度升高时，应检查低压缸喷水是否投入正常。

2）降负荷过程中，应注意控制负荷下降速度，监视主、再热蒸汽的温降速率及金属温降速率在允许范围内。

3）滑停过程中，严格控制温度和压力降低的速度，且不应有温度反弹现象。要始终保持主蒸汽至少有50℃的过热度，参数下降过程中需严密监视汽缸各部分金属温度的变化，汽缸各点温差控制在规定的范围内，特别是高压内缸外壁上、下温差不得大于35℃，高中压外缸（中压进汽处）上、下温差不大于50℃，否则应立即停机。

4）汽温在10min内急剧下降50℃时，应立即打闸停机。

5）负荷降低过程中或试验时，如发现主、调汽门卡涩或存在不严密现象，应设法消除。

6）在机组降温、降压的过程中，应特别监视高中压转子应力变化趋势。减负荷的速度是否合适，以高中压转子的热应力不超规定值为标准。

7）在机组滑停过程中，禁止进行汽轮机的注油试验或影响高中压自动主汽门、调节汽门开度的试验。

8）及时调整轴封蒸汽的压力和温度，使轴封蒸汽温度与转子金属温度差控制在允许范围内。

9）在机组滑停过程中，应密切监视机组的胀差、位移及振动的变化。当高中压缸胀差正值过小时，应减慢机组降温的速度。当高中压缸胀差负值过大时，应停止机组的滑停操作。

10）机组应尽量避免在 5% 的额定负荷下长时间运行，以防止高压缸和低压缸的排汽温度上升过快。

11）机组低负荷运行阶段，可采用事故疏水阀维持加热器水位的正常。

12）机组凝汽器真空到零以前，应关闭所有至凝汽器的疏水，且真空到零时停运轴封系统。

13）停机后立即投入盘车，当盘车电流较正常值大、摆动或汽缸内有异响时，应查明原因并及时处理，如关闭汽缸疏水、保持上下缸温差、监视转子偏心度。当确认转子偏心度正常后，再手动盘车 180℃。当正常盘车盘不动时，可采取间断手动盘车，严禁用吊车强行盘车。

14）盘车运行期间，维持润滑油温在正常范围之内，保持发电机密封油系统运行正常。定时倾听高低压轴封声音，严密监视汽缸金属温度变化趋势，严禁冷汽、冷水进入汽轮机。

15）连续盘车期间因工作需要必须停止连续盘车或盘车故障停用时，应遵循以下原则：

① 因盘车装置故障或其他需要立即停用盘车的检修工作，在中断盘车后需在转子上的相应位置做好记号，并记录停用盘车的时间。

② 盘车中断后，在恢复连续盘车前应先盘动转子 180°，直至盘车停用时间的一半后再继续连续盘车，此时应特别注意转子偏心度，盘车电流无过大的升高或晃动。

③ 连续盘车期间，汽缸内有明显的金属摩擦声，且盘车电流大幅度晃动（非盘车装置故障），若为汽轮机转子卡死，则不允许强行盘车。

2.2.3　单元机组事故停机

机组在运行时，由于出现事故而需要停机称为事故停机。不同的事故类型所采用的处理方式也有差别，一般单元机组事故停机可分为紧急事故停机和故障停机两类。

1. 紧急事故停机

发生紧急事故时，必须立即对汽轮机打闸、破坏真空，使机组尽快停下来。

1）一般机组在运行过程中，如发生以下情况之一，必须破坏真空并紧急停机：

① 机组转速超过危急保安器动作转速，而电超速保护及危急保安器均拒动。

② 机组突然发生强烈振动，或汽轮机内部有明显的金属摩擦声或撞击声。

③ 汽轮机轴向位移超过规定值，而窜轴保护未动作。

④ 汽轮机发生水冲击。

⑤ 汽轮机端部轴封摩擦冒火。

⑥ 发电机冒烟着火，或氢系统发生爆炸。

⑦ 机组周围或汽轮机油系统着火，无法很快扑灭并严重威胁人身和设备安全。

⑧ 油系统泄漏，主油箱的油位下降至低油位保护值以下。

⑨ 汽轮发电机组任一轴承断油、冒烟。

⑩ 润滑油压降低至保护值，而保护装置未动作。

⑪ 汽轮发电机组任一支持轴承金属温度超过规定值（超临界机组为110℃），或推力轴承金属温度超过规定值（超临界机组为105℃），或任一轴承回油温度超过规定值（超临界机组为75℃）。

⑫ 密封油系统油氢压差失去，发电机密封瓦处大量漏氢。

⑬ 高中压缸胀差超限达保护动作值，而保护装置拒动。

⑭ 全厂厂用电全部中断。

2）机组紧急破坏真空，停机的主要操作步骤为：

① 若汽轮机保护未动作停机，则操作人员应迅速手动按下集控室“汽轮机跳闸”按钮，并确认汽轮机跳闸，发电机解列。

② 高中压主汽门和调节汽门、高排逆止门、各抽汽逆止门已关闭，高排通风阀开启。

③ 立即启动交流润滑油泵和高压备用密封油泵，检查润滑油压是否正常。

④ 汽轮机本体及主再热蒸汽管道、抽汽管道、低压旁路管道的疏水门自动开启。

⑤ 解除真空泵联锁且停运真空泵，关闭至凝汽器的所有疏水，并开启凝汽器真空破坏门。

⑥ 低压缸喷水自动投入。

⑦ 检查转速降至规定值时，顶轴油泵是否自启，否则应手动启动。

⑧ 检查轴封供汽、汽源切换是否正常，否则手动切换。

⑨ 根据真空及时调整轴封压力，真空到零停止轴封供汽，并停运轴封冷却器风机，停止轴封减温水。

⑩ 机组转速到零，手动投入盘车，记录转子惰走时间、偏心度、盘车电流、汽缸金属温度等。

⑪ 停机过程中应注意机组的振动、各轴承金属温度、润滑油温、密封油系统油氢压差是否正常。

⑫ 凝汽器、除氧器水位自动调节正常，否则手动调节。

⑬ 检查除氧器汽源、辅汽汽源是否切换正常。

⑭ 倾听机组内部声音，当内部有明显的金属撞击声或转子惰走时间明显缩短时，严禁立即再次启动机组。

2. 故障停机

机组运行出现故障，且不能维持正常运行时，应尽快以FCB（机组快速甩负荷）方式使汽轮机停下来，进行故障处理。故障停机原则上应采取不破坏真空的停机方式。

一般机组在运行过程中，如发生下列情况之一，应不破坏真空紧急停机：

1）操作员站全部故障，所有画面黑屏或死机，无法对机组运行进行监视和操作时。

2）机组的EH油系统，油压低于规定值且保护装置拒动。

3）凝汽器压力升高至高限，且保护拒动。

4）低压缸排汽温度异常，且该现象持续超过15min，或排汽温度超过高限。

5）高压缸排汽温度超限。

6）机侧主、再热蒸汽温度异常，且该现象持续超过15min，或主、再热温度超过高限。

7）主、再热蒸汽温度10min内下降50℃。

8）汽轮机无蒸汽运行超过1min。

9）主汽管道、高压给水管道或其他汽、水、油管道破裂严重，无法维持机组的正常运行。

10）汽轮机主油泵工作严重失常。

11）汽轮机的DEH和TSI系统故障，导致一些重要参数无法监控，不能维持机组运行。

2.2.4　单元机组停运后的保养

1. 机组停运保养的目的及要求

1）为保证机组设备的安全、经济运行，机组设备在停（备）用期间，必须采取有效的防腐措施，避免热力设备因锈蚀而损坏。

2）停（备）用设备防锈蚀方法的选择，应根据停运设备所处的状态、停运时间的长短、防锈蚀材料药剂的供应情况、设备系统的严密程度、周围环境温度和防锈蚀方法本身的工艺要求等综合因素确定。

3）保持停运的汽、水系统及设备金属内表面干燥，或金属内表面形成具有防腐蚀作用的保护膜。

4）对退出运行的锅炉，不论是检修或备用，均应按相应方法对锅炉进行保养。

5）停运保养的汽轮机、锅炉与相邻的汽、水系统必须隔离。

6）防止空气进入停运设备、系统的管道内。

7）当环境温度低于5℃时，对停（备）用设备应采取防冻措施。

2. 锅炉停运保养

1）当锅炉停用时间小于60h时，采用的保养方法为：

① 在给水泵停运前，调整给水的pH值为9.0～9.5，省煤器和汽水分离器前的受热面充水保养。

② 锅炉停运后，关闭高压旁路阀、空气门及疏水门，对过热器进行密封保养。停炉后关闭低压旁路阀，开启再热系统至疏水扩容器疏水门，关闭再热系统空气门，对再热器进行抽真空，在真空破坏前关闭再热系统疏水门，对再热器进行干态保养。

2）当锅炉停用时间在60小时～2周时，采用的保养方法为：过热器在主蒸汽压力低于一定值后，进行充氮密封保养，充氮压力一般为0.03～0.06MPa。再热器在停炉后低压旁路关闭，开启再热系统疏水门抽真空，在真空破坏前关闭疏水门，对再热器进行干态保养。

3）当锅炉停用时间大于等于2周时，采用的保养方法为：

① 省煤器、锅炉水冷壁、过热器进行充氮置换水后密封保养，充氮压力为0.03～0.06MPa。

② 再热蒸汽系统在再热蒸汽压力降低到一定值后，进行充氮密封保养。

4）当锅炉临修、小修和锅炉停用一个月以内，采用热炉放水余热烘干保养法。

综上，锅炉停炉期间的保养方法，可归纳为干法保养、湿法保养及惰性气体保养三类。

3. 汽轮机停运保养

汽轮机停运一周以内，采用的保养方法为：

1）放尽高低加汽侧、除氧器、凝汽器热井中的存水。

2）隔绝一切可能进入汽轮机内部的汽、水系统，并开启汽轮机本体疏水阀。

3）主蒸汽、再热蒸汽、抽汽及旁路系统，靠汽轮机侧的所有疏水阀门均应打开。

4）隔绝与公用系统连接的有关汽、水阀门，并放尽其内部剩余的汽、水。

5）高、低压加热器和除氧器水侧充满合格水质的给水。

6）冬季机组停运，应有可靠的防冻措施。

汽轮机停运一周以上，采用的保养方法为：

1）执行上述汽轮机停运一周以内的所有措施。

2）高低压加热器的汽、水侧及除氧器充氮干保养。

3）长期停运的设备，应放尽设备及系统内积水。

4）冬季机组停运后，应做好设备防冻工作。

思 考 题

2-1 单元机组启动的定义？

2-2 简述单元机组启动方式的分类及其特点。

2-3 单元机组启动前的检查主要包括哪些内容？

2-4 单元机组启动前的相关试验主要包括哪些？

2-5 试述直流锅炉冷态启动的特点。

2-6 简述锅炉冷态启动上水的一般规定。

2-7 锅炉吹扫条件包括哪些内容？

2-8 什么是暖管？机组启动前暖管的目的是什么？

2-9 试述机组寿命损耗与启动方式的关系。

2-10 单元机组并网采用什么方法？机组并网应具备哪些条件？

2-11 试述单元机组热态和极热态启动的特点。

2-12 试述单元机组冷态启动的一般规定。

2-13 试述直流锅炉冷态、热态清洗的流程以及合格标准。

2-14 试述单元机组热态启动分类。

2-15 试述单元机组热态和极热态启动的一般规定。

2-16 试述单元机组停运的分类。

2-17 试述单元机组停运方式的特点。

2-18 试述单元机组额定参数停机的主要操作步骤。

2-19 试述单元机组滑参数停机的主要操作步骤。

2-20 什么是单元机组的转子惰走时间和转子惰走曲线？

2-21 试述转子惰走曲线不同阶段转速下降快慢的原因。

2-22 试述单元机组事故停机的分类及特点。

2-23 试述锅炉停运后的保养方法。

2-24 试述汽轮机停运后的保养方法。

第3章　单元机组运行维护

单元机组机、炉、电是一个不可分割的有机整体，其任一环节运行状态发生改变，都将引起其他环节运行状态发生变化，故单元机组的运行、调整及维护是相互联系、密不可分的。单元机组在运行过程中，各自的工作特点也不尽相同，如：锅炉侧重在调整，汽轮机侧重在监视，而电气侧重在保护。随着我国电力工业的快速发展，超临界机组已成为电网的主力机型，本章所涉及的内容主要侧重于超临界机组。

3.1　锅炉运行调节

锅炉运行状态的好坏，在很大程度上决定着单元机组乃至整个火电厂的安全性和经济性。因此，需重点监视锅炉运行中各参数的变化情况，必要时对自动调节装置的工作进行及时的干预。

锅炉运行调节的主要任务是根据外界负荷变化的要求，保质（蒸汽的压力、温度及品质）、保量（蒸发量）、及时地供给汽轮机所需蒸汽。同时，还要确保锅炉设备的安全、经济运行。

由于外界负荷发生变化，锅炉必然根据外界负荷的要求进行相应调节。如供应锅炉的燃料量、空气量、给水量等都将发生变化，以保证锅炉与外界负荷变化的要求相适应。即使在外界负荷稳定的情况下，由于锅炉内部某些因素的改变，也会引起锅炉运行参数的变化，同样要求锅炉进行相应的调节。由此可见，锅炉在实际运行过程中，总是处在不断调节之中的，它运行状态的稳定只是在一定范围内的相对情况。所以，考虑到锅炉运行的安全性和经济性，就必须随时监视其运行状况，并及时、正确地作出调节。

锅炉正常运行过程中，对其监视和调节的主要内容包括：确保锅炉的安全运行、使锅炉的蒸发量能快速适应外界负荷变化的需要、保持锅炉过热蒸汽压力和温度在规定的范围内、保证水和汽品质合格、维持锅炉的经济燃烧、尽量减少锅炉热损失、提高锅炉热效率、控制污染物的排放达到国家环境保护许可范围内等。

随着锅炉容量的不断提高，锅炉的结构更加复杂。从安全性和经济性的角度出发，对锅炉调节的质量要求也越来越高。电厂负荷的大小，取决于用户的需要，且电厂负荷时刻处于变动状态，这种来自外界对锅炉运行的干扰称为外扰。当不存在外扰的影响时，锅炉运行工况也并非完全不变，如煤粉细度、烟道漏风、炉膛积灰及结渣等情况的变化，都将影响锅炉运行状态，这类影响是锅炉系统本身所引起的，故称为内扰。锅炉的运行经常受到外扰和内扰的双重影响而发生剧烈波动，严重时会使锅炉工作不安全。同时，锅炉运行状态的改变将引起蒸汽参数发生变化。锅炉调节的主要任务是对锅炉的工作方式及时进行调节，使各种经济指标和工质参数不超出规定允许的范围，即在内、外扰动的情况下，锅炉需稳定供应合格品质的蒸汽。针对锅炉的运行特点，为了能够及时完成锅炉运行过程中的调节任务，现代大型锅炉都配有自动控制系统，用以执行监视、检查和调节任务。

3.1.1 锅炉汽压调节

锅炉运行时，主蒸汽压力的控制是通过保持锅炉出力与汽轮机所需蒸汽量的平衡来实现的。当两者平衡时，对于采用定压运行方式的机组，在稳定工况、变工况或各种扰动因素影响下，均能保持主蒸汽压力的稳定；对于采用滑压运行（又称变压运行）方式的机组，能始终保持主蒸汽压力与机组负荷相对应的变化。锅炉汽压（蒸汽压力）调节任务，实际上就是在满足外界负荷需要的前提下，始终保持锅炉蒸发量与汽轮机所需蒸汽量之间的平衡。

1. 汽压变化的影响

锅炉主蒸汽压力越高（在允许范围之内），机组的热经济性越好，但当主蒸汽压力超过允许范围后，将对设备和人身安全带来严重的危害。

当锅炉超压而安全门拒动时，可能发生承压部件的爆破事故；当锅炉超压而安全门动作时，不但造成大量的工质及热量损失，且会因安全门动作次数过多，使阀芯回座时关闭不严，出现经常性漏汽现象，甚至造成安全门无法回座而被迫停炉的后果。

当锅炉汽压降低时，会减少单位质量的工质在汽轮机中的做功能力，如外界负荷不变，则会使机组的汽耗和煤耗增加；当锅炉汽压降低时，为维持当前负荷不变，汽轮机则需加大进汽量，会导致汽轮机轴向推力增加，易发生推力轴瓦烧毁事故。

当锅炉的汽压波动频繁时，会使锅炉金属受热面处于交变应力作用之下，最终导致金属发生疲劳而损坏。

当锅炉汽压升高时，蒸汽的温度也将随之升高。这是因为锅炉汽压升高，相应的饱和蒸汽焓值将增大，在锅炉燃料消耗量未改变时，锅炉的蒸发量要瞬时减少，通过过热器的饱和蒸汽数量减少，而在传热系数、传热面积及传热温差基本不变的情况下，单位质量的蒸汽在炉内的吸热量也必然增大，致使过热蒸汽温度升高。

（1）锅炉汽压骤变对锅炉的安全性有较大影响　锅炉汽压骤变对运行安全性的影响主要表现在以下几方面：

1）当锅炉汽压骤降时，将造成锅炉水冷壁管屏内水动力不稳定，使水冷壁各管内流量分配不均匀，严重时甚至会引起局部管壁超温。

2）当锅炉汽压骤变时，将造成直流锅炉加热段、蒸发段、过热段的位置发生变化，使相变处受热面的传热工况发生改变，导致管壁温度剧烈变化而发生损坏。

（2）影响锅炉汽压变化速率的因素　影响锅炉汽压变化速率的因素主要有以下几方面：

1）锅炉负荷变化的速度。它是影响汽压变化速率的最主要因素。外界负荷变化速度越快，则会导致锅炉汽压波动越剧烈，且锅炉汽压变化速率的大小反映了锅炉保持或恢复汽压的能力。

2）锅炉的蓄热能力。它是指当外界负荷发生变化而燃烧工况不变时，锅炉能够放出或吸收热量的大小。锅炉蓄热能力越大，在外界负荷发生骤变时，汽压波动越小，机组运行越安全、稳定。

3）燃烧设备的惯性。它是指从入炉燃料发生变化，到炉内建立起新的热平衡所需要的时间。当外界负荷骤变时，燃烧设备的惯性越大，锅炉汽压波动就越剧烈。燃烧设备的惯性与调节系统的灵敏度、燃料的种类及制粉系统的类型有关。

综上所述，锅炉汽压过高、过低或变化速率过大，都对锅炉乃至整个火电厂的运行极为不利。因此，锅炉运行规程中，均明确规定了锅炉蒸汽压力允许的波动范围。

2. 影响汽压变化的主要因素

（1）外扰 是指非锅炉本体设备或运行的原因而造成的扰动。常见的锅炉外扰有以下几方面：

1）外界负荷变化。无论是外界负荷的正常变动或是事故情况下机组的负荷骤变，均能在汽轮机进汽量的变化上反映出来。当锅炉的蒸发量与汽轮机的进汽量平衡时，汽压保持稳定；而当锅炉的蒸发量大于或小于汽轮机所需的进汽量时，则汽压将升高或降低。

2）高压加热器（高加）停运。由于高加停运，对应于高加的回热抽汽阀关闭，汽轮机回热抽汽量降低，使锅炉的出力与汽轮机进汽量之间不平衡。

3）给水压力变化。锅炉出力主要取决于给水流量（包括减温水流量）的变化，当发生给水泵或给水系统故障时，将会造成锅炉给水压力和给水流量大幅度变化，主蒸汽流量必将发生相应改变，此时如果汽轮机调节阀开度保持不变，将引起锅炉出口汽压发生变化。

（2）内扰 是指由锅炉本体设备或运行工况的变化所引起的扰动，常见的锅炉内扰有以下几方面：

1）锅炉燃烧工况变化。锅炉的燃烧工况发生变化，仅影响锅炉的蒸汽温度，而对锅炉出口汽压不产生直接的影响。

2）进入锅炉给水流量的变化。锅炉蒸发量的变化，主要取决于进入锅炉的给水流量（包括减温水流量）的变化。当给水流量增大时，锅炉的蒸发量将相应增加，在外界负荷不变时锅炉出口汽压将上升。反之，给水流量减少，锅炉出口汽压将下降。

3）锅炉设备故障。锅炉运行过程中，如发生安全门误动作、对空排汽阀或汽轮机旁路阀误开、过热器或蒸汽管道泄漏或爆破、锅炉主要辅机（如风机、空气预热器等）因故退出运行状态等，在汽轮机调节阀开度不变时，将使锅炉出口压力产生骤变。

无论是内扰还是外扰，锅炉汽压的变化总是与蒸汽流量的变化密切相关。因此，在锅炉运行过程中，当汽压发生变化时，除了通过发电机功率表来判定是否为外界负荷变化外，通常可根据汽压和蒸汽流量的变化关系来判定。如汽压与流量的变化方向相反，此时应为外扰。如汽压与流量的变化方向一致，此时应为内扰。

3. 锅炉负荷与汽压调节

（1）锅炉负荷与汽压的调节方式 采用定压运行的机组，锅炉负荷与汽压的调节方式一般可分为：锅炉跟随方式（又称炉跟机方式）、汽轮机跟随方式（又称机跟炉方式）和机炉协调控制方式。

1）锅炉跟随方式。在锅炉跟随调节系统中，目标负荷指令送至汽轮机主控制器，当外界负荷改变时，汽轮机主控制器按给定的变负荷速率将同步器置于目标负荷对应的开度上，随着汽轮机调节阀开度的变化，锅炉的蒸汽流量和汽压反向变化。主蒸汽压力信号送至锅炉主控制器，当实际压力与给定压力的偏差过大时，锅炉主控制器将通过改变给水量、燃料量和风量使蒸汽压力恢复至给定值。该调节方式的特点是：能充分利用锅炉的蓄热能力，对外界负荷适应性好；但变负荷过程中汽压波动较大；尤其对燃烧设备惯性大而蓄热能力低的锅炉，其变负荷时锅炉汽压波动将非常剧烈。

2）汽轮机跟随方式。在汽轮机跟随调节系统中，负荷目标指令送至锅炉主控制器，当外界负荷改变时，锅炉主控制器按给定的变负荷速率来改变给水量、燃料量和风量，使锅炉的蒸汽流量和汽压发生变化。主蒸汽压力信号送至汽轮机主控制器，通过改变调节阀的开度，使压力维持在给定值，并使机组负荷达到目标值。该调节方式的特点是：调压迅速，汽压稳定，但在相应外界负荷时，没有利用锅炉的蓄热能力且机组的负荷适应性较差；特别是采用直吹式制粉系统的锅炉，燃烧设备的惯性大因而对外界负荷的适应性更差。

3）机炉协调控制方式。在机炉协调控制系统中，负荷目标的指令和主蒸汽的压力偏差信号，同时送往锅炉主控制器和汽轮机主控制器。当外界负荷改变时，锅炉主控制器和汽轮机主控制器同时动作，分别改变锅炉的给水量、燃料量、风量及汽轮机调节阀的开度。同时，根据主蒸汽压力偏差情况，适当限制汽轮机调节阀开度，并加强锅炉的燃烧调节。当调节过程结束时，机组负荷达到目标值，主蒸汽压力稳定在给定值。该调节方式综合了锅炉跟随和汽轮机跟随方式的优点，既能稳定控制汽压，又能充分利用锅炉的蓄热能力，使锅炉具有良好的负荷适应性。

由于直流锅炉的蓄热能力小，尤其是采用直吹式制粉系统的直流锅炉，燃烧设备的惯性大，如果机组运行采用锅炉跟随方式，在外界负荷变动时锅炉汽压波动会十分剧烈。故直流锅炉普遍采用汽轮机跟随方式或机组协调控制方式。

（2）锅炉汽压调节的特点　对于自然循环锅炉，可通过改变锅炉的燃烧率来调节汽压。当汽压降低时，只要加强炉内燃烧，便可达到提高汽压的目的。反之，通过减弱炉内燃烧，便可使汽压下降，整个调节过程与给水量无关。

对于直流锅炉，为了保证蒸发管屏内水动力的稳定，要求管内工质具有较高的质量流速和压力。在直流锅炉中，炉内放热量的增加（在给水流量不变时），将引起加热段缩短前移，使原处于加热段的工质提前蒸发，造成锅炉蒸发量短时间突增超过给水流量的现象。经延时一段时间后，锅炉的蒸发量又逐渐恢复至原值。因此，锅炉燃烧的改变，对直流锅炉的蒸发量和汽压，仅产生短时影响；当在新的工况下平衡时，锅炉的蒸发量及汽压并未改变。可以看出，直流锅炉燃烧率的变化，对锅炉的出力及汽压并不产生直接的影响。

直流锅炉的给水一次流经各受热面，在正常情况下进入锅炉的给水流量与锅炉出口的蒸发量相等，只有当锅炉给水流量改变时，才会引起蒸发量的变化。因此，直流锅炉的蒸发量和汽压，是由给水量来控制的。从直流锅炉给水流量扰动时的动态特性可知，当给水流量减少（燃料量不变）时，由于加热段缩短前移，造成原加热段内的部分工质因锅炉蓄热而蒸发，使锅炉蒸发量在短时间内仍基本维持原值。经延时后，锅炉蒸发量才开始下降，并逐渐达到与给水量相等，蒸汽压力的变化将比蒸汽流量的变化还要更迟缓一些。

4. 锅炉的滑压运行

随着机组容量和参数的不断提高，单元机组的热效率也相应提高，且在电网中承担基本负荷。但随着我国电网的高速发展，原来承担调峰任务的小容量机组已基本全部关停，故要求大容量单元机组也要能承担起参与电网调峰的任务。目前，国内大型锅炉采用承担低负荷的方式来参与调峰。锅炉低负荷调峰运行时，按压力划分可分为定压、滑压和定滑压结合的方式。各种运行方式均需维持蒸汽温度基本不变。

锅炉低负荷调峰采用定压运行方式时，锅炉的出口蒸汽压力基本保持不变，机组负荷由调节阀开度控制；采用滑压方式运行时，汽轮机调节阀全开，依靠锅炉的燃烧来调节负荷和汽压。纯定压运行时，调节阀节流损失大；而纯滑压运行时，如机组负荷过低，则锅炉出口蒸汽压力降低过大，将引起机组热循环热效率下降。因此，目前大型机组低负荷调峰运行时，多采用定滑压结合的方式。

所谓定滑压结合方式，是在机组高负荷时采用定压运行方式，当负荷降低时采用滑压运行方式，当负荷降低至某值时采用定压运行方式的“定-滑-定”复合运行方式。为了保证机组的安全经济运行，采用滑压运行方式前应根据机组的性能，进行有关的调整试验。通过经济技术对比，来确定机组在各负荷下的运行压力，以求得机组在低负荷调峰时的热经济性最佳。

单元机组的运行方式有两类，即定压运行和滑压运行。

定压运行是指机组在不同工况下，只靠调节调节阀开度、改变新汽流量来适应外界负荷变化的运行方式。此时，无论汽轮机负荷如何变化，进入汽轮机的主蒸汽温度基本保持不变。

滑压运行也称变压运行，是依靠改变进入汽轮机的主蒸汽压力（同时改变进入汽轮机的蒸汽流量）来适应外界负荷的变化。在机组负荷变化过程中，汽轮机主汽门和调节阀的开度均保持不变。机组采用滑压运行方式时，当外界负荷变化时，负荷指令直接送至锅炉的燃烧调节系统和给水调节系统，锅炉按指令要求改变给水量和燃烧工况，使出口主蒸汽压力、流量适应外界负荷变化要求。

机组采用滑压运行时，主要特点有以下几方面：

1）汽轮机调节阀全开，因而避免了机组低负荷运行时的节流损失。

2）机组汽温基本维持不变，因而机组高温部件的温度变化范围小，可降低变负荷运行时金属的热应力和热变形。机组低负荷运行时，由于汽压下降承压部件的应力状态有所改善，因而可提高设备的使用寿命。

3）当机组负荷降低时，高压缸排汽温度和再热后的蒸汽温度比定压运行时要高，可改善中、低压缸的工作条件，减少了汽轮机末级叶片的冲蚀。

4）可解决在低负荷运行时出现调节阀晃动的问题。在机组定压运行低负荷时，由于调节阀开度过小，会使调节阀阀芯前后压差过大而发生频繁晃动。采用滑压运行方式时，由于调节阀全开，可防止上述问题的发生。

5）机组均采用变速给水泵。在低负荷运行时，给水泵不仅流量减小且压头降低，因此给水泵的功率消耗大大降低。

6）机组负荷的反应速度比定压运行时要迟缓。

3.1.2　锅炉汽温调节

锅炉的汽温（蒸汽温度）偏差在一定范围内是允许的，也是机组运行过程中不能避免的。但汽温偏差过大，会给锅炉和汽轮机的运行安全带来不利影响。

蒸汽温度过低，意味着工质在锅炉中的平均吸热温度降低，会使汽轮机的循环热效率下降；温度过低还会增加汽轮机末级的湿汽损失，降低汽轮机的相对内效率，同时还会加剧末级动叶片的水滴侵蚀，进而影响汽轮机使用寿命。当机组蒸汽温度降低超过规定值时，必须限制机组出力。而蒸汽温度过高，会使锅炉设备工作在高温条件下，金属部件的蠕变加剧，导致锅炉过热器和再热器等材料的强度降低及使用寿命缩短。

锅炉过热器、再热器出口集箱的左右两侧温度偏差，也需要加以监视和限制。过大的温差会造成汽轮机高中压缸两侧受热不均、胀差超限、产生过大热应力，甚至影响机组的安全运行。

过大的蒸汽温度变化幅度和变化速率，会导致锅炉和汽轮机高温金属部件受到热冲击，产生过大的热应力，使设备疲劳损伤加剧；严重时还可能引起热变形或使部件产生宏观裂纹，造成设备损坏。

在机组运行规程中，对锅炉的过热蒸汽温度和再热蒸汽温度都有严格的规定。通常对锅筒锅炉负荷在70%～100%MCR、直流锅炉负荷在30%～100%MCR范围内，允许蒸汽温度在额定值的−10～+5℃范围内波动，且过热蒸汽温度和再热蒸汽温度左右两侧的偏差值不得超过10℃。同时，还需限制在蒸汽温度允许偏差值下，机组累计的运行时间。为防止蒸汽温度变化率过快导致的过大热应力，对厚壁蒸汽管道及集箱，规定了允许的蒸汽温度变化速率，一般应限制在3℃/min。

1. 过热蒸汽温度的影响因素

直流锅炉运行中，影响过热蒸汽温度的因素很多。如燃料量与给水量的比例（燃水比）、减温水流量、锅炉风量、燃料品质、燃烧工况、锅炉受热面积灰或结渣、给水温度、汽压、低温过热器侧烟气挡板开度等因素的变化，均将造成过热蒸汽温度的变化。现分别讨论这些因素的变化情况。

（1）燃水比变化的影响　直流锅炉运行过程中，要保持机组在不同负荷下蒸汽温度为定值，则应确保直流锅炉的燃料量与给水量的比值保持不变。

直流锅炉在负荷变化时，锅炉的加热段、蒸发段和过热段之间的分界面将会前后移动，对应工质的数量和热量也将改变，导致锅炉的蒸发量暂时与给水量不平衡，从而影响过热器蒸汽温度。

1）汽轮机调节阀开度发生变化。当机组调节阀开大时，进入汽轮机的蒸汽流量增加，由于此时燃料量未改变，故蒸汽压力迅速降低。如该变化过程中，给水压力及给水阀开度保持不变，则给水流量将因蒸汽压力的降低而增大。因燃料量保持不变，给水量的增加会使锅炉出口过热蒸汽温度降低，但由于过热器金属释放蓄热的补偿作用，使过热蒸汽温度降低得并不明显。

2）燃料量变化。当机组燃料量增加时，炉内换热量增大、锅炉蒸发量增大、锅炉压力升高，在给水压力和给水阀门开度保持不变的情况下，给水量自动减少。给水量减少，燃料量增加，则锅炉出口蒸汽温度明显上升。

3）给水量变化。给水量增大时，蒸汽流量也会增大，但由于燃料量未变化，锅炉的加热段与蒸发段都将延长。燃料量与给水量比值减小，锅炉出口蒸汽温度将降低，但由于金属蓄热的作用，蒸汽温度下降缓慢。

（2）锅炉风量变化的影响　锅炉在正常运行中，为保证燃料在炉膛内完全燃烧，必须保持炉膛内有一定的过量空气。对于燃煤锅炉，炉膛出口的过量空气系数一般控制在1.25左右。风量改变，对过热蒸汽温度变化的影响速度快且幅度大。

对自然循环锅炉，一方面，当风量在一定范围内增大时，由于炉膛温度降低，水冷壁辐射吸热量减少，使产汽量下降；另一方面，由于风量增大使锅炉烟气量增多，烟气流速加快，使过热器对流吸热量增加。由于流经过热器的蒸汽流量减小而过热器的吸热量增加，造成了锅筒锅炉过热蒸汽温度的升高。

直流锅炉过热蒸汽温度变化特性则呈现出与锅筒锅炉截然不同的情形。在炉内燃烧工况良好的情况下，如增大风量，则直流锅炉过热蒸汽温度将会产生一个先升高而后又降低的过程，且在达到新的动态平衡后，主蒸汽的温度水平将比扰动前要略低些。图 3-1 所示为某直流锅炉风量扰动的蒸汽温度动态特性示意图。

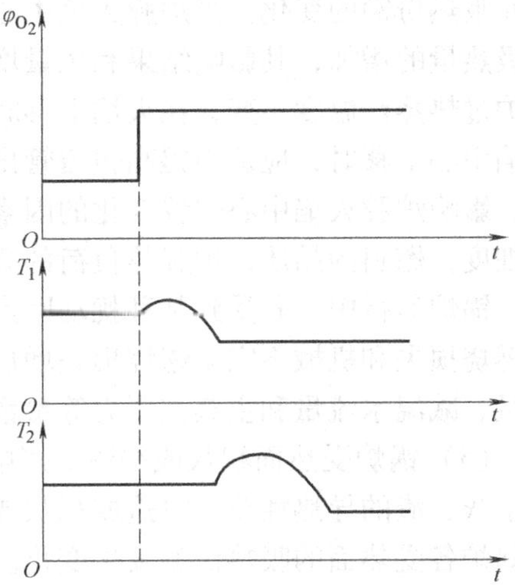

图 3-1　直流锅炉风量扰动时的蒸汽温度动态特性示意图
（燃料量、给水量、减温水量等均保持不变）
φ_{O_2}—炉膛出口氧含量　T_1—过热器出口温度
T_2—包覆管出口温度

对直流锅炉而言，在风量增加的初始阶段，由于炉膛具有一定的热容，所以炉膛的火焰温度无明显变化，烟气温度几乎保持不变。由于风量的增加使烟气的流速也相应提高，造成高温过热器吸热量增大，过热蒸汽温度升高。但由于燃料量未变，增加风量后经一段延时后，必然造成炉膛内温度下降，使锅炉辐射受热面吸热量减少，引起加热段和蒸发段变长。此时，对流传热量虽有所增加，但最终将造成过热蒸汽温度 T_1 下降。由于风量增加，烟气流量、流速均比扰动前增大，造成再热器的吸热量和排烟热损失均增加。从热量平衡的观点分析，很显然过热蒸汽的吸热量将减少，即过热蒸汽温度的稳态值将比扰动前要低。如果在炉内燃烧工况欠佳的情况下，适当增加风量，由于克服了缺氧燃烧，使化学不完全燃烧热损失、机械不完全燃烧热损失大大降低，增强了炉内的辐射传热和对流传热，最终必将导致过热蒸汽温度的升高。

当风量变大时，由于锅炉辐射传热份额减小、对流传热份额增大，在其他工况不变的情况下，为维持过热蒸汽温度不变，包覆管出口温度 T_2 的控制就应当相应降低。

（3）燃料品质变化的影响　在锅炉运行中，经常会碰到燃料品质发生变化的情况，当燃料品质发生改变时，燃料的发热量、挥发分、灰分、水分和灰渣特性等都会发生变动，因而对锅炉工况的影响比较复杂。下面就燃料发热量、灰分、水分变动时，对直流锅炉过热蒸汽温度的影响做简要分析。

当燃料中的灰分增大时，其可燃物质减少。因此，燃料的发热量、燃烧所需要的空气量及燃烧生成的烟气量等均降低。在燃料量不变的情况下，当灰分增大时，由于燃料的发热量降低，将使燃料在炉内总放热量下降，相当于入炉总燃料量的减少，在其他参数不变的情况下，必将造成过热蒸汽温度下降。如要保持过热蒸汽温度和锅炉出力不变，则必须增加燃料量并保持炉膛出口氧含量维持不变，才能达到要求。

当燃料中的水分增大时，如通过增加燃料量保持炉膛出口氧含量不变，则炉膛温度、辐射受热面的吸热量可保持不变，但由于烟气的容积和密度是随水分相应增加的，所以烟气的对流放热量将增大。在这种情况下要维持过热蒸汽温度不变，包覆管出口温度的合理控制值应比原来的要偏低一些。此外，由于水的比热容远大于空气，因此从某种意义上来讲，燃料中水分增加时使锅炉辐射吸热比例减少、对流换热比例增加的影响程度远比风量增大时严重得多。

（4）燃烧工况变化的影响　在锅炉运行中，炉膛火焰中心位置的变化将直接影响各受热面吸热份额的变化。当炉膛火焰中心上移时，将造成辐射受热面吸热量的减少、对流受热面吸热量的增加，其影响结果和风量增大相似，即直流锅炉过热蒸汽温度瞬时升高。要保持锅炉过热蒸汽温度不变，在火焰上移时，应适当降低包覆管出口蒸汽温度控制值；反之，在火焰中心下移时，应适当提高包覆管出口蒸汽温度控制值。

影响炉膛火焰中心位置变化的因素很多，主要有一、二次风的风速，炉膛的负压，煤粉的细度，燃料的品质，炉膛热负荷的高低，炉膛漏风情况及燃烧工况的好坏等。

锅炉运行中，若受到某种扰动因素影响，使炉内燃烧工况变差时，将使锅炉的化学不完全燃烧损失和机械不完全燃烧损失增加，导致炉内热负荷和锅炉热效率降低。此时，若给水流量、减温水流量和主蒸汽压力等参数保持不变，则主蒸汽温度及各段蒸汽温度必然下降。

(5) 锅炉受热面积灰或结渣的影响　受热面的积灰或结渣是燃煤锅炉最为常见的现象，由于灰、渣的导热性差，将造成积灰或结渣部位的工质吸热量减小、各段烟温发生改变，致使锅炉各受热面的吸热份额发生变化。直流锅炉由于工质在受热面内一次完成加热、蒸发、过热等过程，只要给水流量和减温水流量保持不变，锅炉出力就会保持不变。因而，在燃料量不变的情况下，过热蒸汽系统任何受热面处的积灰或结渣，均将造成过热蒸汽吸热量的减少，而使过热蒸汽温度下降。

直流锅炉的这一特性与锅筒锅炉完全不同，当锅筒锅炉水冷壁发生结渣时，锅炉蒸发量将下降，并因炉膛出口烟温升高，导致过热蒸汽温度升高。直流锅炉过热器部分发生结渣时，则由于锅炉蒸发量未变，但过热器处吸热量减少而导致过热蒸汽温度下降。因此，对于锅筒锅炉过热蒸汽温度的变化，应视积灰或结渣的部位而定。但对于直流锅炉，不论汽水系统的任何部位积灰或结渣，在其他参数不变的情况下，都将造成过热蒸汽温度下降。

一般来说，锅炉受热面的积灰或结渣是一个缓慢的过程。因此，对过热蒸汽温度的控制和调整不会带来更多的复杂性。但运行中如发生大块焦渣塌落，则有可能造成蒸汽温度突升或两侧蒸汽温度偏差剧增等突发性事件。

(6) 给水温度变化的影响　给水温度的变化会对锅炉过热蒸汽温度产生很大影响，尤其对直流锅炉影响更大。锅筒锅炉运行时，给水温度升高，过热蒸汽温度将下降。因为当其他参数不变而给水温度升高时，将使锅筒锅炉的蒸发量增加，过热器内工质流量上升。但对于直流锅炉来讲，给水温度的升高，将使加热和蒸发段的长度缩短，过热段增长，即在炉膛热负荷不变的情况下使蒸发点前移，导致过热蒸汽温度升高。反之，给水温度降低，在其他工况不变时将造成直流锅炉过热蒸汽温度的下降。

(7) 汽压变化的影响　蒸汽的温度和压力是锅炉运行中两个极为重要的参数，它们之间存在着密切的联系，汽压的变化可直接对蒸汽温度产生影响。锅炉在某一工况下稳定运行时，由于扰动会使主蒸汽压力有大幅度的降低，若此时保持燃料量、给水量、减温水量、风量等参数不变，则过热蒸汽温度及各段温度都将在不同程度上有所降低。此外，主蒸汽压力下降后，由于附加蒸发量的产生，使过热段蒸汽流量瞬时增加，也将导致过热蒸汽温度的下降。一般来说，汽压的变化将同时伴随着蒸汽温度的变化，但由于过热段汽压降低时，受热面金属释放蓄热，故蒸汽温度的下降有一定的延时。如果汽压的扰动时间较短，则过热蒸汽温度可认为基本维持不变；如果汽压的扰动时间较长，则过热蒸汽温度将发生明显的变化。因此，机组在运行过程中，应尽量保证主蒸汽压力的稳定。

(8) 低温过热器侧烟气挡板开度变化的影响　锅炉调节再热蒸汽温度的手段之一是采

用烟气挡板。为了保证烟气的通流面积，在关小或开大再热器侧烟气调温挡板的同时，应相应开大或关小低过侧的烟气挡板，保持两侧的低温再热器和低温过热器烟气挡板开度之和为100%。当再热器侧烟气挡板因再热蒸汽温度调节需开大时，低过侧烟气挡板将相应关小，使流经低温过热器的烟气量减少，造成低过蒸汽温度降低。反之，再热器侧调温挡板开度变小时，则造成低温过热器吸热量增加，使低过蒸汽温度上升。

2. 过热蒸汽温度调节方法

锅炉过热蒸汽温度调节的原则为：监视并保持包覆管过热器出口温度在恰当的控制值，以控制合理的燃水比作为过热蒸汽温度的粗调手段；在此基础上，以喷水减温作为过热蒸汽温度的微调手段，对过热蒸汽温度进行最后的修正。在锅炉运行中，保持恰当的燃水比，是过热蒸汽温度控制的关键。如燃料量与给水量比值严重失调，则减温水微调将无任何效果。但影响机组燃水比的因素较多，且燃水比随给水温度、锅炉负荷、燃料品质、燃烧工况、减温水量及受热面的积灰或结渣等的变化而改变。尤其是燃料品质的变化是火电厂生产过程中经常遇见的情况，因此想能始终保持精确的燃料量与给水量之比是不可能的。但必须指出，这些影响因素在变化幅度不大时，对锅炉运行的影响是可忽略不计的。故机组运行时，保持相对正确、稳定的燃水比，对于蒸汽温度的控制意义重大。事实上，所谓合理的燃水比就是这种相对正确的比例关系。它仅能保证过热蒸汽温度在不超过某个数值的范围内变化，而不能确保过热蒸汽温度始终不变。此外，直流锅炉由于蓄热能力差，且影响蒸汽温度变化的因素多，故直流锅炉过热蒸汽温度的调节只能以控制燃水比作为过热蒸汽温度粗调的手段，以喷水减温作为过热蒸汽温度微调的手段，这样才能确保机组在各扰动情况下，保持过热蒸汽温度的稳定。

在蒸汽温度调节策略中，用包覆管出口蒸汽温度作为直流锅炉过热蒸汽温度控制与调节的超前信号，实际上是把它作为锅炉运行中燃水比是否恰当的一个监控点。但包覆管出口蒸汽温度的合理控制值，并不是固定不变的，而是随着机组工况的变化而改变。故在锅炉运行的动态过程中，始终保持精确的包覆管出口蒸汽温度控制值是做不到的且无必要。事实上，在机组实际运行过程中，包覆管出口温度只要控制在某一合理的范围之内，就能保证燃水比相对正确。

具有内置式启动分离器的直流锅炉，其蒸汽温度控制方法与上述基本相同，但此种锅炉的主蒸汽温度控制是通过保持适当的燃水比来控制分离器入口温度作为粗调，并以一、二级喷水减温作为微调来实现的。对600MW机组的直流锅炉，过热器的喷水减温装置一般分为两级：一级喷水减温布置在低温过热器出口至屏式过热器的管道上，二级喷水减温布置在屏式过热器出口至高温过热器的管道上。

按设计要求，一级减温喷水的流量与锅炉的负荷近乎是线性关系，采用一级喷水减温调节，既可保证二级喷水减温的调温范围，又能防止屏式过热器进口温度过高而造成屏过的管壁超温。因此，正常运行中应重视一级喷水减温的使用和调节，切不可因一级喷水减温调温的效果差，就仅用二级喷水减温来调节蒸汽温度。此外，一级喷水减温虽距过热器出口较远，对过热蒸汽温度的调温效果要差些且延迟时间也较长，但与机组利用增减给水量来调温相比要迅速且效果好。

二级喷水减温，由于所处的位置距过热器出口很近，因而调节时对过热器出口温度的反应速度较快且效果也显著，故常被用作对过热蒸汽温度的细微调整。为了能合理、正确的使用减温水以达到调节过热蒸汽温度的目的，通常正常运行过程中二级喷水减温调节门应保持在开或关两个方向上且需保留一定的调节余地。采用减温水调节过热蒸汽温度时，由于存在一定的延迟，故应根据减温后温度的变化趋势来确定减温水量的大小，否则易造成过热蒸汽温度的大幅度波动。

此外，根据锅炉所承担负荷的大小，单位减温水量的变化对过热蒸汽温度的影响也不同。锅炉低负荷时，锅炉内工质流量小、流速低且炉内热负荷低，故减温水量对过热蒸汽温度影响的幅度较大，且过热蒸汽温度发生变化的延迟也较高负荷时要长。因此，锅炉低负荷运行时，对减温水量的调节需特别谨慎，为防止引起过热器局部积水，减温后蒸汽温度应始终控制在具有20℃以上的过热度。机组带启动分离器运行时，二级喷水减温后蒸汽温度应控制在不低于280℃。

机组工况变化时，对过热蒸汽温度的调节是锅炉运行调节中一个重要的组成部分。在机组实际运行中，影响锅炉运行工况的变化因素较多。下面对一些复杂的扰动因素进行分析，通过分析说明机组变工况时直流锅炉过热蒸汽温度的控制与调节方法。

（1）变负荷扰动　直流锅炉的增、减负荷过程，是一个多种扰动同时进行的复杂动态过程。在此过程中，锅炉的燃料量、给水量、风量同时发生改变，各种因素、各项操作都将给蒸汽温度的变化带来影响。一旦控制不当，便会发生蒸汽温度波动或超限事故。因此，机组增、减负荷的过程中，应注意以下几个方面：

1）燃料量和给水量按外界负荷要求变化后，应始终保持适合的比例。随着机组负荷的变化，需控制相应的分离器入口温度、分离器出口温度及低过出口温度数值，根据其变化趋势，及时修正给水量，以确保合理的燃水比。

2）燃料量变化后，应根据炉膛出口氧含量来及时调节风量。炉膛出口氧含量的合理控制值，应根据锅炉负荷及燃料品质而定。

3）合理进行配风和优化燃烧的组合方式，尽量避免由于燃烧不稳定而造成的蒸汽温度变化。

4）机组在变负荷过程中，应尽量保持过热汽压稳定。

5）根据减温水量的变化趋势，及时调节锅炉给水流量，使一级喷水能满足其与负荷之间的对应关系，并且使二级喷水调节始终保留一定的调节余地。

6）机组在变负荷过程中，启停风机、给水泵、制粉系统或投、停高加等操作，在条件允许的情况下，应力求操作的单一性。操作过程中，应尽量设法维持原工况不变，待操作结束后再进行加、减负荷的操作。

7）变负荷操作过程中，应始终贯彻勤、细调节的原则。通过勤调整，以寻求和保持燃水比和减温水量的最佳点；通过细调节，防止由于过调而引起蒸汽温度大幅度波动。

（2）给水温度的大幅度变化　给水温度的大幅度变化一般是由高加投入和停用所引起的。对于直流锅炉而言，给水温度的变化，将造成工质热力循环吸热量的改变。此时需重新调节燃水比，否则将引起过热蒸汽温度的大幅度波动。由于锅炉本身具有一定的蓄热能力，且温度变化后，给水进入锅炉各受热面需要一定的时间，因此当给水温度发生变化时，锅炉各段工质温度将延迟一段时间后才开始变化。由此可见，当给水温度变化时，燃水比的调整不应在给水温度刚开始变化时进行，而应延迟一段时间再进行。

在调整燃水比时，可采用保持给水流量不变、相应改变燃料和风量的方法，或保持燃料及风量不变、相应改变给水流量这两种不同的方法。前者会引起机组功率和锅炉燃烧工况的较大变化，故一般不予采用。尤其是机组在额定工况下运行时，发生高加突然退出运行，如不及时改变给水流量，还将造成机组功率超限。因此，当机组发生该情况时，应首先立即降低锅炉的燃料量和给水量，将机组功率降至规定的范围内，然后再按保持燃料及风量不变且滞后一定时间后，相应改变给水流量的方法来调节燃水比，以适应工况变化的需要。在直流锅炉运行过程中，给水温度发生大幅度变化时，控制合理的给水流量变化幅度及滞后时间，是保证过热蒸汽温度稳定的关键。一般来说，待省煤器出口温度发生变化后，再开始改变给水流量较为适宜。给水流量变化的幅度与锅炉负荷的高、低有直接的关系。当600MW 锅炉机组在 1600 ~ 1900t/h 范围内运行时，给水温度每升高或降低 1℃，给水流量相应减少或增加 2. 6 ~ 3. 2t/h。

在发生给水温度大幅度变化时，除按上述要求重新调节燃料量与给水量的比例，用包覆管出口或低温过热器出口温度的变化进行复核，还应通过减温水进行细调，这样才能保证过热蒸汽温度的稳定。需说明的是，在过热器减温水水源接自给水调节阀后的系统中，由于给水温度的变化，同时也将造成减温水温度变化，因而必将对减温水的减温效果产生影响；此外，随着给水温度的改变，给水流量也将相应的变化，由此而产生的减温调节阀前后压差的改变，还将造成减温水流量的变化。因此，当给水温度发生大幅度变化时，除应对燃料量与给水量的比例需进行调节外，还应对过热蒸汽系统各减温水进行全面调节，以适应机组运行变工况的需要。

（3）燃料品质变化　锅炉运行中燃料品质的改变，所引起的燃料低位发热量变化是火电厂运行中常见的现象。其主要表现为：在燃料量、风量均不变的情况下，炉膛出口氧含量发生变化。由于燃料低位发热量的变化，使炉膛热负荷发生改变，相当于改变了锅炉的总燃料量。因此，燃料量与给水量的平衡被破坏，如不及时调节，必将由于燃料量与给水量比例的失调而造成过热蒸汽温度的大幅度变化。为建立新的燃水比，在调节锅炉的燃料量与给水量比例时，应保持给水流量不变，通过改变锅炉燃料量，使炉膛出口氧含量恢复至原值。在此过程中，通过减温水进行细调，便能保证过热蒸汽温度的稳定。如采用燃料量不变，通过改变给水量来恢复燃料量与给水量的平衡，则将引起锅炉燃烧工况、出力和机组负荷较大变化，故一般不宜采用。

机组如处于自动控制状态运行时，当燃料品质发生变化引起低位发热量改变时，自动控制系统将根据蒸汽温度调节超前信号的变化，自动来调节锅炉的给水量。由于给水流量变化造成机组功率变化时，使机组实际功率与给定功率发生偏差，系统将自动控制增减负荷，使机组功率恢复至给定值。有些自动控制系统，还根据燃料量与主汽流量的对应关系，来判别燃料的发热量是否发生变化，当发现燃料的发热量变化时，自动控制系统便发出改变燃料量的指令，通过改变燃料量恢复机组的设定工况运行，这就是所谓的燃料发热量自动校正功能。机组如处于手动运行状态，但烟气氧含量投入自动控制时，应特别注意监视包覆管出口（或分离器出口）温度的变化趋势，因为在该情况下发生燃料品质变化时，炉膛出口氧含量由于自动调节的作用将不发生变化，因而很容易导致运行人员的疏忽，运行人员应根据包覆管出口（或分离器出口）温度的变化趋势，及时调整燃料量或给水量，使机组工况恢复正常。

3. 再热蒸汽温度的控制和调节

（1）再热蒸汽温度的特性　由于再热器本身的结构及布置特点，决定了其蒸汽温度具有以下特性：

1）由于再热器具有较大的容积，工质在其中的流速较慢，且再热器又布置在烟温较低的区域，烟气侧的传热温差较小，因而机组工况变化时再热蒸汽温度的改变延时较长。

2）再热蒸汽压力低且比热容小，因而单位质量的工质在吸收相同热量时，再热蒸汽温度将比过热蒸汽温度变化大。由于锅炉的再热器多采用对流形式换热，虽然大多布置在较低烟温区域，但由于对流受热面的传热特性及再热蒸汽比热容小的特点，使再热蒸汽温度在工况变化时，其变化幅度较大。再热蒸汽温度对热偏差较敏感，在同样热偏差条件下，再热蒸汽温度的偏差比过热蒸汽温度要大。

3）再热器的运行工况，不但受锅炉运行工况的影响，而且还受汽轮机运行工况的影响。再热蒸汽的流量不但随机组负荷发生变化，且还受汽轮机一、二级抽汽量的大小及锅炉安全阀、排汽阀启闭状态影响。机组在定压方式运行时，汽轮机高压缸排汽温度，将随机组负荷的变化而发生较大变化，同时还会引起再热蒸汽温度的变化。

综上所述，再热蒸汽温度受机组工况变化的影响要比主蒸汽温度敏感，再热蒸汽温度的波动也较主蒸汽温度剧烈。

（2）影响再热蒸汽温度变化的因素　影响再热蒸汽温度变化的因素，主要有以下几方面：

1）高压缸排汽温度变化影响。在其他工况不变的情况下，高压缸排汽温度越高，则再热器出口蒸汽温度将越高，机组在定压方式下运行时，汽轮机高压缸排汽温度将随机组负荷的增加而升高。另外，主蒸汽压力越高，蒸汽在汽轮机中做功能力就越大，高压缸排汽温度则相应降低。此外，汽轮机高压缸的效率及一、二级抽汽量的大小，均会对高压缸排汽温度产生影响。

2）再热器吸热量变化影响。锅炉运行时再热器吸热量越多，工质的焓增越大，再热蒸汽温度将越高。影响再热器吸热量变化的因素较多，包括：

① 锅炉燃料量或燃料低位发热量的变化。燃料量越多或燃料低位发热量越高，炉内热负荷及烟气温度越高，则再热器的吸热量就越多。

② 流经再热器烟气量变化。流经再热器的烟气量越大，再热器处烟气流速越高，则再热器的吸热量就越大。

③ 锅炉负荷变化。锅炉负荷降低时，辐射受热面的吸热比例增加，作为对流受热面布置的再热器，吸热份额将减少；反之，锅炉负荷升高时，对流式再热器的吸热份额将增加。

④ 燃烧工况变化。在锅炉运行过程中，如炉膛火焰中心上移，将造成尾部烟气温度升高，对流式再热器的吸热量将增加。

⑤ 锅炉受热面积灰或结渣影响。当再热器前的受热面积灰或结渣时，将造成再热器处烟温升高，使再热器吸热量增加。当再热器受热面本身积灰或结渣时，将使再热器吸热量减少。

（3）再热蒸汽温度调节方式　采用喷水减温方式来调节再热蒸汽温度是不经济的，因为水喷入再热蒸汽后将增加汽轮机中低压缸的蒸汽流量，如果机组负荷维持不变，则势必要限制汽轮机的高压缸出力，即减少汽轮机高压缸的蒸汽流量。这样就相当于利用部分中、低压蒸汽循环代替高压蒸汽循环，必然导致整个机组的热经济性下降。因此，再热蒸汽温度调节不宜采用喷水作为主要的调温手段，而仅在正常蒸汽温度调节措施之后，作为微调或事故时使用。

再热蒸汽温度调节采用烟气挡板、“汽-汽”加热器、摆动燃烧器及烟气再循环。“汽-汽”加热器结构复杂、制造困难、管道系统布置复杂，调温时主蒸汽和再热蒸汽互相干扰，往往达不到调温效果；燃煤锅炉一般不采用烟气再循环调节方式，因为采用烟气再循环的调节方式时，再循环风机易磨损且工作安全性低；摆动式燃烧器结构复杂，要求再热器布置在高温区域，势必采用高造价的奥氏体合金钢，另外摆动燃烧器只适合四角布置或对冲布置的燃烧器，同步摆动也比较困难，且不适合 W 型火焰锅炉。

因此，锅炉再热蒸汽温度调节的主要手段，是通过布置在省煤器后的烟气挡板来实现。通过控制烟气挡板的开度来控制流经竖井再热器管束和过热器管束的烟气量，从而来达到控制再热器蒸汽出口温度的目的。在机组满负荷时，过热器侧烟气挡板全开，再热器侧烟气挡板部分打开。当机组负荷逐渐降低时，过热器侧挡板逐渐关小，再热器侧挡板开大，直至锅炉运行至最低负荷，再热器侧挡板全部打开。

3.1.3　锅炉燃烧调节

1. 燃烧调节的目的及任务

锅炉燃烧工况的好坏，不但直接影响锅炉设备运行的工况、参数变化，且对整个机组运行的安全性、经济性有极大影响。因此，无论正常运行或是在锅炉启、停过程中，均应合理组织炉内燃烧，以确保燃烧工况稳定、良好。

锅炉燃烧调节的任务是：

1）保证锅炉参数维持在规定的范围内，且随时能够提供足够数量的合格蒸汽，以满足汽轮机负荷需要。

2）保证锅炉运行的安全、可靠。

3）尽量减少不完全燃烧损失，以提高锅炉运行的热经济性。

4）使粉尘、SO_x、NO_x及锅炉其他各项排放指标控制在环保允许的范围内。

燃烧工况的良好和稳定，是保证锅炉安全可靠运行的必要条件。因为燃烧过程不稳定，不但会引起蒸汽参数发生波动，还将引起未燃尽的可燃物在尾部受热面沉积，给锅炉尾部烟道带来再燃烧的威胁。锅炉炉膛温度过低，不但影响燃料的着火和正常燃烧，且容易造成炉膛熄火。炉膛温度过高、燃烧室内火焰充满程度差，将会引起水冷壁局部结渣。或由于热负荷分布不均匀而使水冷壁、过热器及再热器等受热面热偏差增大，严重时甚至会造成局部管壁过热或长期超温导致爆管事故。

锅炉燃烧工况的良好和稳定，是提高机组运行经济性的可靠保证。因为只有燃烧稳定，才能确保锅炉运行工况的稳定，只有锅炉运行工况的稳定，才能保持机组额定负荷运行。此外，锅炉燃烧工况的良好和稳定，是采用低氧燃烧技术的先决条件。采用低氧燃烧，对降低排烟热损失、提高锅炉热效率，减少SO_x和NO_x的生成都是极为有利的。

提高炉膛燃烧的效率，要求保持合理的风粉配比，一、二次风配比，送引风配合，以及保持适当高的炉膛温度。合理的风粉配比，就是要保持炉膛内的最佳过量空气系数；合理的一、二次风配比，就是要保证煤粉着火迅速，且燃烧完全；合理的送、引风配合，就是要保持适当的炉膛负压。无论锅炉在稳定工况或变工况运行时，只要上述的配合和比例调节得当，就可以减少燃烧损失，提高锅炉热效率。对于现代火力发电机组，锅炉热效率每提高1%，将使整个机组效率提高约0.3%～0.4%，标准煤耗率可下降3～4g/(kW·h)。

要达到上述目的，在锅炉运行操作时，应注意保持适当的一、二次风配比，即合理的一、二次风的出口风速和风量，用以建立正常的炉膛空气动力场，使风粉均匀混合，保证燃料良好的着火和稳定的燃烧。此外，还应优化燃烧器的运行方式及对各燃烧器合理分配负荷，加强锅炉风量、燃料量和煤粉细度等调节，使锅炉始终保持既安全又经济的状态运行。

锅炉运行中，常会由于外界负荷或燃料品质的改变而需被动调节燃烧工况。当发生此种情况时，必须及时调节送入炉膛的燃料量和空气量，使燃烧工况得到相应的加强或减弱。

在锅炉高负荷运行时，由于炉膛的温度高，煤粉着火和风煤混合条件均较好，故炉内燃烧一般比较稳定。为了提高锅炉的热效率，可根据煤质具体情况，适当降低过量空气系数来运行。当过量空气系数减小后，排烟热损失必然降低，且由于炉膛温度提高并降低了烟速，使煤粉在炉内停留的时间相对延长，只要过量空气系数控制适当，不完全燃烧损失就不会增加，锅炉效率便可得到提高。

在锅炉低负荷运行时，由于炉内燃烧的减弱，投入煤粉燃烧器数量的减少，炉内温度较低，火焰充满程度也较差，为减少锅炉不完全燃烧损失，锅炉风量又往往偏大，使燃烧稳定性和经济性都下降。因此，锅炉低负荷时，在风量满足要求的前提下，应适当降低一次风风速，使燃料着火提前，并适当降低二次风风速，以增强高温烟气的回流，有利于燃料的着火和燃烧。尽量采用多火嘴、少燃料以及燃烧器对称投入、均匀分布等方式，有利于改善炉膛火焰的充满程度。

2. 影响燃烧的因素和强化燃烧的措施

（1）影响燃烧的因素　影响锅炉煤粉燃烧的因素有以下几方面：

1）燃料品质影响。锅炉燃烧器是按照锅炉的设计煤种设计并制造的，煤质不同燃烧器的结构及其工作特点也不相同。因此锅炉运行中，要求燃煤的品质、燃烧器及锅炉的运行方式三者互相适应，但在实际生产运行中，燃煤品质往往变化较大。由于任意一种燃烧设备对煤种的适应性有一定的限度，因而燃煤品质发生较大变化时，会对燃烧的稳定性和经济性产生很大影响。

燃料中挥发分含量增加，煤粉的着火温度将降低；挥发分含量减少，煤粉的着火温度将升高。着火温度升高，煤粉燃烧所需的着火热将增大，因而燃用挥发分低的煤种时燃料着火相对困难，且达到着火所需的时间较长、着火距离较远。在相同的风粉比条件下，燃料挥发分降低，煤粉火炬的火焰传播速度将下降，从而使火焰扩展条件变差、着火速度减慢、燃烧稳定性降低。此外，挥发分的含量对煤粉的燃尽也有很大的影响。通常，燃煤的挥发分含量越高，越容易着火，燃烧过程越稳定，不完全燃烧损失也就越小。

灰分过高的煤粉，着火速度较慢、燃烧稳定性较差，且煤粉燃烧时由于灰分容易隔绝可燃物与氧化剂的接触，因而多灰分的煤燃尽性能较差。煤的灰分越高，由于加热灰分造成的热量消耗增大，会使燃烧温度下降。此外，固态飞灰随烟气流动，会加剧受热面磨损和堵灰，熔化的灰还会粘接在受热面上形成结渣，影响各受热面热负荷的变化。燃烧器喷口结渣时，不但影响燃烧器的安全运行，且会对炉内燃烧工况产生不利影响。

水分对燃烧过程的影响，主要表现在煤粉着火困难、延长燃烧时间、降低炉内温度、增加不完全燃烧损失及排烟热损失。因为煤粉燃烧时，其内部水分蒸发需要吸收热量，使燃料的实际发热量降低、燃烧温度下降。此外，燃料的水分过高，还将影响煤粉细度及磨煤机出力，并造成制粉系统的堵煤或堵粉，严重时甚至引起锅炉燃烧异常等事故。

2）煤粉细度影响。煤粉越细，其表面积越大，在其他条件不变的情况下，煤粉越细加热时温升越快，挥发分的析出、着火及化学反应速度也就越迅速，因而煤粉易着火燃烧。

3）一次风的风量、风速及风温影响。在锅炉正常运行时，减少风粉混合物中一次风的比例，一方面相当于提高煤粉的浓度，使煤粉的着火热降低；另一方面在同样高温烟气量的回流下，可使煤粉达到更高的温度，因而可加速着火过程，对煤粉的着火和燃烧有利。但一次风量过低，则会由于着火初期煤粉得不到足够的氧气，使反应速度减慢而不利于着火及火焰的扩展。一次风量应以能满足挥发分的燃烧，并保证煤粉正常输送为原则。

一次风速过高，会降低煤粉气流的加热程度，使着火点推迟，容易引起燃烧不稳，且煤粉燃烧也不易完全。特别是锅炉低负荷时，由于炉内温度较低，甚至有可能产生火焰中断或熄火。此时应设法调节并降低一次风速，但一次风速过低则会造成一次风管堵塞，且着火点过于靠前还会烧坏燃烧器。一次风温越高，则煤粉气流达到着火点所需热量越少，着火点提前、着火速度快。但一次风温过高，对于燃用高挥发分的煤种时，往往会因着火点离燃烧器喷口过近而造成结渣或烧坏燃烧器；反之，一次风温过低，则会使煤粉的着火点推迟，对着火不利。

4）燃烧器结构影响。对锅炉而言，燃烧器出口截面越大，混合物着火结束离开喷口的距离就越远，即火焰相应拉长。小尺寸的燃烧器能增加煤粉气流点燃的表面积，使着火速度加快、着火距离缩短，这样一方面会使炉膛出口温度不致过高，另一方面使煤粉燃烧又较完全。旋流燃烧器着火区的吸热面积大、着火条件好、能独立着火燃烧，特别是在大型锅炉上采用时，可有效地解决炉膛出口烟气的偏斜问题，但旋流燃烧器对煤种的适应性较差。

5）锅炉负荷影响。锅炉负荷降低时，炉膛的平均温度下降，燃烧器区域的温度也相应下降，这将对煤粉气流的着火不利。当锅炉负荷降低到一定值时，为了维持炉膛火焰，必须采用油枪或等离子不间断拉弧来进行助燃。当无助燃油枪时煤粉能否稳定着火与燃烧的锅炉所允许的最低负荷、锅炉本身的特性、所燃用的煤种及燃烧器的形式等有关。当燃用低挥发分煤种或劣质烟煤时，其不投油所允许最低负荷要升高；燃用优质烟煤时，其不投油所允许的最低负荷要降低。锅炉不投油所允许的最低负荷，应通过锅炉燃烧试验来确定。

6）过量空气系数影响。炉膛过量空气系数过大，将使炉膛温度降低，对着火和燃烧都不利，且还将造成锅炉排烟热损失增加。过量空气系数过小，又将造成缺氧燃烧，使燃烧不完全。

7）一次风与二次风配合影响。锅炉一、二次风的混合特性，也是影响着火的和燃烧的重要因素。二次风在煤粉着火以前过早地混合，对煤粉着火不利。因为这种过早的混合相当于增加了一次风量，使煤粉气流加热到着火温度的时间延长、着火点推迟。如果二次风过晚混入，又会使着火后的燃烧缺氧。故二次风的送入应与火焰根部有一定的距离，使煤粉气流先着火，当燃烧过程发展到需要氧气时，再与二次风混合。

8）燃烧时间影响。燃烧时间对煤粉的燃烧和燃尽程度影响很大，燃烧时间的长短主要取决于炉膛容积的大小。一般来说，炉膛容积越大，则煤粉在炉膛中停留的时间越长。此外，燃烧时间的长短还与火焰充满程度有关，火焰充满程度差相当于缩小炉膛容积，使煤粉颗粒在炉内停留时间变短。燃用低挥发分的煤种时，应适当加大炉膛容积，以延长燃烧时间。此外，煤粉的燃尽过程占整个燃烧过程大部分时间，因此尽量缩短着火阶段，可相对增加燃料燃尽阶段的时间。

（2）强化煤粉燃烧的措施　根据对影响煤粉着火和燃尽的分析，应对煤粉燃烧进行强化，一般可采用以下措施：

1）选用适合的燃烧器。

2）适当提高热风温度，保持适合的空气量，根据煤种控制合理的一次风量。

3）选择恰当的气流速度，以保证煤粉合理的着火位置。

4）根据燃烧过程的发展，及时送入二次风，做到既不使燃料燃烧缺氧，又不降低火焰温度。

5）保持着火区的高温，加强气流中高温烟气的卷吸作用。

6）选择适合的煤粉细度。

3. 燃烧调节方式

炉膛燃烧是否正常，直接关系到锅炉运行的安全性和可靠性。如炉膛燃烧不稳定，将引起蒸汽参数的波动。燃烧火焰的偏斜，会造成炉内温度场和热负荷分配不均匀。如炉膛火焰偏斜过大，可能引起水冷壁局部区域温度过高，出现结渣甚至超温爆管，还会引起过热器热偏差过大，也可能产生超温或爆管。炉膛温度过低，则煤粉着火困难、燃烧不稳，易造成炉膛灭火或放炮等事故。

锅炉燃烧调节的主要内容为：燃料量的调节，风量的调节，炉膛负压的调节，燃烧器风量的调节。

（1）燃料量的调节　燃煤锅炉燃料量的调节，主要包括煤粉量调节和作为辅助燃烧的燃油量调节。

1）煤粉量调节。配中间储仓式制粉系统的锅炉，其制粉系统运行工况的变化与锅炉负荷不存在直接关系，煤粉量的调节可通过投或停燃烧器台数、改变给粉机转速、调节给粉机下粉插板的开度或投停给粉机台数来实现。

配直吹式制粉系统的锅炉，由于直吹式制粉系统出力大小直接与锅炉的负荷相匹配，故当锅炉负荷有较大波动时，需启动或停运一套制粉系统。在确定制粉系统启停方案时，必须考虑到燃烧工况的合理性，即运行的燃烧器应均衡。若锅炉负荷波动不大时，可通过调节运行中制粉系统的出力来解决。当锅炉负荷增加时，要求制粉系统的出力大，则应先开大磨煤机的进口风量挡板，增加磨煤机的通风量，利用磨煤机内少量存粉作为增负荷初始阶段的缓冲调节，然后再增加磨煤机的给煤量，同时开大相应的二次风门使燃煤量适应负荷变化。反之，当锅炉负荷降低时，则减少给煤量、磨煤机通风量及二次风量。由此可知，对于带直吹式制粉系统的煤粉炉，其燃料量调节是通过改变给煤量来实现的，因而其对外界负荷的响应速率较慢，时间延迟大。

在调节给煤量及风门挡板开度时，应注意辅机电流的变化、挡板开度指示的大小、风压的变化及有关表计指示的变化，防止出现电流超限或堵塞等异常情况。

2）燃油量调节。燃油量的调节方法，与燃油系统的类型及油喷嘴的雾化方式有关。燃油量的调节方法主要包括进油调节和回油调节两类。雾化方式一般分为机械雾化和蒸汽雾化等方式。

采用进油调节的系统，当调节幅度不大时，可以用调节进油压力的方法来改变燃油量。当调节幅度较大时，则应通过改变运行油喷嘴的个数来实现燃油量调节。

采用回油调节的系统，则是通过改变回油量来调节进入炉膛的油量，且回油的形式可分为内回油和外回油。内回油系统对外界负荷的适应性较强，一般适应30%～40%的负荷变化范围。但在低负荷时，由于喷嘴出口处轴向流速降低而切向速度不变，会造成雾化角相应变大，容易造成喷燃器扩口处烧坏。对外回油系统，当负荷调节幅度不大时，可通过改变油压来改变喷油量。如采用蒸汽雾化的油枪，一般油压允许在某一范围内波动。当油压低至允许的最低值时如仍需减少油量时，则应通过减少油喷嘴的数量来进行。

（2）风量调节　当外界负荷变化而需调节锅炉出力时，随着锅炉燃料量的改变，风量也需作相应的调节。

送入炉内空气量的多少，可以用过量空气系数 α 来衡量，过量空气系数 α 与烟气中的 φ_{O_2} 的关系为

$$\alpha = \frac{21}{21 - \varphi_{O_2}} \tag{3-1}$$

式中，φ_{O_2} 是烟气中氧气的体积分数（%）；α 是过量空气系数。

由式（3-1）可知，通过控制烟气中氧气的体积分数，便能达到控制过量空气系数的目的。一般锅炉控制盘上均装有氧量表，因此运行人员可直接根据氧量表的数值来控制炉内空气量，而不必换算成过量空气系数，一般控制炉膛出口过剩氧量3%左右。

从运行的经济性来看，在一定范围内随着炉内过量空气系数的增大，可以改善燃料与空气的接触和混合，有利于燃料完全燃烧，使化学不完全燃烧热损失和机械不完全燃烧热损失降低。但是，当过量空气系数过大时，因炉膛温度降低和烟气流速加快使燃烧时间缩短，会使不完全燃烧损失反而有所增加，而排烟带走的热损失总随着过量空气系数的增大而增加。故过量空气系数过大，锅炉总的热损失就会增加。与此同时，还将使送、引风机的电耗增大。合理的过量空气系数应使各项热损失之和为最小，这时的过量空气系数称为锅炉的最佳过量空气系数。显然，正常运行时送入锅炉的空气量应当使过量空气系数尽量维持在最佳值附近。

从锅炉工作的安全性方面来看，炉内过量空气系数过小，会使燃料燃烧不完全，造成烟气中含有较多的未燃尽炭黑和可燃性气体一氧化碳等，给尾部烟道受热面发生再燃烧带来严重威胁；且由于灰分在还原性气体中熔点降低，易引起炉内结渣等不良后果。过大的过量空气系数，将使受热面金属管壁和引风机叶片磨损加剧，影响设备的使用寿命。此外，过量空气系数增大时，由于过剩氧量的增加，将使燃料中的硫易形成三氧化硫，烟气露点温度也会相应提高，从而使尾部烟道的空气预热器易腐蚀。同时，烟气中的氮氧化物也将增多，影响氮氧化物的排放指标。

锅炉正常、稳定的燃烧说明风、粉配比恰当，这时炉膛内应具有光亮的金黄色火焰，火焰中心应在炉膛的中部，火焰均匀地充满炉膛，但不触及四周水冷壁、不冲刷屏式过热器等。煤粉气流的着火点应恰当，太近将易引起燃烧器周围结渣或烧坏燃烧器；着火点过远又会使炉膛火焰中心上移，使炉膛上部结渣和煤粉不完全燃烧的程度增加，影响锅炉热效率，严重时还将使燃烧不稳定甚至引起炉膛熄火。

总之，风量过大或过小都会给锅炉的安全、经济运行带来不利影响。

锅炉总风量的调节，是通过改变送风机的风量来实现的。对于轴流式送风机，一般是通过改变风机动叶角度来调节风量。在锅炉的风量控制中，除了改变总风量外，一、二次风的配合调节也十分重要。一、二次风的风量应根据它们所起的作用进行调节。一次风量应以能满足进入炉膛的风粉混合物挥发分燃烧和固体焦炭质点的氧化需要，以及保证煤粉正常输送为原则。二次风量不仅应满足燃烧的需要，且还应起到补充一次风燃烧后期空气量不足的作用。此外，二次风应能与进入炉膛的可燃物充分混合，这就需要有较高的二次风速，以便在高温火焰中起到搅拌、混合的作用，以强化燃烧。

目前，大容量锅炉均装有两台送风机。当两台送风机同时运行时，在调节风量的过程中，应同时改变两台送风机的风量，并注意观察电动机的电流及送风机的出口风压、风量是否同步变化，以使两侧的空气或烟气流动工况均匀，防止送风机落入不稳定工况区域运行。风量调节时，还应通过炉膛出口氧含量的变化，来判断是否已满足需要。当在高负荷情况下时，还应特别注意防止电动机电流超限。

（3）炉膛负压调节　炉膛压力是锅炉平衡通风的核心，即“送风-燃烧-引风”之间的平衡。炉膛压力是反映燃烧工况稳定与否的重要参数。炉内燃烧工况一旦发生变化，炉膛压力就会迅速发生改变。当锅炉的燃烧系统发生故障或异常情况时，最先在炉膛压力的变化上反映出来，而后才是蒸汽参数的一系列变化。因此监视和控制炉膛的压力，对于保证炉内燃烧工况的稳定具有重要意义。

炉膛负压过大，将会增加炉膛和烟道的漏风。锅炉在低负荷或燃烧工况不稳定的情况下运行时，由于冷风漏入炉膛过多而造成燃烧工况的恶化，甚至会发生锅炉灭火。反之，若炉膛负压过低，则会使炉膛内的火焰及烟气外漏，不但影响锅炉周围的环境卫生，还将造成设备损坏或引起人身伤亡事故。

运行中，引起炉膛负压波动的主要原因是炉内燃烧工况变化。为了使炉内燃烧能连续进行，必须不间断地向炉膛供应燃料及燃烧所需要的空气，并将燃烧后生成的烟气及时排走。在燃烧产生烟气及排出过程中，如果排出炉膛的烟气量等于燃烧产生的烟气量，则进、出炉膛的物质保持平衡，此时炉膛的负压将维持不变。若上述平衡遭到破坏，则炉膛负压就要发生变化。例如，在引风量未变时增加送风量，就会使炉膛出现正压现象。

在锅炉运行中，即使送、引风量保持不变的情况下，由于燃烧工况的动态特性，炉膛的负压总是脉动的。当燃烧不稳定时，炉膛压力将产生强烈的波动。运行经验表明，当炉膛压力发生剧烈波动时，往往是锅炉灭火的先兆，这时必须加强监视和检查炉内燃烧工况、分析原因并及时进行调整和处理。

烟气流动时产生的阻力与烟道阻力系数、烟气密度、烟气流速的平方成正比。因此，当锅炉负荷、燃料量和风量发生变化时，随着烟气流速的改变，烟道内各处的负压也会相应变化。故在不同锅炉负荷下，各部分烟道内的烟气压力是不同的。如锅炉负荷增大，烟道各部分负压也将相应增大；反之，各部分负压则相应减小。当受热面金属管壁发生结渣、积灰以至局部堵塞时，由于烟气通流面积减小、烟气流速增大，使烟气流经该部分管束时，将产生更大的阻力。在正常情况下，炉膛负压和各部分烟道的负压都有大致的变化范围，因此运行中如发现数值有不正常的变化时，应进行全面分析，查明原因，以便及时处理。

炉膛负压通常是通过改变引风机的出力来调节的，引风机的风量调节方法及要求，与送风机调节方式基本相同。引风机的运行方式，应根据锅炉负荷的大小和风机的工作特性来考虑。为保证人身安全，当运行人员在进行吹灰、清理结渣或观察炉内燃烧情况时，炉膛负压应保持比正常值稍高一些。

(4) 燃烧器风量的调节　燃烧器保持适当的一、二次风配比，是建立良好的炉内工况、使风粉混合均匀、保证燃料迅速着火与燃烧的必要条件。一次风速过高会延迟煤粉着火，风速过低则容易烧坏燃烧器，并在一次风管内造成煤粉的沉积。二次风速的高或低，都将直接影响气流的混合扰动情况，从而影响炉内燃烧的稳定性。

1) 炉膛出口过量空气系数调节。锅炉运行时，一般一次风量的比例变化不大，控制炉膛出口过量空气系数主要靠调节二次风量。在运行过程中，保持合适的过量空气系数可以获得更高的锅炉热效率。燃烧调节时，根据不同的过量空气系数，通过观察炉膛火焰、测量飞灰和炉渣的含碳量，从而确定合理的过量空气系数。

2) 辅助风调节。对W型火焰炉来说，需考虑二次风自动控制的要求，在一定的辅助风量和挡板开度下，调节大风箱与炉膛的压差，控制燃烧器区域的风量处于理论空气量或接近于理论空气量，以降低 NO_x 的生成。在燃烧器的上部，通过燃尽风喷口将煤粉燃尽所需的风量送入炉膛，最终达到既降低了 NO_x 的排放，同时又使飞灰含碳量在合理的范围之内。根据锅炉制造厂的推荐，燃尽风量在任何工况下均为总燃烧风量的15%左右。

3.1.4 制粉系统运行

制粉系统可分为直吹式和中间储仓式两大类。所谓直吹式制粉系统，就是经磨煤机磨制的煤粉，直接吹入锅炉炉膛的系统；而中间储仓式制粉系统，就是将磨好的煤粉先储存在煤粉仓中，然后再从煤粉仓中根据锅炉负荷变化的需要，经过给粉机送入锅炉炉膛的系统。

不同的制粉系统宜配置相应类型的磨煤机，直吹式制粉系统在大容量锅炉中一般配用中速磨煤机或配用双进双出钢球磨煤机，而中间储仓式制粉系统均配置低速磨煤机。随着科学技术的发展，高参数大容量锅炉的制粉系统中，大部分采用正压直吹式制粉系统，且制粉系统的运行调节，是锅炉燃烧调节的基础。

1. 磨煤机通风量调节

磨煤机的通风量，主要取决于磨煤机的干燥出力和输送煤粉时所需的风速。在调节时，应选择并确定最佳的一次风速及风煤比。要确保煤粉管内的流速不低于煤粉发生沉积的最低流速，且考虑到磨煤机出口煤粉管的阻力偏差，应保持一定的裕量风速。做到既防止堵管，又不烧坏喷嘴、不脱火。另外，在调节时尽可能少用冷风来调节磨煤机出口温度，保证有足够的冷风通过空气预热器，以降低排烟温度，减少排烟热损失。

2. 磨煤机出力和煤粉细度调节

在一定的一次风量和煤量（一般在85%左右磨煤机出力及相应的通风量）的条件下，进行磨煤机折向挡板开度与煤粉细度试验，得到细度和折向挡板开度的曲线，以便运行人员根据锅炉运行的要求调节煤粉细度。另外，还可通过适当改变一次风量的大小来改变煤粉细度。一般情况下，经过对磨煤机试验调节后，把折向挡板设置在适当的开度。除非磨煤机大修，否则在一定的运行周期内一般不再调节，而一次风量可根据煤质及细度情况，在运行中随时修改从而达到微调煤粉细度的目的。

在确定制粉系统运行方式时，应考虑以下问题：

1）在磨煤机投入运行前，必须了解各台磨煤机运行后对锅炉蒸汽温度的影响。要通过试验，根据锅炉的蒸汽温度特性来调节磨煤机的运行方式。

2）每台磨煤机的运行出力，不仅对蒸汽温度有影响且会影响到炉膛是否结渣，尤其是在锅炉燃用易结渣煤种时，应尽量避免热负荷过于集中。因此，在磨煤机投入运行时，要根据煤种特性，限制每台磨煤机出力，尽量保持每台磨煤机出力均匀，合理分配热负荷。

在实际运行中，制粉系统运行方式应在保证机组安全的基础上，根据锅炉燃烧、过热蒸汽温度和再热蒸汽温度等特性，通过各磨煤机的组合方式来达到经济运行的目的，即在各种负荷（包括低负荷时）下，保证锅炉燃烧器着火稳定、炉内燃烧工况稳定、各受热面不过热超温、炉膛受热面不结渣等，并且使所投入的磨煤机能在经济的出力下运行，降低制粉单耗、节约厂用电，还要保证制粉质量，使锅炉的飞灰、可燃物含量降到较低值，提高锅炉的热效率。

3.1.5 空气预热器运行

回转式空气预热器由于其换热表面积大、结构紧凑、安装检修方便、耐腐蚀、寿命长、运行费用低等优点，已被大型机组广泛采用。

转子回转式空气预热器是回转式空气预热器中最重要的一种形式，也称为容克式空气预热器。其结构特点是转子中设置有规则的、紧密排列的传热元件（受热面），随着转子的缓慢旋转，交替的经过烟气和空气通道，当烟气流过受热面时，热量由烟气传给受热面金属元件，并被金属蓄积起来。当空气通过该受热面时，金属就将蓄积的热量传递给空气。据统计，近10年来美国采用容克式空气预热器的为100%，欧洲占90%，我国电站锅炉中约占95%。故鉴于以上情况，本节只介绍此种空气预热器的运行特点及相关调节。

1. 空气预热器轴承油循环系统的运行

空气预热器的轴承油循环系统，是为了空气预热器的支持轴承（下轴承）和导向轴承（上轴承）润滑油的油温和粘度维持在规定的许可范围之内，以保证轴承润滑的良好而设置的辅助系统。该轴承油循环系统是一个闭式循环系统，通常由油箱、油泵、冷油器和若干阀门组成，其系统连接如图3-2所示。每台空气预热器的上、下轴承，一般设置有形式相同、各自独立的轴承油循环系统。

空气预热器的上、下轴承位于油箱中，油箱油位正常时，轴承浸在油中运行，轴承的润滑条件与油的粘度有密切关系，而油的粘度主要受油温变化的影响。因此，运行中保持适合的油温是十分必要的。油温的合理控制范围，应根据现场使用的油种而定。

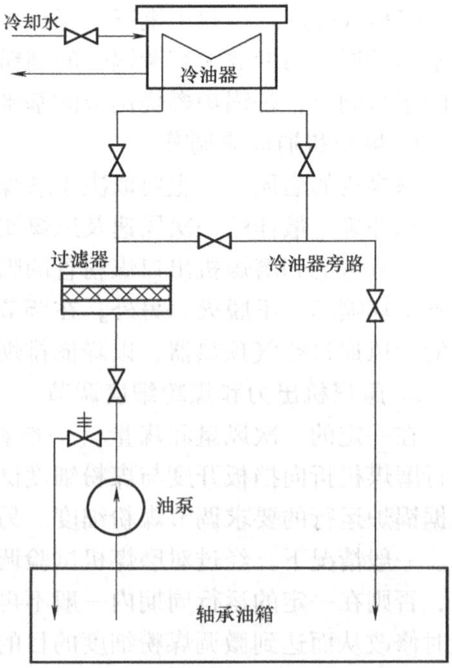

图3-2 空气预热器的轴承油循环系统

油温的调节方法，通常有以下几种：

（1）冷却水量调节　采用该方法调节油温时，冷油器进、出油阀均开启，冷油器旁路阀关闭，通过调节冷油器进水阀的开度，改变冷油器的冷却水量，从而改变油温。采用这种方式调节油温时，油温变化的延迟性较大。

(2) 冷油器旁路调节　采用该方法调节油温时，冷油器进水阀和冷油器进、出口油阀均开启，通过调节冷油器旁路，来改变不经过冷油器的油流量，从而达到改变油温的目的。采用该方法，油温变化延迟时间短，且调节幅度也较大，因而目前大多采用该方式来调节油温。

轴承油循环系统在投入运行前，应先检查并确认油质良好、油位正常、各压力表和温度表完整并正常投用，系统各阀门位置按规定要求放置，投入冷却水系统，并将过滤器设置为工作位置，然后启动油泵。

油循环建立后应检查系统有无泄漏、油箱油位的变化情况、过滤器前后的压差和油泵出口油压是否正常，当油压过高或过低时应及时联系检修人员进行调节。

正常运行时，应定期检查油泵出口压力、油温、油箱油位、过滤器前后压差及油系统有无漏油等现象。空气预热器正常运行期间，如发生轴承油循环系统故障时，一般允许短期内停用，但需尽快修复。

2. 空气预热器的启动及停用

(1) 空气预热器的启动　空气预热器启动前，应先按规定建立支持轴承和导向轴承的油循环，并对所属设备进行全面检查。对于空气预热器电气部分经检修后的启动，应先校验电动机的转向是否正确，以免反转造成密封元件的损坏。空气预热器启动前，该预热器所属的吹灰系统、灭火系统、水冲洗系统、漏风控制系统等均应正常投入，且阀门位置应符合启动前要求，吹灰器在退出位置，吹灰器进汽门关闭严密。

空气预热器启动时，应先用手动盘车或电动盘车装置“点动”转子试转一周，检查空气预热器部件有无卡涩、撞击等异常情况，然后用电动盘车进行连续运转，并进一步检查有无明显的摩擦现象。检查正常后方可停用电动盘车，启动主电动机运行。空气预热器有关风门、挡板的开启，一般应与主电动机开关的合闸联动，如无联动装置时，则应在启动主电动机后，先开启空气侧再开烟气侧，以防转子受热膨胀卡涩。

空气预热器启动正常后，应检查电流是否正常，并全面检查电动机、减速箱及机械部分的振动、轴承温度、运转情况、风门挡板的联动、附属设备的运行是否正常，如发现异常情况应及时分析和处理，还应根据规定投入预热器的漏风控制装置，以减少空气预热器的漏风。

(2) 空气预热器的停用　停炉后空气预热器的正常停用操作，在锅炉排烟温度降至80℃及以下时方可进行。停用最后一台预热器前，应先检查所有的引风机、送风机、一次风机并确认均已停用。空气预热器停用前，应将电动盘车装置退出自启动状态，将漏风控制装置置于完全回复位置后，停用漏风控制装置，然后停用空气预热器。空气预热器停用后，检查风门、挡板并确认联动正常，并按规定停用该预热器的上、下轴承油循环系统。

如发生空气预热器故障而停用时，应检查电动盘车是否能正常运行，如未能投入应立即手操启动，继续维持预热器的转动，需待预热器进口烟温降至200℃及以下时，方可停止盘车。

3. 空气预热器的运行与维护

空气预热器运行时，应对其电流进行严密监视，如发现异常应及时处理。锅炉正常运行中，应经常对空气预热器进出口的氧含量、风温、烟温、风压差、烟压差进行检查和分析，以便根据上述参数的变化，来判断空气预热器漏风及堵灰情况。通过对烟温的分析，还能预防空气预热器发生再燃事故。此外，空气预热器运行时应定期对电动机、机械部分及辅助设备和系统进行全面的巡查，发现设备缺陷应及时联系检修人员处理，确保机组的安全运行。

在回转式空气预热器中，由于烟气自上而下逐渐降温，空气自下而上逐渐升温，因此空气预热器上端的烟气和空气温度高，下端的烟气和空气温度低，这样就造成了空气预热器上端的膨胀量大于下端的膨胀量，形成了回转式空气预热器热态运行时的“蘑菇状”变形，从而引起动静间隙的变化，使空气预热器漏风量增大。为了减少空气预热器的漏风，目前大型锅炉的空气预热器，采用了一种自动跟踪间隙的漏风控制装置。该装置在空气预热器内部烟气和空气的交界处，以及一次风和二次风的交界处，均设置了中心端固定而外端可弯曲的扇形密封板。密封板由电动执行机构驱动，定时作“下弯”运动。当密封板上的传感器探头和空气预热器转子T型钢上的传感瓣接触时便停止下弯，并改为上升运动。当密封板与T型钢板之间的间隙达到设定的要求时上升运动停止。通过上述途径，使扇形密封板能始终与空气预热器的热变形相吻合，使间隙保持在较小范围内，从而达到减少漏风的目的。对于具有漏风控制装置或其他形式密封装置的空气预热器，正常运行时这些装置应尽量投入运行，以降低锅炉辅机电耗和空气预热器的热量损失，提高锅炉运行的经济性。

为保证空气预热器受热面的清洁、提高换热效率，运行中应定期对其进行吹灰工作。停炉前和锅炉启动正常后，也应对空气预热器进行吹灰，以清除受热面上未燃尽的可燃物质，防止发生再燃现象。当空气预热器发生严重堵灰时，还应利用停炉机会用碱水或热水对其进行冲洗。冲洗时，空气预热器底部的放水门应开启，冲洗结束后还应投入暖风器（或其他加热装置），通过送风机将加热后的空气送入空气预热器对其进行干燥，且干燥期间空气预热器应保持运转状态。

3.1.6 锅炉吹灰系统的运行

1. 吹灰系统及设备

燃煤锅炉运行一段时间后，其受热面上存在着不同程度的积灰或结渣现象，影响锅炉的安全和经济运行。因此，必须对锅炉受热面及时进行吹灰。吹灰器的作用就是清除受热面上的结渣和积灰，保持锅炉受热面的清洁。

水冷壁上的积灰或结渣，不但使炉膛吸热量减少，且影响锅炉的蒸发量。由于炉膛出口烟温升高，引起高温过热器和再热器管壁温度升高甚至超温，影响其工作的安全性。此外，当水冷壁管屏因积灰或结渣，使各并列管吸热严重不均时，还会造成爆管事故。

屏式受热面和对流受热面的积灰或结渣，不但会降低传热效果，使排烟温度和排烟热损失增加，且存在影响工质的蒸汽温度、增加受热面的热偏差、增加管束通风阻力、增加引风机电耗等问题。

为此，对锅炉应根据其受热面的不同工作情况及其积灰或结渣的程度，来装设适合的、工作性能良好的吹灰器，同时需制定合理的吹灰管理制度并认真执行。

锅炉上需布置数量众多的吹灰器，其与管道和阀门的连接构成一个或几个吹灰系统，各系统相互配合，共同完成整台锅炉的吹灰功能。一个吹灰系统一般由吹灰介质、压力控制设备、阀门、管道和吹灰器等组成。吹灰介质可采用压缩空气、锅炉排污水、饱和蒸汽或过热蒸汽等。大型锅炉的吹灰系统，多采用过热蒸汽作为吹灰介质。这是因为火电厂利用过热蒸汽来吹灰，具有参数及流量稳定、对炉内燃烧和传热影响较小、吹灰系统简单、投资少且吹灰效果好等优点。进入吹灰器的过热蒸汽压力一般为1~2MPa，且吹灰器的驱动方式均采用电动。

锅炉吹灰大致可分为三个区域：炉膛区域、炉膛上部及水平烟道区域、竖井烟道区域。针对锅炉吹灰区域各自的工作特点，锅炉的吹灰器主要分为三种形式：

1）短吹灰器。布置在炉膛水冷壁的四面墙。

2）长伸缩式吹灰器。安装在锅炉两侧水平烟道，可伸入锅炉宽度的一半距离。

3）半长伸缩式吹灰器。安装在锅炉竖井烟道两侧墙及省煤器区域后墙。

锅炉吹灰采用程控系统，用可编程序控制器作为控制主机、DCS的操作员站和上位机作为人机界面，实现对吹灰装置的操作和监视。并且实现炉膛、过热器、再热器、省煤器、空气预热器各部位的自动程控吹灰，吹灰程序按可变或固定顺序执行，所有吹灰器能任意切除、跳步、选点操作而不影响自动程序的进行和远方遥控操作。每个吹灰器均具有程控、远方手动和就地电动三种操作方式。

2. 吹灰器的运行

（1）吹灰周期　应根据锅炉实际燃煤的灰含量和特性及锅炉运行的负荷，并根据锅炉实际积灰程度，制订最佳吹灰周期。同时可按受热面不同的积灰程度，采用不同的吹灰次数。如水平烟道处，可适当增加吹灰次数或延长吹灰时间。必须注意的是，如因一段时间疏于吹灰而导致锅炉积聚了大量的飞灰，对其进行吹灰操作时，不但会导致吹灰困难而且会损伤设备。吹灰时锅炉应保持较高的负荷，一般要求吹灰操作时，锅炉负荷不低于70% MCR，以确保吹灰时不致将炉膛火焰吹灭。

（2）吹灰介质压力　锅炉的吹灰采用高温过热蒸汽，经调压阀减压后送至各吹灰器。吹灰器前的压力约为1~2MPa，但这只是吹灰压力的一个推荐范围，适用于机组试运行时的初试吹压力。最终的吹灰介质压力，必须按吹灰效果并经过一段时间的运行试验才能决定。运行时，首先整定需要最高压力的吹灰器，一般为屏区和折焰角上部的长伸缩式吹灰器，根据吹灰压力及管路压降来调节供汽压力。每条吹灰管路前均装有一只可调节的流量孔板，用以达到各吹灰器所需的吹灰介质压力。在锅炉试运行或停炉时，必须观察受热面的吹灰效果及受损情况，以便进一步调节吹灰器的投入运行次数和吹灰介质压力。

（3）吹灰顺序和时间　在正常的准备工作结束后，且具备吹灰条件时，吹灰顺序按如下步骤进行：

1）提高炉膛负压（可开大引风机），使炉膛出口处的负压值约为-100Pa。

2）开启吹灰器系统中所有的疏水门，然后打开调节阀前的电动截止阀，并给调节阀以开启信号，开启这两只阀门的时间由各阀门动作的时间而定。

3）吹灰器系统的总管及支管的暖管和疏水时间，应按实际调试后确定。按经验大约为15~20min，疏水结束后关闭疏水阀，时间间隔按疏水阀动作的时间而定。

4）进行空气预热器吹灰。

5）受热面吹灰，一般要求以成对投入、对吹的方式，且吹灰时注意监视吹灰器的电流是否正常。

6）吹灰顺序一般要求为：空气预热器→炉膛→水平烟道→尾部竖井烟道→空气预热器。

7）待受热面吹灰结束后，向减压站系统发出关闭信号，先关闭减压站总门及调节阀，再打开所有疏水阀，约20min后关闭。

按上述吹灰顺序，完成对整台锅炉的吹灰，其吹灰过程时间较长。为缩短锅炉吹灰的时间，可在对空气预热器进行吹灰的同时，对炉膛开始进行吹灰；或对尾部烟道吹灰到某一程度时，再次对空气预热器进行吹灰；也可按锅炉实际运行情况，不必每班对锅炉进行全面吹灰，可分批交错进行，但每班都应对水平烟道进行吹灰以免积灰。空气预热器由于烟温低，如不及时吹灰，波形板之间极易堵塞，因此每班都应对空气预热器进行吹灰操作。

一般大型锅炉吹灰操作的时间间隔为：空气预热器每8h一次，锅炉本体吹灰至少每天一次，且锅炉吹灰操作期间，禁止打开检查孔检查。

3. 对锅炉吹灰的程控要求及注意事项

（1）吹灰程控的要求　锅炉吹灰的程序控制，应满足以下几方面的要求：

1）对锅炉吹灰的各部分（炉膛、水平烟道、尾部烟道和空气预热器）既能进行各区域内单独循环吹灰，也可连在一起进行锅炉整体循环吹灰。

2）当某一区域内局部积灰严重时，还应进行局部循环吹灰或投入单独吹灰。

3）同时投入的吹灰器，在工作中若有一台发生故障，该台应能自动停止运行且能顺利退出锅炉，并发出事故报警信号。同时，其他吹灰器不受其影响，仍可正常进行工作，在动作结束后仍能成对地按原计划循环工作下去。

4）每次启动减压阀后，不管吹灰部位及吹灰时间的长短都要进行暖管及疏水。在同一次启动减压阀的时间内，若吹灰时间较长，为防止待吹灰管管内积水，则应考虑设置吹灰前强制疏水功能。疏水时不能吹灰，中间疏水时间可视实际情况调节，一般在10min之内。

5）锅炉主燃料跳闸、机组快速甩负荷时，吹灰程控自动停止工作。

（2）吹灰注意事项　锅炉吹灰过程及吹灰器的投入，需注意以下事项：

1）吹灰器只能吹扫管道上的松散积灰，而不能去除长期沉积形成的坚硬堆积物，故吹灰器需及时、有计划地进行吹扫。在新锅炉经调试投入正常运行前，应先确定每班一次的制度，待经过一段时期的试用，对照积灰速度、蒸汽温度、烟温的变化及管壁冲蚀程度，来选定适宜的吹扫周期，但绝不允许吹灰器长期不用。

2）配用吹灰器的管路，以及减压阀、疏水阀、测量仪器等附件，需经调试合格后方可投入使用，使用后也要经常检查和维修，以保证吹灰系统时刻处于良好的备用工作状态。

3）吹灰操作最好在锅炉70%～100%MCR负荷之间进行，若吹扫时负荷过低，不仅易降低炉膛温度，同时会对锅炉运行造成危害。

4）无吹扫介质时，绝不允许吹灰器投入运行。若在吹灰过程中遇到失电、电动机故障或其他意外事故，应马上就地手动退出吹灰器，以免烧坏设备。

5）吹灰器使用一年后，应进行一次大修。在日常维修吹灰器时，也要对吹灰器电动机进行全面检查，发现问题及时处理。

6）吹扫时的最低压力不得低于0.8MPa，以保证有足够的能力冷却吹灰管路。

7）吹灰器的日常维护保养，需按吹灰器制造厂提供的设备说明书进行。

8）吹灰器设有专用的检修平台，其与炉墙之间有良好的密封装置。吹灰器的电动机应具有防水功能。

9）吹灰器减压站后的蒸汽总管，在吹灰过程中应保持恒定的蒸汽压力。蒸汽吹灰系统中的安全阀要设置消声器，且在距消声器1m处，噪声不大于90dB。

3.2 汽轮机运行监视

汽轮机在运行过程中，主蒸汽流量的大小直接影响机组的出力。当进入汽轮机的蒸汽流量、蒸汽初终参数、再热蒸汽参数及监视段压力都维持在设计参数时，机组运行对应的工况即为额定工况，此时机组热效率最高。但在机组的实际运行过程中，很难维持这些参数保持不变，这时进入汽轮机的蒸汽参数、流量及凝汽器真空的变化，都将引起汽轮机各级压力、温度、焓降、反动度及轴向推力等发生变化，不仅影响汽轮机运行的热经济性，还将影响汽轮机运行的安全性。所以，在机组运行过程中，应严密监视汽轮机相应参数的变化。

在汽轮机运行过程中，操作人员还应对汽轮机本体、排汽系统和油系统进行全面的监视。除对上述蒸汽参数等的监视和调节外，汽轮机还需监视的项目有：机组振动、转子轴向位移、汽缸热膨胀、机组异响、凝汽器热负荷、循环水进口温度及水量、真空系统严密程度、油压、油温、油箱油位、油质和冷油器进出口水温等参数。对各监视项目的变化趋势进行全面的检查和详细的记录，这对确保机组的安全经济运行、预防事故的发生及机组发生事故时采取有效措施，都是十分必要的。

3.2.1 主、再热蒸汽压力的监视及调节

1. 主蒸汽压力的监视及调节

（1）主蒸汽压力升高　当主蒸汽温度和凝汽器真空不变，而主蒸汽压力升高时，即使机组调节阀开度保持不变，主蒸汽的流量也将增加，机组的负荷将增大，这对机组运行的热经济性是有利的。但如果主蒸汽压力升高到超出规定值时，将会直接威胁机组的安全运行。因此，在机组运行规程中明确规定，不允许在主蒸汽压力超过规定值时运行。

主蒸汽压力过高，对机组运行的危害有以下几方面：

1）主蒸汽压力升高时，要维持机组负荷不变，需减小调节阀的开度，机组的节流损失增大，热经济性下降。同时，蒸汽压力的升高还会引起调节级动叶片过负荷，甚至可能损伤汽轮机的动叶片。

2）主蒸汽压力过高，末级叶片也会过载。主蒸汽压力升高后，由于蒸汽比体积减小，即使调节阀开度不变，主蒸汽容积流量也要增加，再加上蒸汽的总焓降增大，将使末级叶片过负荷，所以要注意主蒸汽压力升高时控制机组负荷。

3）主蒸汽温度不变而压力升高时，将使汽轮机低压缸末几级叶片处的蒸汽湿度变大，机组末几级的动叶片被水滴冲刷加重，承压部件和紧固部件的内应力会加大。主蒸汽压力升高后，主蒸汽管道、自动主汽门及调速汽门、汽缸、法兰、螺栓等部件的内应力都将增加，这会缩短其使用寿命，甚至造成这些部件变形或受到损伤。

由于汽轮机主蒸汽压力升高后会带来许多危害，故当主蒸汽压力超过允许值时，不允许汽轮机在此压力下继续运行。若主蒸汽压力超过规定值，应及时联系锅炉值班员，使蒸汽压力尽快恢复到正常范围；当锅炉调节无效时，应利用主汽门或调节门进行节流降压；如果采

用上述降压措施仍无效，主蒸汽压力仍继续升高时，应立即打闸停机。

(2) 主蒸汽压力下降　当主蒸汽压力降低时，主蒸汽流量也要减少且机组负荷降低。若汽压降低过多时，机组将维持不住当前负荷，运行的热经济性差。如果主蒸汽压力降低后，机组仍要维持额定负荷不变，就要开大调节阀增加主蒸汽流量，这将会使汽轮机末几级特别是最末级叶片过负荷，影响机组的安全运行。当主蒸汽压力下降超过允许值时，应尽快联系锅炉值班员恢复汽压；当汽压降低至最低限度时，应采用降负荷和减少进汽量的方法来恢复汽压至正常，但要考虑满足机组的回热抽汽压力、供热抽汽压力及除氧器最低用汽压力，不要使机组负荷降得过低。

2. 再热蒸汽压力的监视及调整

在汽轮机正常运行时，再热蒸汽压力是随汽轮机高压缸流量的改变而变化的，蒸汽流量的变化还会引起再热器及冷、热段管道压损发生变化。运行人员应对机组在不同负荷下所对应的再热蒸汽压力值进行控制，如机组运行过程中发现该值异常升高或降低，应及时查明原因、迅速处理，使之恢复正常。

3.2.2　主、再热蒸汽温度的监视及调节

1. 主蒸汽温度的监视及调节

在机组实际运行过程中，主蒸汽温度变化的可能性较大，主蒸汽温度变化对机组安全性和经济性的影响远比压力变化产生的影响更为严重。故对机组的主蒸汽温度监视，需特别重视。对于大型汽轮机，通常只允许主蒸汽温度比额定温度高5℃左右，当主蒸汽温度升高时，主蒸汽在汽轮机内的总焓降、汽轮机的相对内效率和热力系统的循环热效率都将有所提高，机组热耗降低，使机组运行的热经济效益提高。但主蒸汽温度升高超过允许值时，对设备的运行安全极为不利。

(1) 主蒸汽温度升高　主蒸汽温度过高，给汽轮机设备带来的危害有以下几方面：

1) 调节级叶片可能过负荷。主蒸汽温度升高时，汽轮机调节级的焓降要增大，在机组负荷不变的情况下，尤其当调节阀组中仅有一个调节阀全开，而其他调节阀处在关闭状态下，调节级叶片将发生过负荷。

2) 金属材料的机械强度降低，蠕变速度加快。当主蒸汽温度过高时，主蒸汽管道、自动主汽门、调节门、汽缸和调节级进汽室等高温金属部件的机械强度将会下降，且其蠕变的速度加快；汽缸、汽门、高压轴封紧固件等易发生松弛，将导致设备损坏或使用寿命缩短。若主蒸汽温度变化幅度大且次数频繁时，这些高温部件会因交变热应力而疲劳损伤，产生裂纹。这些现象随着设备在高温下工作时间的延长，其损坏速度会加快。

3) 机组可能发生振动。主蒸汽温度过高，会引起各受热金属部件的热变形和热膨胀增大，若金属部件的热膨胀受阻，则机组可能发生振动。

在火电厂机组运行规程中，对主蒸汽温度的极限值及在某一超温条件下允许工作的小时数，均作出了严格的规定。运行中，对主蒸汽温度过高的处理原则是：当主蒸汽温度超过规定范围时，应联系锅炉值班员尽快调节和降温，汽轮机值班员应加强全面监视检查；若蒸汽温度尚在汽缸材料允许的最高使用温度以下时，允许其短时间运行，但通过调节无效且超过规定运行时间后，应打闸停机；若蒸汽温度超过汽缸材料允许的最高使用温度，则应立即打闸停机。

（2）主蒸汽温度降低　当主蒸汽压力和凝汽器的真空保持不变，而主蒸汽温度降低时，若要维持机组额定负荷，必须加大调节阀开度，增加主蒸汽的进汽量。主蒸汽温度降低，不但影响机组运行的热经济性，也威胁着机组的运行安全。其主要危害有以下几方面：

1）末级叶片可能过负荷。因为主蒸汽温度降低后，为维持机组额定负荷不变，则需增加主蒸汽流量，这会使汽轮机末级焓降增大，末级叶片可能处于过负荷状态。

2）末几级动叶片的蒸汽湿度增大。主蒸汽的压力不变，温度降低时，末几级叶片的蒸汽湿度将要增加，这样除了会增大末几级动叶片的湿汽损失外，还将加剧末几级动叶片的水滴冲蚀，缩短叶片的使用寿命。

3）各级反动度增加。由于主蒸汽温度降低，使各级的反动度增加，转子的轴向推力明显增大，推力瓦块温度升高，机组运行的安全性降低。

4）高温部件将产生很大的热应力和热变形。若主蒸汽温度快速下降较多时，自动主汽门外壳、调节级、汽缸等高温部件的内壁温度会急剧下降，产生过大的热应力和热变形。严重时，可能使金属部件产生裂纹或使机内动、静部分发生摩擦和碰撞事故，当主蒸汽温度降至极限值时，应立即打闸停机。

5）造成汽轮机水冲击。主蒸汽温度降低时，必须严密监视和果断处理。当主蒸汽温度急剧下降 50℃以上时，往往是发生水冲击事故的先兆，汽轮机值班员必须密切注意。当主蒸汽温度还继续下降时，为确保机组安全应立即打闸停机。当主蒸汽温度降低到超过允许的变动范围时，应及时调节，恢复蒸汽温度，否则应立即打闸停机。

2. 再热蒸汽温度的监视及调节

再热蒸汽温度的变化，对机组安全经济运行的影响与主蒸汽温度变化的影响相似。所不同的是再热蒸汽温度变化时，仅对中、低压缸的理想焓降和热效率产生影响，而对高压缸的影响极小。只是再热蒸汽温度升高时，其比体积相应增大且容积流量增加，再热器内流动阻力增大，使高压缸排汽压力略有增加。因此，再热蒸汽温度每变化 1℃，对机组热经济性的影响小于主蒸汽温度每变化 1℃时产生的影响。

类似于主蒸汽温度升高的情况，再热蒸汽温度升高同样有利于机组运行的经济性，但若超过允许的限值，则会使再热器和中压缸前几级金属材料强度下降，使用寿命缩短，严重情况下甚至会引起再热器爆管。

当再热蒸汽温度下降时，机组运行的热经济性也会下降。当再热蒸汽温度低于允许值时，与主蒸汽温度下降的结果一样，会使汽轮机末几级叶片的蒸汽湿度增大、热应力上升，若在此情况下长期运行，会使这几级叶片受到严重水蚀。

再热蒸汽温度的急剧变化，会造成中压缸金属部件的热应力、热变形及胀差的大幅变化。因此，与主蒸汽温度调节原则一样，当再热蒸汽温度升高或降低到超过允许的变动范围时，应及时调节、恢复蒸汽温度。如调节无效，则应立即打闸停机。

3.2.3　真空的监视

凝汽器是火电厂热力循环的冷源设备，其作用是保证汽轮机排汽部分具有良好的真空，使蒸汽尽可能膨胀做功至较低压力。在汽轮机运行过程中，应加强对凝汽器运行的检查和维护。

1. 凝汽器真空下降的危害

凝汽器真空的变化，对汽轮机的安全运行有着重大的影响。当凝汽器真空度降低（即排汽压力升高）时，其排汽温度会升高，不但影响机组运行的经济性，且对机组运行的安全也有很大影响。主要表现为以下几方面：

1）汽轮机排汽压力升高时，其排汽的温度也同时升高，被循环水带走的热量增多，蒸汽在凝汽器中的冷源损失增大，机组的热效率明显下降。另外，凝汽器真空度降低时，机组的出力也将减少，限制了机组负荷的输出能力。

2）当凝汽器真空度降低时，若要维持机组负荷不变，则需增加主蒸汽流量，这时末级叶片可能超负荷。对冲动式纯凝汽式机组，真空度降低时若要维持负荷不变，则机组的轴向推力将增大，推力瓦块温度升高，严重时可能损坏推力瓦块，造成机组动、静部分碰撞。

3）当凝汽器真空度降低时，会使汽轮机排汽温度升高较多，使排汽缸及低压轴承等部件受热膨胀，引起机组变形不均匀、中心偏移，从而引发汽轮机的振动。

4）当凝汽器真空度降低，排汽温度过高时，可能引起凝汽器冷凝管的胀口松弛，破坏凝汽器的严密性，导致凝汽器满水事故。

机组在夏季运行时，由于循环冷却水温度升高，引起汽轮机排汽压力升高，会导致汽轮机轴向推力增大、机组振动、冷凝管泄漏等不安全因素的发生。故大型机组一般限制其排汽温度不超过80℃。为了防止排汽温度超过允许值，大型汽轮机的排汽缸都设置有低压缸喷水减温装置。

但凝汽器维持过高的真空度，对汽轮机组运行而言是不必要的而且也是不利的。当主蒸汽压力和温度不变而凝汽器真空度提高时，汽轮机低压缸排汽温度降低，被循环水带走的热量损失减少，机组运行的热经济性提高。但如要维持机组此时的高真空状态，在进入凝汽器的循环水温度相同的情况下，就必须加大循环水量，这时循环水泵的耗功就会增加。此外，汽轮机末几级的蒸汽湿度也会增加，使末几级叶片的湿汽损失增加，这将加剧蒸汽对动叶片的冲蚀作用，缩短叶片的使用寿命。因此，凝汽器真空度升高过多，对汽轮机运行的经济性和安全性都是不利的。由此可见，机组运行时要求维持凝汽器在最佳真空下运行。

2. 凝汽器真空恶化的原因

在机组运行过程中，凝汽器真空度下降至规定值以下时，称为凝汽器真空恶化。导致凝汽器真空恶化的原因有以下几方面：

1）汽轮机低压轴封中断，或真空系统管道破裂。

2）凝汽器内凝结水水位升高，淹没了抽气器入口的空气管。

3）冷却水流速过低，且在凝汽器冷却水出口管上部形成气囊，阻碍冷却水的排出。

4）冷却水不足或水温上升过高。

5）循环水中断。

6）抽气器工作不正常。

3. 凝汽器真空度下降的判断方法

从凝汽器真空形成的原理入手，加强对现场如下参数的监视，可以帮助运行人员判断机组真空度下降原因：

（1）冷却水入口温度　冷却水入口温度越低，则凝汽器出口冷却水温度越低，汽轮机排汽温度也越低，凝汽器内的真空度就越高。

（2）传热端差　当凝汽器冷却表面脏污时，管壁随着污垢或有机物的增长而加厚，影响汽轮机排汽与冷却水的热量交换，使凝汽器的端差增大；真空系统不严密或抽气器工作失常，也会使凝汽器内空气量增多，在冷却表面上将形成空气膜，影响热量交换的进行，使传热端差增大，凝汽器真空变坏；若凝汽器内的部分冷却水管被堵塞，则相当于减少了凝汽器的传热面积，也会使传热端差增大。凝汽器在运行过程中，其传热端差的数值越小，表明其运行经济性越好。要保证凝汽器内有良好的真空，在排汽量、冷却水温、冷却水量一定的条件下，必须保持冷却表面的清洁和保证蒸汽空间不积存空气。否则必须进行凝汽器清洗或检查以消除真空系统的漏气点。

（3）冷却水量　当冷却水量减少、冷却水流速降低时，导致汽轮机排汽温度随之升高，因而凝汽器内的真空度降低。

汽轮机运行中，真空度下降时应及时判明原因，采取相应措施。若真空度持续下降，应按照规程规定减负荷直至负荷为零。凝汽器真空度值是汽轮机危急跳闸系统（ETS）的一个保护项目，当真空度下降达到保护值时，保护系统应动作遮断汽轮机。

4. 凝汽器运行检查和监视的其他项目

（1）真空系统的严密性检查　为了监视凝汽设备在运行过程中系统的严密程度，要定期对凝汽器作真空严密性试验。严密性试验应在机组稳定运行状态下进行，且机组负荷应大于80% MCR。试验前必须确定抽气器的空气阀是否严密，缓慢关闭主抽气器的空气阀，并在操作过程中严密监视凝汽器的真空变化情况。若在关闭过程中凝汽器内真空度下降较快，则应立即停止试验，恢复机组运行状态并寻找原因。当抽气器空气阀关闭后，开始记录凝汽器内真空度值下降速度，一般大型机组真空试验时间为5~8min，一般取后3min或5min的真空度下降平均值作为真空严密性试验结果。机组真空严密性标准为：平均值≤100Pa/min为良好、平均值≤200Pa/min为合格。

（2）凝汽器振动监视　凝汽器的振动，往往是由汽轮机、其他部件的振动或蒸汽对冷却水管道的冲击而引起的。蒸汽流过管束时会产生周期性的冲击力，尤其当排汽内含有水滴时，其冲击作用就更大，将引起顶部的两三排冷却水管振动加剧。管道振动会使凝汽器中间隔板的部分被磨损，还会引起管壁破裂，甚至使穿管断裂，且管道断裂面光滑、平整。为减轻凝汽器内穿管的振动，应在机组运行中加强监视，避开振动负荷。

3.2.4　监视段压力的监视

在汽轮机运行中，调节级汽室压力和各抽汽段压力统称为监视段压力。根据弗留格尔公式，机组在正常运行工况下，各监视段压力正比于流经各监视点后级组的蒸汽流量。而当机组运行异常时，这一比例关系会发生较大的偏差。因此，监视段压力可用来监视汽轮机负荷的变化和判断通流部分的运行状况。

如在同一负荷下（汽轮机的初、终参数相同）监视段压力升高，则说明该监视段及以后的通流面积减小、通流部分结垢，或由于某些金属零件碎裂、机械杂物侵入，堵塞了通流部分，或是由于叶片损坏变形等造成。临时停用加热器时，若主蒸汽流量不变，也将引起监视段压力升高。

如果某个级段的压差超过了规定值，将会使该段内隔板和动叶片的工作应力增大而损坏设备。通过对监视段压力变化的分析，可以判断通流部分的蒸汽流量是否过大，并及时将机组负荷减小到监视段压力允许的数值，或把某些级的压差降低到允许的数值范围内，以防止机组内的零部件被超压破坏。对于监视段压力，不仅要监督其绝对值的变化，还要监督各级段之间的压力差是否超过标准值。

一般情况下，运行人员应每周或每旬记录一次监视段压力，并与大修后记录的标准值比较，当发现超过标准值2%以上时，应当每天进行一次记录和核对（应先校验压力表，确认其无误）。如发现超过标准值的5%（反动式机组不应超过标准值的3%），应当采取限制措施。如果分析后认为是由于通流部分结垢引起的，应进行清洗。如果是由于通流部分损坏引起的，应当及时申请停机修复，暂时不能停机修复的，应把机组负荷限制到与监视段压力相应的允许范围内，以保证机组安全运行。

3.2.5 轴向位移的监视

1. 轴向位移过大的危害

汽轮机转子的轴向位移，是指汽轮机转子在轴向推力作用下，推力盘、推力瓦块、推力轴承等部件的弹性变形和油膜厚度变化的总和。

当轴向位移增加到一定程度时，会使推力轴承油膜破裂、推力瓦块磨损，甚至造成动、静部分摩擦、碰撞而损坏设备。

2. 轴向位移过大的原因

引起汽轮机轴向位移过大的原因，主要有以下几方面：

1）推力轴承本身缺陷或工作失常。

2）轴承润滑油质恶化。

3）蒸汽流量增大或参数降低。

4）隔板汽封磨损漏汽量增大。

5）通流部分积垢。

6）通流部分发生水冲击事故。

3. 机组运行过程中轴向位移变大的表现

轴向推力明显增大时，由于推力盘与推力轴承油膜之间，以及油膜与推力轴承瓦块的乌金之间摩擦力明显增加，会反映为推力瓦块乌金温度及推力轴承回油温度升高。

汽轮机装有轴向位移保护（窜轴保护）和推力瓦块金属温度指示表计，且规定了轴向位移最大允许值。推力瓦块乌金温度最高允许值一般为90～95℃，推力轴承回油温度最高允许值一般为75℃。

4. 轴向位移过大时应采取的措施

运行中如发现机组的轴向位移逐渐增大，应特别注意检查推力瓦乌金温度和推力轴承出口油温，并经常监视汽轮机运行情况和倾听机组有无异响，并注意有无异常振动。

当机组的轴向位移超过规定值时，应采用以下方法来确保机组的运行安全：

1）迅速降低机组负荷，使轴向位移降至规定数值以下。

2）检查推力轴承出口油温和推力瓦乌金温度。

3）监视汽轮机的振动情况，并倾听汽轮机内部及轴封处是否有摩擦或碰撞声音。

4）检测汽轮发电机组各轴承的振动。

5）报告值班负责人和生产领导，采取相应的操作。

如机组轴向位移过大，且伴随着汽轮机内部异常声音、噪声、振动，或轴向位移在机组空负荷情况下，超过规定允许数值时，应当迅速破坏真空并紧急停机。

此外，需要特别注意机组在某些特殊工况下时，转子可能会出现较大的反向轴向推力。如当主蒸汽温度急剧下降而负荷尚未变化时，会使转子产生反向的轴向推力及轴向位移，而汽轮机推力轴承的反面承载能力较弱，易出现烧瓦事故。

3.2.6　胀差监视

影响转子和汽缸加热或冷却过程的一切因素，均影响转子和汽缸的胀差（相对膨胀差值）。影响机组胀差的因素主要有：

（1）主蒸汽和再热蒸汽的温升速率及升负荷速率　当主蒸汽和再热蒸汽的温升速率，以及机组升负荷速率变化较快时，各级蒸汽的温升速度加快，与金属表面之间的温差增大。由于转子表面与蒸汽之间的传热系数大，换热量增加较多，金属的温升速度也较快，转子和汽缸的温差值加大，其相对膨胀差值也越大，反之亦然。

（2）轴封供汽温度　汽轮机在启动之前，便开始对轴封进行供汽。在汽轮机汽缸内压力大于外界环境压力之前，转子轴封段和轴封体的金属温度主要取决于轴封供汽温度。轴封供汽温度高于轴封段的金属温度时，轴封段金属被加热，使转子的膨胀量增加。而轴封体嵌装在汽缸内，其膨胀量对汽缸的膨胀几乎无影响，故转子的相对胀差增加。轴封供汽温度越高，转子的相对胀差越大。反之，轴封供汽温度低于轴封段金属温度时，则转子的相对胀差减小，甚至会出现负胀差。

（3）汽缸法兰内、外壁温差　法兰的宽度比汽缸厚度大得多，在相同的加热条件下，法兰内、外壁温差大于汽缸内、外壁温差。在同一轴向截面内，法兰的平均温度低于汽缸的平均温度，且法兰的膨胀量小制约了汽缸的轴向膨胀，使汽缸的轴向膨胀量小于其平均温度对应的膨胀量，造成转子的相对胀差增大。

（4）汽缸夹层的蒸汽温度　对于双层汽缸的汽轮机来说，在机组膨胀过程中，轴承座的移动取决于外层汽缸的膨胀，而转子的相对位置由推力轴承确定。因此，外缸的膨胀量直接影响转子的相对胀差。若外缸温度偏低，则相对胀差增大；反之，则相对胀差减小。外层汽缸的膨胀量主要取决于内、外层汽缸间夹层的蒸汽温度。

（5）低负荷下的摩擦鼓风损失　在机组低负荷工况下，蒸汽的膨胀做功主要在调节级和若干高压级内进行，中、低压级特别是低压级内，蒸汽的流速很低，而动叶栅带动蒸汽运动，会出现很大的鼓风损失。鼓风损失产生的热量被蒸汽吸收，而此时蒸汽流量较小，故蒸汽的温升量相应较大。蒸汽温度升高，会对汽缸和转子进行加热，使中低压转子的相对胀差增大。

转子的相对胀差过大，会使动、静轴向间隙消失而产生摩擦，造成转子弯曲，引起机组振动，甚至出现动、静部分碰撞的重大事故。在机组运行过程中，可通过控制主蒸汽和再热蒸汽的温升速度，以及升负荷速度控制相对胀差。

3.2.7　机组振动监视

汽轮发电机组轴系振动，是表征汽轮发电机组稳定运行的最重要标志之一，异常的振动通常是机组发生故障的征兆，同时机组振动会使事故扩大和产生新的事故。

汽轮发电机组振动，实质为机组轴系的振动。其振动包括横向振动和扭转振动。

监控汽轮发电机组的振动，正确判断振动产生过大的原因、性质及所在范围，采取恰当的措施，对防止机组发生重大事故有重要的意义。

1. 机组振动危害

机组运行过程中，产生振动的主要危害有以下几方面：

（1）动、静部分摩擦　机组振动的振幅过大，会使转子与汽缸间的径向间隙消失，产生摩擦碰撞。而摩擦碰撞会造成转子的弯曲，导致更强烈的汽轮机振动，如此恶性循环，轻者被迫停机，若处理不当转子会出现永久性变形，甚至出现飞车事故。

（2）造成一些金属部件的疲劳损坏　机组过大的振动会传递到叶轮及叶片上，加速金属部件的疲劳损坏。

（3）造成紧固件的断裂和松脱　机组的振动会使轴承座的地脚螺栓断裂及部分零部件松脱，零部件的松脱又会进一步加剧机组的振动，如此恶性循环将会造成设备的损坏。

（4）隔板汽封磨损漏汽量增大　过大的机组振动，会使转子与汽缸间的径向间隙消失从而磨损隔板汽封，造成漏汽量增大，使汽轮机的热效率下降。

（5）破坏基础及周围的建筑物　过大的机组振动，会造成汽轮机机座基础产生裂纹、二次灌浆松裂等。如机组的振动通过机座的基础传递到附近建筑物基础上，将引起其他建筑物的振动，对周围建筑物造成破坏。

2. 引起机组横向振动的原因及振动特点

（1）机组横向振动的原因　引起机组横向振动的原因有以下几方面：

1）不平衡的离心力。包括转子质量不均匀、转子弯曲以及转子套装零件松动产生的不平衡离心力。

2）发电机电磁力不平衡。包括发电机转子和定子不同心、发电机转子线圈匝间短路导致的磁场偏心、发电机定子铁心振动产生的不平衡电磁力。

3）轴承油膜自激振荡。

4）联轴器缺陷或对中不良。

5）通流部分汽流的自激振荡。

6）轴承支承的刚度不足。

（2）机组横向振动的特点　不同诱因造成的机组横向振动，表现出的特征也不尽相同。

1）不平衡的旋转离心力产生的横向振动。其振幅与转子转速的平方成正比，其振动的频率与转子旋转频率相等，且通过临界转速时振幅达最大值。其中，转子质量不平衡产生的振动，在相同转速下，最大振幅的相位和转子的晃度不变；转子弯曲产生的横向振动，在相同的转速下，其振幅与晃度成正比，且最大振幅的相位与转子晃度的变化一致；转子套装零件松动产生的横向振动，发生在转子高转速下或负荷突然增加的条件下，其最大振幅的相位与其定位键位置的相位有关。

2）发电机电磁力不平衡产生的横向振动。发电机轴承的振幅最大，且振幅与发电机转子的励磁电流成正比。其中，发电机转子和定子不同心产生的振动，其振动频率为转子旋转频率的两倍，最大振幅的相位与偏心的相位有关；发电机转子线圈匝间短路产生的横向振动，其振动频率与转子旋转频率相等，且输出电压特性的零点漂移；发电机定子铁心振动诱发转子的横向振动，是定子铁心与转子之间的耦合振动，其频率为转速的两倍，与转子和定子不同心产生的振动相比，其定子的振幅较大。

3）轴承发生油膜自激振荡产生的横向振动。该种情况的横向振动是在转子旋转频率为其横向自振频率两倍时出现的，且振幅在较大的转速范围内保持不变。轴承发生油膜振自激荡前，转子振动中包含频率约等于旋转频率一半的谐波。在发生油膜自激振荡后，其主振频率等于转子的自振频率且与转速无关，约等于转子一半的旋转频率。

4）联轴器本身有缺陷或对中不良，会造成轴系质量不平衡，引起机组横向振动。此种振动具备质量不平衡振动的特点，但与质量不平衡引起的振动差别在于：质量不平衡的转子，其两端轴承的振幅较大；而联轴器对中不良引起的振动，联轴器两侧轴承的振幅较大；若联轴器本身无缺陷仅为对中不良，则轴承上的负荷将重新分配，两侧轴承油膜压力差别较大，且轻载一侧转子的临界转速降低，易诱发该轴承失稳，发生油膜振荡。

5）通流部分汽流发生自激振荡诱发机组的横向振动，仅出现在高压转子部分且多出现在机组高负荷工况下。降低机组负荷，振动可很快消失。另外，振动的频率不是工作转速对应的频率，而是与转子的一阶自振频率相等。

6）轴承支承刚度不足诱发机组横向振动的原因。轴承刚性不足会起到使振动效果放大的作用，即由原来合格的振动变为不合格振动。

3. 机组的扭转振动

当发电机出现三相负载不平衡、电力系统发生短路故障、非同期合闸或其他扰动情况时，都会对发电机组产生冲击电磁转矩，引起机组轴系的扭转振动（扭振），并使转子产生疲劳寿命损耗。不同类型的故障或扰动，在汽轮机轴上引起的响应不同。在某些情况下，可能产生“机-电”谐振，此时的电磁转矩可能不大，但在转轴上可能产生很大的扭应力，以致转子很快损坏。因此，大机组的扭振问题越来越受到关注。

（1）扭振的概念　对轴施加一扭转力矩，当这一外加扭转力矩消失后，在轴的弹性作用下，轴的扭转角度 θ 由正值变为零，扭转势能转变为动能。由于转动惯量的存在，θ 值将向负方向变化，再由动能转变成势能，使整个轴产生反向变形。θ 值在正、负之间反复变化，轴产生反复扭转的运动，这种现象称为轴的扭振。扭振的频率由轴的几何形状和质量决定。

扭振会导致金属材料的疲劳，每一次扭振将消耗轴的一定寿命，连续扭振特别是产生谐振时，将快速导致材料的破坏。

（2）汽轮发电机组的扭振　大型汽轮发电机组，其轴系由多段转子组成。高压转子、中压转子、低压转子、发电机转子等构成了一个柔性可扭曲的轴系。在汽轮机转子上有蒸汽冲动产生的正向转矩，在发电机转子上有反向电磁转矩。在机组正常运行时，施加在汽轮机转子上的正向转矩与发电机转子上的反向转矩相平衡，整个轴系保持恒速旋转，且轴系有一定的扭转变形。当输入或输出转矩发生突变时，就会发生轴系的扭振。

（3）电气扰动对轴系扭振的影响　由于机械系统的扰动一般是极缓慢的，且对轴系扭振影响轻微，而电气系统的扰动是快速且持续的。因此，电气方面引起的汽轮发电机组轴系扭振的影响，将大于机械方面的影响。

1）负序电流。负序电流将对轴系产生一个 100Hz 的激振转矩，如轴系的某阶固有扭振频率正好为 100Hz（双倍工频）附近，就会产生谐振。

2）非准同期并网。发生非准同期并网时，会出现比发电机出口三相短路更大的电流和更大的电磁转矩，会对轴系产生严重的转矩冲击。当合闸相角达120°或240°时电磁转矩值为最大，一般可达额定转矩的5倍左右。

3）短路故障与重合闸。当发电机出口发生短路故障时，将出现很大的短路电流和过大的冲击转矩。在各种短路故障中，发电机出口两相短路和三相短路对轴系的影响较为严重。在系统的线路保护中，一般装设有自动重合闸保护装置，当发生短路故障时，保护动作开关跳闸切除故障，然后经过很短的时间再自动重合一次。若重合闸时故障已消除，则重合后开关不再跳闸，称为“重合成功”；若重合闸时故障仍存在，则重合后开关又跳闸将故障再次切除，称为“重合不成功”。因此，在重合闸装置的作用下，轴系将发生多次的转矩冲击，如转矩冲击发生的相位与轴系扭振的相位一致时，将对轴系产生应力叠加现象，使扭振幅度增大。如出现多次的转矩冲击同相位叠加，就可能产生相当高的机械转矩，导致轴系无法承受的应力和寿命消耗。

4）次同步谐振。当系统中发生故障或扰动时，同步发电机可能产生各种频率的电磁转矩，如电磁转矩的频率和轴系某一固有扭振频率相同或相近时，则会发生共振。此时的电磁转矩虽不大，但可能产生很大的机械转矩，因而导致扭动不稳定和大轴的损坏。次同步谐振即属于这种共振现象。由于励磁电流的响应速度极快，从电网角度减小了暂态过程的功角摆动，但对发电机会产生剩余转矩，引起对轴系的冲击。

4. 汽轮发电机组振动的评价指标

考虑机组振动频率和振幅对运行安全的影响，以机组轴承振动中所包含的各种简谐振动、速度幅值的均方根来表示机组振动的烈度。

评价机组振动是否合格的指标，包括以下几方面内容：

（1）临界转速避开裕度　机组的工作转速应当避开其各阶临界转速，且应具有一定富裕度。

1）对于刚性转子（机组的工作转速低于第一临界转速），其第一临界转速应高出工作转速25%以上。

2）对于挠性转子（机组的工作转速高于第一临界转速），其工作转速应高出第一临界转速40%左右，而低于第二临界转速30%左右。

（2）振幅小于允许值　对于工作转速为3000r/min的机组，轴承振幅双峰值小于0.05mm为合格、小于0.03mm为良好、小于0.02mm为优秀；轴颈振幅双峰值为0.12mm合格。

（3）振动烈度符合标准　要求振动烈度小于4.5mm/s。

5. 机组振动异常的处理

当机组发生异常振动时，若振动值尚未超标，应加强对机组运行的监视，并全面分析产生振动的原因并采取相应措施。根据机组振动的发展趋势，决定是否需要机组降负荷或解列。

通常应优先考虑机组的降负荷操作，因为发电机电磁力不平衡和通流部分汽流的自激振荡产生的振动，其振幅都与负荷有关。如果机组降负荷对振动调节无效，则应立即对机组解列，并在机组振动值合格后进行降速暖机。若暖机后对振动调节无效，则应立即打闸停机，进行连续盘车。

除转子弹性热弯曲产生的振动，可以通过暖机或连续盘车进行直轴外，其他故障都必须停机。在机组大修中，需针对产生振动的原因进行逐一排除。对于转子质量不平衡，则通过转子找动平衡方式加以解决，即在转子适当的位置加装配重块使转子质量平衡；对于转子套装零件松动，则需更换套装零件或镶衬套，以增加装配紧力；对于发电机转子和定子不同心，则应调整定子中心使两者同心；对于发电机转子线圈匝间短路，则需更换转子线圈；对于发电机定子铁心振动，则需增加定子的支承刚度；对于轴承油膜自激振荡，则应首先核对联轴器对中的情况，若转子找中无问题，则缩短轴承轴向支承长度，或更换为多油楔轴承；对于通流部分汽流的自激振荡，则将高压级隔板重新找中，使其在运行中与转子同心；对于联轴器缺陷或对中不良，则车削联轴器或重新找中心；对于轴承支承刚度不足，则需加固轴承座，或改善轴承座与台板支承面的接触状态。

振动是汽轮发电机组ETS的重要保护内容，振动超标会导致ETS的保护动作，即汽轮机打闸停机。

3.2.8　轴瓦温度监视

汽轮机主轴在轴瓦内作高速旋转时，会造成润滑油和轴瓦温度的升高。当轴瓦温度过高时，将威胁轴承的工作安全。汽轮机在运行中，要严密监视轴承回油温度和轴瓦温度。当发现下列情况之一时，要立即打闸停机：

1）任一轴承回油温度超过75℃，或温度突然升高到70℃。

2）主轴瓦乌金温度超过85℃。

3）回油温度升高，轴承内冒烟。

4）润滑油泵启动后，油压仍低于规定值。

5）油箱油位持续下降，而又无法解决。

为使进入轴承的润滑油粘度在合适范围之内，以确保轴承中能形成稳定的润滑油膜，并且能及时将摩擦产生的热量带走，保证轴瓦的工作安全，各轴承的进口油温应维持在35～45℃的范围。汽轮机在运行中，还应经常检查油箱的油位及冷油器的运行状况，并定期检查润滑油油质是否合格。

3.3　电气运行监视

3.3.1　发电机监视

发电机正常运行时，为确保其工作的安全，需对发电机的频率、有功功率、无功功率、定子电压、定子电流、转子电压、转子电流、功率因数等项目进行监视。同时，要定期监视发电机各监视点的温度及发电机轴承系统和冷却系统的工质参数，当工质参数超过规定值时，应及时进行调节。

1. 频率监视

电力系统的频率取决于整个电力系统有功功率的供求关系，根据我国的运行规程规定，发电机运行的频率范围不超过额定频率50±0.5Hz，即为额定频率的±1%。

国外资料认为，频率偏差在±2.5%范围内时，发电机的温升实际上不会受到影响。所以，当频率偏差在±2.5%以内时，发电机可维持额定出力运行。此外，还有一些发电机的

允许频率偏差为 ±5%，例如 ABB 公司 600MW 汽轮发电机，对其频率偏差有明确的技术规定。

发电机运行的频率比额定值偏高较多时，由于发电机的转速升高，转子承受的离心力增大，可能使转子的某些部件损坏。因此，频率提高主要受转子机械强度的限制。同时，频率提高、转速增大时，通风摩擦损耗也要增多。虽然在一定电压下，磁通量可以变小、铁损也可能有所降低，但总体来说发电机的效率是下降的。

发电机运行的频率比额定值偏低较多时，对发电机有很多不利影响。如频率降低、转速下降，使发电机内风扇的送风量降低，其后果是使发电机的冷却条件变坏，发电机内部的各部分温度升高。频率降低时，为维持额定电压不变，就得增加磁通量，同电压升高时的情况一样，由于漏磁的增加而产生局部过热。厂用电动机也可能由于频率下降，使厂用机械出力受到严重影响。

综上可知，发电机不能在偏离频率设定值较多的情况下运行。在电力系统运行中，频率变化需控制在 ±0.5Hz 的允许范围之内。由于发电机的设计留有裕度，故可不计上述影响，允许发电机保持额定出力（额定 MV·A）下，长期连续运行。

2. 电压监视

发电机正常运行时的端电压允许在额定电压的 ±5% 范围内变化，而发电机的视在功率可保持在额定值不变。当定子电压降低 5%、电流增加 5%，此时定子绕组和铁心的温升可能高于额定值。但实际运行证明，绕组和铁心的温升不会超过额定值 5℃，因而不会超过允许的温升。

当发电机的电压超过额定值的 5% 时，必须适当降低发电机的出力。因为电压升高到 105% 时，就会引起励磁电流和发电机的磁通密度显著增加，大容量内冷发电机在正常运行时，其定子铁心就已在磁通密度较高的饱和状态下工作，故即使电压继续升高不多，也会使定子铁心处于磁通密度过饱和状态下工作，并导致定子铁心温度升高、转子及定子结构件中的附加损耗增大。发电机连续运行的最高允许电压，应遵守制造厂的规定，但最高不得大于额定电压值的 110%。

当电压降低值超过 5%，即电压低于 95% 的额定值时，定子电流不应超过额定值的 5%。此时发电机要减小出力，否则定子绕组的温度将超过规定值。发电机的最低运行电压，应根据系统稳定运行的要求来确定，一般不应低于额定值的 90%。因为电压过低后，不仅会影响机组并列运行的稳定性，还会使火电厂的厂用电动机运行情况恶化、转矩降低，从而使机炉的正常运行受到影响。我国对 600MW 汽轮发电机的技术要求是允许电压偏差为 ±5%，而温升不应超过允许限值。

3. 功率监视

电力系统运行方式的改变或电力用户用电量的变化，都会导致系统的有功功率和无功功率失去平衡，造成系统的频率和电压波动。因此，机组运行中应按照规定的负荷曲线或调度指令，对并网运行的各发电机组的有功负荷和无功负荷进行调整，维持系统的有功功率及无功功率的平衡，确保频率和电压维持在允许的范围之内，以确保电力系统及发电机组运行的安全和稳定。

（1）有功功率的调节　汽轮机的主动力矩与发电机的电磁反动力矩平衡时，发电机的转速维持恒定。当机组有功负荷增加时，发电机的反动力矩增大，若此时汽轮机主动力矩不变，发电机的转速将会下降。若要维持发电机频率不变，需要增加汽轮机的进汽量，反之亦然。因此，发电机有功功率的调节是根据频率和负荷的变化，由汽轮机数字电液控制系统控制汽轮机调节阀的开度以及汽轮机的进汽量，从而改变汽轮机主动力矩的大小，来实现发电机输出有功功率的变化，使之与系统中的有功负荷达到新的平衡过程。

电网有功负荷 P 的变化可以分解成三种类型，如图3-3所示。

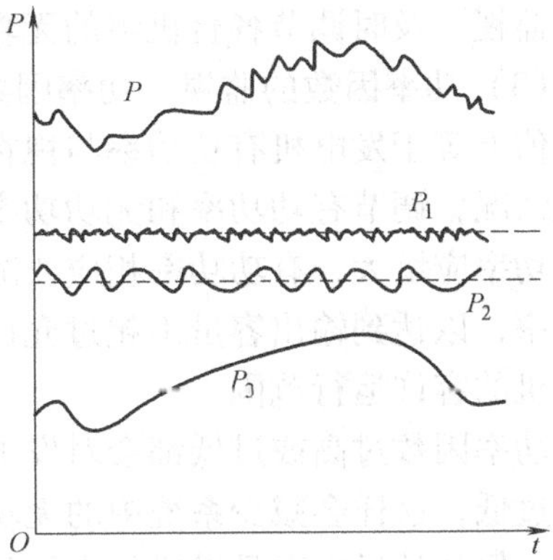

图3-3 有功负荷变化规律的分解示意图

1）第一种负荷 P_1。其变化幅值小（0.1%～0.5%）、周期短（小于5～10s），且带有很大的偶然性。

2）第二种负荷 P_2。变化幅值较大（0.5%～1.5%）、周期较长（小于几分钟）。且带有阶跃性。

3）第三种负荷 P_3。变化幅值最大、周期最长，是由生产、生活、社会等因素变化引起的，基本上可以预见机组有功负荷的变化规律。

对负荷 P_1 的变动而引起的频率偏差来进行调节时，称为一次调频或频率的一次调节。它是由发电机组的调速器完成的，当电网频率发生偏移后，电网中承担一次调频任务的机组，按其各自的调节系统静态特性来分担变化的有功负荷，抑制电网频率的进一步偏移，但其本质为有差调节。

对负荷 P_2 变动引起的频率偏差进行的调节，称为二次调频或频率的二次调节。它是由发电机组的调频器给出指令，通过改变汽轮机的功率设定值、平移机组调节系统的静态特性线来实现的无差调节。

对于负荷 P_3 的变动，可按照机组负荷经济分配的原则，预先分配各电厂的发电任务。各火电厂按预先给定的负荷来调节机组的运行，以达到维持电网系统频率稳定的目的。对于负荷 P_3 的变动，由于可以提前预测，所以大多数电厂可以按照事先预计的发电负荷曲线来出力。

（2）无功功率的调节　正常情况下，根据电网给定的电压曲线、功率因数表或无功功率表及电压表的指示，由自动励磁调节系统（AVR）通过调节可控硅的触发脉冲相位，即改变控制角 α，从而改变可控硅整流电路的输出，来自动调节发电机的激励电流而实现发电机无功功率调节的。

当有功功率不变而无功功率增加时，功率因数下降；反之，当有功功率不变而无功功率减小时，功率因数升高。一般而言，应保持发电机无功功率与有功功率之比不小于1/3，即功率因数不超过迟相0.95，否则会由于发电机等效气隙合成磁场的磁极和转子磁场磁极之间电磁力减小、攻角增大，使发电机运行的静态稳定性下降，容易导致发电机失步。为保证单元机组运行稳定，进行无功调节时，应注意不使发电机进相运行。当发电机自动励磁装置投入时，可自动进行无功调节，若不满足调节要求时，可手动调节励磁机磁场变阻器、自动励磁调节装置中的变阻器或自耦变压器来进行辅助调节。

调节并网运行机组中某一台发电机的无功功率，会引起其他机组无功负荷的变化，故应密切监视，及时调节各台机组的无功功率，使之在合理的无功分配工况下运行。

（3）功率因数的监视　功率因数 $\cos\varphi$ 是发电机定子电压和定子电流之间相位差的余弦，在数值上等于发电机有功功率与视在功率之比。在电力系统中并列运行的发电机，必须根据系统情况，调节有功功率和无功功率。在一定的电压和电流下，功率因数下降时，发电机的无功功率应增大，有功功率相应要减小；而当功率因数上升时，则要减少无功功率，增大有功功率，以达到输出容量不超过允许值的目的。所以运行人员必须掌握在功率因数变化时，发电机的容许运行范围。

功率因数过高或过低都会对发电机的运行造成影响。当有功功率满发时，$\cos\varphi$ 过高即无功过低，这样会减少系统中的无功裕量，影响发电机的稳定运行。虽然提高了发电机的经济性，但从长远来看是以增加事故的概率为代价，一旦有突发事故发生，发电机在小的扰动或振荡情况下，就有可能失步。

此外，无功过低将引起发电机端电压下降，使厂用电动机工作受影响。电动机吸取的电流上升，会导致电压更低，这样形成恶性循环，最终导致整个系统失去稳定运行而崩溃。

$\cos\varphi$ 过高还会增加发电机进相运行的可能性，容易使发电机端部发热。

$\cos\varphi$ 过低即无功过高会使励磁电流上升，转子绕组温度上升、使用寿命缩短，$\cos\varphi$ 过低还会使发电机端电压上升，铁心内磁通密度增加、损耗也增加、铁心温度上升。

当发电机在额定负荷下运行时，$\cos\varphi$ 过低会使发电机的励磁电流、定子电流增加，将导致设备发热、加速设备老化及增大开关跳闸的可能性。

在日常的运行监视中，要根据电压来调节，即电压偏低应多发无功，电压偏高应少发无功。通过调节有功和无功的比例，控制电压和运行电流，确保发电机在安全经济的条件下运行。

4. 发电机温度及冷却介质参数的监视

发电机在长期连续运行时的允许出力，主要受机组的允许发热条件限制。发电机带负荷运行时，其绕组和铁心中都有能量损耗，将引起各部分发热。发电机在一定冷却条件下运行时，负荷电流越大损耗越多，所产生的热量也越多，温升就越高。汽轮发电机的额定容量是在一定冷却介质（空气、氢气和水）参数条件下，定子绕组、转子绕组及定子铁心长期允许发热温度的范围来确定的。

发电机的绕组和铁心长期发热的允许温度，与其采用的绝缘等级有关。大容量发电机一般都采用耐热等级为 B 级或 F 级的绝缘。表 3-1 列出了我国国家标准中规定的，对于采用 B 级和 F 级绝缘体的氢气和水直接冷却发电机及其冷却介质允许温度的限值。

表 3-1　氢气和水直接冷却发电机及其冷却介质允许温度限值

发电机的部件	温度测量位置和方法	冷却方法	允许温度限值/℃	
			B 级绝缘体	F 级绝缘体
在直接冷却有效部分出口处的冷却介质	检温计法	水	85	85
		氢气	110	100
定子绕组	槽内上下层线圈间埋置检温计法	—	120	140

（续）

发电机的部件	温度测量位置和方法	冷却方法	允许温度限值/℃	
			B级绝缘体	F级绝缘体
转子绕组	温度计法（出口处）	水	85	85
	电阻法	1～2	100	115
		3～4	105	120
		5～7	110	125
		8及以上	115	130
定子铁心	埋置检温计法	—	120	—
	温度计法	—	—	140

注：表中“转子绕组的冷却方法”分的四部分，划分依据为氢气在转子全长径向出风区的数目。

对于采用绕组内冷的发电机因其容量大，最热点的温度更为突出。而发电机随冷却方式的不同，各部分温度的不均匀性将有很大差异。在相同的绝缘等级允许温度限值下，由于各种发电机的通风结构不同，其温升的不均匀系数也存在差异。因此，即使采用相同的测量方法，转子绕组相应的允许温度也可能不同。表3-2给出若干制造厂生产的600MW水氢氢冷型汽轮发电机组，在对应的额定氢压下，允许长期运行的各部位温度限值。

表3-2 600MW水氢氢冷型汽轮发电机组各部位允许的温度限值

生产厂家	哈尔滨电机厂	日立公司	东芝公司	ABB公司	东方电机厂
定、转子绕组绝缘等级	B、B	F、B	B、B	F、F	F、B
定子绕组进水温度/℃	45～50	46	46	—	42～48
定子绕组出水温度/℃	≤80（热电偶）	≤85（热电偶）	—	—	≤85（热电偶）
冷氢温度/℃	45±1	46	46	45	30～46
定子铁心温度/℃	≤120	≤120（热电偶）	—	—	≤120（热电偶）
定子铁心温升/℃	<64	—	—	60	—
定子绕组温升/℃	≤50	—	54	60	—
定子绕组温度/℃	—	≤120（热电偶）	—	—	≤120
转子绕组温升/℃	≤64	—	≤64	≤60	—
转子绕组温度/℃	—	≤115（电阻法）	—	≤110（电阻法）	≤115（电阻法）
定子冷却水冷却器进口温度/℃	≤35	≤33	—	—	—
氢气冷却器进水温度/℃	≤35	≤33	—	—	20～33

发电机的绝缘在运行过程中会逐渐老化，对绝缘老化有重大影响的是温度。温度越高、持续时间越长，绝缘老化就越快，使用期限就越短。因此，发电机运行时必须遵照制造厂家的规定，严格监视各部位最高温度，确保各部位均不超过允许限值，从而保证发电机的正常使用寿命。

对于大容量水氢氢冷型汽轮发电机，定子绕组采用水内冷、转子绕组采用氢内冷、定子铁心采用氢冷。机组运行中需严格监视冷却介质相关参数的变化，这些参数相对于额定值的偏离，意味着发电机的冷却条件发生变化，会对发电机的安全运行造成影响。

（1）氢气温度变化影响　如果发电机的负荷不变，当氢气入口（或冷端）风温升高时，绕组和铁心的温度随之升高，会加速其绝缘老化、使用寿命降低。这里所指的温度不是绕组的平均温度，而是最热点处的铜温。因为发电机只要局部绝缘遭到破坏，该设备便会发生故障。

根据上述温度变化与绝缘老化之间的关系，当冷却介质的温度升高时，为了避免绝缘加速老化，要求减小汽轮发电机的出力。减小的原则是使绕组和铁心的温度不超过额定工况运行时最高监视的温度。

对于水氢氢冷型汽轮发电机，冷端氢温不允许高于制造厂的规定值，也不允许低于制造厂的规定值。在这一规定温度范围内，发电机可以按额定出力运行。当冷端氢温降低时，也不允许发电机提高出力。这是因为定子部分分别用不同的介质冷却，即定子绕组水内冷、铁心氢冷，这些介质温度的降低，彼此间互不相依，如果按照两种介质不同温度的配合来规定允许温度，会使运行出力的监视变得复杂，甚至可能由于运行人员的疏忽大意，造成绕组的铜线与铁心的温差超过允许范围。

水氢氢冷型汽轮发电机，当氢气温度高于额定值时，应按照氢气冷却转子绕组的温升条件来限制出力。

（2）氢气压力变化影响　随着氢气压力的提高，氢气的传热能力增强，氢冷发电机的最大允许负荷也会增大。但当氢压低于额定值时，由于氢气传热能力减弱，发电机的允许负荷也将降低。氢压变化时，发电机的允许出力由绕组最热点的温度决定，即该点的温度不得超过发电机在额定工况时的温度。

当氢压高于额定值时，对水氢氢冷型发电机的负荷不允许增加，这是因为定子绕组的热量是被定子线棒内的冷却水带走的。所以，提高氢压并不能加强定子线棒的散热能力，故发电机的允许负荷也就不能增加。当氢压低于额定值时，由于氢气的传热能力减弱，必须降低发电机的允许负荷。氢压降低时，发电机的允许出力应根据制造厂提供的技术条件或容量曲线运行，以保证绕组温度不超过额定工况时的允许温度。

（3）氢气纯度变化影响　氢气纯度变化时，对发电机运行的影响主要为安全和经济两个方面。众所周知，在氢气和空气混合时，若氢气含量降到5%～75%，便有爆炸危险。故在运行中，首先要保证发电机内的混合气体不能接近这个比例，所以一般都要求发电机运行时的氢气纯度应保持在96%以上，低于此值时应进行排污。

从经济方面上看，氢气的纯度越高，混合气体的密度就越小，通风摩擦损耗就越小。当机壳内氢气压力不变时，氢气纯度每降低1%，通风摩擦损耗约增加11%，这对于氢压高、容量大的发电机经济性影响更大。所以，在国外对于容量较大的发电机，要求保证其运行时的氢气纯度应不低于97%～98%。如日立公司生产的600MW水氢氢冷型汽轮发电机，要求机内氢气纯度为99%，在氢气纯度降低到90%时，发出纯度低报警信号。

需特别指出的是，大容量氢冷发电机不允许在机壳内有空气或二氧化碳的介质时，把发电机启动到额定转速甚至进行相关试验，以防止风扇叶片根部的机械应力过高。

（4）定子绕组进水量和进水温度变化影响　水氢氢冷型汽轮发电机，用除盐水冷却定子绕组，用氢气冷却定子铁心和转子绕组。在额定条件下，定子绕组铜线和铁心之间的温差并不大，约为15～20℃，而铁心的温度高些。

当冷却水量在额定值的±10%范围内变化时，对定子绕组的温度实际上不产生过大影响。增加冷却水量，会导致入口压力增大，在由大截面流向小截面的过渡部位会发生汽蚀现象，使水管壁损坏，故不建议提高流量。

降低除盐水量，将使绕组入口和出口的水温温差增大，绕组出口水温增高。这样会造成绕组温升极不均匀，故发电机运行中是绝对不允许的。在设计中，一般采用绕组进、出口的水温温差不超过35℃，以防止出口处冷却水产生汽化现象。一般绕组入口的水温与额定值的偏差，允许范围是±5℃，这时汽轮发电机的视在功率保持不变。

当发电机定子绕组的冷却水停止循环后，其允许运行的持续时间要根据水的电阻率来确定。如果绕组冷却水停止循环以前，它的电阻率小于200kΩ·cm，在定子绕组的冷却水停止循环后，应在3min内将发电机与电网解列。如果绕组冷却水停止循环之前，它的电阻率大于200kΩ·cm，允许发电机带不超过30% MCR运行1h。这种允许值的规定，对运行极为方便，可以在机组不停的情况下，采取措施恢复绕组冷却水的循环。综上可知，采用调节定子绕组水量的方法，以保持定子绕组的水温是不恰当的。

关于绕组冷却水温度，规定其在任何情况绕组出口的水温均不应超过85℃（有的设定为90℃）以免汽化。当绕组进水温度在额定值附近变化±5℃以内时，可不改变发电机的额定出力。但不同发电机的技术规定可能与此有差别。当绕组入口水温超过规定范围的上限时，应减小出力，以保持绕组出水的温度不超过允许出水温度。入口水温也不允许低于制造厂的规定值，以防止定子绕组和铁心的温差过大而引起汇水母管表面的结露现象。

5. 发电机特殊运行方式

（1）发电机事故过负荷运行　在机组正常运行时，发电机是不允许过负荷的，即不允许超过额定功率长期运行。当发电机电压低于额定值时，允许适当增大定子电流，但定子电流不得超过额定值的5%长期运行。

在系统发生短路故障、发电机失步运行、成群电动机启动和强行励磁等情况下，发电机定子或转子都可能短时过负荷。过负荷导致发电机定子、转子电流超过额定值较多时，会导致绕组温度有超过允许值的危险，使绝缘老化过快，甚至可能造成机械损坏，过负荷的数值越大、持续时间越长，上述危险性越严重。但因发电机额定工况下的温度较其所用绝缘材料的最高允许温度低一些，有一定的裕量，故发电机可作短时过负荷使用。

过负荷的允许数值不仅与运行持续的时间有关，且还与发电机的冷却方式有关。直接内冷的绕组在发热时容易产生变形，所以其过负荷的允许值比间接冷却要小。发电机定子和转子短时过负荷的允许值由制造厂家提供。根据我国相关电力行业标准的规定，对于发电机定子绕组在直接冷却和间接冷却的情况下，短时过负荷有不同的具体规定，详见表3-3、表3-4所示。

表3-3　发电机定子过负荷与允许时间的关系

冷却方式	直接冷却				
定子电流标幺值（I/I_N）	1.16	1.30	1.54	2.26	
允许时间/s	120	60	30	10	
冷却方式	间接冷却				
定子电流标幺值（I/I_N）	1.10	1.12	1.15	1.25	4.5
允许时间/s	60	30	15	5	2

表 3-4　发电机转子过负荷与允许时间的关系

励磁电压标幺值（U_F/U_{FN}）	1.12	1.25	1.46	2.08
允许时间/s	120	60	30	10

发电机不允许经常过负荷，只有在事故情况下，当系统必须切除部分发电机或线路时，为防止系统静稳定破坏、保证连续供电，才允许发电机短时过负荷。当过负荷时间超过允许时间时，应及时采取措施，立即将发电机定子电流及励磁电压降至正常允许值。

（2）发电机不对称运行　发电机不对称运行是一种非正常工作状态，出现不对称的原因可能是负荷不对称（如系统中有大容量单相电炉、电气机车等不对称用电设备），也可能是输电线路不对称（如一相断线，某一相因故障或检修切除后采用两相运行）或系统发生不对称短路故障。发电机附近发生不对称短路，将出现最大的不对称短时运行（取决于保护动作时间）。

发电机不对称运行时，三相电压和电流均不对称。不对称的程度通常用负序电流 I_2 对额定电流 I_N 的百分数表示或直接用二者之比来表示，也可用各相电流之间的最大差值对额定电流之比 $(I_{max}-I_{min})/I_N$ 来表示。

发电机不对称运行时，在发电机的定子绕组内除有负序电流外，还存在正序电流。正序电流是由发电机的电动势产生的，它所产生的正序磁场与转子保持同步速度且同方向旋转，对转子而言是相对静止的，在转子上不会引起感应电流。此时转子发热是由励磁电流决定的。当负序电流出现后，它除了与正序电流叠加使绕组相电流可能超过额定值，且使该相绕组发热超过允许值外，还会引起转子的附加发热和机械振动。

当定子三相绕组流过负序电流时，所产生的负序磁场与转子速度同步但方向相反。在励磁绕组、阻尼绕组及转子本体中感应出两倍频率的电流，从而引起附加发热。由于这个感应电流频率较高、趋肤效应较大，所以这些电流主要集中在表面的薄层中流动。因此，感应电流在转子各部分造成的附加发热集中于表面薄层中，可能产生局部高温，破坏转子部件的机械强度。

除上述的附加发热外，负序电流产生的负序磁场还在转子上产生两倍频率的脉动转矩，使发电机组产生 100r/s 的振动，并使轴系产生扭振。

负序电流产生的附加发热和振动，对发电机的危害程度与发电机的类型和结构有关。由于汽轮发电机转子是隐极式的，即磁极与轴是一个整体，绕组置于槽内，散热条件不好。所以，负序电流产生的附加发热往往成为限制不对称运行的主要条件。当发电机不对称运行、负序电流超过允许值时，应尽力设法减小不平衡电流（如减小发电机出力等）至允许值。如不平衡电流所允许时间已到达，则应立即将发电机解列。

（3）汽轮发电机失磁运行　汽轮发电机失磁运行是指发电机失去励磁后仍带有一定的有功功率，以低滑差与系统继续并联运行，即进入失励后的异步运行。

同步发电机突然部分的或全部的失去励磁称为失磁，是较常见的故障之一。引起发电机失磁的原因主要有以下几种：

1）励磁回路为开路，如自动励磁开关误跳闸、励磁调节装置自动开关误动作、可控硅励磁装置中元件损坏等。

2）励磁绕组短路。

3）运行人员误操作等。

发电机失去励磁以后，由于转子励磁电流或发电机感应电动势逐渐减小，使发电机电磁功率或电磁转矩相应减小。当发电机超出同步转速运行时，发电机的转子与定子三相电流产生的旋转磁场之间存在相对运动，于是在转子绕组、阻尼绕组、转子本体及槽楔中，将感应出频率等于滑差频率的交变电动势和电流，并由这些电流与定子磁场相互作用而产生制动的异步转矩。随着转差由小增大，异步转矩也增大。当某一转差下产生的异步转矩与汽轮机输入转矩重新平衡时，发电机就进入稳定的异步运行。

对于大容量发电机，由于其满负荷运行失磁后会从系统中吸收较大的无功功率，往往对系统会产生较大影响，所以大型发电机不允许无励磁运行。失磁后通过失磁保护动作，将发电机解列。国内的大型汽轮发电机都装有失磁保护装置，一旦机组发生失磁现象，经0.5～3s保护即动作、解列发电机，不允许其异步运行。

3.3.2 主变压器监视

大型发电机通常采用“发电机-主变压器组”的单元接线方式，发电机出线电压一般为18～20kV，通过主变压器将电压升高到110～500kV，以适应远距离输电的要求。主变压器的容量应与发电机的功率相匹配，如600MW机组的发电机，主变的容量约为700MV·A左右，多采用三相变压器，也有采用由三台单相变压器接成三相组。

为确保主变压器长期运行的安全性和可靠性，减少不必要的停用和异常工况，运行人员需对运行中的主变压器进行定期监视和检查。

1. 变压器运行的监视与检查

运行人员应监视变压器工作时的电流、电压、温度，在变压器运行期间应监视变压器各侧电流不超过额定值、电压不应过高或过低、变压器的油温应在正常范围以内。如发现变压器工作异常，应及时调整变压器的运行方式，或使发电机组降负荷。

1）检查变压器的储油柜和充油套管的油面高度是否与油温相对应。如变压器内油面过高，可能是由于变压器冷却装置工作不正常，或内部故障引起油温升高而造成的；如油面过低，应检查变压器油箱、盖板、套管、油位计是否密封良好且有无漏油现象。检查套管有无裂纹和放电现象，箱壳上的各种阀门的状态是否符合运行要求，各放油阀是否正常关闭等。

2）检查变压器的油色是否正常。正常情况下，变压器储油柜里的油是透明并略带黄色的。如为棕红色则可能是油位计本身脏污，也可能是长期运行且温度较高而引起的老化现象；如果油色发黑则可判断为变压器内部存在放电现象，或是放电兼过热现象。变压器油因变压器固体介质的炭化而变黑，放电严重时会造成设备烧毁，甚至发生爆炸事故。

3）变压器运行中有异响。可利用探声器来检查变压器运行的声响是否增大或有其他新的响声。变压器运行中“嗡嗡”声是正常的声响，当变压器带电后电流通过铁心产生交变磁通，就会发出上述均匀电磁声，声响的强弱正比于负荷电流的大小；如出现“噼啪”的响声则属异常，声音清脆则可能是高压瓷套管引线通过空气对变压器外壳的放电声，是变压器油箱上部缺油所致；声音沉闷的“噼啪”声，则可能是高压引线通过变压器油而对外壳放电，属对地距离不够或绝缘油中含有水分，是变压器绝缘油的绝缘强度降低、油质急剧恶化的表现。

4）检查变压器冷却装置运行是否正常。对于油浸式变压器，特别是强油强风冷却变压器，运行中一定要保证冷却装置投入正常，并有一定的裕度。对于强迫油循环水冷的变压器，还应检查变压器的冷却水流量、温度是否正常。冷油器出口水中，不应有油花，否则冷油器有漏油现象。变压器的冷却装置，一般由两组母线供电“一运一备”，运行中备用电源应良好，确保工作电源失去时，备用电源能自动投入。

5）检查变压器的吸湿器是否畅通。正常情况下吸湿器中的硅胶呈蓝色，若变红则表示吸潮到饱和状态应更换，吸湿器小油杯中的油面应合适。

6）检查变压器外壳接地是否良好。正常运行情况下，变压器外壳接地线应良好，且要接地可靠。变压器绝缘子应完好，正常运行情况下变压器各绝缘子和瓷套管应清洁，无裂纹及放电现象，各接线接触良好，无过热现象。

2. 变压器的特殊检查内容及要求

当系统发生故障或气温发生急剧变化时，应对变压器进行以下项目的重点检查：

1）气温骤变时，检查储油柜油位和瓷套管油位是否有明显的下降，各侧连接引线是否过紧或有断股等情况。

2）大风、雷雨、冰雹后，检查引线摆动情况，检查有无断股、设备上有无其他杂物、瓷套管有无放电痕迹及破裂现象。

3）浓雾、毛雨、下雪时，检查瓷套管有无沿表面闪络和放电情况，各接头在小雨中和下雪后，不应有水蒸气上升融化现象。

4）瓦斯保护动作后，应立即进行全面检查。

5）过负荷运行时，应检查并记录负荷电流，检查油温和油位的变化，检查变压器声音是否正常、接头是否过热、冷却装置投入数量是否足够、运行是否正常、防爆膜及释压器是否动作到位。

6）变压器发生短路故障或穿越性故障时，应检查变压器有无漏油、油色是否变黑、油温是否正常，检查电气连接部分有无发热、熔断，瓷质绝缘有无破裂，接地引线等有无烧断。

3. 变压器油在运行中的处理

在变压器运行过程中，使用变压器油要防止潮气侵入油中，即使有少量水分进入，也会使变压器的绝缘性能大为降低。

为保证变压器的安全可靠运行，主要采用以下几种方法来处理变压器油的属性并使之恢复到标准值：

1）热虹吸滤油器。运行中，对易变性的变压器油必须进行处理，处理可以在变压器运行中进行，也可在变压器停运时进行。经验表明，在运行的变压器中采用热虹吸滤油，可有效降低油的酸价，改善油质，延长油的使用期限。

2）充氮保护。氮气是一种惰性气体，在变压器储油柜的上部缓冲空间充氮后，可以减少油与空气的接触，在一定程度上防止油因外界因素而变化，延长其使用寿命。

3）加抗氧化剂。在新油或再生后的油中添加抗氧化剂，可减缓油的进一步氧化，但对已深度氧化的油则不起作用。因此，在变压器油中加入抗氧化剂，只是一种消极的解决方法。

3.3.3 厂用电设备运行监视

单元机组在启动、运行、停机及检修过程中，有大量以电动机为原动力的机械设备，用以保证机组的各主要设备及辅助设备的正常运行。这些电动机及全厂的运行、操作、试验、检修和照明等用电设备都属厂用负荷，即称为厂用电。

单元机组的厂用电，由该机组的发电机端引出并提供给自身单元用电，其耗电量的大小与单元机组类型、机组自动化程度高低及蒸汽参数等因素有关。单元机组的厂用电量与机组发电量的比值称为厂用电率。厂用电率是火电厂运行的主要经济指标之一，一般凝汽式火电厂的厂用电率为5% ~8%。降低厂用电率可以降低电能成本，同时可以相应增大火电厂对电网的供电能力。

厂用电设备是单元机组的重要组成部分，其安全运行与否，会直接影响到机组的运行与出力。尤其是大容量、高参数机组，对厂用电的供电可靠性有更高要求。

在火电厂中，一般配置两台及以上的厂用高压变压器，以满足厂用负荷的要求。通常把厂用变压器以下所有的厂用负荷供电网络，称为厂用电系统。为确保厂用电源不间断供电，每段高压厂用电母线除由工作变压器取得电源外，还可从备用启动变压器取得备用电源。备用电源可自动投入，以确保厂用电源的可靠性。

机组运行中，应保证厂用电系统在经济、可靠及安全的方式下运行。如母线、变压器、断路器、整流器、柴油发电机组等，应处于正常完好状态。运行中各设备参数正常，并在允许值范围以内变化，备用设备可随时投入且电源分配合理，不允许设备过负荷或限制出力运行。当部分电源及线路发生故障时，要避免影响其他系统运行，厂用变压器的运行要求与主变压器基本相同。

下面重点介绍电动机的运行监视。

1. 电动机的启动

（1）电动机启动前的检查　电动机启动送电前，必须对电气回路进行详细检查。检查的项目包括以下几方面：

1）有关工作票全部收回，具备送电条件，且临时安全措施应全部拆除。

2）电动机外壳、风扇接地线完整，且电缆接地线完整。

3）定子、转子、启动装置、引出线、开关、刀闸等设备及各部正常无遗物，电动机保护回路投入运行，动力熔断器按2.5~3倍电动机额定电流选择且三相一致。

4）一次回路开关、保险刀开关及接触器良好，开关机构动作灵活，无卡涩现象。

5）二次回路连接牢固且接触良好。

6）用手动工具转动转子灵活且与定子无摩擦，所带机械无卡涩现象。

（2）电动机的送电操作　电动机送电操作前，需对以下项目进行认真检查和核对：

1）检查电动机具备送电条件，所有工作票收回且安全措施拆除。

2）设备的双重编号正确。

3）电动机电源开关在检修位。

4）检测电动机绝缘是否合格。

5）将电动机电源开关送电。

（3）电动机的启动规定　电动机启动前，应严格遵循以下规定：

1）值班人员在得到送电完毕的通知之前，严禁进行任何启动操作。

2）电动机的停送电联系由值班人员进行，并在操作票上签名。

3）启动大容量的电动机和直流电动机时，均应监视厂用母线和直流母线的电压，必要时调整母线电压。

4）笼式转子电动机在正常冷状态下（铁心温度在50℃以下）允许启动二次，每次间隔时间不得少于5min。在热状态下允许启动一次，只有在处理事故及启动时间不超过2~3s的电动机可再启动一次。作动平衡试验时，启动的间隔时间为：500kW以上电动机不应低于2h，200~500kW电动机不应低于1h，200kW以下电动机不应低于0.5h。

5）对远方操作的电动机，由值班人员进行外部检查后，通知远方操作人并需停留在电动机事故按钮旁，直到转速升到额定转速并正常运行为止。

6）启动电动机时，运行人员应监视电流表，确认电流指示正常。

7）在正常情况下，同一条母线上的电动机不允许同时启动2台及以上，发生事故情况时除外。

8）三相交流电动机严禁断相启动。

2. 电动机的监视与检测

（1）电流与电压的监视　对运行中的电动机监视，由相关分场值班人员负责，监视内容包括：

1）电动机按铭牌额定值运行，随时监视电动机的电流不准超过允许值。

2）电动机需工作在额定电压的5%~10%范围内，并确保其出力不变。

3）运行中，电动机相间电压偏差最大不超过5%，各相电流偏差不得超过10%，且任一相电流不得超过额定值。

（2）电动机的外部检查　当电动机运行时，还应进行下列常规的检查：

1）检查轴承的润滑油是否正常。对油环式的润滑轴承，应检查油环是否转动带油、轴承盖是否严密、有无甩油现象、油腔是否漏油、油面是否达标准线等；强力润滑轴承，应检查油流是否正常、运行中应无杂音，且油盅不缺油。

2）检查电动机的轴承温度。滑动轴承，运行时不允许超过80℃；滚动轴承，运行时不允许超过100℃。

3）检查电动机的声音是否正常。

4）对直流电动机，换向器、电刷应不冒火，且接触良好。压力适当，不卡涩防尘罩且应盖好。

5）检查电动机及周围环境温度或温升，电动机无局部过热现象，环境温度最高不超过40℃。电动机铁心及线圈的最高温升不超过表3-5中数值。

表3-5　电动机铁心及线圈的最高温升

发热部位	定子绕组					铁　心				
绝缘等级	A	E	B	F	H	A	E	B	F	H
允许温升/K	50	65	70	85	105	50	65	70	85	105

6）检查电动机的振动情况，应不超过表3-6中数值。

7）应保持电动机及附近清洁（不应有煤、灰、水、汽等）且无杂物（金属、导线、棉丝头等），就地控制盘应关严、不漏水，且周围无杂物。

表 3-6　电动机振动允许值

额定转速/(r/min)	3000	1500	1000	750 及以下
振动值（双振幅）/μm	50	80	100	120

3. 电动机运行中的异常现象及处理

电动机运行中，如发现以下异常现象，应及时采取措施进行处理：

1）定子发热。铁心温度异常升高，或超过相应绝缘等级的运行温度，应检查电动机的电流是否超过额定值、保险是否熔断、三相电流是否平衡、冷却风温是否升高、冷却水量是否太小或中断、电动机冷却风入口是否堵塞等，并根据相关的检查结果，采取相应措施。如温度仍不断升高，则确认为内部故障，应停止该电动机运行并倒换备用电动机。

2）轴承温度比正常运行时显著升高或超过允许值，应检查轴承润滑油循环是否畅通、油环是否卡涩、油盅是否有水分、冷却油装置是否良好、滚珠轴承是否缺油或油量过多、机轴是否过紧、轴承是否倾斜、传动带是否拉得太紧等（通常在安装或大修后）。如检查无明显故障，且温度不降低时，则停止该电动机运行并倒换备用电动机。

3）当电动机在运行中声音发生变化，电流表指示的电流上升或降低至零时，应检查三相是否有电流、是否保险熔断或定子单相断线，并检查系统的电压是否太低。如经检查均正常，则可能是定子线圈发生层间短路，应停止该电动机运行。

4）电动机运行中，定子电流发生周期性的摆动，应检查转子回路中各接头是否接触良好。如外部所能检查的部分均未发现问题，则可能为转子内部铜（铝）条断裂，应倒换备用，停止该电动机运行。

5）在启动或运行时，从定子或转子间的间隙处窜出火花或冒烟。其原因可能为：由于中心不对正或轴承磨损，使转子和定子相碰；笼式转子铜（铝）条断裂；在启动时冒出火花或着火等。此时，值班人员应立即停止该电动机运行。

6）电动机熔断两相保险时，在未查明原因之前，禁止合闸送电。应测量电动机线圈绝缘及直流电阻。测量电动机线圈直流电阻时，各相偏差不得超过 2%。无中性抽头时，可测线间电阻，各相偏差不得超过 1%。

7）电动机发生强烈振动的原因和处理。

① 电动机发生强烈振动的原因：电动机和所带机械中心不一致、机组动态不平衡、转子部分和定子部分摩擦、滚珠或滚珠轴承损坏、所带的机械损坏、基础损坏或地脚螺栓失去作用。

② 处理原则：应详细查明原因，如找不到原因可调整电动机负荷。如电动机仍振动，则应停止运行。

3.4　单元机组变工况和调峰运行

3.4.1　单元机组变工况运行

1. 汽轮机设计工况与变工况

汽轮机在设计参数下运行时的工况，称为汽轮机的设计工况。由于汽轮机各级的主要尺寸基本上是按照设计工况的要求制造的，故一般在设计工况下，汽轮机的热效率为最高值。

因此，设计工况也称为汽轮机的经济工况。

汽轮机在实际运行过程中，因外界负荷、蒸汽参数、转速及汽轮机本身结构变化等，均会引起汽轮机级内各项参数及零部件受力情况变化，进而影响其热经济性和安全性。这种偏离设计工况的运行工况，称为汽轮机的变工况。

下面主要讨论机组由于负荷变化而引起的单元机组变工况运行。

2. 汽轮机的变负荷运行方式

当外界负荷变化时，汽轮发电机组可采用两种不同的运行方式，即定压运行方式和滑压运行方式。

（1）定压运行　是指锅炉维持蒸汽参数不变，当外界负荷变化时，汽轮机改变调节阀开度从而改变汽轮机的进汽量，使汽轮机输出功率的变化与外负荷要求相适应。锅炉则根据机组负荷的变化情况，相应调整燃料量、给水量并维持蒸汽参数不变。

喷嘴配汽和节流配汽，是定压运行机组所采用的两种负荷调节方式。

1）喷嘴配汽：是应用最普遍的一种汽轮机配汽方法，主蒸汽经过主汽门及若干依次开启的调节汽门后进入汽轮机，如图 3-4 所示。

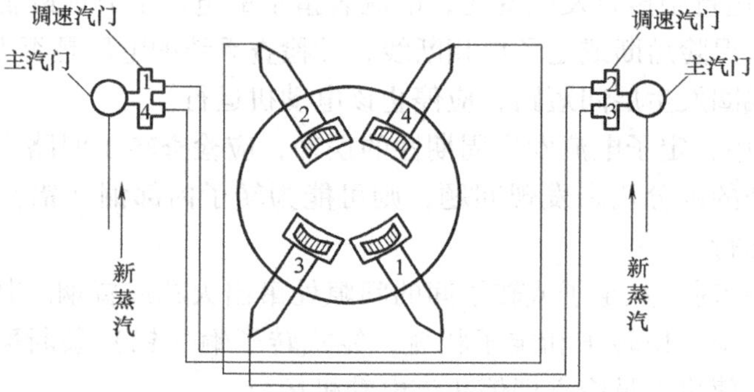

图 3-4　汽轮机喷嘴配汽结构示意图

假定汽轮机有 4 个调节阀，且每个调节阀对应控制一个喷嘴组。正常运行时主汽门全开，随着机组负荷由零逐渐升高，第 1、2、3、4 调节阀按顺序开启，改变调节级的通流面积，从而使汽轮机的进汽量增加，蒸汽经调节阀后流向对应的喷嘴组。

调节级的喷嘴分为若干个独立的喷嘴弧段（即喷嘴组），各喷嘴组间存在隔离壁，所以调节级都是做成部分进汽的。当只有一个调节阀开启时，因只有第 1 喷嘴弧段进汽，部分进汽度最小；随着机组负荷的升高和第 2 调节阀开启后，则第 1、2 两组喷嘴同时进汽，部分进汽度随之增大，其余阀门开启依此类推。由于各调节阀随机组负荷的增加或减少而依次开启或关闭，故又称此方式为机组的顺序阀门控制方式或多阀控制方式。

2）节流配汽：汽轮机采用一个或几个同时起闭的调节阀，在机组额定负荷下调节阀全部开启，而在机组低于额定功率下运行时，调节阀为部分开启。节流配汽在原理上相当于全部蒸汽在机组定压运行方式下经过一个调节阀，经节流后进入汽轮机，所以又称为单阀控制方式。

具有该种配汽机构的汽轮机，第一级为面积不变的压力级。随着调节阀的关小，蒸汽流量减少、调节阀后压力降低、蒸汽在汽轮机中的等熵焓降减少，相应的汽轮机出力在蒸汽流量和焓降减少的双重影响下迅速降低，以适应外界负荷的要求。

（2）滑压运行（又称变压运行）是指节流配汽或喷嘴配汽结构的汽轮机，在机组负荷变化时，保持阀门开度不变，而由锅炉调整燃烧。主蒸汽温度基本维持不变，而压力随机组负荷的变化而改变，以适应汽轮机功率与外界负荷的匹配。

当外界负荷变动时，滑压运行机组在汽轮机跟随的控制方式下，外界负荷变动指令直接下达给锅炉的燃烧系统和给水系统，按机组负荷变化指令去改变锅炉的燃烧工况和给水量，使出口主蒸汽的压力和流量适应外界负荷变动的需要。而在定压运行时，该负荷指令是下达给汽轮机调节系统，用以改变调节阀开度。

火电厂机组的滑压运行，有以下三种方式：

1）纯滑压运行。在整个负荷变化范围内，所有的调节阀均保持全开状态，机组负荷变化完全靠锅炉燃烧调整来控制。此种运行方式下，在机组满负荷时，由于所有的调节阀全开，故节流损失最小，但在机组部分负荷下，由于进汽压力的降低，机组循环热效率随之下降。此外，由于锅炉的调节过程存在很大延迟，当外界负荷增加时汽轮机调节阀不能参与动态调节，机组对外界负荷响应时间较慢。

2）节流滑压运行。在机组负荷稳定时，调节阀的开度不是全开，通常留有5%～15%的未开启余量。当外界负荷增加时，汽轮机调节阀开度增加，可利用锅炉的蓄热能力，迅速使机组负荷适应外界变化的需要。这种调节方式，克服了纯滑压运行对外界负荷适应性差的缺点。但由于在部分负荷下存在节流损失，从而降低了机组运行的热经济性，且操作过程比较复杂。

3）复合滑压运行。在机组高负荷时，采用定压顺序阀调节即喷嘴调节；在机组低负荷时，除1或2个调节阀关闭外，其余调节阀全开进行滑压运行，以提高机组部分负荷下的热效率及负荷响应速度；机组在极低负荷（如仅厂用电）时，为保证锅炉水循环及燃烧的稳定性，采用较低压力下的定压单阀调节，该方法也是大型机组优先推荐的变负荷运行方式。通常如不特殊说明，则单元机组的滑压运行方式即为机组的复合滑压运行方式。

3. 滑压运行的安全性和经济性分析

如前面所述，当外界负荷变化时，汽轮机普遍采用滑压运行方式。在机组的运行安全性和响应外界负荷的时间上，机组滑压运行方式要优于定压运行方式，且在一定条件下机组的热经济性优于定压运行方式。

相对于定压运行方式，机组采用滑压运行时，在安全性方面有如下优点：

1）机组滑压运行时，维持蒸汽温度基本不变，在相同的变负荷速率下，汽轮机转子和汽缸的温度变化很小，其热应力和胀差变化小，故可加快机组负荷的变化速率，以提高机组对外界负荷响应的时间。

2）机组滑压运行时，锅炉受热面和主蒸汽管道的压力降低且所受的应力减小，故可延长机组的使用寿命，提高其可用性和可靠性。并且由于机组滑压运行时，汽轮机末级蒸汽湿度减少，减轻了湿蒸汽对叶片的冲蚀，延长了末级叶片的使用寿命。

相对于定压运行方式，机组采用滑压运行时，在热经济性方面有如下优点：

1）机组滑压运行时，主蒸汽温度和再热蒸汽温度基本维持不变。机组负荷降低时，蒸汽压力随负荷同时下降，汽压的降低使工质过热所需的热量及工质蒸发所需热量的比例发生改变，即工质过热所需的热量减少。与机组的定压运行方式相比，机组滑压运行过程中，等量的蒸汽吸收相同烟气热量时，其温升大、汽压低、蒸汽比体积大，流过过热器的蒸汽容积流量几乎与机组额定负荷时相同，即蒸汽流速基本维持不变。过热器外壁的烟温虽随机组负荷减小而降低，但由于汽压降低后，饱和蒸汽温度也相应下降，故过热器的传热温差变化不大。所以在机组滑压运行时，主蒸汽温度可以在很宽的负荷变动范围内基本维持额定值。

机组采用滑压运行方式，当外界负荷变化时对再热蒸汽温度的影响与过热蒸汽温度相似，但蒸汽温度特性的改善效果要更好些。因为机组定压运行时高压缸排汽温度与再热蒸汽温度随机组负荷的降低而减小。而机组滑压运行时，由于高压缸的体积流量基本维持不变，使高压缸的排汽温度（再热器进口温度）变化不大，甚至略有上升。此外，机组采用滑压运行方式，主蒸汽的焓值在蒸汽温度相同时要高于定压运行。所以在机组滑压运行时，再热蒸汽温度也能在很宽的负荷变动范围内基本维持额定值。

滑压运行的这种蒸汽温度特性，无疑将改善机组在低负荷工况时的循环热效率。

2）机组采用滑压运行方式，高压缸在部分负荷时的相对内效率要优于定压运行机组。这是因为机组滑压运行时，主蒸汽温度基本维持不变，虽然主蒸汽质量流量和压力都随外界的负荷降低而减小，但各种负荷下新汽体积流量基本维持不变。体积流量不变就使各级喷嘴、动叶出口的流速保持不变，故比焓降和内效率都不变。而喷嘴配汽定压运行的机组，在机组部分负荷下调节级效率下降较多，节流配汽机组在部分负荷下定压运行时节流损失较大，大大降低了机组的热经济性。

3）机组采用滑压运行方式，有利于维持再热蒸汽温度的稳定，使附加再热循环的热效率相应提高。锅炉再热器的进口参数，取决于汽轮机高压缸的排汽参数。定压运行机组在负荷降低时，汽轮机高压缸排汽温度降低，再热器的进蒸汽温度也随之下降，使得汽轮机的中压缸进汽温度即再热蒸汽温度很难维持在额定值，这便使整个循环的热效率降低，影响了机组的热经济性。滑压运行机组在负荷下降时，高压缸排汽温度基本维持稳定，再热蒸汽温度和过热蒸汽温度一样，能维持在一个相对稳定的数值，有利于保持机组的热经济性。

4）机组采用滑压运行方式，有助于节省泵功。给水泵是现代火电厂中耗功最大的辅机设备，滑压运行机组在部分负荷时，锅炉的给水压力下降，用变速给水泵可降低给水泵耗功。因此，低负荷时给水泵耗功的减少，将给滑压运行机组的热经济性带来显著效益。

5）除氧器如采用滑压运行方式，既消除了调压阀造成的节流损失，又可以提高回热系统的运行效果，有利于提高机组滑压运行的热经济性。

机组采用滑压运行方式，当外界负荷发生变化时，也存在以下几方面的问题：

1）主蒸汽压力降低时，会导致机组的循环热效率下降。对于亚临界机组采用滑压运行时，当机组处于高负荷范围变动时，汽轮机热效率的提高，不足以弥补因蒸汽压力降低而导致的循环热效率下降对其热经济性的影响。因此机组只有在一定负荷范围内，采用滑压运行才是有利的。

2）对于超临界机组采用滑压运行时，当机组负荷降低，水冷壁内工质参数将靠近临界压力点。在临界点参数以下时，将出现汽液两相流动，从而导致锅炉工质循环的不稳定。同时，由于压力的变化，水冷壁管壁温度变化很大，对金属热应力的影响大。同时为了维持水冷壁内工质的压力及消除脉动现象发生，给水泵功率降低得较少，这样就削弱了机组采用滑压运行时热效率提高的优势。

3）机组采用滑压运行时，若汽轮机的调节阀在整个负荷变化范围内均处于全开状态，则完全靠锅炉调节燃烧来适应外界负荷的变化，故存在机组负荷调节滞后的问题。因此采用滑压运行方式时，汽轮机的调节阀在整个负荷变化范围内，需保持1或2个调节阀处于关闭状态，以便机组大幅度的变负荷时，机炉能实现快速、协调控制。

在一定负荷范围内，机组采用滑压运行方式，可以提高机组的热效率、减小机组的热耗，且热经济性较定压运行时高。但考虑到由于新蒸汽压力降低，而使机组循环热效率降低、热耗增加的影响，故在机组较高负荷时采用滑压运行是不经济的。只有当外界负荷降低到一定数值时，机组采用滑压运行才是正确和有利的。

一般而言，对于亚临界机组，在高负荷区采用定压运行和喷嘴配汽方式，其节流损失小、循环热效率基本不变，其热经济性优于滑压运行方式。在中间负荷区，滑压运行的主蒸汽压力降低不大，其循环热效率降低较少，可以充分发挥机组滑压运行的热经济性，同时还可以利用已关闭的高压调节阀参与机组负荷的动态调节，提高了机组对外界负荷变化的适应能力。在低负荷区采用低参数的定压运行、节流配汽方式，有利于锅炉稳定运行。

对于超临界机组，在高负荷区的等压线和等温线很陡，采用滑压配汽方式的经济性优于定压运行方式。若不参与电网调频，则机组可在高、中负荷区采用滑压配汽方式，而在低负荷区采用低参数定压运行方式，即“滑-定”的复合配汽方式；若参与电网调频，仍要采用“定-滑-定”的复合配汽方式。

在机组决定是否采用“定-滑-定”的运行方式前，应根据机组的性能进行有关的调节试验。通过对机组的安全性和热经济性比较后，再确定机组滑压运行的上滑点和下滑点，并绘制出该区间每个负荷点的滑压运行曲线。

4. 滑压运行对锅炉的影响

单元机组采用滑压运行方式时，锅炉要承担繁重的调节任务，以适应外界负荷变化的需要，不同类型的锅炉对滑压运行的适应性不同。即机组滑压运行时，每种锅炉需考虑的问题也不尽相同。

锅筒锅炉对机组采用滑压运行方式，其适应能力较差。当机组压力发生变化时，温度也变化，厚壁锅筒要承受较大的温差热应力，这将成为限制锅炉负荷变化速度的最重要因素。同时，锅筒锅炉有固定的过热器受热面，在机组不同负荷和压力下，维持额定的主蒸汽温度会有一定困难。

直流锅炉可采用滑压运行方式，但需考虑机组低负荷时压力降低，影响水冷壁内水动力工况的稳定性等问题。故机组运行中需特别注意，以防止水冷壁水平或倾斜管段中可能出现的汽水分层的问题。

复合循环锅炉较适合滑压运行方式，因为复合循环锅炉有炉水再循环泵。在机组低负荷时，也能维持水冷壁中具有一定的质量流量。

3.4.2 单元机组调峰运行

1. 调峰机组的类型

调峰机组根据各自承担的负荷性质和启停频次，可分为尖峰负荷机组和中间负荷机组。

（1）尖峰负荷机组　承担电网负荷曲线中的尖峰负荷，年运行时间为500～2000h，年启动次数为300次以上，机组以温态启动居多。该类型机组要求其启停迅速、负荷变化适应迅速且调节控制高度灵活。通常由库坝式水电机组、抽水蓄能式机组、燃气轮机、中小火电机组和柴油发电机组组成。

(2) 中间负荷机组　承担电网负荷中的平均负荷，年运行时间为2000～4000h，年平均使用率为40%～50%，年启动次数为250～300次，机组以热态启动为主，但其温态启动也占相当比例，而冷态启动次数有限，一般由电网中的火力发电机组组成。

2. 火电调峰机组的主要性能要求

单元机组调峰运行，由于其启动频繁或负荷大幅度变动，机组各部件承受剧烈的温度变化和交变应力，故对于调峰机组要求具备以下性能：

1) 良好的启停特性。在夜间电网负荷低谷时可停机数小时，但在次日的负荷高峰期到来之前，机组能在短时间内快速、稳定的带满负荷，且机组的启动损失小、设备运行可靠性高、热应力和寿命损耗小。

2) 良好的低负荷安全运行特性，确保机组有足够的调峰范围。要求锅炉不投油，最低稳燃负荷为30%MCR。汽轮机低压缸水幕喷水的压力和角度要合理，确保机组低负荷时，低压缸不超温。末级长叶片在设计时，要保证机组在少蒸汽流量时，不出现叶片颤振问题。

3) 机组能够快速适应外界负荷的变化，一般要求调峰机组的变负荷范围在100%～50%MCR之间且速度大于5%MCR/min。在机组负荷为50%MCR至最低负荷变化范围内，变负荷速率应能大于3%MCR/min。

4) 在单元机组低负荷运行时，仍能保持较高的热效率。

3. 调峰机组的运行方式及特点

(1) 调峰机组的运行方式

1) 变负荷调峰运行方式。机组在一段时间内满负荷运行，参与调峰时降低机组负荷运行。

2) 两班制启停调峰运行方式（简称两班制方式）。夜间需短时停机热备用，而次日清晨启动（Daily Start Stop，DSS），机组满负荷运行。

3) 少汽无负荷调峰运行方式。机组采用调相运行、电动机运行方式或低速热备用调峰运行方式。

4) 周末停机。电网负荷一般在周末较低，故要求机组周末停运而周一启动。

(2) 调峰机组各自运行方式的特点

1) 汽轮机变负荷运行。此方式是单元机组参与调峰的主要运行方式之一，机组根据电网负荷的要求快速改变其负荷。机组采用该种调峰方式运行，要求其有很强的调峰能力，并能够保持机组在低负荷时的较高热经济性。

2) 机组两班制启停调峰。该种机组调峰运行方式的优点是机组调峰运行的变负荷范围大且热经济性好。但其缺点为机组启停操作频繁，对设备的寿命损耗影响较大，使机组发生故障的概率增加。该种调峰运行方式需解决的关键问题在于：提高机组的自动化水平，在保证运行安全的前提下，尽可能加快机组启停速度，以减少机组启停损失。

3) 少汽无负荷调相运行。是指机组参与调峰时，要求停炉、停机，但发电机与电网不解列。发电机以电动机方式带动汽轮机维持额定转速转动。此时，发电机从电网中汲取电能，用于克服汽轮机的机械损失、摩擦损失等，并同时向电网补偿无功功率。

调相运行方式与两班制启停调峰方式相比，在机组由调峰状态向正常运行方式过渡时，具有一定的优势。首先机组无须重新并网，其次机组的金属温度变化较小，故启动时汽轮机部件的金属温度水平高，接近于极热态启动的水平，能很快过渡到正常带负荷运行方式。

同时机组参与调峰时，发电机改为电动机方式运行，可调节电网的无功分量。但机组该种调峰方式需解决的问题在于：由于汽轮机转子高速旋转，由鼓风摩擦损失产生的热量需被带出汽轮机，否则会导致通流部分过热。因此，必须依据汽轮机本体结构和实际热力系统，有效地组织冷却汽流，对通流部分实施冷却。

4）低速热备用调峰是另一种少汽无负荷运行方式，是指在电网低谷时机组与电网解列，蒸汽推动汽轮发电机组并使其处于低速旋转的热备用状态。该种机组调峰运行方式，可使机组在下次启动升速时，金属处于较高的温度水平（与极热态启动相当），加快机组升速和带负荷的速度。启动时的运行操作比两班制启停要简单得多，但该种调峰方式需解决的关键问题在于：需引入低压蒸汽，保持汽轮机在低速运转时转速的稳定。

5）周末停机调峰机组与两班制启停机组一样，应具备较好的启动性能，及较好的热经济性。

4. 火电调峰机组对锅炉运行的要求

锅炉的调峰能力受到锅炉低负荷稳定燃烧的限制，需通过一系列的现场试验来确定。

机组参与深度调峰运行时，还会涉及锅炉在变负荷及低负荷运行工况下，水循环安全性和稳定性的问题，在机组变负荷时锅筒、过热器和再热器的热应力问题，旁路系统的容量和辅机适应性问题，以及空气预热器的积灰、漏风和腐蚀等问题。故机组在参与电网调峰之前，应对火电厂进行机组变负荷和低负荷水循环可靠性试验，及机组变负荷和一、二次蒸汽温度适应性等试验。

（1）燃烧系统　调峰机组锅炉对其燃烧系统的要求，主要是在变负荷时调节简便、灵敏，且在机组变负荷与低负荷时确保炉内燃烧的稳定。如美国CE公司根据该要求设计的宽调节比燃烧器，在机组低负荷时上下两个喷嘴反方向转动，高浓度煤粉气流离开上喷嘴后仍能保持较高的煤粉浓度，提高了炉内煤粉燃烧的稳定性。该公司在上述技术的基础上，改进一款固定式宽调节比的燃烧器，在燃烧器喷嘴出口装有钝体，燃烧烟煤不投油助燃的最低负荷可达20% MCR。

（2）过热器和再热器系统　调峰机组的锅炉，需扩大过热蒸汽温度与再热蒸汽温度额定值的负荷变化范围，在设计中通常采用增加过热器和再热器的受热面积的办法，同时能相应增大调温能力。在机组变负荷时，过热器与再热器的受热面金属易超过其材料许用温度，故对受热面金属材料有更高要求。

（3）水冷壁系统　自然循环锅炉滑压变负荷试验表明，当机组负荷高时，水冷壁内工质循环流速较快；而当机组负荷低时，工质循环流速缓慢。低负荷运行时，锅炉炉膛热负荷不均匀性增大，热负荷高的水冷壁内工质的循环流速比热负荷低的水冷壁内工质循环流速快几倍，且个别热负荷低的水冷壁内的工质在低于界限循环倍率下工作。因此，机组参与调峰工况下，确保锅炉水动力循环安全的关键是维持较高的炉膛热负荷。可通过增加下降管的管径等措施，改善低负荷区水冷壁水循环。

（4）空气预热器　要求空气预热器在机组低负荷时，能提供一定温度的空气，并防止低温腐蚀。机组低负荷时提高空气温度的办法是，将高温烟气部分短接至空气预热器进口处。机组低负荷时防止空气预热器低温腐蚀的办法是，将高温烟气短接回至空气预热器进口处，空气预热器进口加装暖风器，用辅助汽源加热空气，利用热风再循环提高空气预热器的进口风温。

5. 机组调峰运行对汽轮机侧辅机设备的影响

单元机组参与调峰运行时，必然会对给水泵、除氧器、高压加热器等辅助设备的运行造成影响。故必须采取相应措施，确保其运行的可靠。

（1）给水泵　机组经常降负荷运行或频繁启停机操作，要求给水泵不仅能在机组负荷大幅度变化的条件下稳定运行，且能长期承受频繁启停机过程中因压力和温度的急剧变化，而产生的热冲击。要求给水泵不仅具有良好的工作特性，且应具有极高的可靠性。

机组频繁启、停及长时间低负荷运行，对给水泵运行的不利影响，主要表现在以下几个方面：

1）热应力的变化导致给水泵寿命损耗。当机组停运后，因给水泵的质量大且其热容量比管道大得多，在给水泵未完全冷却之前，泵体的温度高于管道温度。机组热态启动时，管道内温度相对较低的工质流入泵内，将对给水泵产生较大的热冲击，使泵体产生热应力，叶轮表面和泵壳内壁产生拉应力。而在机组升负荷的过程中，除氧器内的压力和温度随之升高，高温工质流入低温的泵体内，将产生较大的热冲击，会在叶轮表面和泵壳内壁产生压应力。因此，在机组热态启动过程中，水泵承受的是交变应力，必将导致给水泵的寿命损耗。

2）汽蚀损伤严重。在机组低负荷运行时，通常需停运一台给水泵，此时因除氧器内压力下降，饱和温度也随之降低，管道中积存的温度较高的水将有部分发生“闪蒸”现象，使汽水混合物流入泵内，将会引起给水泵的汽蚀和水锤现象。同时还会引起给水泵振动，甚至发生动、静部分摩擦。

如在机组低负荷期间不停运给水泵，则给水泵在低流量下运行同样会造成汽蚀损伤，且还会发生水力不平衡引起的扰动和噪声。低流量下的汽蚀多发生在叶轮叶片入口的背面，特别是具有大进口直径的叶轮，在低流量时叶片背面的汽蚀损伤更为严重。当给水泵流量降低到一定程度时，叶轮入口将产生涡流，这时将会产生给水压力的波动和脉动现象，造成叶轮入口区金属的汽蚀。

（2）除氧器　滑压运行的除氧器，在两班制运行和大幅度改变机组负荷时都会使其壳体产生内外壁过大的温差和热应力。在机组启停和负荷波动过程中，除氧器壳体和水箱都将承受交变应力，这种交变应力在腐蚀介质的作用下将会产生腐蚀疲劳，从而造成除氧器和水箱的寿命损耗。近年来，国内外除氧器腐蚀、裂纹问题突出。造成除氧器裂纹的原因，除材质和焊接因素外，腐蚀疲劳是一个重要的原因。

为加强除氧器水箱的刚度，在水箱内部设置三角支承架。在机组工况变化时，可约束和限制水箱的变形，但会增加水箱的内应力。因此，国外已用加大箱体壁厚的办法，来提高水箱的刚度，尽量避免采用内部支承结构。

为了减小除氧器的疲劳损伤，提高其使用寿命，可采用以下的技术措施：

1）注意停用后的保护，控制给水箱中水温变化。在停机期间，利用除氧水箱内的加热管（又称再沸腾管）加热除氧水，使除氧器保持一定的压力和温度。同时，控制水质的氧含量在合格的范围之内。

2）控制除氧器给水箱中水的 pH 值，并保持在 8.5 ~ 9.5 的范围之内。

3）控制补给水的离子电导率，使其在规定值范围内。

4）控制机组负荷变化率尤其是机组降负荷的过程中，一般情况下要求机组的负荷变化率不超过3%MCR/min。在机组启动过程中，也要适当地控制水箱的温升速度。

（3）高压加热器　高压加热器在机组启停和负荷变化时，产生的热应力主要发生在设备的管板上。正常运行时高加管板上的热应力，主要由给水温度在加热器中的升高和在进、出口侧形成的温差所引起。管板应力的大小，取决于温差的大小。

在高压加热器运行过程中，由于加热器入口温度突然升高，将会在管板上产生热冲击。在机组冷态启动时，加热器水室与给水箱水温之差可达80～100℃，故在启动时同样会产生热冲击。

当高压加热器满负荷运行时，如遇给水泵跳闸则备用给水泵应自动投入运行。给水泵和管道中的低温水进入加热器水室，将会造成严重的热冲击。

为了确保高压加热器热应力及疲劳寿命损耗被限定在允许的范围之内，可采取以下技术措施：

1）适当控制温度变化率。机组冷态启动或工况变化时，温度变化率一般应限制在规定范围内。当温度突变50℃时，管板上的最大应力约为300MPa，已接近管板材料的屈服强度。

现代大功率汽轮机，高压加热器的运行通常都设有程序控制系统，按照给定的温升速度控制进汽阀门开启的速度或采用间断开启，可以有效地控制温升速度，使加热器正常投入运行。

在加热器启动时，温度尚未达到给水温度之前，可打开给水出口旁路阀，按选定的温升速率监视加热器的温升，当达到给水温度且稳定后，再打开给水出口阀以免发生水冲击。

2）保持加热器排气畅通。在加热器启动时保证排气畅通，将加热器内非凝结气体排出，是保证加热器正常工作的重要条件。加热器内如有不凝结气体聚集，不但会降低加热器效率，且会加快部件的腐蚀。

监视加热器终端温差，可以判断排气是否畅通。但当加热器超负荷、管束泄漏或结垢时，会引起终端温差增大，应对具体情况分别分析。

3）避免加热器超负荷运行。加热器在超负荷工况运行时，蒸汽和给水都会增大加热器的工作压力，缩短加热器的使用寿命。如两台并联的加热器一台停运时，另一台将会严重超负荷运行，故此种运行情况应当尽量避免。

4）注意加热器停用保护。当加热器短时停运时，应使汽侧充满蒸汽、水室内的给水应保持适当的pH值。当加热器长时间停运时，应在完全干燥后在汽侧充入氮气，以防止停运后的腐蚀，延长加热器的使用寿命。

3.5　汽轮机寿命管理

3.5.1　金属材料温度特性

金属材料的温度特性，主要反映在高温蠕变、热疲劳、应力松弛、低温脆化和应力腐蚀等几个方面。

1. 高温蠕变

在高温条件下承受应力的金属零部件，将产生蠕变。金属温度越高、承受应力越大，材料的蠕变速度就越快。高温蠕变使金属内部晶格产生塑性变形，蠕变的积累会使晶格边界产生滑移，导致晶格内部出现微观裂纹。

对于同一种金属材料，影响金属蠕变特性的最主要因素是其承受应力的大小。在同一温度下，部件承受的机械应力值越大，蠕变越激烈、蠕变断裂时间就越短；同一机械应力下，温度越高，蠕变越激烈、蠕变断裂时间越短。这正是汽轮机在运行过程中，严格限制蒸汽超温、超压的主要原因。

同时，汽轮机运行中叶片、隔板等的微量伸长，都可能引启动、静部分发生摩擦。所以，对汽轮机转子、汽缸、叶片、隔板等零部件的蠕变总变形量，要严格监视和控制。通常规定，汽轮机运行十万小时后，总的变形量不得超过0.1%。

2. 热疲劳

疲劳是指材料在某一点或某些点上受到交变的应力和应变，在经历足够次数的作用后，最终使其产生裂纹或断裂时其结构局部发生渐进性永久变化的过程。如果此过程产生交变应力的原因是由温度变化引起的，则该疲劳称为热疲劳。

交变应力越小，金属材料产生裂纹或断裂所经历的时间就越长。一般把金属部件承受10^4~10^5次应力和应变循环而产生裂纹或断裂的现象称为低周疲劳。把金属部件能承受10^7次应力和应变循环作用而不发生破坏的应力，称为疲劳强度。

汽轮机在启停或工况变化时，汽缸和转子等金属都会受到因温度变化而产生的交变热应力，经过一定次数的热应力循环，会出现疲劳裂纹。这种疲劳裂纹出现的次数少，故称为低周疲劳。

3. 应力松弛

金属在高温和应力作用下，随着时间的增加，金属总的变形量不变，应力值却在缓慢降低，这种现象称为应力松弛。

在应力松弛的过程中，应力是逐渐下降的变量，总变形量虽然没有变化，但其弹性变形逐渐向塑性变形转化。

4. 低温脆性

金属脆化是指在某一特定的条件下，金属的韧性大大降低的情况。脆化有很多种，本书只讨论对汽轮机有较大影响的低温脆性。

低碳钢和高强度合金钢在高温下，有较高的冲击韧性，但随着金属工作温度的降低，其冲击韧性将有所下降，这种在低温下金属材料呈现的脆性称为冷脆性。在工程应用上，把进行材料冲击试验时断口形貌中韧性和脆性破坏面积各占50%时所对应的试验温度，称为材料的脆性转变温度（Fracture Appearance Transition Temperature，FATT）。材料在高温环境下长期工作，其FATT有缓慢升高的趋势。

对汽轮机转子材料的FATT有明确的要求，对转子成分采用CrMoV的钢材来讲，FATT在80~130℃。现代断裂力学认为，金属材料低温脆性破坏的根本原因，在于材料在锻造、热处理过程中形成的潜在微小裂纹。

自从20世纪50年代相继发生了多起高强度合金钢低温脆性断裂的严重事故后，金属的低温脆性破坏引起了人们的高度重视。经过反复的实践与研究，人们已制订出了一系列行之有效的、防止汽轮机转子低温脆性破坏的措施。机组运行规程中明确规定，机组冷态启动前需充分盘车预暖、低速暖机和初带负荷暖机等。以上措施均是为了在低应力状态下缓慢加热转子，即为了使转子金属温度超过材料的 FATT 后，再转向高应力状态下工作。

5. 应力腐蚀

金属在拉应力和特定的腐蚀环境共同作用下，发生的脆性断裂称为应力腐蚀破裂（Stress Corrosion Cracking，SCC）。这是一种极为隐蔽的局部腐蚀形式，且往往事先没有明显预兆。金属的应力腐蚀破裂是具有选择性的，一定的金属材料，且还需一定的介质环境中才会发生。为此在设计选择零件用钢时，除要考虑钢材的高强度外，还必须考虑钢材的耐蚀性能。

在现场运行中，往往采用对汽轮机叶片进行喷涂处理的措施，以提高叶片的抗冲蚀能力和耐蚀性。

3.5.2 汽轮机寿命

汽轮机的主要零件为汽缸和转子，在机组启停及负荷变化过程中，因汽轮机的转速或温度变化将出现交变应力。在这种交变应力的反复作用下，会造成转子材料脆化而产生疲劳裂纹。另外，在高温条件下承受应力的零件将产生蠕变，蠕变的积累也会导致裂纹。

一旦零件出现裂纹，会在裂纹的尖端形成极大的应力集中，使裂纹继续扩展以致零件断裂。

汽缸出现少数裂纹时，可以补焊修复。一旦大面积出现多处裂纹，则汽缸无法补焊修复，导致裂纹继续扩展，其深度达极限值时，汽缸便失效损坏。转子表面出现少量裂纹时，可以进行车削。但转子车削后其刚度下降，转子的临界转速也随之降低。当临界转速或其倍数与工作转速的差值小于规定值时，机组将出现异常振动，导致转子失效损坏。

若转子出现裂纹未被发现，便会使其周向的刚度不对称，从而使机组出现异常振动。裂纹尺寸越大，机组的振动越强烈。当转子因裂纹引起的振动超限，而又无法车削修复时，转子即失效报废。总之，材料在交变应力作用下，产生疲劳裂纹；在高温条件下承受交变应力产生蠕变和裂纹，且又无法修复是造成汽缸和转子失效的根本原因。

汽轮机是以转子的使用寿命，作为汽轮机的使用寿命。从新机投入运行至转子出现第一条可观察到的宏观裂纹（约 0.5mm 长、0.15mm 深），所经历的低周交变应力循环次数，称为汽轮机转子的疲劳寿命。从转子出现第一条可见的宏观裂纹至转子失效，所经历的低周交变应力的循环次数，称为汽轮机转子的残余寿命。汽轮机的使用寿命是转子的疲劳寿命和残余寿命之和。

机组运行中，影响汽轮机寿命的主要因素有：转子承受交变应力的幅值、工作温度的高低、承受应力的大小及持续时间。交变应力的幅值主要取决于零件温度的变化速度，即取决于机组的升速率和变负荷速率。机组的负荷越大、工作温度越高、承受的应力越大，材料的蠕变速度越快、持续时间越长、蠕变损伤越大。

3.5.3 汽轮机寿命管理

1. 汽轮机寿命管理的基本内容

汽轮机寿命管理，是实现机组科学管理的一项重要工作。控制汽轮机使用寿命的主要内容为：在汽轮机启停及变负荷运行时，最大限度地提高机组启停速度及响应外界负荷变化的能力，防止裂纹的产生，降低裂纹的扩展速率，延长汽轮机使用寿命及推迟机组的老化，实现汽轮机长期、安全、稳定和经济的运行。

汽轮机寿命管理，主要包括以下两方面：

1）在国家规定的火电厂服役年限内，根据机组所带负荷性质，对汽轮机进行寿命预分配。制订相应的汽轮机寿命分配表，用以指导火电厂机组的生产运行，以取得最大的经济效益。

2）进行汽轮机寿命的离线计算，或在线监测。在机组启停和变负荷运行时，控制蒸汽温度和负荷变化率，控制汽轮机各部件的热应力，使机组的寿命损耗不超过其预分配值，在机组规定的使用年限内，使机组发挥最佳的经济效益，实现机组运行寿命的科学管理。

2. 汽轮机的寿命分配

目前，我国规定火电机组的服役年限为30年。在汽轮机服役的30年时间里，如何合理分配汽轮机的寿命，充分利用汽轮机的寿命，以取得最大的经济效益是汽轮机寿命分配的主要任务。进行汽轮机寿命分配的原则是以保证机组在使用期内转子不出现裂纹为前提。造成汽轮机在运行中寿命损耗的工况主要包括：启动、停机、负荷骤变（变负荷调峰）、参数波动、稳定工况运行及机组快速减负荷。

对汽轮机进行寿命分配需按照寿命分配原则。首先，要根据机组在电网中是否参与调峰、机组采用何种方式进行调峰以及机组年运行的小时数等因素，来确定机组在服役期间各运行工况出现的次数。其次，对上述工况进行优化，确定每种工况最合理的寿命损耗。最后，对各工况的寿命损耗进行累加、调整，并考虑一定的寿命裕量，最终确定寿命分配方案。

对于承担基本负荷的机组，汽轮机的寿命损耗主要因为金属的高温蠕变和机组正常检修的启停操作；对于调峰机组，除检修、维护所需的正常启停外，还应根据电网的要求，安排一定次数的热态启动和一定范围内的负荷变化。负荷变化量（率）和机组热态启停次数应根据电网的要求而定。故在调峰机组分配寿命损耗时，既要考虑汽轮机寿命的合理损耗，又要考虑电网调峰的需要。不同国家对机组寿命分配的规定也不尽相同。

我国规定，在机组服役期内机组冷态启动100次、温态启动700次、热态启动3000次、极热态启动150次、大于10%额定负荷骤变12000次，其总的寿命损耗不应大于75%。表3-7为哈尔滨汽轮机厂600MW超临界汽轮机和上海汽轮机厂600MW超临界汽轮机寿命损耗的分配情况。表3-8、表3-9分别是ABB公司和东芝公司600MW汽轮机的寿命分配情况。

表3-7　国产600MW超临界机组汽轮机30年寿命分配

生产厂家	上海汽轮机厂				哈尔滨汽轮机厂			
运行方式	寿命损耗率（%）	30年内使用次数	每年寿命损耗率（%）	30年内寿命损耗率（%）	寿命损耗率（%）	30年内使用次数	每年寿命损耗率（%）	30年内寿命损耗率（%）
冷态启动	0.015	300	0.15	4.5	0.012	120	0.048	1.44
温态启动	0.008	2500	0.667	20	0.006	1200	0.24	7.2
热态启动	0.002	4500	0.3	9.0	0.002	4500	0.3	9.0
极热态启动	<0.001	500	<0.0167	<0.5	<0.001	500	<0.0167	<0.5
负荷阶跃（>10% MCR）	<0.0025	12000	<1.0	<30	<0.001	12000	<0.4	<12
合计	—	—	2.1337	64	—	—	1.0047	30.14

表 3-8　ABB 公司 600MW 超临界机组汽轮机 30 年寿命分配

运行方式	寿命损耗率（%）	30 年内使用次数	每年寿命损耗率（%）	30 年内寿命损耗率（%）
冷态启动	0.005	100	0.0167	0.5
温态启动	0.003	1200	0.12	3.6
热态启动	0.0013	4500	0.195	5.85
极热态启动	0.001	500	0.0167	0.5
负荷骤变	0.00025	4500	0.0375	1.125
合计	—	—	0.3859	11.575

表 3-9　东芝公司 600MW 机组汽轮机 30 年寿命分配

运行方式	寿命损耗率（%）	30 年内使用次数	每年寿命损耗率（%）	30 年内寿命损耗率（%）
冷态启动	0.01	100	0.033	1
温态启动	0.01	1200	0.4	12
热态启动	0.0091	4500	1.365	40.95
极热态启动	0.03	150	0.15	4.5
25%→100%→75% 3%/min	0.001	3000	0.1	3
25%→100%→50% 3%/min	0.001	3000	0.1	3
80%→100%→50% 3%/min	0.001	3000	0.1	3
50%→100%→50% 5%/min	0.05	100	0.167	5
30%→100%→20% 3%/min	0.001	3000	0.1	3
合计	—	—	2.515	75.45

从以上各表的数据来看，ABB 公司生产的 600MW 超临界机组寿命损耗分配裕度较大，30 年内热应力损耗的寿命仅占总寿命的 11.575%，其余 88.425% 作为金属高温蠕变及富裕量，该机组设计的寿命富裕是最大的。

在实际运行过程中，由于不可预测的因素较多，可能导致实际寿命损耗与预先分配值有较大偏差。因此，有必要对汽轮机寿命损耗进行监测。

3. 汽轮机寿命监测

汽轮机的寿命监测，是指运行人员定期或不定期（每次机组启停中或机组启停后）的对汽轮机寿命的实际损耗情况进行核算，以保证机组的安全运行。

汽轮机的寿命监测方法可分为两种方式：离线计算和在线监测。

（1）离线计算　是在机组启动或停机之后，根据调节级或中压缸第一级的蒸汽温度变化曲线，取出各阶段的温度变化率和温度变化量（或时间），用解析法或数值法计算其应力值和寿命损耗率。此外，还可直接由转子的寿命损耗曲线上查取。

（2）在线监测　一般是将调节级或中压缸第一级汽室内的蒸汽温度转化为数字信号，输入计算机，并按照预定的程序以时间作为第二变量进行追踪计算，以求出监测部位的最大应力值及相应的寿命损耗率，最终将计算的结果输出。如果在计算程序中给定一应力极限值，则当计算的应力结果超限时，便可发出警报信号。

思 考 题

3-1 锅炉汽压过高或过低，对机组运行有何影响？如何判断锅炉汽压波动是来自内扰还是外扰？
3-2 直流锅炉汽压控制和调节有何特点？
3-3 锅炉过热蒸汽温度过高或过低，对机组运行有何影响？
3-4 锅炉再热蒸汽温度的高低，对机组运行有何影响？
3-5 影响锅炉炉膛燃烧的因素有哪些？当锅炉燃用劣质煤时，采用何种措施强化炉内燃烧？
3-6 在确定制粉系统运行方式时，首先应考虑哪些问题？
3-7 空气预热器的热变形对机组运行有何影响？
3-8 如何确定锅炉的吹灰周期、吹灰顺序及吹灰介质压力？锅炉吹灰过程中，应注意哪些问题？
3-9 汽轮机运行监视的主要内容包括哪些？
3-10 凝汽器真空恶化的原因有哪些？
3-11 什么是汽轮机监视段压力？对其监视有何意义？
3-12 汽轮机轴向位移增大的原因有哪些？
3-13 影响汽轮机胀差的因素有哪些？汽轮机胀差超限有何危害？机组运行过程中，如何控制胀差？
3-14 汽轮发电机组振动过大有何危害？评价机组振动的指标有哪些？
3-15 引起汽轮发电机轴系横向振动和扭振的原因有哪些？
3-16 为什么要监视汽轮机的轴瓦温度？
3-17 发电机功率因数过高或过低，会对发电机的运行造成何种影响？
3-18 如何调整发电机的有功功率和无功功率？
3-19 为什么说发电机额定出力，是由定子绕组、转子绕组及定子铁心长期允许工作温度确定的？
3-20 什么是发电机的不对称运行？引起发电机不对称运行的原因是什么？
3-21 什么是发电机的失磁运行？引起发电机失磁的原因是什么？
3-22 单元机组运行过程中，对主变压器有哪些监视项目？
3-23 为什么单元机组均采用复合滑压运行方式？
3-24 单元机组参与电网调峰有哪些方式？各自有什么特点？
3-25 汽轮机金属材料的温度特性主要反映在哪些方面？
3-26 什么是汽轮机寿命？汽轮机寿命管理的内容是什么？
3-27 影响汽轮机寿命的主要因素有哪些？
3-28 汽轮机寿命分配原则是什么？如何进行寿命分配？
3-29 如何在机组运行中对汽轮机的寿命损耗进行控制？

第 4 章　单元机组的控制与保护

4.1　分散控制系统

随着机组容量的不断增大，其控制系统的操作也日趋复杂。如一台 300MW 的发电机组，在热机方面的操作控制项目就多达 500 个、需要监视的测点在 1000 个以上，故对电厂整个生产过程进行综合控制和集中管理的要求也不断提高。若采用常规的仪表监视和控制，中央控制室的表盘将长达十几米，且操作和监视将相当困难，稍有不慎就可能造成机组运行的重大事故。计算机具有运算速度快、信息存储量大、控制精确度高的特点，并且具有逻辑、判断、记忆等功能。随着“四 C”技术（计算机、控制、通信、屏幕显示）的不断发展，在热工参数检测方面采用了数据采集系统（DAS）；在热工参数控制方面采用了计算机控制技术，且经历了直接数字控制系统（DDC）、集中型计算机控制系统、分层计算机控制系统和目前广泛采用的分散控制系统（DCS）等几个阶段。

分散控制系统又名集散型控制系统、分布式控制系统。它是利用计算机技术对生产过程进行集中监视、管理和分散控制的一种新型的控制技术，是计算机技术、信息处理技术、测量控制技术、通信网络技术和人机接口技术相互渗透发展而产生的，一种新型先进的控制系统。

4.1.1　DCS 的组成

传统的 DCS 保持着“三点一线”的结构（即工程师站、操作员站、现场控制站和通信网络），以实现分散控制、集中管理及操作功能，如图 4-1 所示。但随着控制技术的不断发展，DCS 的结构更加丰富，当前分散控制系统基本由现场级、控制级、监控级、管理级四层构成。现场级包括各种过程通道卡件或模块，控制级包括所有的过程控制站（PS），监控级

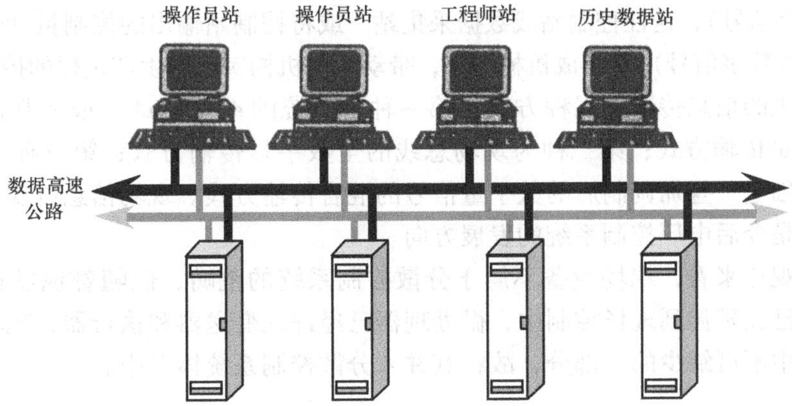

图 4-1　传统 DCS 的基本结构

包括工程师站（ES）、操作员站（OS）、历史数据站（HS）和打印机等附属设备。四层中间相应的通信网络包括控制网络（Cnet）、监控网络（Snet）、管理网络（Mnet）三层网络结构，如图 4-2 所示。

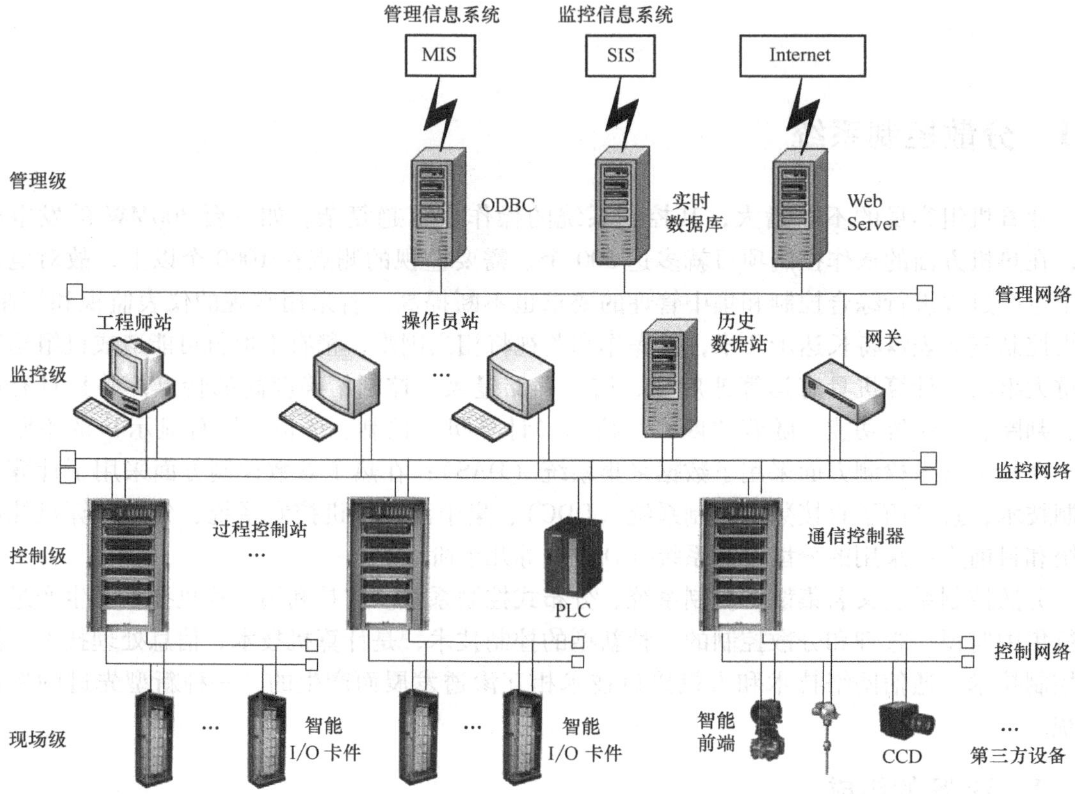

图 4-2　DCS 的基本结构

1. 现场级

现场级设备一般位于被控生产过程的附近，电厂典型的现场级设备是各类传感器、变送器和执行器。它们将生产过程中的各种物理量转换为电信号（一般变送器为 4～20mA 的电信号或现场总线数字信号），送往控制站或数据采集站。或将控制站输出的控制量（4～20mA 的电信号或现场总线数字信号）转换成机械位移，带动调节机构实现对生产过程的控制。

目前现场级的信息传递有三种方式：第一种为传统的 4～20mA（或者其他类型的模拟量信号）模拟量传输方式；第二种为现场总线的全数字量传输方式；第三种为在 4～20mA 模拟量信号基础上，叠加调制后的数字量信号的混合传输方式。现场信息以现场总线为基础的数字传输，是今后电厂控制系统的发展方向。

按照传统观点来看，现场设备不属于分散控制系统的范畴，但随着现场总线技术的发展，网络技术已经延伸到现场控制中，微处理器已经进入变送器和执行器，现场信息已成为整个系统信息中不可缺少的一部分，故将其并入分散控制系统体系中。

2. 控制级

过程控制站是 DCS 的核心，控制系统的主要功能由它来完成。控制系统的性能、可靠性等重要指标也都要依靠现场控制站来保证。因此，对现场控制站的设计、生产及安装都有很高的要求。现场控制站的硬件均采用专门的工业级计算机系统，其中除了计算机系统所必需的运算器（即主CPU）、存储器外，还包括了现场测量单元、执行单元的输入/输出设备（即过程量I/O或现场I/O）。在现场控制站内部，主CPU、内存用于数据的处理、计算和存储的部分被称为逻辑部分，而现场I/O则被称为现场部分。这两个部分需严格隔离，以防止现场各种信号包括干扰信号，对计算机的处理产生不利的影响。现场控制站内的逻辑部分和现场部分的连接，早期多采用与工业计算机相匹配的内部并行总线，常用的并行总线有VME、STD、ISA、PC104、Multibus、PCI和Compact PCI等。

由于并行总线结构比较复杂，采用其连接的逻辑部分和现场部分很难实现有效隔离，成本较高，且并行总线很难实现扩充。因此，很多厂家在现场控制站内的逻辑部分和现场I/O之间的通信方式采用串行总线。串行总线的优点是结构简单、成本低，易实现隔离且容易扩充，可以实现远距离的I/O模块连接。近年来，随着现场总线技术的快速发展，直接使用现场总线产品作为现场I/O模块和主处理模块的连接已很普遍，且应用较多的现场总线产品有CAN、Profibus、FF、LonWorks及HART等。由于DCS的现场控制站有比较严格的实时性要求，需要在确定的时间内完成测量值的输入、运算及控制量的输出，因此现场控制站的运算速度和现场I/O速度在设计时要保证高于实时性要求。一般在快速控制系统（控制周期最快可达到50ms）中，应采用高速的现场总线（如CAN、Profibus等）。而在控制速度要求不是很高的系统中，可采用低速的现场总线，这样可以适当降低系统的造价。

3. 监控级

监控级中的操作员站安装在中央控制室，工程师站和历史数据站等一般安装在电子设备室。

(1) 操作员站　操作员站是运行人员与分散控制系统相互交换信息的人机接口设备。运行人员通过操作员站来监视和控制整个电厂的生产过程。运行人员可以在操作员站上观察生产过程的运行情况，读出每一个过程变量的数值和状态，判断每个控制回路是否工作正常，且可以随时进行手动/自动控制方式的切换，可以修改给定值、调整控制量、操作现场设备，以实现对生产过程的干预。此外，操作员站还可以打印各种报表，复制屏幕上的画面和曲线等。为实现以上功能，操作员站由一台具有较强图形处理功能的微型机及相应的外部设备组成，一般配有CRT显示器、大屏幕显示装置、打印机、键盘及鼠标等。

(2) 工程师站　工程师站是为工程师对分散控制系统进行配置、组态、调试、维护所设置的工作站。此外，工程师站的另一个作用是对各种设计文件进行分类和管理，并形成各种设计文件（如各种图纸、表格等）。工程师站一般由PC与配置一定数量的外部设备（如打印机、绘图机等）所组成。

应用组态是DCS控制过程中必不可少的环节，因为DCS是一个通用的控制系统，在其上可实现各种类型的应用，关键是如何定义一个具体的系统来确保完成一个特定的控制功能。如控制的输入、输出量是什么，控制回路的算法如何，在控制计算中选取什么样的参数，在系统中设置哪些人机界面来实现人对系统的管理与监控。此外，还包括如报警、报表及历史数据记录等各个方面功能的定义。所有这些都是组态所要完成的工作，只有完成正确的组态，一个通用的DCS才能够成为一个可针对具体控制应用的可运行系统。

组态工作是在系统运行之前进行（如用术语描述则需离线进行），一旦组态完成系统就具备了运行能力。当系统在线运行时，工程师站可起到对DCS本身运行状态进行监视的作用，并及时发现系统出现的异常，进行正确处理。DCS在线运行过程中，也可进行组态操作，或对系统的一些定义进行修改和添加，这种操作被称为在线组态，在线组态也是工程师站的一个重要功能。

一个标准配置的DCS中，一般都配有至少一台专用的工程师站，大型火电机组往往配有两台及以上的工程师站。也有些小型系统不配置专门的工程师站，而是将其功能合并到某台操作员站中，在这种情况下系统只在离线状态具有工程师站，而在线状态下就没有了工程师站的功能。当然，也可以将这种具有操作员站和工程师站双重功能的站，设置成可随时切换的方式，根据需要使用以完成不同的功能。

(3) 历史数据站　历史数据站的主要任务是存储过程控制的实时数据、实时报警、实时趋势等与生产过程密切相关的数据，并用来进行事故分析、性能优化计算、故障诊断等。也可通过历史数据站，实现DCS与外部网络的连接，使外部网络不直接访问DCS监控网络就可获得所需要的数据，既保证了控制系统的开放性又提高了其安全性。

4. 管理级

管理级所包含的内容比较广泛，它可能是一个电厂的厂级管理计算机，也可能是若干个机组的管理计算机，它所面向的使用者是厂长、经理、总工程师、值长等行政管理和运行管理人员。厂级管理系统的主要任务是监测企业各部分的运行情况，利用历史数据和实时数据预测生产过程中可能发生的各种情况，并从企业的全局利益出发，辅助管理人员进行决策，并帮助企业实现其预定目标。

要实现以上功能，管理计算机需具备能对控制系统作出高速反应、能够对大量数据进行高速处理与存储及能够长期连续的保存生产数据的功能。且应具有良好的、高性能的、方便的人机接口，丰富的数据库管理软件、过程数据收集软件、人机接口软件及生产管理系统生成等工具软件，以此实现整个电厂的网络化和计算机的集成化。

管理级也可分为实时监控和日常管理两部分。实时监控是全厂各机组及公用辅助工艺系统的运行管理层，承担全厂性能监视、运行优化、全厂负荷分配及日常运行管理等任务，即监控信息系统（SIS）；日常管理承担全厂的管理决策、计划管理、行政管理等任务，即管理信息系统（MIS）。

近年来，随着计算机技术的发展，分散控制系统的网络结构也有了长足的进步。传统的分散控制系统，多采用制造商自行开发的专用计算机网络，网络的覆盖范围上至用户的厂级管理信息系统，下至现场控制站的I/O子系统。随着网络技术的不断发展，分散控制系统的上层将与国际Internet融合在一起，而下层将采用现场总线通信技术，使通信网络延伸到现场，最终实现以现场总线为基础的底层网Intranet、以局域网为基础的企业网Intranet和以广域网为基础的Internet所构成的三网融合的网络架构。

4.1.2　DCS的特点

1. 功能分散、信息集中

分散控制系统在功能上和结构上充分地分散，采用数据高速公路通信网络，分布式多重微处理器和分布式共享数据库结构，分散处理平行挂在网上的控制单元、操作员站、工程师操作站、记录站及历史数据处理站等。任一站可享用整个控制系统的资源，因而使自动化控制系统成为一个十分灵活且具有综合处理能力的有机整体。

2. 可靠性高

分散控制系统的数据高速公路、工作站、功能处理器、过程I/O卡及稳压电源等，均有可选用的冗余措施，从而提高了系统的可靠性。

由于分散控制系统的功能分散到各工作站，每站均相对独立的完成其所承担的任务，所以系统的风险也得到分散，系统的局部故障不会影响其总体的运行效果。且系统具有自诊断功能，防止某控制信号故障从而造成整个控制系统的误动作。

3. 造价便宜

由于分散控制系统的操作和显示都在CRT操作员站上完成，使得BTG盘尺寸缩小，降低了其造价。分散控制系统中的控制功能均由软件实现，减少了功能卡及所需的控制柜。分散控制系统将整个控制系统的输入/输出信号统一考虑，充分利用信号资源，减少了一次元件及连接电缆。

4. 系统灵活

在分散控制系统中，有许多不同功能和类型的插卡，选用不同数量、不同类型或功能的插卡便可组成不同规模和不同要求的硬件环境。同样，系统的应用软件也采用模块化结构，用户不需具备计算机软件知识，只需借助于组态软件，以填写表格或回答问题的方式便可组成控制系统。因此，当硬件安装完毕后，只需必要的I/O点，便可修改原设计系统、增减控制功能而不需改动硬接线。由于CRT显示技术可以很直观地查询每个控制功能块的输入、输出的信号数值、方向及工作状态，故比模拟控制系统节省现场调试时间。

4.2 数据采集系统

数据采集系统（Data Acquisition System，DAS）是电厂自动控制系统中一个重要的组成部分，是以计算机为核心对电厂生产过程进行全工况开环监视的系统，是发电机组启停、正常运行及事故工况下的主要监视手段。DAS采用计算机对机组的现场信号进行数据采集，利用计算机强大的计算和逻辑分析能力实现对机组的监视、提示、记录等，并以此对运行操作提供指导，从而提高电厂机组的安全性和经济运行的水平。

4.2.1 DAS的组成

现今电厂单元机组均采用多级网络式结构的数据采集系统，由分散处理单元、数据高速通道、操作员站、工程师站等人机接口单元构成。

分散处理单元具有数据采集和处理的功能，可以通过过程通道从现场采集各种生产过程的变量，并将采集到的数据先行初步数据处理，之后送至数据高速通道。

过程通道是在生产过程与数据采集系统之间进行信息交换和传输的电路。过程通道按信息的传输方向，可分为输入通道和输出通道；按传输信息的类型，可分为模拟量通道、开关量通道和脉冲量通道。模拟量是指随事件连续变化的量（如温度、压力、流量、液位、转速、振动、电流、电压等），通常要按比例经过量化和编码转换成数字量才能输入计算机；开关量是指只具有两个状态的过程量（如开关的“断开”、“闭合”信号或“有”与“无”等），开关量要经过电平转换且需按计算机字长进行分组才能输入计算机；脉冲量是指随时间的推移，周期性重复出现的短暂起伏的过程量（如转速表输出的代表转速的频率脉冲信号等），计算机要对单位时间内的脉冲进行计数才能知道该数值的大小。一般情况下，过程通道包括模拟量输入（AI）通道、模拟量输出（AO）通道、数字量输入（DI）通道、数字量输出（DO）通道、脉冲量输入（PI）通道、脉冲量输出（PO）通道六种类型。

数据高速通道负责分散处理单元和上一级计算机之间的联络通信，是数据采集系统的神经中枢，也是数据采集系统向分布式发展的基础。

操作员站从数据高速通道上获取全部信息，经处理后以 CRT、键盘（或鼠标等其他光电输入设备）、记录数据站、打印机等实现显示、打印、备份等功能，并建立数据库。

工程师站用于系统的组态和修改，也可作为操作员站的后备站。

4.2.2 DAS 的功能

数据采集系统是机组启停、正常运行及事故处理工况下的主要监视手段，可通过 CRT 显示器、打印机等人机接口，向操作员提供各种实时和历史数据及信息，以指导其运行操作。

数据采集系统的主要功能包括：数据采集与处理、屏幕显示、打印记录、历史数据存储与检索、性能计算等。此外，针对电厂的要求还可实现设备的寿命管理、能量损耗分析和运行操作指导等高级处理功能。

1. 数据采集与处理

数据采集与处理是指由计算机对电厂机组运行的各种参数及设备状态，按一定周期进行测量和检查并进行处理。一旦发生参数超限或设备状态异常时，应以适当的方式进行报警。经过采集和处理过的数据，还可供性能计算、报警分析、机组自启停及控制等功能使用。

通常机组的运行工况，可分为启停工况、正常工况、异常工况和事故工况。对应机组的不同工况，数据采集和处理的内容也不尽相同。

在机组的启停工况下，应根据机组启停的不同阶段，分别将采入的参数与对应时刻的给定值进行比较，并对设备在启停操作后的状态进行监视，用以判断机组启停过程的参数是否超限、对设备的操作是否成功等。

在机组的正常运行工况下，将采入的参数与储存在计算机内的限值进行比较，用以判断参数是否正常，若有参数超限应立即报警，这时计算机主要对机组的运行起监督作用。

在机组异常工况下，对运行过程的异常重要参数计算机将自动缩短采样周期，并加强对异常参数及相关参数的监视，执行趋势报警，直到机组工况恢复正常。

在机组事故工况下，对事故的主要监视参数加快采样速度，并将重要参数在事故前后一段时间内的采样值进行追忆打印，以便运行人员分析事故原因。

（1）数据采集　就是实时采集机组在运行过程中的各种参数及变量，经过计算机的处理，通过 CRT 显示器、打印机或报警装置等方式，提供给运行人员进行操作和监视。根据采集参数种类的不同，采集系统的参数输入通常分为模拟量输入、开关量输入和脉冲量输入，采集系统的输出通常分为模拟量输出和开关量输出。数据采集系统不直接驱动现场执行机构动作（即不直接控制生产过程）。数据采集中涉及的模拟量输出信号，通常只作为二次参数记录仪表使用，涉及的开关量输出信号通常用来点亮某些专用指示灯。

1）模拟量采集。模拟量采集包括：机组启停、正常运行及事故处理过程中需要监视、记录的参数；实时制表所需的参数；二次参数计算、参数修正或补偿需要的相关参数；主要性能计算和经济分析所需要的相关参数；重要的风门、挡板开度及油动机行程等参数；主要电气参数。

2）开关量采集。采集包括：各种风门、挡板、执行器开关状态的触点；反映主机和主要辅机运行状态的触点；反映主要保护的动作输出及重要参数超限报警的触点；反映各系统及设备电源监视的触点；反映操作状态的触点；反映联锁、保护及自动装置切换状态的触点；高、低压厂用变压器断路器状态的触点。

3）脉冲量采集。脉冲量采集包括：机组的发电量、汽轮机转速、电泵转速及其他主要辅机转速。

4）数据输出。数据采集系统的模拟量输出接口，主要连接模拟趋势记录仪。在自动化程度较高的电厂，往往不单独设立趋势记录仪，此时模拟量输出接口可不予考虑；在数据采集系统中设有少量的开关量输出接口，主要供数据采集系统用于故障报警。在机组采用 DCS 后，数据采集系统故障可与其他子系统故障同时进行考虑。在自动化程度较高的电厂，甚至可不设常规的报警系统，此时开关量输出接口也可不予考虑。

（2）数据处理　生产过程中的模拟量、开关量和脉冲量，通过各种测量元件、变送器、A-D 转换器、开关触点、继电器、计数器等输入计算机系统后，还需要进行一系列相应的处理才能进行显示、报警、记录、打印等。通常把直接由过程通道检测到的参数称为一次参数，而把对一次参数进行某种运算后得到的参数称为二次参数。

1）一次参数处理。对一次参数的处理通常称为预处理，一次参数只有经过预处理，方可进入存储器或数据库供后续计算使用。预处理通常包括以下内容：

① 对所有模拟量输入信息，通过极值、变化率、相关比较等办法作出正确性判断和误差检查，包括对变送器信号故障的检查与处理，对不正确的或误差超限信号进行自动显示报警。

② 对波动较大的模拟信号进行数字滤波，以消除噪声（如锅筒水位、主蒸汽和给水流量、炉膛负压等）。

③ 对热电偶、差压流量等非线性模拟量的输入信号进行线性化处理。

④ 具有热电偶冷端温度补偿和开路检查功能。

⑤ 实现信号的工程单位变换，包括标度变换、标准校正、漂移测试、增益优化、偏移校正等。

⑥ 对开关量输出信号进行有效性检查。

⑦ 对脉冲量信号进行累积，并具有自清零和溢出指示。

以下内容将对比较复杂的模拟量输入信号的预处理，进行详细说明。

模拟量输入信号（如温度、压力、流量、水位等）通过各种传感变送元件转换成标准的电压或电流信号，再通过 A-D 转换器变换成数字量送入计算机中，完成数据采集过程。然后在计算机中进行预处理，主要包括标度变换、正确性判断、数字滤波、超限判断、非线性校正和参数补偿等。

标度变换即把 AI 通道送来的量纲一的数字量转换成具有原量纲工程单位的数字量。如进行 50～100℃温度的测量，用 4～20mA 的温度变送器、8 位 A-D 转换器。在 4～20mA 范围内，A-D 转换器的输出为 0～255，如测量温度为 60℃时，A-D 转换器的输出为 51；再如在 0 ~ 20mA 范围内，A-D 转换器的输出为 0 ~ 255，如测量温度为 75℃时，A-D 转换器的输出为 153。显然，以上温度测量的输出是无法理解的，必须进行标度变换。

正确性判断就是检查采入的模拟量信号是否正确，一次元件故障、AI 故障、干扰都会使采集的模拟量产生错误。为判断信号正确与否，应加强对一次元件的监督、检查，并提供故障报警手段。利用软件检查 AI，利用相关参数进行比对，并采用差值和限值等方法进行判断。

数字滤波就是在计算机中用某种计算方法对输入的信号进行数字处理，以削弱或滤除干扰噪声，从而获得真实信号的过程。主要采用平均值滤波、中值滤波、限幅滤波、限速滤波等方法。

非线性校正就是把非线性函数进行分段线性化的拟合处理，即把曲线根据其变化情况分成几段，把每段曲线用直线代替，用多段折线代替曲线计算。

参数补偿就是对参数在非设计工况下产生的附加误差的补偿，如热电偶冷端温度补偿和蒸汽流量、压力、温度补偿等。

当机组金属温度、主蒸汽压力和温度、再热蒸汽温度等重要参数超限时，自动累计其超限时间，以提供操作人员估计这些参数超限对机组寿命的影响。

2）二次参数计算。二次参数计算是在一次参数基础上计算出的参数，包括对一次参数进行和值、差值、平均值、累积值、变化率和数个相似参数的最高值计算等。二次参数的计算，一般按周期性定时进行，计算周期比采样周期长。采样参数实时地存放在实时数据库中，供二次参数计算时取用。

2. 屏幕显示

数据采集系统主要利用 CRT 显示屏幕，进行图形显示、参数显示及人机对话内容的显示，每个 CRT 显示屏幕均可将全部过程变量的实时数据和运行设备的状态，以适合于运行人员监视的方式显示出来，屏幕显示的内容统称为画面。一套控制系统一般包含若干台 CRT 显示器，可同时显示几个不同的画面。CRT 显示屏幕已成为实现集中监视的重要工具，是和人机联系的主要手段。它可以采用多种生动、明确的表现形式，来显示生产过程中参数的变化。

（1）图形显示　可显示为模拟图、趋势图、棒状图、曲线图、成组图、相关图等。

1）模拟图显示。在屏幕上用不同的画面，分别表示机组全貌及锅炉、汽轮机、发电机、厂用电等各局部工艺系统的流程，并在相应位置上显示主要参数的实时数值。画面内一般可容纳 40 个周期性更新的活参数（如流量、压力、温度、调节阀开度等）、模拟量输入参数，以及显示辅机的起/停状态、阀门或挡板的开关状态等开关量输入信号。主要参数的更新频率一般为 1s，一般参数的更新频率为 5s。

2）趋势图显示。在屏幕上 x-y 坐标平面内，绘制出参数随时间的变化过程曲线，从曲线的走向可以很容易地判断出该参数的变化趋势和变化速率。操作员可重新设置趋势变量、趋势显示数目、时间刻度、时间基准及颜色。量程由程序自动处理，可区别超限情况。趋势显示可存储在内部存储器中，便于操作员调用。操作员也可按要求组态趋势并保存在存储器中，以便今后调用。

3）棒状图显示。棒状图又称条形图，是将同类参数用水平或垂直棒图排列在一起，形象地显示数值大小和超限情况。在棒状图中，每条棒均配以刻度比例尺和超限标记，并与棒状图同步地配以实时的参数显示。参数的正常值和超限报警值用不同的颜色显示，以利于参数之间进行比较。DCS中的任一点模拟量信号，均应能设置成棒状图形显示出来。在一幅全部为棒状图的画面上，应最多能显示60根棒状图。操作员应能调出反映各过程变量变化的动态棒状图画面，并能在任意一幅画面中对棒状图进行组态和显示。每一幅棒状图其标尺可设置成任何比例。若某一棒状图的数值超过报警限值，超限部分应用红色显示出来。

4）曲线图显示。在机组的启停阶段，将主要参数如主蒸汽温度和压力、汽轮机转速和发电机有功功率等组成一幅随时间变化的实时曲线图。各参数以不同的颜色显示，它们具有共同的时间坐标和各自的量程坐标，并以虚线给出各自的设定标准曲线，以实线显示实际曲线。将机组启停设定曲线与实时变化曲线进行对比显示，使运行人员对机组启停过程一目了然，能够及时对机组启停过程进行控制操作。曲线图的全过程时间应能放大和缩小，最大可达12h，显示时间间隔一般为10s。

5）成组图显示。根据对象特性或系统结构，把被监视参数中在技术上相关联的模拟量和数字量信号分成若干组，组合成成组显示画面保存在存储器内，便于操作员调用。每幅成组显示画面最多可包含20个测点，并应有至少40幅成组图。成组图显示的数值应有色彩增亮显示和棒状图形显示。操作员可以按照需要组织成组图显示画面，并根据需要存入存储器或删除，也可通过操作台请求调出显示。例如，可从所有模拟量中任选16个参数组成一幅画面，显示内容包括点号、名称、参数值、超限情况或成组开关量信息等以供试验时监视用。任何一点如超过报警限值，均应改变颜色并闪光。

6）相关图显示。当某一参数发生异常时，运行人员希望了解与该参数有关的其他参数的状态。这样以任一相关主要参数为中心，把与其关联的参数组合在一起，形成一幅显示画面称为相关图显示。在相关参数显示画面上，以表格形式显示相关参数的测点序号、参数名称、参数值或状态、工程单位、限值、变化趋势及超限情况等。相关图上也可以开趋势图窗口构成相关趋势图，对主要参数的变化趋势进行动态显示，每幅相关图画面一般可显示16个参数。当某一参数发生跳变报警时，系统自动地将相关图推到屏幕上显示。相关图的分配有优先级，当同时有多幅相关图要推出显示时，优先级最高的相关图首先显示，以便使运行人员及时获得最重要的信息。运行人员还可以通过键盘操作或人工请求，随时调出某一幅相关图显示，以便于运行人员进行综合监视和分析。相关图上的参数信息，通常按一定的周期定时更新。

（2）过程点显示　包括一览表显示和选点显示等。

1）一览表显示。一览表将同类性质的测点，以表格（或列表）的形式显示。一览表应包括模拟量一览、开关量一览、模拟量关闭一览、开关量关闭一览、模拟量报警闭锁一览、各种标号一览等。模拟量输入、开关量输入、二次参数、追忆参数、成组参数的测点序号、参数名称、参数值、状态参数变化趋势和参数的工程单位等均可在一览表中显示。一览表是生产过程监视的主要形式，其显示的参数多，通常一幅画面显示10～20点参数。一幅显示不完全则可分为多幅画面显示，其中每一幅称为一页。可通过键盘上的翻页功能键任意选择画面内容。

2）选点显示。运行人员可根据机组运行的需要，自行选择测点参数来组织画面并进行显示。

（3）系统状态显示　系统状态显示可表示出与数据高速公路相连接的各站的状态，以及各站内所有I/O模块的运行状态，当任一个站或模块发生故障，相应的状态显示画面将改变颜色并增强亮度，以引起操作员注意。系统状态显示包括诊断信息画面和系统性能显示画面，可显示出系统站和模块的状态及故障信息。

诊断显示包含了系统和子系统的信息，这些信息可使操作者了解到可测故障的情况、可监视系统的状态和一些性能指标等。从系统状态显示图上，可方便地得到各子系统的工作状态。进入子系统状态显示后，可进一步观察子系统的状态显示和诊断结果，故障以代码和简单说明的形式出现。诊断信息画面反映了子系统的类型和状态、故障（事件）发生时间、单位时间内故障次数、事件描述、类型等。系统性能显示画面反映了CPU负荷率（包括现行值、平均值和最大值）、存储器利用率等，画面用数字或棒形图显示。

（4）报警显示　系统根据触点状态的变化或参照预先设定的参考值，对模拟量输入、计算点、平均值、变化速率及其他操作变量进行扫描比较，并分辨出异常、正常状态及状态条件的变化。若确定某一点超过预先设置的限值，CRT屏幕将显示有关报警信息画面。如显示报警点的点号、名称及数值并伴有每秒2次闪光，或用显示的颜色来区分是否报警及报警程度，同时启动声响报警信号，报警按时间顺序及优先级排列。报警确认后，报警信号不再闪烁。

（5）人机对话显示　显示操作员在键盘上发出的命令，计算机的回答、执行的结果，联机帮助等人机交互信息。操作员应能通过相应的按键，调用帮助显示画面，以帮助操作员在机组启停及紧急工况时进行正确的操作。

3. 打印记录

记录的打印输出，是数据采集系统的基本功能之一。用计算机制表打印代替手工抄表，大大减轻了运行人员的劳动强度，并为生产过程的管理提供准确的文字资料，以便今后分析、研究和查证。记录的打印输出有以下几种方式：

（1）制表　制表一般可分为定时制表、人工请求制表和重要情况制表等，打印的格式和方式可按用户要求编制。

1）定时制表。定时制表是根据运行和管理的要求，把需要制表打印的参数、状态、分析数据及经济指标等按照一定的格式，定时地打印成表。

按照制表打印的周期，定时制表一般可分为：

① 时报表：对全部需要制表的参数瞬时值、电量和流量的累计值，每小时制表一次。

② 值报表：对部分需要制表的参数和性能指标的每值平均值、累计值和计算值，每值制表一次。

③ 日报表：对部分需要制表的参数和性能指标的每24h平均值、累计值和计算值，每24h制表一次。

④ 月报表：对部分需要月报表的参数和性能指标的月平均值、累计值和计算值等，每月制表一次。

定时制表不仅减轻了人工繁重的抄表工作，而且还具有准时、准确、整洁和便于保存的优点。制表的数据可以保留数天。如月报表和年报表这类长时间的报表，参数的采集、平均、累计等数量十分巨大，一般计算机内存不能满足，需要大容量的外存设备，如磁带机、光盘等。

2）人工请求制表。请求制表或追补制表可随时根据运行人员的要求，人工召唤、随机启运，记录当时的各项参数或追补以前某时刻的各项参数。

3）重要情况制表。在发电机并网或解列时，用红字打印记录。

（2）打印记录方式　打印记录可分为以下几种方式。

1）自动打印。机组运行过程中，如发生下列情况，可执行自动打印功能：

① 事故追忆打印：对引起机组跳闸的事故，将事故发生前10min及事故后5min内的128个指定过程变量的参数变化值进行打印。追忆参数的存储周期，在事故发生前为10s，在事故发生后自动加速为1s，打印可自动启动或人工召唤启动。

② 报警打印：对于部分需要监视上、下限值的运行参数，当这些重要参数出现超限或趋势超过预定范围时，进行报警并打印输出有关信息。当参数超限复位时，也需给出相应信息。这些信息记录了参数超限及复位的点号、时间、名称、参数的实际值及相应的限值，超限时用红色字体打印，复位时用黑色字体打印，报警打印也可由人工召唤打印。

③ 开关量变态打印：当周期型开关量发生状态变化时，能自动（或人工召唤）打印记录该开关量变态的时间、名称和变态后状态。

④ 事件顺序记录：当中断型开关量发生跳变时，除上述显示打印外还应报警。若有多个开关量变态时，应按动作时间先后次序自动打印其点号、名称、动作性质及时间，时间分辨率达1~3ms。大型机组通常有128点或256点，如果DAS计算机的时间分辨率达不到1~3ms的指标，则需另外配置事件顺序记录仪（SOE）。

⑤ 系统修改记录：对程序员站、操作员站键入的所有修改系统的操作指令，如删除模拟量输入点、开关量输入点、闭锁报警及修改报警限值、修改参数等，系统会自动将操作时间、操作内容、操作地点等打印记录。

⑥ 趋势记录点号打印：当计算机用模拟量输出至趋势记录表时，自动打印趋势记录的点号。

2）召唤打印。召唤打印可分为以下几种方式：

① 组成趋势打印：为了在机组异常或事故情况下，记录有关参数的变化情况及相互关系，预先将模拟量输入或计算值按需要分组，且每组最多20点，可在任一操作站上根据运行人员的需要选定一组测点依次打印。打印内容为点号、参数名称、数值、工程单位、超限标志及时间等。打印每分钟一次自动连续进行，在运行不需要时可及时解除打印。

② 交接班记录打印：当运行人员交接班时，打印各种一览表作为交接班记录。包括报警一览表、模拟量关闭一览表、开关量关闭一览表、各项整定值的修改一览表、指定参数的超限时间累计一览表、主要辅机运行时间累积一览表、经济指标一览表等，作为运行记录保存下来。

③ 历史数据打印：根据需要可对长期保存的参数进行长期存储，必要时可请求打印某一时间的历史数据。

3）运行操作记录：对操作员执行的所有操作，及每次操作的精确时间都要进行记录。通过对操作员操作行为的准确记录，可分析操作员的操作意图以及机组事故的原因。

4）趋势记录：可对任意选定的模拟量及二次参数，在趋势记录仪上进行连续记录。趋势记录仪为三笔记录仪且设置两块，接受计算机模拟量输出，记录的时间和参数可任意选择。

5）CRT显示器显示硬复制：按照运行人员的要求，随时复制CRT显示器上显示的画面，包括模拟图、曲线、各种表格及文字等，均可照原样复制（打印）下来。

4. 历史数据存储与检索

历史数据是机组运行管理的重要依据，对历史数据进行存储是计算机数据采集系统的主要功能之一。存储历史数据的方式有本机存储、异机存储和分布存储等几种。

（1）本机存储　是微机分散控制系统较多采用的一种方式。现场数据采集、处理后，实时数据暂时存放在随机存储器中，供 CRT 显示刷新用。而定义为历史数据归档的现场数据和中间变量，则根据不同的归档周期存储于本机硬盘中，其存储格式多为数据库（数据表）格式。本机存储方式的优点是历史数据查询速度快、操作等待时间短，但该方式的缺点是存储空间相对较小、历史数据存放时间短。为在有限的存储空间内存入尽可能多的机组运行数据，设计、组态时需要合理地分配硬盘空间。通常把大量的非重要数据定义为长采样周期，有限的对机组运行影响较大的数据定义为短采样周期，还有一些数据根据不同的需要定义为各种不同的采样周期。由于采样周期短的数据占用存储空间大，因此这类数据保存的时间只能相对较短，通常为一周或几天。

（2）异机存储　为克服本机存储空间不足的问题，有一些数据采集系统使用被称为历史数据存储站的设备，专门存储历史数据。由于这种归档方式把历史数据与本机数据相对独立地存放，因此称之为异机存储方式。通常在数据采集系统运行时，操作站只把各种由不同采样周期采集来的数据短时间地存放在本机硬盘，然后归档到历史数据存储站长期保存。待机时间较长是这种方式的缺点。

（3）分布存储　随着计算机技术的飞速发展，数据存储技术有了长足的进步，千兆字节级（GB）的硬盘已经应用于数据采集系统中，容量已经不再成为历史数据存储的问题了，但数据量的增加及监控软件的复杂却加重了操作站 CPU 的负担。分布计算和与之相配合的分布数据库作为一项新技术解决了上述问题，其核心是客户机/服务器（Client/Server）体系结构。分布存储是将数据存储在一个或多个服务器（或称历史数据站）中，由客户机（操作站）根据需要查询历史数据。其过程为：操作站发出数据查询命令，历史数据站处理查询内容并送回查询结果，由于整个过程有两台或两台以上计算机参与，因而从根本上解决了操作站 CPU 负担过重的问题。由此可见，采用分布存储的方式才是数据采集系统的发展方向。

5. 性能计算

机组在线性能计算（Performance Calculation）功能是利用 DCS 数据共享的优势，根据热力系统正、反平衡的方法，计算出机组主、辅设备的性能，并将结果用于显示、打印、存储、归档等。通过对单项设备乃至全厂效率的监视，为运行人员和管理人员提供操作和运行管理信息。借助对于机组性能的连续监视，通过运行人员的调整，可使整个机组处于最佳运行工况，实现整个机组的经济运行。

600MW 及以上机组的性能计算主要包括：厂用电、机组汽耗率、机组热耗率、锅炉效率、汽轮机效率、发电机效率、锅炉给水泵效率、锅炉给水泵小汽轮机效率、凝汽器效率、高压加热器效率、空气预热器效率、汽轮机寿命管理等。

以上性能计算项目，大多由复杂的数学计算公式计算得出。计算过程中，还将产生大量的中间变量，在各个计算项目之间互用，同时也为性能计算的调试和维护提供检测点。上述在线性能计算的关键，是要给出正确、合理的计算公式和可靠的现场检测数据。为了保证性能计算的实时性、及时在 CRT 显示器上显示计算结果、节省过程控制单元或分散处理单元

（PCU 或 DPU）的组态空间，实现计算的方式一般不采用固化在控制组件的算法或功能码，而使用特定的计算机高级语言编程。

6. 事件顺序记录

机组运行中的事件顺序记录（Sequence of Event，SOE）功能，是指利用事件顺序记录仪（Sequence Event Recorder，SER），运行人员可以方便、迅速地确定事故发生的直接或间接原因，及时采取相应措施消除机组的故障或事故。SER 可分为组件式和独立式两种形式。组件式必须依赖 DCS 运行，而独立式则可脱离 DCS 单独运行。

SOE 可按信号的重要程度，用不同的分辨率进行事件记录。对于主燃料跳闸、汽轮机跳闸、电气跳闸、控制电源丧失等一些直接导致机组故障停机的事件，不但需要完整的反映事件发生前所有可能的因素，还要完整地记录下事件发生后的操作情况，以便检验执行事故程序的正确性。实际上，重要事件发生前后，一部分用户定义的模拟输入信号变化情况，也能反映事故发生的真正原因，这就是所谓的事故追忆。而 SOE 就具有触发 DAS 事故追忆程序的功能。

4.3　协调控制系统

单元机组协调控制系统（Coordinated Control System，CCS）又称为单元机组负荷控制系统，其基本任务是协调锅炉与汽轮发电机组的运行，以便能快速响应外界负荷的变化。同时，维持主蒸汽压力在允许范围内波动。当电网负荷变化时，从汽轮机侧看只要改变汽轮机调速汽门的开度，就能迅速改变进汽量，从而能立即适应外界负荷的要求。但锅炉侧则不然，当负荷变化时，即使立即调整燃料量和给水量，由于锅炉固有的惯性和延迟，不可能立即改变提供给汽轮机的蒸汽量。因此，如果汽轮机调速汽门开度已改变，进入汽轮机的蒸汽量相应发生变化，那么此时主蒸汽压力将发生变化或利用锅炉的蓄热来补偿蒸发量与进汽量之间的差额。在这个过程中，主蒸汽压力可能会产生较大的波动。也就是说，提高机组对外界负荷响应速度和保持蒸汽参数的稳定，这两者之间存在着一定的矛盾。因此，为了同时满足快速响应电网负荷需要及维持机组主要运行参数稳定这两方面的要求，必须考虑到“单元机组的机、炉是一个具有相对独立性的整体”这一特点，采取相应的措施，使机、炉在不同程度上，同时按照电网负荷需求的变化和主要运行参数的偏差进行调节，从而在满足电网负荷需求的同时，保持主要运行参数的稳定。

单元机组的协调控制系统，包括从电网负荷的改变到锅炉、汽轮机根据各自的能力适应外界负荷要求的所有自动控制系统。它在热工自动控制系统中占主导地位，指挥着锅炉燃料、给水、送风、引风、汽轮机数字电液控制系统（DEH）、炉膛安全监控系统（FSSS）以及其他辅助调节系统的调节动作。

由于机组的负荷指令是由电网调度负荷指令（ADS）或电厂运行人员给出的，故在单元机组负荷控制系统中，还要考虑到机组运行中的相关情况，如辅机是否故障或设备运行是否正常等。

4.3.1　CCS 的组成

单元机组协调控制系统是由负荷管理控制中心（LMCC）、机炉主控制器和相关的锅炉、汽轮机子控制系统所组成，如图 4-3 所示。

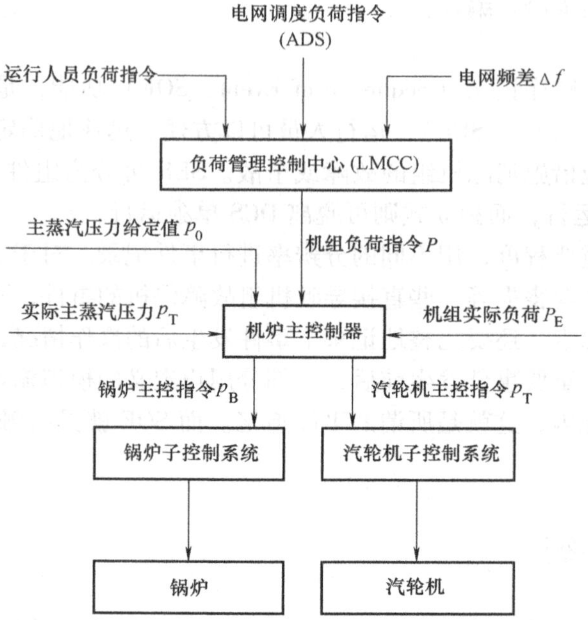

图 4-3　单元机组协调控制系统图

负荷管理控制中心的主要作用是：对机组的负荷请求指令（电网调度负荷指令或运行人员设定的负荷指令）进行选择和处理，并与电网频差信号 Δf 一起，形成机组主/辅设备负荷能力和安全运行所能接受的，且具有一次调频能力的机组负荷指令 P，P 作为机组实发电功率的给定值信号，送入机炉主控制器。

机炉主控制器的主要作用是：接受负荷指令 P、实际电功率 P_E、主蒸汽压力给定值 p_0 和实际主蒸汽压力 p_T 等信号，根据机组当前的运行条件及要求，选择合适的负荷控制方式。根据机组的功率（负荷）偏差 $\Delta P = P - P_E$ 和主蒸汽压力偏差 $\Delta p = p_0 - p_T$ 进行控制运算，分别产生锅炉负荷指令（锅炉主控指令）p_B 和汽轮机负荷指令（汽轮机主控指令）p_T。p_T、p_B 作为机炉协调动作的指挥信号，分别送往锅炉和汽轮机有关子控制系统。

机、炉的子控制系统，是对锅炉、汽轮机实现控制的有关系统。锅炉和汽轮机的子控制系统包括：燃烧控制系统（燃料控制系统、送风控制系统、炉膛压力控制系统、一次风压控制系统、二次风控制系统）、蒸汽温度控制系统（包括过热蒸汽温度控制系统、再热蒸汽温度控制系统）、给水（锅筒水位）控制系统、炉膛安全监控系统、汽轮机数字电液控制系统、燃油压力控制系统、除氧器的水位及压力控制系统、凝汽器的水位及再循环流量控制系统、直吹式磨煤机（一次风量、出口温度、给煤量）控制系统、发电机氢气冷却控制系统、锅炉连续排污控制系统、电动泵的密封水差压和再循环流量控制系统、汽动泵的密封水差压及再循环流量控制系统等辅助系统。这些系统对机、炉主控指令 p_T、p_B 来说，相当于伺服系统，它们根据 p_T、p_B，控制锅炉的燃烧率和汽轮机进汽调节阀的开度，维持机炉的能量平衡和参数稳定，保证机组运行的安全性和经济性。

负荷管理控制中心和机、炉主控制器是机组控制的协调级，起着上位控制作用，同时也是协调控制系统的核心，有时将其直接称为单元机组主控制系统或协调控制系统。而锅炉、汽轮机子控制系统是机组控制的基础级（直接控制级），起着最基本、最直接的控制作用，它们的控制质量将直接影响机组负荷的控制质量。因此，只有在组织好机、炉子控制系统，并保证其具备较高控制质量的前提下，才有可能组织好机、炉协调控制，并使之达到所要求的机组负荷控制质量。

4.3.2　单元机组主控制系统

单元机组主控制系统一般设置有四种运行方式，即汽轮机手动控制和锅炉手动控制的基本方式（BASE 方式）、以锅炉为基础的汽轮机跟随方式（TF 方式）、以汽轮机为基础的锅炉跟随方式（BF 方式）及汽轮机-锅炉的协调控制方式（CCS 方式）。机组运行过程中，要求四种运行方式之间的切换必须平稳且无扰动。运行人员根据机组运行的实际情况进行选择，一般情况下机组宜在滑压控制方式和 CCS 方式下运行。当机组发生事故时，则通常选择在跟随方式和定压方式下运行。ADS 控制方式要求机组必须在 CCS、BF 或 TF 方式下运行。负荷管理控制中心负责确定机组的运行方式，机、炉主控制器则实现不同运行方式之间的无扰切换。

机组主控制系统的前三种运行方式根本区别在于，对机组出力和主蒸汽压力的控制处理上。当机组正常运行时，汽轮机进汽压力是反映机、炉能量平衡和机组运行稳定的重要指标。

（1）BF 方式　汽轮机接受外界负荷指令调节功率，以便快速响应负荷变化的要求，而锅炉则负责调节主蒸汽压力。当外界负荷变化时，由于锅炉的动态响应较慢，因此在机组变负荷过程中，主蒸汽压力波动较大。机组 BF 方式运行的特点是，可以充分利用锅炉的蓄热能力来提高机组的经济性，但当外界负荷变化时主蒸汽压力波动较大，影响机组的安全稳定运行。

（2）TF 方式　锅炉接受外界负荷指令调节功率，以便快速响应负荷变化的要求，而汽轮机则负责调节主蒸汽压力。但由于锅炉动态响应较慢，因此机组对外界负荷变化的适应能力较差。机组 TF 方式运行的特点是，汽轮机负责调节压力因而主蒸汽压力稳定，但此种方式并没有利用锅炉的蓄热能力，在机组变负荷过程中其经济性降低，故机组的 TF 方式和 BF 方式各有利弊。

（3）CCS 方式　机组协调控制方式是一种较好的解决机组负荷适应性及参数稳定性的运行方式，协调控制系统的一个重要思想，就是锅炉蓄热能力的合理利用和补偿。

锅炉主控制器相当于负荷指令处理回路与燃烧控制系统之间的接口，其产生的锅炉指令作为锅炉子控制系统的定值信号，通过该回路可以将经过修正后的机组负荷指令信号，传送到风量控制回路及燃料控制回路，以协调锅炉出力与负荷指令的匹配关系。该主控回路既可以工作在自动方式又可以工作在手动方式，且均能完成单元机组在各种工况下的控制功能。

汽轮机主控制器的任务是接受机组负荷指令，并经各种运算及运行方式的切换，最终产生汽轮机负荷指令的步进增/减信号。汽轮机主控回路相当于负荷指令处理回路与 DEH 之间的接口，通过 DEH 改变汽轮机调节汽门的开度，使进入汽轮机的蒸汽量与机组的负荷指令相适应，从而协调机、炉之间的能量需求。

单元机组主控制系统还设有辅机故障减负荷（Run Back，RB）和机组快速甩负荷（Fast Cut Back，FCB）工况的负荷指令控制回路，机组迫升/迫降负荷指令控制回路及增闭锁/减闭锁负荷指令控制回路。

(1) 当出现下列情况时，系统将自动切换到 BASE 方式

1) 燃料量、风量、负荷给定值、阀位的设定值与其对应的实际变量之间偏差过大，且超过规定的时间间隔。

2) 机组甩负荷。

3) 汽轮机阀位、第一级压力测量不正常。

(2) 当出现下列情况，系统自动切换到 TF 方式

1) 进汽压力偏差大。

2) 发生 RB。

(3) 当满足下列条件时，系统自动投入 BF 方式

1) 空气流量处于自动。

2) 燃料量调节处于自动（至少有一台磨机组自动）。

3) 给水调节处于自动。

BF 方式自动运行，可使运行人员直接通过“汽轮机主控”或“就地控制”快速改变机组负荷，进汽压力则通过压力控制器调节到定值。

(4) 当满足下列条件时，系统自动投入 CCS 方式

1) 锅炉主控制器处于自动（风量及燃料为自动）。

2) 给水处于自动。

3) 汽轮机主控制器处于自动。

(5) 当出现下列工况时，迫升负荷控制回路起作用

1) 引风机调节挡板或动叶调节角度到达最小位置。

2) 给水泵出力到达最小位置且给水量大于指令值。

3) 煤量主控指令最小，但燃料量大于指令值。

4) 送风机动叶调节角度在最小位置，但送风量大于指令值。

(6) 当出现下列工况时，追降负荷控制回路起作用

1) 引风机动叶调节角度到达最大位置。

2) 给水泵出力到达最大位置，且给水量小于指令值。

3) 煤量主控指令最大，但燃料量小于指令值。

4) 送风机动叶调节角度在最大位置，但送风量小于指令值。

(7) 当出现下列工况时，增闭锁负荷控制回路起作用

1) 主蒸汽压力小于设定值。

2) 功率调节处于自动时，功率小于设定值。

3) 风量小于设定值。

4) 送风机动叶调节角度处于最大位置。

5) 燃料量小于指令值。

6) 煤主控指令处于最大值。

7) 给水泵出力处于最大值。

8) 给水量小于指令值。

9) 负荷指令处于最大值。

10）引风机动叶调节角度处于最大位置。

11）汽轮机出力处于最大值。

12）高压旁路压力变化率大于高限。

（8）当出现下列工况时，减闭锁负荷指令控制回路起作用

1）主蒸汽压力大于设定值。

2）功率调节处于自动时，功率大于设定值。

3）风量大于设定值。

4）送风机动叶调节角度处于最小位置。

5）燃料量大于指令值。

6）煤主控指令处于最小值。

7）给水泵出力处于最小值。

8）给水量大于指令值。

9）负荷指令处于最小，并且煤主控制器处于自动。

10）引风机动叶调节角度处于最小位置。

4.3.3　机炉子控制系统

1. 燃烧控制系统

（1）燃烧控制系统　为了满足机组适应外界负荷变化的需求，以及保证锅炉安全经济的运行，按照机组协调控制的原则，锅炉的燃料、送风和引风等子控制系统应根据燃料的主控信号（来自燃料主控制系统）进行协调控制。燃烧控制系统的组成结构示意图，如图 4-4 所示。

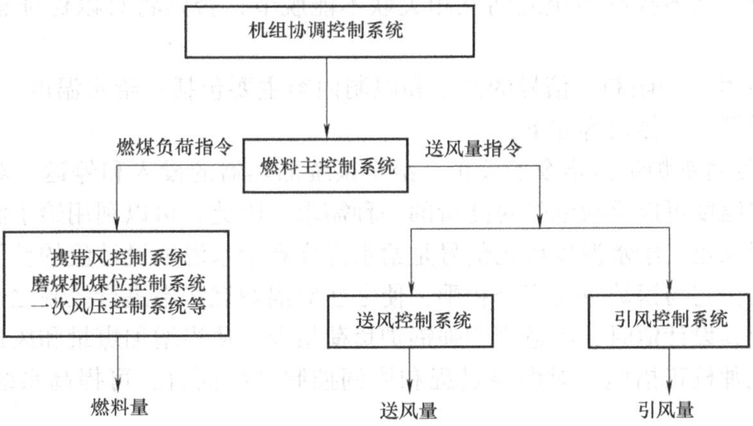

图 4-4　燃烧控制系统的组成结构

机炉主控制器将送出锅炉主控信号（燃烧率信号），然后再分别下达到燃料、送风、引风的子控制系统中。对于直吹式制粉方式，通过调节给煤机转速和一次风流量，来改变进入锅炉的燃料量，通过调节送风量和引风量来保证锅炉的安全、经济燃烧。

由图 4-4 可见，当机组负荷变化而需要改变锅炉燃料量时，由负荷控制系统中的燃料主控制系统，根据锅炉负荷指令产生燃煤负荷指令和风量指令。其中，燃煤负荷指令送往燃料

控制系统（包括磨煤机料位/给煤机转速控制、燃油控制、一次风压力控制、携带风控制和旁路风控制系统等）、送风控制系统（包括送风机压力控制、燃烧风控制系统等）和引风控制系统，使燃料、送风、引风等共同变化以适应外界负荷变化要求，同时确保锅炉安全、稳定和经济的运行。

可以看出，燃烧控制系统是一个典型的多变量、多级耦合的控制系统。整个燃烧控制系统中的风、煤各子系统，都串接在协调控制系统的下级，协调控制系统输出的锅炉负荷指令，统一指挥风、煤各子系统的协调动作。

燃料主控制系统是串接在协调控制系统下的比值-串级控制系统。燃料主控制系统的输出指令是携带风控制系统的给定值。携带风调节器根据该指令，与携带风实际风量的偏差信号控制磨煤机入口管路的风门开度以调整一次风量，从而适应锅炉负荷所需的煤粉量。为了保证稳定供应所需的煤粉量，就必须稳定一次风压。为此，通过一次风控制系统控制两台一次风机的入口导向挡板开度，以保证一次风压稳定。

锅炉送风量控制系统是串接在燃料主控制系统下的具有氧含量校正的比值控制系统。保持进入锅炉炉膛的实际总风量与锅炉燃料量相适应，从而能够间接保证风煤比最佳。在具体实施过程中，该系统又通过送风压力控制系统、燃烧风（包括辅助风、燃尽风、夹心风等）控制系统以及气-汽温度控制系统等实现。

炉膛负压是通过调整两台引风机的静叶片来改变烟气量，以维持炉膛压力为设定值。为了使引风控制不滞后于送风控制，在引风控制系统中，采用了具有风量指令微分信号前馈作用的单回路定值调节系统。

综上所述，燃烧控制系统必须保证燃料与空气量的配合，以及保证引风和送风的配合。而像燃料量的控制又依次关联到一次风量、一次风压和原煤给煤量（即磨煤机料位/给煤机转速）等的控制，故各控制系统之间互相关联不能脱节，否则将难以保证整个燃烧控制系统任务的完成。

（2）信号的修正和限制　信号的修正和限制内容主要包括：给水温度、风量、燃料量、给煤量及氧含量等，具体内容如下：

1）给水温度对锅炉负荷指令的校正。给水系统加热器的投入和停运，对给水温度的影响很大，即给水温度可以反映锅炉对能量的一种需求。因此，可以利用给水温度信号对锅炉的负荷指令进行校正。给水温度校正信号是给水温度和给水温度设计值的差值，通过一定函数关系而得到的，它与锅炉负荷指令相乘，使之在对锅炉燃烧率进行控制之前得以校正。如当给水温度低于其设计值时，应适当增强锅炉负荷指令、适当增加煤量和风量，以满足锅炉的能量需求。这种校正措施，对燃烧过程和协调控制系统而言，可提高系统的适应性和稳定性。

2）总风量和燃料量的限制（风煤交叉限制）作用。整个燃烧控制系统中，来自协调控制系统的负荷指令，并不直接作为燃料及送风两大控制系统的指令信号，而是由经氧含量修正后的锅炉指令、测量的总燃料量、热量和最小风量设定值（30% MCR）四个信号通过高选后得到，使控制回路随时保证安全的风煤比。当指令增大时，由于主燃料量指令受实际测量后经补偿的总风量的闭锁，实际燃料量和热量不会马上增大，风量指令还取决于锅炉指令。在实际风量上升以后，主燃料才开始增加，这样就达到了先增风后增煤的目的。反之，风量指令受到了实际燃料量和热量的闭锁，在减负荷时只有燃料量和热量减小时，风量控制系统才开始动作。当负荷低于 30% MCR 时，为了保证锅炉的安全燃烧，风量保持在 30% MCR 不变。确保燃烧过程中，始终是“总风量大于总燃料量”，以达到良好的燃烧经济性。

3）给煤量的测量与校正。给煤机的给煤量信号，是由电子重力式传动带给煤机的称重装置给出，称重装置可测量单位传动带长度上煤的重量及传动带的转速，并将二者的乘积作为给煤量信号输出，总燃料量则是所有给煤机给煤量的总和。由于燃煤的品质、水分随时可能发生变化，即燃煤的发热量不是恒定的。因此，燃料量并不能与输入锅炉的热量精确对应，仅采用燃料量测量信号参与反馈控制难以保证控制的质量。为解决这一问题，需对燃料量信号进行发热量校正。目前，煤的发热量尚不能实现实时测量，所以在燃料量控制系统中常采用热量信号（锅炉的实际吸热量）来作为燃煤信号发热量校正的基本依据。

4）控制回路的增益修正。燃料主控制器输出的总燃煤指令，对所有给煤机转速并行控制，当投入自动的给煤机台数不同时，整个控制回路的控制增益也是不同的。为了保证各工况下控制系统的稳定，必须按投入自动的实际给煤机台数，进行系统的增益修正。如某电厂考虑在正常情况下 5 台运行 1 台备用，所以取 5 台给煤机自动运行时系统增益修正系数为 1。当 n 台给煤机投入自动运行时，系统增益修正系数为

$$K_n = \frac{5}{n} \tag{4-1}$$

5）氧含量校正。氧含量校正调节器和风量调节器构成了串级调节系统，它能校正 15% 的风量，由于煤量控制系统和风量控制系统在升、降负荷过程中能同步协调动作，氧含量校正只起着微调的作用。氧含量设定值由蒸汽流量经函数发生器产生或由运行操作员设定，经过对函数发生器的输出与手动给定值比较，选用二者的大值作为系统的氧含量设定值。对定压运行和滑压运行两种方式，可采用不同的氧含量设定值，由机组协调控制系统的主控制系统运行方式进行切换。

当出现下列条件时，氧含量校正系统的控制从自动切换至手动：

① 风量控制器处于手动。

② 风量 $<30\%$ MCR。

③ 氧含量信号偏差报警。

（3）风烟控制系统　一般把磨煤机出口风温及风量控制系统、送风控制系统、炉膛负压控制系统、一次风压控制系统称为风烟控制系统。

1）磨煤机出口风温及风量控制系统。磨煤机出口风温和出口风量的控制有两种方式：一种方式为磨煤机风系统只设置冷风、热风调节挡板；另一种方式为磨煤机风系统设置冷风、热风调节挡板和混合风调节挡板，由混合风调节挡板来调节风量。下面介绍的磨煤机风系统为仅设置冷、热风调节挡板的风温/风量控制系统。磨煤机出口风温和出口风量控制系统是一个多变量控制系统，其控制对象的输入量为冷风、热风挡板的开度指令，输出量分别为一次风量和磨煤机出口温度。由于冷风或热风挡板任一挡板开度发生变化，都会影响风量和温度的调节。因此，在负荷变动时，对磨煤机的出口风温和出口风量的控制比较困难。

对磨煤机出口风温和出口风量的控制所采用的方法是：温度调节器的输出，在控制热风门的同时通过一个负的比例环节去控制冷风门，使温度调节器的动作不致影响风量。同样，风量调节器的输出，在控制冷风门的同时通过一个正的比例环节去控制热风门，使风量调节器的动作不影响温度。为了进一步改善调节品质，采用了变参数的 PI 控制。

冷风门和热风门分别有一个手动和自动的切换开关且互为联锁，当冷风门和热风门投入自动的条件满足时，只要两个开关中任意一个切换到自动，另一个也随之切换到自动。如果有一个开关自动条件消失而切换到手动时，另一个也将切换到手动。

当出现下列条件时，热风门控制从自动切换至手动：

① 燃烧器控制系统（Burner Control System，BCS）不允许自动投入。

② 冷风门手动。

③ 温度变送器偏差报警。

④ 挡板位置不跟随指令。

⑤ 操作员选择手动。

当出现下列条件时，冷风门控制从自动切换至手动：

① BCS 不允许自动投入。

② 热风门手动。

③ 风量变送器偏差报警。

④ 补偿用温度变送器偏差报警。

⑤ 挡板位置不跟随指令。

⑥ 操作员选择手动。

2）送风控制系统。风量调节器与多输出控制系统中的变增益调节器，构成了风量控制的串级调节系统。锅炉指令经风煤交叉限制回路形成风量指令，经风量调节器运算后，输出指令到两台风机的动叶控制器，通过对动叶开度的调节来实现风量调节。

每台风机都用各自的实测风量进行最大动叶开度的限制，如果动叶开度指令大于实测风量规定的最大动叶开度，则风机动叶开度的增加会被限制在实测风量规定的最大动叶开度。

当出现以下条件时，每台送风机控制从自动切换至手动：

① 执行器失电。

② 送风机停运。

③ 送风机失速。

④ 锅炉 MFT。

⑤ 经风温修正后的风量偏差报警。

⑥ 风量变送器偏差报警。

⑦ 引风机手动。

⑧ 动叶开度大于实测风量规定的最大开度。

⑨ 操作员设置手动。

⑩ 动叶位置不跟随指令。

3）炉膛负压控制系统。炉膛负压控制系统，由负压调节器和多输出控制系统的变增益调节器构成串级调节系统。以送风指令为前馈信号，使送引风机能协调动作。根据引风量的不同，离心式引风机可以进行高、低速运行。当调节挡板开度相同时，高速风量为低速风量的 1.25 倍。

引风机启动时，必须为低速状态，但在机组运行过程中可根据负荷的需要，将引风机从低速切向高速运行。若从低速切到高速运行不成功，则可能产生两种状态：一是引风机仍然回到低速运行状态；二是引风机跳闸停运，跳闸停运后，高、低速切换继电器自动复位到低速状态，保证风机在启动时处于低速状态。

引风机手动控制从低速切换到高速，需同时满足下列条件：

① 无切换到低速的逻辑信号。

② 风机运行。

③ 引风机的调节挡板开度小于某一值。

④ 引风机不处于高速状态。

引风机手动控制从高速切换到低速，需同时满足下列条件：

① 风机运行。

② 风机处于高速状态。

③ 风机动叶开度大于某一值。

当炉膛压力高、软报警和硬报警同时存在时，引风机发生减闭锁，同时送风机发生增闭锁；而当炉膛压力低、软报警和硬报警同时存在时，引风机发生增闭锁，同时送风机发生减闭锁。

当出现下列条件时，引风机调节挡板控制从自动切换至手动：

① 风机停运。

② 动叶位置不跟随指令。

③ 炉膛压力（三选二）测量值偏差报警。

④ 风机进口挡板或出口挡板非全开。

⑤ 操作员设置手动。

4）一次风压控制系统。一次风压控制系统的控制要求为，保持一次风母管的风压与炉膛压力有一定的压差，以确保一次风的送粉和助燃能力。一次风压控制系统，为串级多输出控制系统。系统主调节器的测量值为一次风母管与炉膛的压差，如设定值由6台给煤机转速的最大值经函数发生器产生，则一次风压设定值的最小限制值为6.5kPa左右、最大限制值为8.7kPa。副调节器为多输出控制系统的变增益调节器。

负荷较低时，经常只要求一台一次风机运行。在两台风机运行时，由于振动、磨煤机跳闸等原因，也常会发生一台事故跳闸，处于一台一次风机运行状态。而一次风压力是锅炉燃煤运行时比较重要的参数，为了在一次风机事故跳闸或启停时，一次风压控制不会退出自动状态且具有较好的调节品质，在常规的多输出控制系统的基础上，增加了跳闸补偿回路。

两台风机（A、B）手动时，变增益调节的跟踪变量为：A运行、B停运时，跟踪A；A停运、B运行时，跟踪B；两台都运行或停运时，跟踪平均值。

当某台风机跳闸时，应立即把跳闸风机的风量指令，从变增益调节器的测量值中删除，使另一台运行风机的动叶马上开大，保证一次风母管压力不下跌或跌落较小。

跳闸补偿回路的上述功能，还能使两台风机在一台停运时，进行停运风机的动叶开关试验，而不会影响自动系统的控制。如果动叶位置大于25°失速探头动作，则一次风机发生失速RB，直至动叶关到25°为止。

经补偿后的一次风总风量对动叶开度进行限制。当风机停运时，风量对动叶开度不进行限制。

2. 锅炉给水控制系统

给水控制是锅炉子控制系统的重要组成部分，由于直流锅炉和锅筒锅炉的汽水系统不同，对给水控制的目的、要求和手段也不同，这是两大类型锅炉在自动调节方面的重要区别。

在直流锅炉中工质由水变成过热蒸汽是一次完成的，因而直流锅炉的蒸发量不仅取决于燃烧率（把水变成蒸汽必需的热量），同时也取决于给水流量。为了满足负荷变化的需要，给水调节和燃烧调节是紧密联系不可分割的，它们均由锅炉主控制器输出指令直接控制，使给水量与燃料量保持合适的比例。直流锅炉中，由于各受热面（加热段、蒸发段、过热段）不是固定不变的，因而它会随给水量与燃料量比例的变化而变化。控制系统设计不同，采用的控制策略也不相同，一般采用给水流量调节过热器中间点温度，或采用控制给水流量来响应负荷的变化。

锅筒锅炉给水控制的目的，是维持锅筒水位在允许范围内变化，同时维持给水流量的相对稳定。锅筒中的水位是反映给水流量与蒸汽流量（负荷）是否平衡的标志，给水流量调节的目的就是保证这种平衡。它可以相对独立于锅炉的燃烧调节系统，不直接受控于锅炉主控制器。600MW 亚临界机组全程给水控制系统，通常配置三台给水泵：一台容量为额定容量 30% 的电动给水泵，两台容量各为额定容量 50% 的汽动给水泵（电泵作为启动和备用泵，正常运行采用汽泵），实现水位控制和给水泵最小流量控制。全程给水控制系统，可使锅炉负荷从 0% ~ 100% 均能实现锅筒水位的自动控制。

锅炉在启动和低负荷（小于 30% MCR）时，用电动给水泵的液力耦合器和旁路阀来调节锅筒水位；在负荷大于 30% MCR 时，调节汽动给水泵的转速，来满足锅筒水位的给水要求，锅筒水位控制采用常规的三冲量水位控制系统。其中，锅筒水位信号采用传统的压差测量方法，经锅筒压力补偿后获得；主蒸汽流量信号以汽轮机第一级压力，经主蒸汽温度补偿后获得；主给水流量信号，用节流式差压测量装置测得差压，经开方运算和给水温度的补偿后获得。

600MW 亚临界锅筒锅炉的水位控制系统，由汽动给水泵锅筒水位控制系统和电动给水泵锅筒水位控制系统组成。

（1）汽动给水泵控制　汽动给水泵三冲量锅筒水位控制系统，必须同时满足下列条件，才允许自动投入：

1）电动给水泵不处于自动状态。

2）汽动给水泵处于自动状态。

3）给水流量 >30% MCR。

4）无 FCB 信号。

当遇到下列条件时，汽动给水泵控制自动闭锁：

1）汽动给水泵不运行。

2）汽动给水泵控制系统不处于 APC 方式。

3）汽动给水泵控制系统，不允许某泵进入水位控制。

4）给水流量或水位变送器三选二偏差报警。

5）第一级压力变送器偏差报警。

6）转速不跟随指令。

7）汽动给水泵控制系统禁止，给水泵增速。

8）汽动给水泵控制系统禁止，给水泵减速。

（2）电动给水泵控制 电动给水泵控制锅筒水位有两种手段：调节旁路阀的开度或泵的转速。它们都接受三冲量控制，水位控制器与汽动泵公用，而流量控制器则相互独立。电动泵的给水流量采用间接测量法，即为电动泵进口流量与最小流量调节阀流量之差。

1）电动给水泵旁路阀控制。电动给水泵的运行区域较小，不但有最小流量限制还有最大流量限制，必须运行在最小流量与最大流量限值之间。电动给水泵的最小流量由最小流量控制阀控制，最大流量由旁路阀和出口隔离阀控制。例如：当某电厂电动给水泵进口流量大于最大流量时，关小旁路阀；当出口压力大于11MPa、电动泵出口压力与给水母管压差大于11MPa，且最大流量大于电动给水泵流量200t/h时，电动给水泵隔离阀打开。当电动给水泵出口压力小于1MPa或电动泵进口流量大于最大流量减100t/h时，隔离阀复位。

当出现以下条件时，旁路阀控制从自动切换至手动：

① 液力耦合器手动（脉冲）。

② 阀位不跟随指令。

③ 程控要求旁路阀全关。

2）电动给水泵液力耦合器控制。当电动给水泵给水流量大于600t/h时，液力耦合器同时参与汽动泵水位的调节；当给水流量小于600t/h时，液力耦合器控制电动给水泵的转速和出口与给水母管的压差。当低于最小转速时，将转速控制在3400r/min，否则控制压差为1MPa。

当出现以下情况时，液力耦合器控制从自动切换至手动：

① 液力耦合器的空气压力不正常。

② 旁路阀手动（脉冲）。

③ 阀位不跟随指令。

对于直流锅炉，其给水控制与锅筒锅炉不同，给水的需求信号主要根据总燃料量来决定。以锅炉给煤量及总燃料量为基础，发出给水量需求信号，再加上燃烧器摆角修正、分离器出口温度修正、分离器出口温度微分信号就产生了给水需求信号。所谓分离器出口温度修正又被称为中间点温度修正，是指对给定的锅炉热负荷，其允许的喷水量应与分离器温度有一定的函数关系。喷水量与给水量的比例增加时，说明煤与水的比例中煤多了一些，而煤量多反应最快的是分离器出口温度，可利用这种函数关系来修正燃水比。给水主控制器发出的给水需求指令，被送到给水泵转速控制器，通过改变给水泵转速来维持给水流量。有些电厂的给水泵不直接调节给水流量，仅控制给水母管压力，当给水母管压力发生偏差时，通过调节给水泵转速来维持给水母管压力，以保证过热器的喷水压力。

3. 锅炉蒸汽温度控制系统

锅炉蒸汽温度自动控制系统，包括过热蒸汽温度控制系统和再热蒸汽温度控制系统。过热蒸汽温度控制，采用两级喷水减温调节方式；而再热蒸汽温度控制，则采用烟气侧调节方式。

过热蒸汽温度自动控制系统的任务是维持过热器出口蒸汽温度在允许范围内，保护过热器管壁温度不超过允许温度。大容量锅炉的过热器是在高温、高压条件下工作的，锅炉出口的过热蒸汽温度是整个汽水行程中工质温度最高的，因此对电厂的安全经济运行有重大影响。过热器正常运行时的温度，一般接近材料所允许的最高温度。因此，过热蒸汽温度的上限一般不应超过额定值5℃，蒸汽温度过高会使过热器和汽轮机高压缸承受过高的热应力而损坏，若蒸汽温度偏低则又会降低热效率（蒸汽温度每降低5℃，大型机组电厂热效率要降低0.1%左右）和影响汽轮机的安全运行，所以过热蒸汽温度的下限一般不应比额定值低10℃。由于蒸汽温度被控对象有显著的延迟和惯性，要达到上述控制目的很不容易，故在调节过热器出口蒸汽温度的同时，还必须保护整个过热器不致超温。

对于再热蒸汽的温度控制，喷水减温只能作为辅助手段，因为减温水的多少会直接影响再热蒸汽量的大小，从而影响机组中压缸的出力。在机组负荷不变的情况下，也会限制高压缸的出力。中压蒸汽做功的热效率较低，中压缸做功多会降低整个机组的循环热效率。因此，再热蒸汽的调节以烟气侧为主，喷水仅作为辅助调节手段。

烟气的调节有两种方式：一种是调节省煤器出口的低温再热器和低温过热器的烟气挡板，控制相应的低温再热器和低温过热器的烟气通道流量；另一种是调节摆动式燃烧器向上、向下倾斜的角度，从而改变火焰中心沿炉膛高度的位置，以达到改变锅炉炉膛出口的烟气温度，改变受热面的吸热量分配，实现再热蒸汽温度调节的目的。

（1）过热蒸汽温度控制　一般采用二级减温水串级控制，主回路维持锅炉出口主蒸汽温度为设定值，且设定值为功率的函数。另设有偏置器，以供操作运行人员根据运行情况而作微调整。副回路控制二级喷水后的温度，调节器的输出控制二级喷水阀门。二级减温器分为A、B两套。由于屏式过热器和高温过热器的过热蒸汽是交叉流向布置的，因此B侧喷水后温度、A侧主蒸汽温度和二级喷水阀A构成一套控制系统；A侧喷水后温度，B侧主蒸汽温度和二级喷水阀B构成一套控制系统。

（2）再热蒸汽温度控制　对于调温挡板类型的再热蒸汽温度控制，一般的方案是烟气挡板调节器和微量喷水调节器同时控制高温再热器出口蒸汽温度，但微量喷水调节器的入口偏差死区，比烟气挡板的入口偏差死区高约4～5℃。故再热蒸汽温度的控制以调节烟气挡板为主，调节微量喷水为辅。由于二者的动态特性相差很大，因此烟气挡板的调节不能起主要作用，而微量喷水调节的作用却很明显。

可用切换控制逻辑来协调烟气挡板调节器和微量喷水调节器的控制作用。切换逻辑的作用如下：

1）切换仅在喷水和挡板控制均投自动时使用，不影响它们单独投自动的情况。

2）在再热蒸汽温度超过高限或低限时，由喷水调节蒸汽温度，挡板保持原开度不变。

3）当再热蒸汽温度在设定值上、下一定范围时，由挡板调节蒸汽温度，喷水调节门保持原来开度。

4）当再热蒸汽温度上升超过上述范围，且挡板已关到一定开度时，延时适当时间后使挡板保持原来开度，由喷水调节。

5）当再热蒸汽温度下降超过上述范围，且挡板已开到一定开度时，使挡板维持原来开度，由喷水调节。

采用上述方案，可实现在正常情况下再热蒸汽温度控制以调节烟气挡板为主，在烟气挡板的调节不能达到需要的情况下，辅以微量喷水。这既提高了机组运行的经济性，又减小了挡板和喷水阀门的动作频率。

烟气挡板调节器的输出，用来控制低温过热器和低温再热器的烟气挡板开度。通常情况下，低温再热器和低温过热器的烟气挡板开度之和为100%，且它们的动作方向相反。通过改变低温再热器和低温过热器的烟气通流量比例，来调节再热蒸汽温度。挡板开度的变化也会影响到过热蒸汽温度，且锅炉的逆时针切圆燃烧方式，会使 A 侧与 B 侧的蒸汽温度偏差较大。因此，在低温过热器烟气挡板控制输出时应设置手动偏置器，运行操作员可根据运行情况适当改变 A、B 侧的低温过热器挡板开度，从而改变两侧的烟气通流量比例，使两侧的蒸汽温度（过热和再热蒸汽温度）偏差减小。

此外，在再热蒸汽温度控制中，有优先控制和自动切换至手动的逻辑。其作用如下：

微量喷水控制在负荷低于 15% MCR、锅炉发生 MFT 或机组未并网时，自动切换为手动运行方式，同时优先关微量喷水调节阀。在相应微量喷水截止阀关闭时，优先关微量喷水调节阀，并禁止其打开。

1）同侧的低温过热器和低温再热器挡板控制，手/自动方式应一致。否则，在超过 15s 后将自动方式的挡板控制切换为手动方式。

2）烟气挡板控制在锅炉 MFT、引风机跳闸、锅炉吹扫或风机程控启动时，优先开足挡板，在吹扫完成后且低温过热蒸汽温度低于 380℃时，低温过热器烟气挡板优先开到 83%，低温再热器烟气挡板开到 17%。在上述情况下，调温挡板均自动切换至手动方式。

3）摆动燃烧器倾角控制 A、B 两侧再热蒸汽温度的低选值，设定值为主蒸汽流量的函数加上操作员可调的偏置量。送风量的前馈信号用来克服来自燃烧方面的扰动。

为使再热蒸汽温度控制以摆动燃烧器倾角的调节为主，再热喷水的设定值在上述设定值基础上，再加上偏置量（约 5℃）喷水调节成为串级回路。由于喷水后再热蒸汽到高温再热器为交叉布置，所以喷水后温度 B 侧、再热蒸汽温度 A 侧、再热喷水阀 A 为一套控制；喷水后温度 A 侧、再热蒸汽温度 B 侧、再热喷水阀 B 为另一套控制。

4.4　顺序控制系统

机组热力系统的自动控制有两大任务：一是根据单元机组的特点，将锅炉和汽轮机作为一个整体进行协调控制，对主要过程的水、汽、煤、油、风、烟气等诸系统的主要参数实行闭环调节，在保证机组参数稳定的基础上，使锅炉和汽轮机共同响应电网负荷的要求，该任务由 CCS 来完成，其显著特点是可对模拟量参数进行连续的监测和调节；二是对电厂的辅机（泵、风机等）、阀门、挡板及其他电动或气动的辅助设备启/停和开/关，该类操作不需要被操作对象的反馈信息，只在操作指令的驱动下完成对辅机、设备的预定操作，这就是顺序控制系统 SCS。由于顺序控制的目的是对设备状态进行控制操作，如转动设备的启动和停止，阀门、挡板的开启和关闭，是一种二位制操作，故也称之为 ON/OFF 控制系统。

对电厂辅机设备的操作，虽然量值关系简单，但在一台大型机组的启停过程中，操作对象的数量众多、操作步骤繁琐、人工操作工作量大且难免顾此失彼出现差错。因此，利用顺序控制系统来实现对固定操作步骤的工艺流程进行自动控制，是一种必然趋势。

由于被控设备操作过程包含的内容区别较大，其顺序控制的繁杂程度也不同。一个工艺流程中，设备相互之间的联系有复杂的也有简单的，所以应根据工艺流程的具体情况来设计顺序控制的基本类型。

实现顺序控制功能的专用自动装置，称为顺序控制器。顺序控制器可以在接受人工指令或其他上一级自动装置的指令后开始工作，也可以在规定的外界条件出现时自动开始工作。

顺序控制器工作时，先发出指令进行第一步骤中相应执行机构的动作，并且根据引入顺序控制器的每个控制对象的状态信息和生产过程的热工参数信息，来监视控制对象的工作情况。当控制对象的第一步骤所有动作均已结束，且进行下一步控制的条件和时限均已达到时，顺序控制器即发出指令指挥下一个步骤的控制。当执行机构、检测信息甚至顺序控制器本身发生故障时，顺序控制器会及时送出报警信息，并根据不同的情况进行力所能及的处理。通常，顺序控制器可以停止在发生故障的步骤上，或者改变控制顺序，使顺序控制系统转到安全状态。

4.4.1 SCS 的组成

顺序控制系统（SCS）的基本组成，如图 4-5 所示。

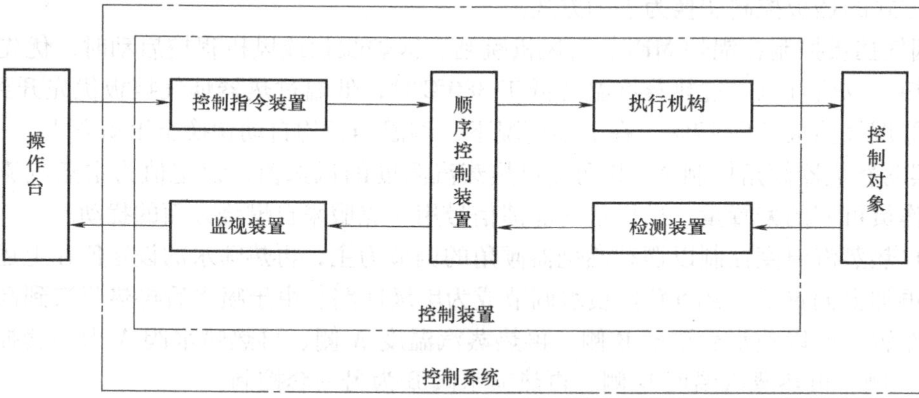

图 4-5 SCS 的基本组成原理图

检测装置包括：温度开关、压力开关、差压开关、位置开关、流量开关、液位开关、火焰检测开关、光电开关、电位器、电量转换开关、译码器、编码器等。

监控装置包括：指示灯、蜂鸣器、指示计、CRT 显示器等。

顺序控制指令装置包括：继电器、计数器、可编程序控制器、计时器等。

执行机构包括：气动执行机构、液动执行机构、阀门电动装置、电动机、电磁阀等。

目前，大型火电机组均采用分散控制系统（DCS），SCS 便作为一个子系统嵌入 DCS，完成机组主要辅机及工艺系统阀门、挡板等设备的顺序控制。

机组顺序控制的设备量数量多、覆盖面广，且各设备之间相互关联，在不同的条件下其运行操作的要求亦不同。为了使 SCS 的控制逻辑，与运行人员的监控思维方式及机组操作要求相吻合，也为了方便 SCS 的运行维护，SCS 的设计采用了分级控制。

1. 元件控制

元件控制是一种一对一的操作，即一个启/停操作指令对应一个驱动装置。这种单一性的操作，可通过计算机键盘上的对应键操作完成。

2. 子组控制

子组控制是一种以一个设备为主，包括其辅助设备和关联设备在内，作为一个整体来控制的系统，如一台送风机及其相应的油泵和进出口挡板等。一个操作指令发出后，按预定的运行条件依次自动地操作辅助设备和主设备。

对子组控制程序的启动，应考虑两种驱动方式：

1）能由操作人员在集控室，通过计算机键盘操作发出“启动”和“停止”指令，来启动相应的控制程序。

2）能由上一级功能组控制级，发出下属的子组控制程序启动命令，子组级控制应根据工艺流程的需要，设置必要的“断点”，以便操作员根据实际情况决定程序是否继续执行。还应提供跳步过程条件核对人工指令，使程序具有向前跳步执行的能力。

3. 功能组控制

功能组控制是一种以一个工艺流程为主，包含相关设备在内的顺序控制。功能组控制的特点是把工艺流程上有互相联系，且具有连续不断的顺序性控制特征的设备作为一个整体来控制。一个功能组包含若干个子组和元件。故功能组控制系统设计时，必须对属于这一组的全部设备的操作顺序相互联系、异常情况时的程序返回和人工干预等各种情况进行准备和分析。

功能组控制程序的启动方式：

1）在集控室内，由操作员通过计算机键盘来启动。

2）对于自动控制要求高的机组，由机组的自启停控制系统来启动。

功能组控制系统的功能，主要包括以下几方面：

1）在程序执行中的任何指令遭到拒绝但不致引起事故时，应能使操作员有较富裕的时间采取必要的干预措施。

2）在自动控制执行过程中，当导致事故的限制条件可能出现时，系统应能自动返回到出现限制条件前的状态或返回到稳定的安全状态。

3）应能根据工艺流程的特点和需要，设置必要的断点，以便在程序执行的断点处由人工根据过程状态决定程序是否继续执行，断点应设置在能稳定运行的工艺流程上。

4）在控制程序执行过程中，应设置有操作员在任意一步中断程序的措施，且应具有操作员选择程序执行步骤和跳步执行程序的手段。

5）功能组控制执行过程的有关信息，包括执行步骤、执行情况、判断条件都能在 CRT 控制画面上显示出来。

6）应能使操作员根据机组启停工况和工艺特点，选择各功能投入工作的顺序，使整个机组能顺利地完成启停过程。

4. 备用设备自动控制

备用设备的自动控制是一种条件联锁控制，在子组级和功能组级控制中都有这种要求。备用设备的自动控制目的，是为了维持目前的运行工况，即：

1）当一个工艺流程中的某一设备故障时，同类的备用设备能自动启动运行，并替代故障设备维持当前运行工况。

2）当某种原因导致运行设备不能维持正常工况要求（如风机动叶油压低于限值）时，启动同类备用设备并列运行。

5. 限值控制

限值控制用于保持一个过程变量，在一个固定范围内的对象控制。两个限值即高限值和低限值，被用作“接通”或“断开”驱动装置的判断依据。“接通”或“断开”指令的产生依赖于过程变量的限值。

4.4.2 SCS 的控制范围

分散控制系统（DCS）中，功能组顺序控制的基本内容为：辅机设备及其关联设备的起/停、开/关，既可以按顺序步骤进行控制，也可以分步操作或进行遥控（远操作），且需包括有关设备的联锁和保护功能。所有的子系统都可通过一个完整的程序，单独在键盘上操作。通过 CRT 画面可以显示每一个系统的设备状态、启动允许条件、操作顺序及运行方式的系统流程图，同时提供手动方式启动或停止程序的操作指导，在 CRT 上显示下一步完成的动作及顺控的进程。

DCS 实现顺序控制的对象和项目很多，一般包括有：

（1）制粉系统　该子系统又可分成若干小的子系统，如：

1）磨煤机。包括相关的风门和润滑油泵。

2）给煤机。包括其启停操作。

3）排粉机。包括其相关的风门。

（2）送风机子系统　包括相关的风门、润滑油泵、调节油泵、阀门等。

（3）引风机子系统　包括相关的风门、润滑油泵、调节油泵、阀门等。

（4）空气预热器子系统　包括主电动机、辅助电动机、相关挡板等。

（5）电动、汽动给水泵子系统　包括主给水泵、前置泵、油系统及相关的阀门等。

（6）辅助蒸汽子系统　包括辅助蒸汽系统及相关的阀门。

（7）凝汽器抽真空子系统　包括真空泵及所有相关的阀门。

（8）凝结水泵子系统　包括泵的启停操作。

（9）汽轮机轴封子系统　包括本系统的相关阀门。

（10）小汽轮机轴封子系统　包括本系统的相关阀门。

（11）高压加热器子系统　包括给水进出口门、旁路门、进汽门、疏水门等。

（12）除氧器子系统　包括系统的相关阀门。

（13）低压加热器子系统　包括凝结水进出口门、旁路门、进汽门、疏水门等。

（14）汽轮机疏水子系统　包括主汽旁路、再热汽管路、抽汽管路和汽轮机本体疏水门等。

（15）小汽轮机疏水子系统　包括小汽轮机所有疏水门等。

（16）循环冷却水系统　包括冷却水泵及所有相关阀门。

（17）凝汽器循环水系统　包括凝汽器进出水门、旁路门等。

（18）汽轮机油子系统　包括抗燃油、调节油、润滑油、顶轴油等油系统的油泵和相关阀门。

（19）汽轮机低压缸喷水控制子系统　包括本系统的相关阀门。

（20）发电机氢气、密封油子系统　包括密封油泵、排烟机的启停操作。

（21）其他　在集控室远方操作的所有电动门、电磁阀、挡板等。

对于紧急事故处理的重要操作，或安全停机所需要的操作对象，除了可以通过对操作员接口站（OIS）按键操作外，还另外设置“硬操”手段在 SCS 管理下完成。这些对象包括：锅炉主燃料跳闸、锅炉泄放阀、锅筒事故放水门、锅炉总进水门、电动给水泵、汽轮机紧急跳闸、汽轮机真空破坏门及汽轮机主汽、再热汽和抽汽疏水门。

4.4.3　SCS的设备保护和条件闭锁

SCS中的设备保护，是指当出现危及人身安全或设备安全的异常情况时，控制系统应能自动地切除设备或投入设备，且工艺保护信号从驱动控制接口引入，直接作用于跳闸装置或自动启动设备。

设备闭锁是指在子组控制级和功能组控制级控制的工艺过程中，根据运行要求和设备之间的制约关系，设置一些闭锁条件以防止不正确或不安全的程序或操作被执行，进而引发不安全工况。

需特别说明的是，机组关联系统的保护（如锅炉和汽轮机的保护）是一种专属保护系统，不属于顺序控制的范围。

SCS中的设备保护和闭锁控制，在逻辑设计时应遵循以下原则：

1）保护信号应具有最高的优先权。

2）保护跳闸指令对控制对象的作用是硬性的，即指令一直保持到设备完全停止或断开，或得到人工确认为止。

3）保护信号使用的变送器应该是专用的，不能与监测仪表、调节控制系统公用。对于一些通过模拟信号监测产生的“中间值计算”信号，可由计算机从自身的监视算法中提出。

4）保护的闭锁是顺序控制逻辑中的一个组成部分，不能在顺序控制投入运行过程中人为切除，且必须是经常有效的。

5）用于保护的驱动触点应是动合型的，以避免信号源失电或回路断线时发生误动作。

4.5　锅炉炉膛安全监控系统

大容量锅炉需控制的燃烧设备数量多且类型复杂，如油燃烧器、煤粉燃烧器、辅助风（二次风）挡板、燃料风（周界风）挡板等，且燃烧器的操作过程也比较复杂。点火油枪的投入操作，包括点火油枪推进、开雾化蒸汽（或雾化空气）门、开进油门等。停用操作，包括关进油门、油枪吹扫、油枪退出等；煤粉燃烧器的投入操作，包括开磨煤机出口挡板、开热风门、暖磨、磨煤机启动、给煤机启动等。煤粉燃烧器停用操作，包括停给煤机、关热风门、停磨煤机、磨煤机吹扫等。对一般不能伸进和退出的点火装置（点火器）及火焰监视器等装置需配置冷却措施，为此还设置了冷却风机（由交直流电动机拖动，其中直流电动机备用）。火焰监视器是判断燃烧器点火、熄火成功与否，及对火焰进行监视的重要装置。由此可见，即使投入或切除一组燃烧器，也需要有相当多的操作步骤和监视判断项目，在锅炉启动或发生事故时，燃烧器的操作工作更加繁杂，所以大容量锅炉的燃烧器必须采用自动顺序控制。

过去，国内机组缺少锅炉炉膛安全监控系统FSSS，导致国产锅炉的运行性能受到严重的影响，锅炉的安全运行也受到威胁。由于近年来大型机组日益增多，锅炉防爆的问题也日趋突出，大型锅炉爆炸事故导致的损失巨大。因此，为国产锅炉装备炉膛安全监控系统已势在必行。

FSSS的主要功能是：在锅炉启停和运行的各个阶段，防止炉膛的任一部位积聚燃料，以防止锅炉发生爆燃而损坏设备；连续监视燃烧系统的有关参数和设备运行状态，不断进行逻辑判断和逻辑运算，必要时发出动作指令，通过各种联锁装置使燃烧设备的有关部件，严格按照既定的合理程序自动完成必要操作；对异常工况作出快速反应和处理，以保证操作人员及锅炉设备的安全。

根据 FSSS 的锅炉保护功能和燃烧器的控制功能，又可将 FSSS 分为两大部分：锅炉炉膛安全系统（Furnace Safeguard System，FSS）和燃烧器控制系统（Burner Control System，BCS）。

炉膛安全系统的主要作用是：在锅炉运行的各个阶段（包括启停过程）中，预防在锅炉的任一部分存在可燃物的聚集，防止炉膛爆炸。在对设备和人身有危险时，产生 MFT（主燃料跳闸）动作，并提供“首次跳闸原因”的报警信号，以便运行人员对事故进行查找和分析。MFT 信号发出后，切断所有燃烧设备和有关辅助设备，同时切断进入炉膛的一切燃料。但锅炉 MFT 以后，仍需维持炉内通风进行跳闸后的炉膛吹扫，消除炉膛和烟道中的可燃混合物，防止炉膛爆炸。

燃烧器控制系统的主要作用是：连续监视锅炉的运行，控制点火及暖炉油枪，对磨煤机、给煤机等制粉设备实现自动启停或远方操作，分别监视油层、煤层及全炉膛火焰。当吹扫、点火和带负荷运行时，控制风箱挡板位置，以便获得炉膛所需的空气量。同时，还提供状态信号到模拟量控制系统（MCS）、计算机监视系统（CMS）、旁路控制系统（BPS）及汽轮机控制系统（TCS）等。

4.5.1 FSSS 的组成

通常一套完整的炉膛安全监控系统（FSSS）主要由五部分组成，即控制盘、检测元件、驱动装置、逻辑系统和 CRT 图形站。其工作的基本原理，如图 4-6 所示。

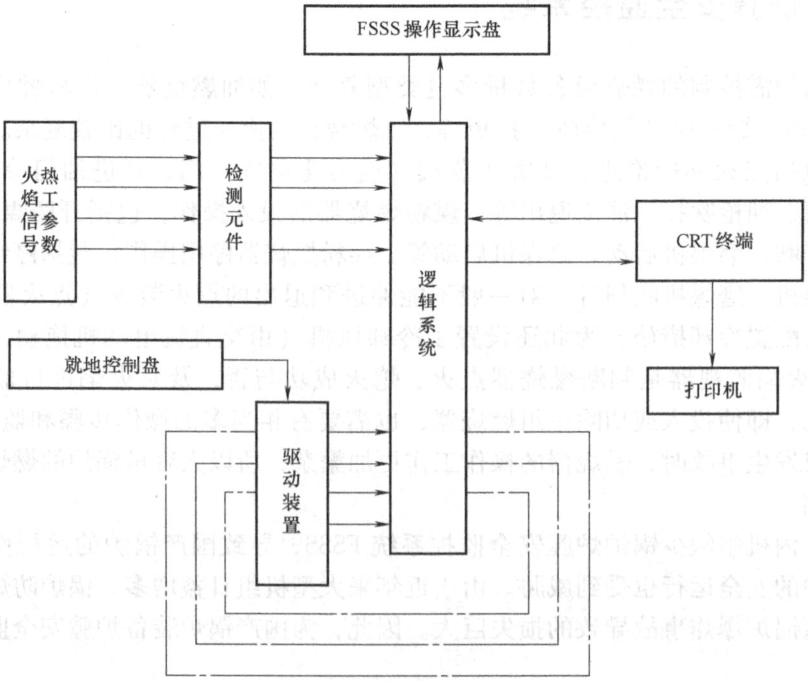

图 4-6 FSSS 工作基本原理图

1. 控制盘

控制盘主要包括运行人员操作显示盘和就地控制盘两部分。

(1) 运行人员操作显示盘　运行人员操作显示盘的组成，有以下几部分：

1) 指令器件：如启动燃烧系统和将有关设备投入运行的必要开关及按钮等。

2) 反馈器件：如状态指示灯，向运行人员提供一些特殊设备的运行状态（如阀门开关、电动机投入与停止等），以及运行操作情况（如“吹扫开始”、“吹扫完成”）等。当机组发生紧急停炉时，控制盘上应能显示首次跳闸原因。

运行人员操作显示盘安装在主控制室的控制台上，通过电缆与计算机控制系统机柜相连。在正常运行时，所有命令均可由运行人员发出，运行人员通过操作盘和主机柜，与安装在整个燃烧系统上的所有检测元件和驱动装置取得联系，现代大型机组 DCS 中有专用的监控界面。

(2) 就地控制盘　就地控制盘主要用于检修、测试及校验现场设备。在正常运行时，所有就地控制盘上的开关均放置在遥控或自动位置，这样才能使这些设备处在远方控制室控制状态。如果主控逻辑系统出现事故，便可以利用就地控制盘进行就地操作。

2. 检测元件

检测元件是用来检测炉内燃烧状态及燃料和空气等热工参数的状态设置的。如炉内有无火焰、空气和燃油压力、温度的高低及阀门和挡板开度等，都由检测元件反映出来。

压力开关用于反映燃料、空气和炉膛的压力，如当炉膛压力超过规定允许值时，使机组跳闸；温度开关用于反映燃料和空气温度，如当磨煤机出口温度过高时，关闭磨煤机热风门，必要时停止磨煤机运行；流量开关用于指示空气系统的流量，如一次风量过低或失去一次风量时，使磨煤机停止运行；限位开关用于限制阀门和挡板的行程，以保证运行在规定的安全限度之内，或提供一个证实信号，用以证实阀门是开启或是关闭；火焰检测器主要用于监视炉膛、暖炉油枪及煤粉燃烧器的火焰。

显然，保持检测元件良好的工作状态是非常重要的。若检测元件出现故障，将会导致机组事故的发生或不必要的停炉跳闸。检测元件投入前应进行严格的检查，以满足运行要求，且投入使用后，要定期进行校验。必须保持检测元件的清洁度，这对火焰检测器尤为重要。需定期对火焰检测器检查，同时应始终提供足够量的冷却风。

为了得到可靠的检测信号，可采用两个、三个或四个检测元件进行测量，然后进行二取一、三取二、四取三等数据处理，得到一个可靠的检测信号。炉膛压力和锅筒水位均采用三取二方式检测（即三个压力开关或液位信号有两个以上输出压力高或水位高信号，则确认炉膛压力高或锅筒水位高）。

3. 驱动装置

驱动装置用于控制和隔离进入炉膛的燃料和空气。燃烧系统的驱动装置，包括电动和气动的阀门、挡板驱动器及电动机驱动器（如磨煤机、给煤机及风机等）。运行人员通过逻辑系统监控上述装置，由于 FSSS 是逻辑控制系统，因此逻辑系统提供给这些驱动装置的指令均为“开或关”、“投入或退出”。某些燃烧控制设备如燃料风和辅助风调节挡板、冷一次风和热一次风挡板的开度大小均由 CCS 系统控制。在设备启动和停止时，由 FSSS 逻辑控制系统输出开关信号送 CCS 进行逻辑控制。

燃料系统驱动装置有的采用交流电驱动，有的采用直流电驱动，且需设计为给予能量跳闸或不给予能量跳闸两类。大型机组的FSSS通常采用给予能量跳闸的驱动装置，这种装置的动作需要提供能量，不提供能量时装置不动作，从而防止了因电源消失而误动作的危险，保证了系统运行的安全。

4. 逻辑系统

逻辑系统（PLC）是用来完成逻辑运算、判断等任务的部分。所有运行人员的指令均通过逻辑系统来实现，每个驱动装置和检测元件的状态，均通过逻辑系统进行连续监测。运行人员发出的指令，只有通过逻辑系统验证并满足一定的条件后，才能送到驱动装置。当出现危及设备和机组安全运行的情况时，逻辑系统会自动关停有关设备。目前，大型机组FSSS的逻辑系统通常都由分散控制来实现。

5. CRT图形站

FSSS作为分散控制系统中的一部分，还共享CRT图形站，包括CRT终端、CRT功能键盘及打印机等。利用CRT图形站可进行与FSSS有关的锅炉运行工况的监视及记录，OIS与逻辑系统之间的信息交换通过厂区环路进行通信。CRT画面上主要有炉膛燃油系统监控图、制粉系统监控图及炉膛火焰等模拟图。同时，在CRT画面上还可以显示逻辑组态图，如主燃料跳闸、炉膛吹扫及油层自启动等。

4.5.2 FSSS的主要功能

炉膛安全监控系统（FSSS）在锅炉的启停阶段，按要求启停油燃烧器和煤燃烧器；在机组事故情况下，FSSS与CCS配合完成主燃料跳闸（MFT）、机组快速甩负荷（FCB）及辅机故障减负荷（RB）等功能；当机组发生严重事故而需主燃料跳闸时，由FSSS发出MFT指令，实行紧急停炉；当电网、发电机或汽轮机故障而需快速甩负荷时，FSSS接到FCB指令后，迅速投入油枪并将煤层全部切除，使锅炉带最低负荷运行，实现停机不停炉；当锅炉辅机故障而发生RB时，FSSS将迅速切除部分磨煤机，使机组负荷降至预先规定的目标值。

上述情况中，FSSS仅完成锅炉及辅机的启停监视和控制功能，调节功能部分由CCS协调配合完成。

大型机组FSSS一般应具有以下几方面的功能：

1）锅炉点火前和跳闸后的炉膛吹扫。

2）油系统和油层的启停控制。

3）制粉系统和煤层的启停控制。

4）炉膛火焰监测。

5）有关辅机（如一次风机、密封风机、冷却风机、循环泵等）的启停控制和联锁保护。

6）二次风挡板控制。

7）主燃料跳闸。

8）机组快速甩负荷。

9）辅机故障减负荷。

10）机组运行监视和自动报警。

按照美国防火协会标准设计的FSSS，其功能多、控制范围广且与控制对象联系密切。不但与锅炉结构、燃烧器布置、制粉系统、油系统、点火器及运行方式等有关，而且与一次仪表取样点、火焰检测器的安装位置及执行机构的工作性能都有直接关系。

炉膛安全监控系统的功能图，如图4-7所示。

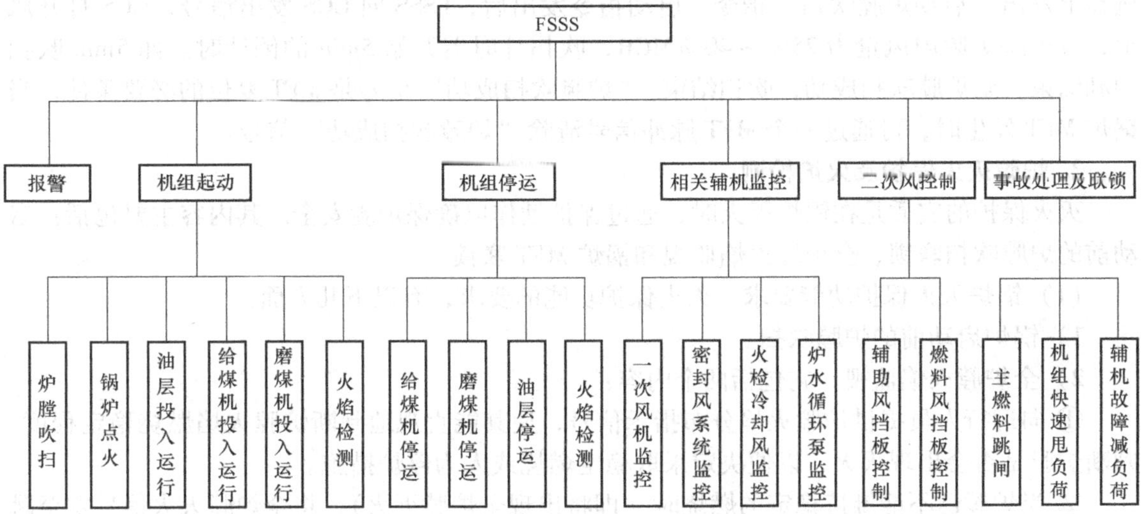

图4-7 FSSS的功能图

4.5.3 FSSS的控制与操作

1. 炉膛吹扫

锅炉点火前必须进行炉膛吹扫，这是锅炉防爆规程中最基本的防爆保护措施。在锅炉的对流烟井、烟道和将烟气送至烟囱的引风机等处，均有可能积聚过量的可燃物，当这种可燃物与适当比例的空气混合，遇到足够的点火能量时便可引起爆炸。炉膛吹扫的目的，是将炉膛内残留的可燃物清除，以防止锅炉点火时发生爆燃。

锅炉吹扫时，风量应大于25%MCR（一般为25%~40%MCR），且吹扫时间不应少于5min，以保证炉膛内的吹扫效果。对于煤粉炉的一次风管也应吹扫3~5min。油枪应利用蒸汽进行吹扫，以保证一次风管与油枪内无残留的燃料，保证点火安全。当完成吹扫规定的时间后，可发出吹扫结束信号，解除系统的MFT状态记忆（MFT复位），但炉膛内需继续保持吹扫时的风量，直至锅炉负荷升至对应吹扫风量时的负荷再逐渐增加风量，确保当锅炉点火不成功时，可用吹扫风量带走炉膛内的燃料，避免炉膛发生爆燃。当点火不成功需重新点火时，还必须在点火前对炉膛进行重新吹扫操作。

在吹扫时，应先启动回转式空气预热器，然后再顺序启动引风机和送风机，为炉膛吹扫提供足够的风量，这样可以防止点火后出现回转式空气预热器因受热不均而发生变形的问题。同时，也可对回转式空气预热器进行吹扫。

（1）炉膛吹扫条件　锅炉炉膛吹扫前，必须满足以下条件：

1）风量应大于25%MCR。

2）所有燃料全部切断。

3）至少有一台引风机和一台送风机运行。

4）所有燃烧器风门处于吹扫位置。

（2）吹扫过程　锅炉必须经过吹扫后才允许点火，否则装置处于 MFT 状态。当 MFT 后，FSSS 自动发出“请求炉膛吹扫”信号。当条件全部满足后，操作员就可以在 CRT 功能键盘上发出“启动炉膛吹扫”指令。启动指令发出后，FSSS 向 CCS 发出信号，CCS 打开风道，且维持炉膛内风量为 25% ~40% MCR，吹扫计时器开始 5min 的倒计时。如 5min 吹扫顺利结束，则炉膛吹扫成功，吹扫结束。“炉膛吹扫成功”信号是 MFT 复位的必要条件，当锅炉 MFT 发生时，可通过一个 MFT 脉冲信号清除“炉膛吹扫成功”信号。

2. 炉膛灭火保护及火焰检测

灭火保护的实质是在锅炉灭火时，通过保护动作以确保炉膛安全。其内容主要包括：启动前的炉膛吹扫联锁、全炉膛火焰监视和锅炉 MFT 联锁。

（1）锅炉灭火保护功能要求　灭火保护功能的要求，有以下几方面：

1）锅炉启动前的炉膛吹扫。

2）全炉膛火焰监视。它包括两个内容：

① 向运行人员提供炉膛火焰分布指示信号，使其能直观地判断炉膛火焰燃烧稳定程度，判断炉膛是否会出现灭火，以便决定采取稳定燃烧或人为停炉措施。

② 当炉膛已不能维持稳定的燃烧时（即将出现全炉膛灭火），将全炉膛灭火信号发至跳闸联锁装置，即装置本身应具有判断能力。

3）MFT 联锁。当某些不能保证锅炉正常连续运行的情况出现时，MFT 应能迅速切断所有燃料，并将危急报警信号发至各系统，进行必要的安全操作并显示首次跳闸原因，并将此状态维持到下次锅炉启动前，其解除信号应在锅炉下次安全启动允许及炉膛吹扫完成后自动发出。

对于锅筒锅炉，以下条件之一一旦成立，MFT 就立即动作生效：锅筒水位过高、锅筒水位过低；送风机全部跳闸，引风机全部跳闸；送风机风量降低到 25% MCR 以下；燃料全部中断；火焰全部熄灭；炉膛压力过高、炉膛压力过低；手动跳闸；主蒸汽温度高，再热蒸汽温度高等。

当锅炉发生 MFT 时，应立即切断所有燃料，点火油系统的安全截止阀快速关闭，每个点火器阀均关闭，给粉机停运并切断点火器电源。

（2）火焰检测　火焰检测的方法很多（如声学方式、温度开关式、差压开关式、火焰棒式、光学类型或其他方式），但应用到不同燃料或不同类型锅炉的燃烧器上，并非都能得到满意的效果。炉膛火焰检测的可靠性和准确性，是锅炉安全运行和灭火保护的重要依据。任何种类的火焰检测器不可能对所有状态下的一切火焰检测都有效，检测器只能在既定特性与使用条件相协调的情况下，才能取得满意效果。

锅炉燃烧过程的实质是燃料中的可燃物与空气中的氧发生剧烈的化学反应，燃料在炉内燃烧时，火焰能辐射出大量的能量，火焰辐射能量的分布曲线是波长与温度的函数。当温度升高时，辐射能量分布曲线向较短的波长方向移动，且辐射总能量增大。当温度降低时，辐射能量分布曲线向较长的波长方向移动，且辐射总能量减少。因此，炉膛火焰的辐射能量是在某个平均值上下浮动，这就给人一个直觉，火焰亮度在某个平均值上下波动。

由燃烧器喷射出来的煤粉从着火到燃尽，大致可分为四个阶段：第一阶段为煤的水分和挥发分析出以及焦炭形成的阶段，从一次风口喷射出的是一股暗色的煤粉与热一次风的混合流；第二阶段是初始燃烧区，煤粉因受到高温烟气火焰回流的加热开始燃烧，数量众多的煤粉颗粒燃烧成亮点流，此部位的亮度不是最大，但亮度的变化频率达到最大值；第三阶段为燃料的完全燃烧区，各煤粉颗粒在与二次风的充分混合下完全燃烧，释放大量的热量，此处的火焰亮度最高；第四阶段为燃料的燃尽区，这时煤粉大部分燃烧完毕且形成飞灰，少数较大的煤粉颗粒还在燃烧，最后形成高温烟气流，其亮度和变化频率较低。因此，火焰检测器的安装位置，对于检测火焰的强度和频率至关重要。此外，炉膛火焰按波段又可分为紫外光、可见光和红外光。对于不同的燃料，其火焰的光谱特性也不同。

炉膛火焰检测的具体方法，可分为以下几种：

1）声学方式。利用该种方式检测电站锅炉炉膛火焰是不利的，因为电站中有大量的电动机、风机及其他噪声，这些噪声干扰是难于隔绝的。

2）温度开关式。利用热能温度原理来检测火焰，是电站锅炉最先采用的方法。但利用此方法检测炉膛火焰，要求电站锅炉的燃料种类稳定，且使用前需对入炉燃料进行准确的分析。

3）差压开关式。利用燃料燃烧所生成的热流，在炉内形成的差压原理检测火焰。该种检测方法比较简单，但差压开关动作整定值受燃料和送风出口温度混合好坏及燃烧动压波动的影响。因此，该种方式只适用于气体燃料的火焰检测。

4）火焰棒式。根据燃料燃烧的电离导电原理，用火焰电极检测火焰的导电性，该种方式的火焰检测器优点是易于调整，对火焰方位的分辨率高，着火和灭火的输出电压比高。实践证明，该种方式作为轻油或气体燃料的单火嘴火焰检测较理想。

5）光学类型。从利用光学原理检测炉膛火焰这个角度来说，炉膛火焰辐射的光强是在某个平均值上下波动，即火焰的光强可看作是平均光强叠加闪烁光强的总和。当锅炉灭火时，平均光强和闪烁光强才同时消失。因此，可以利用检测火焰的闪烁光强存在与否，来判断是否发生了灭火事故。这种检测方法有较高的分辨率，如再加上检测火焰的平均光强，把平均光强与闪烁光强两个信号相“与”，那么只有当平均光强与闪烁光强同时消失时，才能判断为炉膛灭火。

闪烁频率与振幅间的关系，取决于燃料的种类、燃烧器运行条件、燃烧器结构、检测的方法以及观测角度等。一般火焰闪烁频率在一次燃烧区较高，在火焰的外围处较低。检测器距一次燃烧区越近，所检测到的高频（100～300Hz）越强。检测器探头视角越狭窄，所检测到的频率越高，而视角扩大则会检测较低频的闪烁。可以看出，此方式检测火焰时全炉膛检测的闪烁频率，要比单只燃烧器检测的频率低得多。在锅炉燃烧时，被监视火焰的信号强度可能等同于或低于毗邻的火焰信号强度，这是因为未燃煤粉在接近燃烧器喉部处往往起到一种遮盖作用。若火焰检测器通过或接近遮盖区，则当该燃烧器停用而炉膛里的其他燃烧器继续燃烧时，信号强度反而比原来增加了，故用紫外线光敏管检测器监视煤粉燃烧器是不利的。因此，燃煤或燃油锅炉推荐采用火焰闪烁高频分量的红外线检测，而对气体燃料则推荐紫外线检测。

值得强调的是，利用光学原理检测炉内火焰，不能直接利用黑白或彩色闭路电视系统来监视炉内燃烧的火焰，该方法虽然是最直观的方法，但它应用于电站的价值还有待进一步研究。因为闭路电视给出的炉膛实时火焰图像，既不能简化常规操作，又不能直接作为燃烧器的自动控制信息。

此外，应用电视监视火焰的主要问题还包括：电视摄像管使用寿命，还不能满足炉膛高温条件下长期连续工作的需求。虽然可加装水冷、风冷等保护措施，但其结构复杂，且维护工作量大。对于燃煤锅炉，由于烟气透明度低很难清晰地观察每只燃烧器的工作情况。闭路电视成套装置投资较高，尤其是对于双炉膛多火嘴的大容量锅炉，采用多个分镜头监视系统是否经济还有待研究。

在锅炉运行监控过程中，炉膛灭火信号的出现是强迫锅炉停炉，即快速完全切断进入炉内的燃料供应，联锁保护装置进行燃烧器的吹扫、冷却以及炉膛通风。由于炉膛灭火关系着锅炉停炉和机组的甩负荷。因此，要求及时、可靠的判断炉膛是否灭火，是火焰检测装置作为锅炉保护设施最基本的要求。但从现有的各类火焰检测器的完善性来看，它们还不能完全达到上述条件，需通过技术手段来改进火焰检测装置。

目前，锅炉炉膛火焰检测装置在设计和制造时需满足以下方面的要求：

1）从监视原理上看，应全面抓住火焰存在的各主要特征，采用复合式火焰检测器探头。煤粉锅炉燃烧的特点是锅炉启动和低负荷燃烧时需使用辅助燃料，同样当炉膛燃烧不稳或需要加强燃烧控制时，也需投入辅助燃料。基于此可采用复合式火焰检测器，来适应锅炉低负荷的燃烧特性，同时也兼顾锅炉正常运行时煤粉燃烧特性。煤粉锅炉炉膛火焰检测器，可采用光强和闪烁频率复合形式、紫外线和可见光复合形式。

2）合理选择测点并为探头提供较好的工作环境，使其处于最佳的监视位置及最有利的监视角度。根据燃烧器的结构、布置和炉膛火焰中心位置，在考虑对多个主燃烧器火焰监视获得较大的覆盖面积条件下，应合理选择检测点位置。测点布置宜采用对称式以利于互相比较，此外探头应适当的调整视角裕度，并采取净化通风冷却措施，以防止检测器过热和污染。

3）采用逻辑运算信息识别电路，利用多台检测器构成一个完整的火焰监视系统，以此来提高全炉膛火焰信号的可靠性。最简单的如3/4电路，即在层燃烧的四层火焰检测中，若有大于或等于3个层反映火焰熄灭，则逻辑电路判断为“锅炉灭火”。这种方法在一定程度上减少了伪信号的随机干扰，从而使锅炉灭火保护误动作的可能性降低。同时，还应采取其他方式进行灭火信息的识别，如灭火时炉膛压力和一次风压的突然降低、爆燃时炉膛压力的突然升高，采用压力信号与火焰熄灭信号组成“或”条件，进行灭火信息的判别。

4）在火焰检测装置电路设计方面，要提高电路的可靠性。如计算机采用双机系统，应设置锅炉灭火保护闭锁、自检功能，新型火焰检测器一般都设有自检装置。在锅炉灭火保护系统中，从火焰探头、信号放大、逻辑运算直至锅炉MFT继电器输入以前，设置手动/自动闭锁自检，这将对火焰检测和信息传递的可靠性与故障分析带来很大的保证和方便。

5）在大型燃煤锅炉上，要实现燃烧器自动点火及在锅炉低负荷情况下实现燃烧器自动控制，必须设置带有自动点火器的低负荷燃烧器组。如果点火燃料与低负荷辅助燃料相同，每个低负荷燃烧器都应设置辅助火焰检测器，且该检测器能兼顾到对同一低负荷燃烧器上煤粉火焰的监视。若点火器燃料与辅助火嘴燃料不相同，则在该低负荷燃烧器上还必须增设点火器的火焰监视器。

6）可靠性是火焰检测器的根本，要确保火焰检测的可靠既要由火焰检测敏感元件、电子器件等产品质量和电路设计的合理性来保证。同时，还要重视辅助性补充手段，如加强设备的维护、检修、运行人员的培训等。

7）为了适用大容量燃煤锅炉燃烧器自动化和保护的需要，应重点在灵敏度、分辨率、抗干扰、耐久性这四方面来改善和提高火焰检测器的可靠性，加强对火焰信息的基础理论和燃烧动态特性的分析研究。

（3）炉膛灭火　炉膛灭火包括有层灭火和全炉膛灭火两部分。

1）对于四角切圆布置的煤粉炉，一般将火焰检测器探头布置于两层煤粉燃烧器中间的二次风口内，以监视上、下相邻喷嘴的煤粉火焰，探头的布置方向对准炉膛中心火焰。装设于同一层的四个火焰检测器探头（四角每角一个探头）发出的信号，送至同一火焰检测机箱，当一层中有两个角有稳定燃烧的火焰时，火焰可以将其余两个角的煤粉点燃，故当其中两个探头发出“有火焰”信号时，即认为本层有火焰。而当其中三个探头发出“无火焰”信号时，则认为本层无火焰。

2）全炉膛失去火焰。每层火焰信号与相邻层煤粉喷嘴工作情况，合并为一个煤粉火焰检测层的投票信号。作出全炉膛是否灭火的判断，还取决于油层火焰的工况。当油层3/4无火焰时，发出炉膛灭火信号。油层2/4有火焰时，可以支持全炉膛火焰燃烧，则不发出炉膛灭火信号。

4.6 汽轮机数字电液控制系统

随着计算机技术的飞速发展，采用计算机控制技术进行数字运算和软件编程，实现各种控制功能的数字电液控制系统（Turbine Digital Electro-Hydraulic Control System，DEH）已成为电液控制系统的主要形式。数字控制在通信、控制功能的扩展和故障诊断等方面，比模拟控制具有明显的优势，甚至可模拟控制很难实现或根本无法实现的功能，数字控制只要稍作软件修改就可方便地实现。因此，大容量汽轮机的控制系统采用数字电液控制系统已成为主流。数字电液控制系统具有下列优点：

1）具有适应机组工艺流程改进的灵活性。

2）带负荷时，可以根据需要实现喷嘴调节与节流调节的双向切换。

3）能实现汽轮机自启动、监视和自动负荷控制。

4）具有CRT显示运行参数、趋势记录及打印功能。

5）具有系统的数据传输功能，能方便地与其他系统进行通信。

4.6.1 DEH的组成

DEH是以数字计算机作为控制器，以电液转换器、高压抗燃油系统和油动机作为执行器，实现对汽轮发电机组的转速和负荷的自动控制。由锅炉来的主蒸汽，在DEH的控制下，经高压主汽门和调节汽门进入高压缸，从高压缸排出进入再热器，然后经中压主汽门和调节汽门进入汽轮机的中、低压缸，最后排入凝汽器，蒸汽在汽轮机内做功推动转子旋转并带动发电机发电。

DEH的结构可分为四个部分：汽轮发电机组参数测量部分、数字控制部分、电液转换部分及液压控制部分。

（1）汽轮发电机组参数测量　这是DEH中的控制对象和测量器件部分，功率测量和转速测量均采用三组独立的传感器系统。电液伺服回路，接受阀位控制指令和阀门位置信号，由电液伺服阀和油动机组成的执行器控制各阀门的开度，以实现对汽轮机转速和功率的自动调节，即在DEH遥控方式下的机组协调控制。此外，还有一些反映机组运行状态的信号，如发电机状态、主蒸汽压力及温度、调门开度、汽轮机本体参数等也送入DEH。

（2）数字控制 数字控制器接受机组的转速、调节级压力和发电机功率等变送器输出的信号，以及协调控制、自动同期和运行人员操作指令等信号，经计算机综合处理后，输出对应阀门的位置控制信号。

（3）电液转换 计算机运算处理后输出的阀门位置指令信号，经伺服放大器放大后，在电液转换器（伺服阀）中将电信号转换成液压信号，使伺服阀中的滑阀移动，并将液压信号放大后去控制高压油动机。当阀门位置指令增加时，高压油进入油动机液压缸活塞的下腔，液压缸活塞向上移动，经杠杆带动调节汽门开大；反之液压油自活塞下腔排出，借助蒸汽阀门上的弹簧作用力使活塞下移，关小调节汽门。

当紧急事故（如低真空、轴承油压低、推力轴承磨损、EH油压低、超速、遥控跳闸信号等）发生时，由自动保护系统动作AST电磁阀，快速泄放高压抗燃油，使主汽门和调节汽门迅速关闭，从而达到自动保护汽轮发电机组的目的。

（4）液压控制 液压系统包括高压抗燃油液压控制系统和低压润滑油系统两部分，这两个系统是完全独立的，中间通过隔膜阀使这两个系统的跳闸母管相连。EH油系统提供高压油源，它包括不锈钢油箱、两台由电动机驱动的高压油泵、油管路系统、蓄能器、高压油动机及附属的控制设备、保护装置及指示仪表。

4.6.2 DEH的运行方式

1. 操作员自动操作

操作员自动操作简称操作员自动或全自动，用字母“OA”或“AUTO”表示。这是运行人员控制汽轮机的主要运行方式，在该方式下运行人员可作如下控制操作：

1）在汽轮机升速期间，可以确定或修改汽轮机的升速率和转速目标值。

2）可进行从“主汽门控制”到“高压调门控制”的切换。

3）在热态启动时，可进行从“中压缸启动”到“主汽门控制”的切换。

4）在机组接近同步转速时，可投入“自动同步”为并网作准备。

5）在机组并网运行时，运行人员可设定升负荷率及负荷的目标值。

6）运行人员可根据运行情况，确定是否投入功率反馈回路、调节级压力控制回路。

7）在并网后运行人员根据有关指令，可以投入转速控制回路，使机组参与电网的一次调频。

8）可投运遥控操作，实现机组的协调控制。

9）在机组负荷达到一定数值后，运行人员可投入主蒸汽压力控制。

10）可进行单阀与顺序阀的切换。

2. 汽轮机自启动（ATC）

汽轮机自启动的目的，在于保证汽轮发电机组安全启动和升负荷。ATC程序应根据机组运行的需要，能自动完成以下操作：变更转速、改变升速率、保持转速、改变负荷变化率、保持负荷等。在操作键盘上，与ATC程序相联系的有“ATC控制”、“ATC进行”和“ATC监视”三个按键。

（1）ATC控制 按下“ATC控制”键后，使ATC程序进入运行状态。

在速度控制时，ATC程序监控汽轮发电机的运行，决定其转速目标值和适应转子应力的升速率。在负荷控制时，由运行人员设定目标值，ATC程序根据机组运行状态设定升负荷率，并进行参数监视与报警。

在“遥控-ATC”综合控制时，当遥控源投入且“ATC控制”同时按下，则目标值和升负荷率都受遥控源控制，ATC程序监视与转子应力有关的负荷变化率。若要保持负荷（ATCHOLD），则ATC将通知DEH基本控制系统，来切断遥控源输入的增、减负荷命令。

在执行“ATC控制”时，若遇紧急情况，可按“全自动”键，直接进入操作员自动的方式。

（2）ATC进行　为了给运行人员提供一定的观察和思考时间，对启动过程中的一些充分条件，在ATC程序中设置一些断点，当程序运行至断点时，ATC程序自动暂停，此时“ATC进行”键灯亮，如果要继续执行ATC程序，则再次按下“ATC进行”键且该键灯灭。程序超越此充分条件继续运行。如某电厂机组规定“EH油温大于21.1℃”为冲转的充分条件，当ATC程序运行到准备冲转时，检查发现EH油温低于21.1℃，ATC程序便自动暂停，同时发出提示信息。若运行人员认为可超越此条件，则按“ATC进行”键，ATC程序便开始自动控制冲转。

（3）ATC监视　当按下“ATC监视”键，控制装置不执行“ATC启动”，只进行ATC监视和报警。一旦有参数超限，则在CRT显示或在打印机上打印，供运行人员参考。

如要进行ATC控制，一定要先进入ATC监视，当条件符合后按下“ATC控制”键，键灯亮才有效。

3. 自动同步（AS）

自动同步是一种特殊的遥控方式，即由电气“遥控”汽轮机的转速。在此方式下，发电机同步装置通过“自动同步增”和“自动同步减”触点的输入，来“遥控”调整汽轮机转速设定值，直至汽轮发电机达到同步转速。采用这种方式时，控制系统必须满足下列条件：

1）DEH在“操作员自动”方式或“ATC控制”方式。

2）机组的转速由高压调门控制。

3）发电机变压器组断路器断开（未并网）。

4）自动同步允许触点闭合。

5）汽轮机转速在同步范围。

在DEH控制盘（或控制面板）上，按下“自动同步”键灯亮，表明满足上述条件，控制系统已投入自动同步控制方式。自动同期装置发出增、减触点信号，来改变DEH的设定值。此时，运行人员已无法从键盘上来改变“升速率”和“目标值”。

在该种方式运行期间，若发电机变压器组断路器闭合，则“自动同步”允许触点断开，控制系统自动转入“操作员自动”方式运行。如果控制系统切换到手动操作，则自动终止该方式运行。

4.“遥控-协调”控制

“遥控-协调”控制是DEH装置的主要控制方式之一。采用该种方式控制，必须满足下列条件：

1）DEH必须在“操作员自动”方式或“ATC控制”方式。

2）发电机变压器组断路器必须闭合。

3）遥控允许触点必须闭合。

按下“遥控”（REMOTE）键，当键灯亮后表示控制装置已投入“遥控”运行方式，同时送出一对触点至 CCS 装置，这时 DEH 装置可接受 CCS 来的负荷增、减的脉冲信号，运行人员已无法在 DEH 键盘上改变负荷的目标值和升负荷率，而只能由 CCS 自动控制或由运行人员在 CCS 汽轮机主控制器上手动控制。当负荷目标值达上限或下限时，DEH 装置也会发出遥控上限闭锁或遥控下限闭锁触点信号送至 CCS 装置，表明此时再发机组负荷增、减脉冲信号已无效。

CCS 装置根据当时的实际运行情况，可要求 DEH 装置切除 DEH 的功率反馈回路或调节级压力反馈回路。

在协调控制期间，当发电机跳闸或遥控允许触点断开时，控制器会立刻恢复到操作员自动方式运行。在协调控制期间，若要退出协调控制运行方式，可再按一下“遥控”按键，当该键灯熄灭后，即说明控制器已退出“遥控”方式，转而进入“操作员自动”方式。

“遥控”是一个相对的概念，一般指由一个系统发出的指令来控制另一个系统的被调量参数。如给水控制系统发出指令送到小汽轮机控制系统 MEH，用来控制汽泵转速；电网调度系统发出的指令送到机组协调控制系统，用来控制机组负荷；电气同步系统发出指令送到 DEH，用来控制汽轮机转速等，以上均可称为“遥控”。早期的 DEH 和 CCS 是两个独立的系统，机组负荷控制阶段，可由 CCS 发出指令到 DEH，以调节机组负荷。随着 DCS 包含的机组控制范围越来越完整，“遥控”的概念将逐渐淡化。与“遥控”相对应的是“就地”。所谓汽轮机“就地”，是指 DEH 不接受 CCS 指令。

5. 汽轮机手动操作

当 DEH 的 A、B 控制器均发生故障后，控制器从“自动”切换到“手动”操作，手操盘上的“手动”灯亮。此时，应立即将自动/手动切换开关的钥匙转向“手动”位置。若 DEH 控制器处于“手动”状态时，运行人员欲从“手动”切回至“操作员自动”方式，应先检查系统无异常报警，DEH 自检无异常后，将手操盘上的钥匙开关转向“自动”位置，再按“全自动”键。若系统显示“自动”，则表明整个装置已从手动状态升级到全自动状态，这种运行方式的升级宜在汽轮机冲转前或并网带负荷后进行。在汽轮机升速阶段，为防止超速最好不用“手动”方式。

手动操作共有 6 个键，分别为：主汽门增、主汽门减、高压调门增、高压调门减、中压调门增、中压调门减。按下其中任一键，该键灯亮，从 CRT 的阀位反馈画面和手操站上均可看到相应阀位指示的变化。在手动时如按“阀门增速”键，则应按比正常快 7 倍的速率增、减阀门指令。

4.6.3 DEH 的基本功能

DEH 可根据需要进行手动控制、操作员自动控制和汽轮机自动控制（ATC）几种运行方式的切换。其中 ATC 方式是最高级别的运行方式，在该方式下 DEH 可根据汽轮机高、中压转子热应力、胀差、轴向位移、振动等情况，自动控制汽轮机组的升速、升负荷及跳闸等操作，并将机组的运行状态参数通过 CRT 和打印机告诉运行人员；级别仅次于 ATC 方式的是操作员自动方式，在该方式下运行人员可根据 DEH 提供的机组运行状态参数，通过键盘输入转速、负荷的目标值和变化率，由 DEH 分别实施机组转速和负荷控制；级别最低的为手动运行方式，该方式是一种备用方式，即当控制器故障时，通过手动直接控制阀门开度，以维持汽轮机的运行。

DEH 一般具有以下基本功能：

1. 汽轮机的自动控制

汽轮机启动时，DEH 装置发出控制信号，通过高压主汽门中的预启阀进行升速和暖机。当转速升到约 2900r/min 时，进行主汽门到高压调门的切换，由高压调门继续进行转速控制，直至机组达到同步转速。在负荷控制阶段，DEH 按一次调频和二次调频的要求，对机组进行转速和功率的反馈调节。具体功能如下：

1）设有转速反馈控制回路和功率反馈控制回路，转速控制精度达 ±1r/min，功率控制精度为 ±2MW（在蒸汽参数稳定的条件下）。

2）根据电网的要求，参与一次调频。

3）对 DEH 的目标转速和目标负荷、负荷上下限及负荷变化率、转速变化率，均具有供运行人员设置和调整的接口。

4）能自动迅速通过机组的临界转速区。

5）控制程序中设有调节级压力和功率控制反馈回路，可以在机组并网后，由运行人员选择是否投入或切除该控制回路。

6）能适应机组的冷态、温态、热态启动。

7）具有阀门管理功能，能根据需要进行单阀或顺序阀控制。

8）具有与自动同期装置和 CCS 的接口，能由外部信号来设定目标转速和目标负荷指令，自动地控制汽轮发电机的转速和出力，一般称其为遥控操作。

9）为确保系统的可靠运行，对控制系统所有的重要模拟量（转速、功率、压力等）进行三选二处理，重要的开关量也进行三选二。对操作员输入命令，按预定的规则进行检查，系统能进行静态和动态自检，并能将检查结果显示出来。

10）为了检查阀门系统是否正常，操作人员通过操作按钮或键盘，可对高、中压主汽门和高、中压调门进行全程阀门试验。

2. 汽轮机超速保护（OPC）

为防止超速而引起汽轮机的损坏，DEH 配有三种超速保护：

（1）甩全负荷保护　汽轮机带负荷运行时，如发电机外部故障甩去全部负荷，保护系统迅速关闭高、中压调节阀，防止大量蒸汽进入汽轮机而引起汽轮机超速。经延时后，转速下降到小于 103% 额定转速时，再重新开启调节阀维持机组空转，以便故障消除后机组能迅速重新并网。

（2）甩部分负荷保护　当电网故障切除部分输电线路，或其他原因使发电机的输出功率突降时，汽轮机的机械功率和发电机的实发功率不匹配。为了维持发电机和电网的稳定运行，应迅速将中压调节阀关闭，经 0.3 ~ 1.0s 后再重新打开，动态减小汽轮机的输出功率，以避免发电机失步。

（3）超速保护　包括 103% 超速保护和 110% 超速保护两种。当汽轮机转速超过 103% 额定转速即 3090r/min 时，OPC 电磁阀动作，迅速关闭高、中压调节阀；当汽轮机转速超过 3300r/min 时，自动停机危急遮断系统（AST）电磁阀动作，将所有的主汽阀、调节汽阀关闭，进行紧急停机，防止损坏汽轮机设备。

机械超速保护动作或手动打闸，都能使隔膜阀失压而实现上述紧急停机功能。超速保护系统在正常运行时，运行人员可进行相关试验，检查系统的动作是否正常。

3. 汽轮机状态监视

汽轮发电机组的运行状态，以及 DEH 的运行方式等，主要通过操作员站上的 CRT 画面进行监视。CRT 一般显示 16 幅画面，画面内容分别为：运行参数曲线、胀差和轴向位移、轴承振动、轴承温度、调节级温度、汽温和壁温、进水检测、系统硬件故障显示、发电机参数、发电机定子温度、重要传感器故障、ATC 启动曲线、模拟趋势显示、阀位指令及线性差动变送器反馈、控制装置硬件故障显示、报警测点显示。此外，还有一些与操作有关的接口画面。

汽轮机的应力状况也可在 CRT 上显示，对机组振动、金属温度等重要参数定期进行扫描监视，超限时输出报警。在正常运行时，每隔 1s 记录 20 个汽轮发电机组运行状态的重要参数，如：转速、功率、汽压、汽温、调节级压力、真空、胀差、振动等。一旦机组发生故障，系统能自动地将故障前 1min 内的数据全部打印出来，同时复制当时运行参数趋势曲线画面，为以后分析事故原因提供依据。

4. 汽轮机的自启停

当操作人员选择 ATC 启动后，就能使汽轮机从盘车转速自动升至同步转速，并网后可接带负荷，同时尽可能降低启动过程的热应力，使机组启动和增负荷的时间减少。设置汽轮机的自启动，有以下几方面功能：

（1）ATC 启动　机组 ATC 启动的主要内容，有以下几方面：

1）核对所有有关汽轮发电机组的启动参数，当这些参数达到所规定的范围之前，机组不允许脱离盘车。

2）在升速过程中，若有关转速保持的任意一个输入值超过其报警极限，则立即产生转速保持。

3）若不存在报警或遮断状态，则可根据要求升至暖机转速。

4）可以自动计算暖机时间。

5）暖机结束后，将转速升到 TV（高压主汽门）、GV（高压调节门）的切换转速。

6）升速过程中，应根据转子的热应力及预计转子热应力来确定升速率。

7）TV 控制向 GV 控制的转换自动地进行，并可自动升速到同步转速。

（2）ATC 负荷控制　ATC 负荷控制有两种方式，即 ATC 管理和 ATC 控制。

1）ATC 管理：在此种方式下，ATC 进行机组状态监视，运行人员完成对机组的控制。ATC 监视汽轮发电机组的各个参数，并将这些参数与其限值进行比较，打印出所得的信息，并通知操作人员。除了这些在线运行的参数外，运行人员还可获得其他所希望显示的数据，如转子应力、转子的预应力或预计胀差等。

2）ATC 程序：由 ATC 程序确定汽轮机的负荷变化率，以确保系统的各种变量（如金属膨胀、蒸汽压力和温度、转子热应力、轴承振动等）在允许运行范围之内。当参数超过报警极限时，可将报警信息打印出来。若对负荷变化率的调整不能纠正运行参数不正常的变化，且该值超过遮断极限时，则 ATC 程序会将 ATC 控制方式自动转入操作员自动方式，并发出遮断状态报警。在此方式下，将保留 ATC 管理方式中全部的监视功能。

4.6.4　旁路控制系统 BPC

旁路控制系统（By-Pass Control System，BPC）是控制主蒸汽流过旁路的流量，以适应锅炉和汽轮机特定运行规律的控制系统。

1. 旁路控制系统的组成

汽轮机旁路控制系统的组成，如图4-8所示。它由旁路管道、减压减温阀及控制机构等组成，其作用是在机组启动阶段或事故状态下，将锅炉产生的蒸汽不经过汽轮机而引入下一级管道或凝汽器。汽轮机旁路系统是随发电机组的发展而产生和发展的，大型火电机组由于汽轮机和锅炉的工作特性不同而产生的机、炉之间配合不协调问题，可通过设置旁路系统来解决。

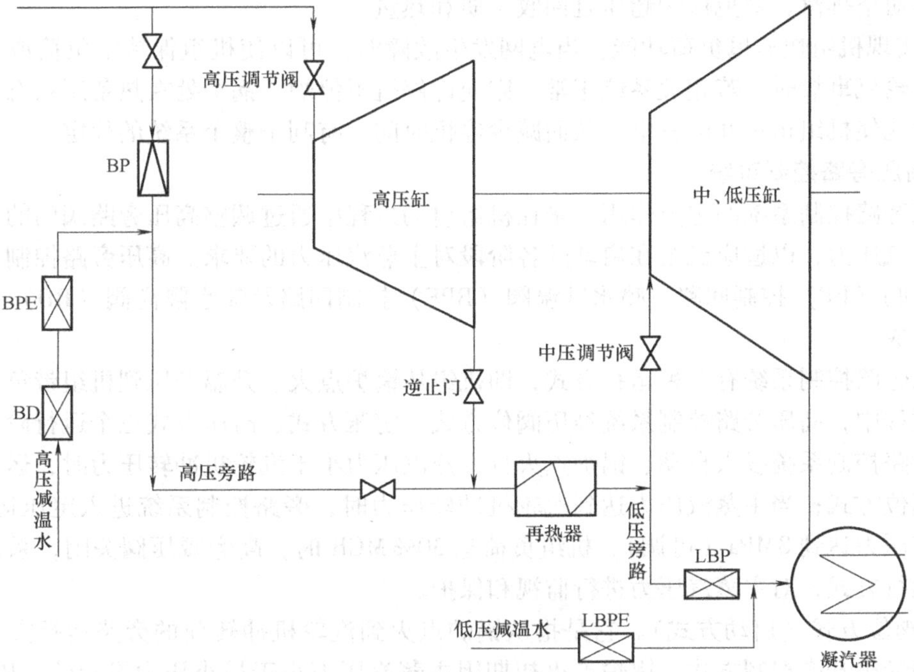

图4-8　汽轮机旁路控制系统

在旁路系统中，没有做功的主蒸汽和再热蒸汽将分别旁通到再热器和凝汽器，为了防止再热器超压、超温及凝汽器过负荷，必须对旁通蒸汽进行减温减压。在高压旁路中，BP是高旁减压阀、BPE是喷水减温阀、BD为喷水隔离阀，且高旁减温水为高压给水；在低压旁路中，LBP是低旁减压阀、LBPE为喷水减温阀，且低旁减温水为凝结水。

2. 旁路控制系统的功能

汽轮机旁路控制系统的主要作用是：协助机组以最短的时间完成热态启动；在机组甩负荷时，与锅炉和整机组配合，实现甩负荷后的某种复杂的运行方式，并进行锅炉超压防护。合理的旁路容量和完善的自动控制系统，可以配合机组协调控制系统完成机组的压力全程控制。

汽轮机旁路控制系统，应具有以下功能：

1）改善机组的启动性能。机组在冷态或热态启动初期，当锅炉输出的蒸汽参数尚未达到汽轮机冲转条件时，该部分蒸汽就由旁路控制系统最终转至凝汽器，回收汽水工质，适应了机组暖管的要求。特别是在机组热态启动时，设置旁路控制系统后，锅炉能够以较大的燃烧率、较高的蒸发量运行，加速提高蒸汽温度使之快速与汽轮机的金属温度相匹配，从而缩短机组的启动时间。

2）在机组启动时，可以控制主蒸汽压力和中压缸进汽压力，以适应机组进行中压缸启动、定压和滑压运行的要求。

3）启动工况或汽轮机跳闸时，旁路控制系统可保证再热器有一定的蒸汽流量，避免了再热器干烧，使其得到足够的冷却，从而起到保护再热器的作用。

4）当主蒸汽压力或再热蒸汽压力超过规定值时，旁路控制系统迅速开启进行减压，减少锅炉的对空排汽，避免锅炉超压且回收工质和热量。

5）实现机组快速甩负荷功能。当电网发生故障时，可以使机组保持空负荷或带厂用电运行；汽轮机事故时，若相关系统正常，则允许停机不停炉，锅炉处在热备用状态，以便故障排除后能使机组迅速并网发电，从而减少停机时间，有利于整个系统的稳定。

3. 高压旁路控制系统

高压旁路控制系统的主要作用，是在机组启动过程中通过调整高压旁路阀门的开度，来控制主蒸汽压力，以适应机组在启动的各阶段对主蒸汽压力的要求。高压旁路控制系统，由高旁减压阀（BP）控制回路、喷水减温阀（BPE）控制回路及喷水隔离阀（BD）控制回路三部分组成。

高压旁路控制系统有三种运行方式，即机组从锅炉点火、升温升压到机组带负荷运行至满负荷过程中，高压旁路控制系统经历阀位方式、定压方式、滑压方式三个运行阶段。

当旁路控制系统投入自动、锅炉点火且主蒸汽压力小于汽轮机冲转压力时，运行人员可以选择阀位方式；当主蒸汽压力达到汽轮机冲转压力时，旁路控制系统进入定压运行方式；当主蒸汽压力达到8MPa（可调），机组负荷达30% MCR时，高旁减压阀关闭，系统自动转入滑压运行方式，对主蒸汽压力进行监视和保护。

1）阀位方式（启动方式）。它是指从锅炉点火到汽轮机冲转前的旁路运行方式，开始阶段采用最小开度控制方式，锅炉点火初期因主蒸汽压力小于最小压力设定值，BP不能自动打开，而是通过预置一个最小开度来强制打开BP阀，最小开度可根据机组运行的情况确定，如25%左右开度。这时BP保持最小开度，蒸汽通过高压旁路流动，并经过再热器和低压旁路加热管路系统。当主蒸汽压力升高到最小压力定值时，控制回路维持最小压力定值，使BP逐渐开大，最后达到所设定的最大开度。此时，BP保持最大开度，随着主蒸汽压力的不断增加，其压力定值跟踪升高。

2）定压方式。当主蒸汽压力升高到大于2MPa的汽轮机冲转压力时，旁路控制系统自动转为定压运行方式。这时压力定值保持不变，以保证汽轮机启动时的主蒸汽压力稳定，实现定压启动。当主蒸汽压力和主蒸汽温度满足冲转要求时，汽轮机开始冲转升速，随着耗汽量的增加，BP阀相应关小，以维持机前主蒸汽压力在2MPa，在此压力下汽轮机达到中速暖机转速。在中速暖机结束后，操作人员将压力定值手动增加到3.5～4.0MPa、汽轮机升速至3000r/min。在机组并网并接带5%的初负荷时，旁路系统仍在定压运行状态，BP起调节主蒸汽压力的作用。当主蒸汽压力大于设定压力时，BP开大，反之BP关小。

随着锅炉燃烧率的增加，逐渐增加压力定值且BP逐渐关小，当主蒸汽压力增加到8MPa、BP蒸汽关闭时，此时系统自动进入滑压运行方式。

在定压运行方式下，压力的定值是由运行人员设定的，具体数值可根据机组运行的需要确定。

3）滑压方式：滑压方式运行时，主蒸汽压力设定值自动跟踪主蒸汽压力实际值，只要主蒸汽压力的升压速率小于设定的升压速率限值，且压力设定值总是稍大于实际压力值，这样就可保持旁路阀门在关闭状态。

在机组运行过程中，如果锅炉出口主蒸汽压力受到某种扰动，使其变化率大于设定的压力变化率（一般机组设定在0.5MPa/min），则BP会瞬间打开。扰动消失后，压力设定值大于实际压力，BP会再度关闭。BP阀一旦开启，滑压方式立即转为定压方式。

4. 低压旁路控制系统

对于高压旁路和低压旁路以串联方式构成的旁路控制系统，在机组启动过程中高、低压旁路必须协调动作，才能实现旁路控制系统的功能。在汽轮机冲转前，锅炉产生的新蒸汽经高压旁路进入再热器，再热器送出的蒸汽由低压旁路送至凝汽器。因此，低压旁路系统的运行状态会影响到凝汽器的安全运行，这是低压旁路控制系统运行过程中必须注意的问题。

根据中间再热机组的运行要求，再热蒸汽压力应与机组的负荷相适应，再热蒸汽压力随机组负荷变化而变化，这是再热蒸汽压力控制系统设计所必须遵循的原则。

在机组启动阶段、低负荷阶段或甩负荷时，低压旁路压力控制系统为定压运行方式，压力设定值为最小值，且最小值可由运行人员设定，以维持一定的蒸汽流量通过再热器。在机组额定负荷30%以上时，再热器出口压力设定值与负荷成正比，在此阶段低压旁路运行在滑压方式，低压旁路的压力设定值为再热器出口压力设定值加上一个小的限值，以保持低旁减压阀在关闭状态。再热器出口压力设定值，由实测的汽轮机调节级压力乘上一个系数后得到。该系数为机组100%负荷时，再热器出口压力设计值和调节级压力设计值的比值确定。

在机组启动初期，低旁运行方式为阀位方式，低旁减压阀与高旁减压阀相同，有一个最小开度值。当再热器出口压力低于最小压力时，低旁减压阀保持最小开度；当再热器出口压力高于最小压力时，系统进入滑压运行状态。如果再热器出口压力高于压力设定值时，将使低旁减压阀开度增加，使再热器出口压力与机组负荷相适应，即与代表机组负荷的调节级压力成比例变化。

为了防止汽轮机旁路运行时凝汽器过载，必须限制低旁的蒸汽流量。再热器出口压力一定时，低旁减压阀后压力越高，低旁流量越大。这里用低旁减压阀后的压力来代表低旁流量，当低旁减压阀后压力高于某一代表低旁流量上限的压力值时，此时操作台上最大蒸汽流量显示灯亮，并发出报警。

为了保护凝汽器，低旁减压阀的执行机构上还装有SSB快速行程开关。当出现凝汽器压力高、凝汽器温度高或凝结水压力低信号时，控制回路将使SSB动作，优先关闭低旁减压阀。

4.7 单元机组联锁保护

全厂联锁保护是单元机组自动控制系统的一个重要功能。它的任务是准确、及时地反映事故并加以正确的处理，以防止事故的扩大。从安全性出发，单元机组联锁保护系统常采用部分硬接线，形成与正常 DCS 控制相对独立的双重保护功能。大量的阀门、挡板及电动机操作都集中在控制室内，形成远方操作方式或计算机自动方式。DCS 将逻辑开关与模拟调节相结合，在逻辑开关中将顺序控制与联锁保护相结合，为机组全自动的启停及运行奠定了基础。

单元机组是一个有机的整体，当任一部位发生故障且危及机组安全运行时，热工保护系统必须发出相关指令，送至有关控制系统和被控设备，自动进行减负荷、投旁路系统、停机或停炉等处理，以确保机组的运行安全。

一般来说，单元机组所发生的带有全局性影响的事故，其保护方式主要有以下三类：第一类是全局性事故，如锅炉超压、炉膛灭火、送风机全部跳闸、引风机全部跳闸和锅筒严重缺水等，这时应立即停止机组的运行；第二类是锅炉运行正常，而机、电方面发生事故，如电网故障、汽轮机或发电机本体发生故障等，这时热工保护系统应使锅炉维持在尽可能低的负荷下运行，可使汽轮发电机跳闸，或者在一定的限制条件下，尽可能使汽轮机空载运行或自带厂用电运行，以便故障消除后快速恢复机组运行；第三类是锅炉主要辅机发生局部重大故障，如个别送风机跳闸、个别引风机跳闸等，而此时的汽轮机和发电机工作正常，这时锅炉必须减少燃料量，且机组应相应地减负荷运行。

综上所述，单元机组的热工保护系统可根据不同事故工况，采用不同的运行方式。且保护系统应能够分辨跳闸和联锁信号的正确性，并能快速响应正确的信号，执行相应的保护动作。为此，保护系统的设计应遵循以下原则：

1）每一跳闸回路都有足够的冗余度，以保证跳闸动作的正确性，减少误跳闸的可能性。对重要信号应设有三个冗余信号。

2）跳闸功能可进行在线试验。在试验过程中，保护功能仍有效。保护装置在机组正常运行时长期不动作。而一旦机组出现异常情况时，必须立即、可靠的动作，因此对热工保护装置应有必要的监视和试验手段，以确保热工保护装置本身动作的正确和可靠。

3）两个相互独立的跳闸信号，应分送至数据采集系统和硬接线报警系统，同时还需提供一个中断信号给跳闸事件顺序记录用，以便识别跳闸原因。

4）保护的总原则是在探测到机组运行所不能允许的故障时，仅使处于危险中的设备跳闸。因此，在保护系统失去逻辑电源时，不应使主设备跳闸。

5）保护的动作必须是单方向的，消除故障后的投入必须是人工操作，而不是自动恢复。

6）保护信号一般是长信号，即信号应确保保护动作的完成。

7）控制指令是最具优先权的，它可以闭锁其他自动装置的指令。

8）要设置稳定、可靠的投切开关。

4.7.1 单元机组大联锁保护

单元机组的锅炉、汽轮机和发电机是紧密联系的一个有机整体，且每一部分都设置有独立的保护系统，而任一部分的保护系统动作，都将影响其他部分的正常运行。因此，需要综合处理故障情况下的炉、机、电三者之间的关系。目前，大型单元机组采用具有较完整的逻辑判断和控制功能的专用装置进行处理，即单元机组的大联锁保护系统。

单元机组的大联锁保护系统，主要是指锅炉、汽轮机、发电机的主机之间以及与给水泵、送风机、引风机等辅机之间的联锁保护，并根据电网故障或机组主要设备故障情况，自动减负荷、投旁路系统、停机、停炉等进行事故处理。图4-9所示为炉、机、电大联锁保护的逻辑图。

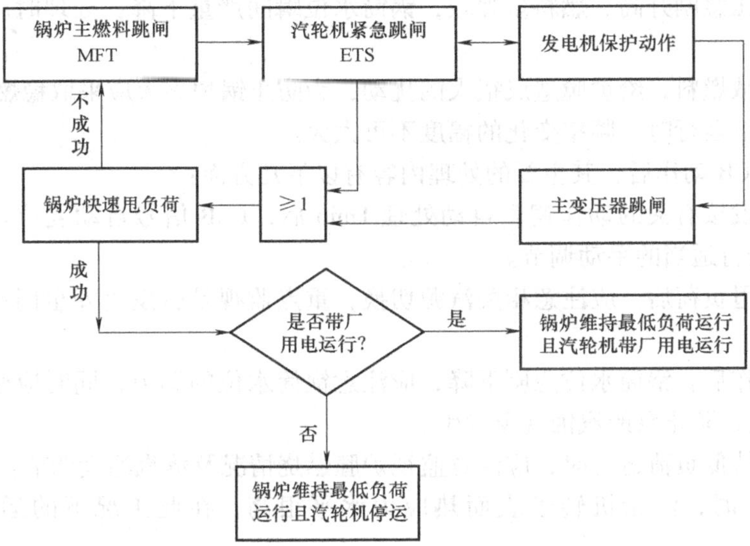

图4-9 炉、机、电大联锁保护逻辑图

1. 炉、机、电大联锁保护系统特点

1）当锅炉故障发生MFT时，延迟联锁汽轮机跳闸和发电机解列，以保证锅炉不超压及充分利用锅炉的蓄热。

2）汽轮机和发电机互为联锁，即汽轮机跳闸条件满足ETS动作时，将引起发电机解列；发电机跳闸条件满足而解列时，将引起汽轮机紧急跳闸。不论何种情况，都将产生机组快速甩负荷（FCB）保护。若FCB成功，则锅炉保持30% MCR低负荷运行。若FCB不成功，则锅炉MFT紧急停炉。

3）当发电机变压器组故障或电网故障时，将引起主断路器跳闸，导致FCB动作。若FCB成功，锅炉保持30% MCR低负荷运行，此时发电机有两种工况可以选择：当发电机变压器组故障时，发电机解列；当电网故障时，发电机可带5%厂用电运行。若FCB失败，将引起锅炉MFT，机组紧急停炉。

4）炉、机、电保护系统还设置有各自独立的控制回路，且与其他系统相互隔离，以免产生误操作。但炉、机、电的大联锁是直接动作，且不受人为干扰。

2. 机组快速甩负荷（FCB）

FCB是对机组运行过程的一种保护措施，当汽轮机或电气方面发生故障时，汽轮机脱扣或机组带厂用电运行，锅炉不停炉而带最低负荷运行，以便故障消除后机组能尽快恢复原出力运行，减小电厂事故的损失。FCB可分为5% FCB或0% FCB两种形式，5% FCB即机组甩负荷后带厂用电单独运行，0% FCB即停机不停炉的运行方式。

机组发生FCB时，全甩负荷或带厂用电运行，导致机炉之间的能量平衡严重破坏。故处理该事故时必须迅速、正确、有效，使机炉的能量平衡重新建立，且不能使参数波动过大。具体措施有以下几个方面：

1）FCB 发生时，机组大幅度甩负荷且锅炉汽压急剧上升，处理时应设法使汽压的升高减到最小程度。

2）由于汽压急剧升高、燃料量骤减，锅筒水位瞬间严重下降，处理时应尽量减小水位的波动程度。

3）由于急减燃料，给炉膛造成很大的扰动，为防止锅炉灭火应采取稳燃措施。

4）带厂用电运行时，频率变化的幅度不可太大。

机组发生 FCB 动作后，其主要的处理内容有以下几方面：

1）FCB 触发按有关的动作逻辑自动处理 1min 后，FCB 信号自动复位。此时，可根据现场实际情况进行适当的手动调节。

2）汽轮机甩负荷后，应注意相关汽源切换，重点监视是否发生安全门动作、水冲击等异常情况。

3）FCB 动作后，锅筒水位急剧下降，应注意锅筒水位的调节，同时应密切监视炉水泵差压的变化情况，防止泵的汽蚀现象发生。

4）锅炉维持低负荷运行时，应注意监视炉膛燃烧情况及蒸汽温度调节。

5）5% FCB 时，汽轮机转子表面热应力水平很高，在此工况下的运行时间不得超过 10min。

6）汽轮机重新启动时，应投入热应力控制，在热应力允许的范围内，迅速恢复机组负荷。

7）5% FCB 时，厂用电频率应在 48.5～50.5Hz 之间变化，同时需监视各辅机的运行状况。

3. 辅机故障减负荷（RB）

RB 是指当任何主要辅助设备突然故障而停运时，使机组负荷快速降低，达到即使没有这些停运的辅助设备也能使机组继续运行的地步。当送风机、引风机、一次风机、给水泵等重要辅机因故障跳闸时，机组快速减负荷至切除故障辅机后的最大实际出力。电厂的 RB 有 50% RB 和 75% RB 两类。

RB 动作的主要内容，有以下几方面：

1）当锅炉的主要辅机故障时，机组实际出力降至 50% MCR 或 75% MCR。此时，锅炉主控制器以每分钟 100% MCR 的减负荷速度急速降负荷至规定值，机组负荷控制切换为汽轮机跟随，主蒸汽压力由汽轮机调门控制。

2）当发生 50% RB 时，机组无法维持四台磨煤机运行。如此时炉内不投油，则磨煤机由上至下切换至三台运行；如炉内投油运行时，则磨煤机由上至下切换至两台运行。

3）当发生 50% RB 时，炉内燃烧工况受到较大扰动，各层煤粉燃烧器的点火装置由上至下以 15s 的间隙依次投入。

4）由于一次风机与送风机串联，送风机跳闸触发 50% RB 时，同侧对应的一次风机联锁跳闸。此时，为保护空气预热器及防止一、二次风向运行风机侧倒灌，同侧引风机也联锁跳闸，并关闭停止侧的所有风门和挡板。

机组发生 RB 动作后，其主要的处理内容有以下几方面：

1）RB 动作触发后，确认所有自动正常并在 90s 后，RB 信号自动复位。

2）注意监视蒸汽温度、水位和燃烧工况，必要时应进行人工干预。

3）快速查明 RB 动作的原因，尽快恢复机组的正常运行。

4.7.2　锅炉保护系统

1. 锅筒水位保护

锅筒锅炉在运行过程中，只有维持锅筒的正常水位才能确保机炉的安全。水位过高将减少蒸汽重力分离行程，破坏汽水分离效果，使蒸汽带水造成过热器中盐类沉积，恶化过热器工作条件，严重时还可能引起汽轮机水冲击，造成汽轮机断轴等恶性事故；水位过低时，锅炉水循环将被破坏，水冷壁的安全受到严重威胁。所以，锅筒水位保护的功能是在锅炉缺水时，能及时保护补充、避免“干锅”或烧坏水冷壁管，且当出现满水时能自动打开放水阀。当水位变化达到极限水位时，便停炉、停机、关闭主汽阀，防止设备的损坏。一般把水位偏差分为三个值，称为高Ⅰ、Ⅱ、Ⅲ值（+50mm、+150mm、+250mm），反之称为低Ⅰ、Ⅱ、Ⅲ值（-50mm、-150mm、-250mm）。其中，高/低Ⅰ、Ⅱ值为报警值，高/低Ⅲ值为停炉值。

当锅炉汽压过高致使安全阀开启时，由于蒸汽压力急剧下降，锅筒水位出现瞬时增高，这时不应送出水位高的保护信号。为此，通常在安全阀动作时要送出信号闭锁水位保护信号，一般延时 60s 左右闭锁该信号。

保护回路对水位的测量信号要求高度可靠，但只要对高/低Ⅰ、Ⅱ、Ⅲ值的 6 个点进行可靠监视即可。可选用电接点水位计发送水位开关信号。经现场测试，炉水电阻为 40～60kΩ、饱和汽电阻为 120～160kΩ，利用二者相差大的特点，水位开关由电触点电路和继电器组成。但其薄弱环节是电接点的工作条件恶劣，易出现泄漏、断路、连水导通现象。

为提高保护信号的可靠性，在逻辑上采取两个措施：一是对每个水位值取自 3 个不同的水位开关，构成“三取二”的逻辑系统；二是采取步进式鉴别方法，如第Ⅲ值最重要，且现场机组运行时如担心不可靠，则可在紧急停炉回路中串取Ⅱ值信号，在Ⅱ值信号中又串取Ⅰ值信号，这样组合后的信号也可提高可靠性。

为了验证保护系统能正常动作，要求在锅筒水位测量筒上能模拟发出水位高/低Ⅰ、Ⅱ、Ⅲ值信号。因此，对锅筒水位保护测量筒有特殊要求，即在测量筒上部加装排汽阀，下部加装排水阀，以便进行满水、缺水的动态试验。

2. 主蒸汽压力高保护

锅炉的锅筒、过热器、再热器以及蒸汽管道等承压部件在其设计压力和温度下工作，其各部件的钢材强度裕量很小，尤其是高温过热器基本在接近材料蠕变强度的状态下工作，短时间超压就可能会发生爆管事故。为了避免在燃料变化、操作失误或汽轮机甩负荷时，锅炉压力超限，电厂需装设主蒸汽压力高保护装置。在锅炉的蒸汽压力超过允许压力时，安全阀自动开启排放蒸汽，降低蒸汽压力，确保锅炉承压部件的安全运行。在安全阀排汽时，将发出声音报警，运行人员应采取必要的措施。在安全阀排汽降压到允许压力以下时，安全门将及时、自动的关闭。

对于大型锅炉来说，除了在锅筒上安装安全阀外，还需分别在过热器的出口集箱及再热器上安装安全阀，以防止蒸汽大量从装设在锅筒上的安全阀排出，从而导致过热器、再热器的蒸汽流量下降。极端情况下甚至没有蒸汽流过过热器和再热器，会导致设备的干烧。因为在安全阀动作时，并不意味着锅炉灭火，此时过热器、再热器将因为得不到足够的蒸汽冷却而烧毁。为了保证设备和人身安全，锅炉监督部门对锅炉安全门作了严格规定：通常情况下再热器安全阀动作压力最低，过热器安全阀动作压力为工作压力的1.02倍，锅筒控制安全阀的动作压力为工作压力的1.05倍，锅筒工作安全阀的动作压力为工作压力的1.08倍。

电厂安全阀的种类很多，如静重式安全阀、杠杆式安全阀、弹簧式安全阀、脉冲式安全阀等。不同的安全阀其整定参数也不相同，但各安全阀的控制电路原理基本相同。一般以改变压力表的触点位置来整定安全阀的启动参数。

安全阀通常划分为工作安全阀和控制（监督）安全阀，且不同的安全阀应采用不同的整定值。控制安全阀的动作参数，整定在较低水平上且要求灵敏度较高，需要时控制安全阀先动作，排放部分蒸汽，在某些情况下可以控制蒸汽压力不再升高，并同时发出超压报警。当蒸汽压力继续升高时，工作安全阀动作。由于工作安全阀和控制安全阀的总排放流量是按锅炉最大连续蒸发量设计的，因此安全阀同时动作时，确保锅炉压力一定不会超限。

对于单元制配旁路的主蒸汽压力高保护系统，当主蒸汽压力为高Ⅰ值时，保护系统发出报警信号。此高Ⅰ值信号与高Ⅱ值信号如同时发生，则停掉部分给粉机，切掉部分燃烧器或投旁路系统，使锅炉产生的蒸汽经旁路减温减压后回收。当出现机组部分甩负荷时，应立即切除部分燃烧器，同时投油以稳定燃烧，但通常因炉内燃烧强度不能立即减弱，仍会产生大量蒸汽而使压力继续上升，从而造成安全门动作。因此，一般在打开对空排汽门降压的同时，应投入旁路系统，经旁路减温减压后回收，以提高机组的热效率。

当发生机组快速甩负荷等情况时，锅炉汽压骤然升高达到高Ⅱ值，安全门将自动打开对空排汽，以防止承压设备的超压损坏。

3. 锅炉辅机联锁保护

锅炉辅机联锁主要是指燃烧系统和制粉系统的各辅机之间联锁。锅炉运行时各辅机之间的关系十分密切，如某一设备或某一环节发生故障，不但影响有关设备或环节的正常运行，还会导致锅炉燃烧工况异常、扩大事故、损坏设备甚至危及人身安全。在负压锅炉出现引风机停运后，若送风机继续运行，将造成炉膛正压向外喷火；煤粉锅炉送风机停运后，若给粉机、排粉机和磨煤机等设备没有及时停运，将造成输粉管堵塞、磨煤机堵煤等故障。为了保证电厂的安全生产，在锅炉燃烧及制粉系统各辅机之间应设置联锁保护，其作用有以下几方面：

1）利用设备间的联锁关系，加速故障的处理过程，防止出现误操作。

2）当工作系统（或设备）出现故障停止运行，或工作介质参数偏离设定值时，应及时自动投入备用系统（或设备）。

3）在某些设备发生故障或停止运行时，应根据设备和机组的安全运行要求，自动降低该设备负荷或停止相关设备的运行。

4.7.3 汽轮机保护系统

1. 危急遮断系统

危急遮断系统可分为两种形式：一是在机组运行中，为防止部分设备异常而造成机组严重损坏，设置自动停机危急遮断系统（AST），当机组运行中发生异常情况时，关闭所有进汽阀，立即打闸停机；二是超速保护控制系统（OPC），使高压调节阀门及中压调节阀门暂时关闭，减少汽轮机进汽量及出力，但不使汽轮机停机。因此，机组相应设置有自动停机危急遮断油路（AST油路）和超速保护控制油路（OPC油路）。

OPC油路仅控制高压调节阀和中压调节阀，当OPC电磁阀动作且OPC油路跌落时，单向阀被AST油路油压顶住，阻止了AST油路的泄油，且维持AST油路的油压，确保高压主汽阀和中压主汽阀全开。反之，当AST油路油压下跌，高压主汽阀和中压主汽阀关闭，同时两个单向阀被顶开，OPC油路通过两个单向阀泄油，高、中压调节阀同时关闭，且所有的抽汽阀也关闭，实现紧急停机。

超速保护控制系统是DEH控制器的OPC控制部分，通过OPC电磁阀来控制OPC油路，从而使高压调节阀和中压调节阀受到控制。

危急跳闸控制装置（ETS）的跳闸信号，可使AST电磁阀动作，从而使AST油路泄油，关闭各进汽阀。此系统中还包括机械超速部分和手动停机部分，当其动作时机械超速和手动遮断总油管的脱扣油泄压，且可通过隔膜阀使AST油路泄油，从而使所有进汽阀门关闭，实现机组紧急停机。

综上所述，自动停机危急遮断系统可分成两个层次：一是危急跳闸控制装置的跳闸电信号可使AST电磁阀动作，使AST油路泄油，所有进汽阀关闭，实现机组紧急停机；二是机械超速及手动停机部分，当其动作时可通过隔膜阀，使AST油路泄油，所有进汽阀关闭，进而使机组实现紧急停机，起到危急保护作用。

汽轮机在带负荷正常运行时，高压主汽阀、中压主汽阀分别在控制油压作用下处于全开位置。高压调节阀、中压调节阀分别在调节油压作用下，处于某一中间位置。

危急事故油压、危急速断油压、危急继动油压可统称为危急保安油压或保安油压。

危急遮断保护系统，对汽轮机运行的主要参数（如转速、振动、轴向位移等）进行连续监视。当被监视的参数超过规定值时，发出紧急停机信号，并使危急遮断装置动作，导致保安油压、主汽阀控制油压与调节阀调节油压相继跌落，从而使所有主汽阀、调节阀均快速关闭，实现机组紧急停机。

2. 危急跳闸系统

危急跳闸系统（ETS）是监视汽轮机的某些运行参数，当这些参数超过运行限定值时，该系统就可关闭高、中压主汽阀及高、中压调节阀。

ETS监视和保护的主要内容，包括以下几方面：

1）超速保护：当机组转速达到额定转速的110%时遮断机组。

2）轴向位移保护：以轴向位移的定位点3.56mm为基准，机头方向超过2.54mm或发电机方向超过4.57mm时，遮断机组。这种限定意味着极限位移离基准点位置两侧各只有1mm左右。

3）轴承供油低油压和回油高油温保护：轴承供油油压低到34.47～48.26kPa及回油油温高到82.2℃时遮断机组。

4）EH油低油压保护：EH油压低到9.31MPa时遮断机组。

5）凝汽器低真空保护：汽轮机的排汽压力高于20.33kPa时遮断机组。

（1）液压保安系统　在国产大型汽轮机上，液压保安系统的保护装置主要包括：超速遮断装置、磁力遮断器、手动遮断器及电超速保护装置。保护装置的动作是关闭高、中压主汽阀及调节阀。

1）超速遮断装置。超速遮断装置是由危急遮断器和危急遮断油门两部分组成，危急遮断器采用飞锤式或滑环作触发元件，它与汽轮机高压转子刚性连接。在机组处于额定转速时，飞锤（或滑环）的离心力小于弹簧约束力，飞锤不会逸出。当转子转速为额定转速的100%～112%时，离心力会迅速增加，且超过弹簧的约束力，飞锤向外逸出撞击超速遮断器的拉钩使其动作，遮断总油管的脱扣油全部泄掉，使高压主汽阀、调节阀及中压联合汽阀全部关闭，从而实现紧急停机。

2）磁力遮断器。磁力遮断器又称磁力遮断油门，俗称电动脱扣器。当机组发生下列任一情况时，磁力遮断器动作，泄掉AST油，实现紧急停机（以下为600MW机组的整定数值）：轴向位移至±1mm；高压缸胀差达+5.7mm、-3.7mm；低压缸胀差达+22mm、-3.7mm；凝汽器真空度低至50kPa；汽轮机超速14%；润滑油压低至0.049MPa；推力瓦温度大于107℃；支持轴承回油温度大于82℃；发电机主保护动作；紧急停炉联动汽轮机跳闸；防火油门动作联动汽轮机跳闸。

（2）汽轮机自动保护　为了保证汽轮机的正常启停及安全运行，除了液压保安系统外，还应设置大量的热工自动保护，如轴向位移保护、胀差保护、轴承温度过高保护、低油压联锁保护、低真空保护等。

1）轴向位移保护。汽轮机在启停和运行过程中，都存在轴向推力，且轴向推力由推力轴承承受。推力轴承由固定在主轴上的推力盘及工作瓦块、非工作瓦块等组成。推力瓦块上浇注乌金，且乌金一般厚度为1.5mm。当汽轮机轴向推力过大时，推力轴承过负荷且油膜被破坏，推力瓦块乌金融化，会使汽轮机转子、轴承之间的轴向间隙减小并发生摩擦，造成严重的设备损坏事故。故规定，当轴向位移至±0.9mm时，发出报警信号；当轴向位移至±1mm时，发出事故信号，并立即实施紧急停机。一般情况下，规定轴向位移向推力瓦工作面即发电机方向为“+”，轴向位移向推力瓦非工作面即汽轮机机头方向为“-”。

2）胀差保护。汽轮机在启动、暖机、升速、停机或工况发生剧烈变化时，都会因温度变化而引起转子与汽缸不同程度的热膨胀。由于汽轮机滑销系统设置有死点，汽缸在汽轮机启动受热膨胀时，可以向高压侧和低压侧膨胀。同样转子受热膨胀时，受推力轴承定位的限制，只能沿轴向低压侧伸长。转子被加热或冷却的速度相对较快，转子和汽缸之间明显存在着膨胀量不同，即存在相对膨胀或胀差。当机组带一定负荷稳定运行一段时间后，转子与汽缸受热逐渐趋于稳定，热膨胀值逐渐趋于饱和，胀差相应减少，最后达到某一稳定数值。在机组运行中，一般负荷的变化对热膨胀的影响不大，只有在负荷剧烈变化或主蒸汽温度不稳定时，才会引起温度大幅变化，对热膨胀产生较大的影响。

胀差保护主要是为了防止因机组在加热或冷却过程中，转子与汽缸膨胀程度不一致，造成叶片和隔板的碰撞事故。当高、中、低压缸相对膨胀量超过限值（各机组均有具体规定数值）时，保护装置立即动作，并实施紧急停机。

3）轴承温度过高保护。汽轮机的轴承分主轴承（又称支持轴承）和推力轴承。主轴承用于承受转子的重量，保持转子转动中心与汽缸中心一致，也就是保持转子与汽缸、汽封、隔板等静止部分之间一定的径向间隙。推力轴承用于承受转子的轴向推力，固定转子在汽缸中的轴向位置，也就是保持叶片与喷嘴之间、轴封的动静部分之间及叶轮与隔板之间有一定的轴向间隙。

汽轮机转子在作高速转动时，为减少转子与轴瓦之间的摩擦，必须向轴承内连续不断地供应压力和温度符合要求的润滑油。一是为了润滑轴承，二是为了冷却轴承，带走摩擦产生的热量，避免轴承因温度过高而烧毁。当轴承温度过高时，说明轴与轴承摩擦严重。为防止因轴瓦烧熔而造成严重的设备事故，一般规定当支持轴承温度高至65℃报警、高至75℃实施停机；当推力轴承温度高至80℃报警、高至95℃实施停机。

4）低油压联锁保护。汽轮机在正常运行时，由高压油泵供调速系统，主油泵供各轴承用油。当调速系统油压过低时，调速系统动作失灵；当润滑系统油压过低时，油膜被破坏，导致轴颈与轴瓦直接接触，轴承温度升高而烧坏轴瓦。因此，汽轮机必须设置低油压联锁保护装置。

5）低真空保护。汽轮机真空度下降，蒸汽在汽轮机内的焓降减少，从而使汽轮机出力下降且热经济性降低。一般机组真空度下降1%，汽轮机汽耗约增大1%～2%。蒸汽焓降的减少，还会增大级的反动度，导致轴向推力增大，推力轴承的负载加大。严重时，甚至使推力瓦块乌金烧毁。真空度下降还会使凝汽器排汽温度升高，造成低压缸膨胀变形，凝汽器冷却水管的应力增大，破坏凝汽器的严密性。

6）高压加热器水位保护。高压加热器水侧压力高，当加热器水侧管道因故破裂时，给水会立即涌入加热器的汽侧空间，并在短时间内使水位迅速升高，甚至会导致水经抽汽管道倒灌回汽轮机，造成汽轮机水冲击的严重事故。为此，高压加热器水位要进行联锁保护，其保护的要求如下：

① 高压加热器水位升至高Ⅰ值（如600MW机组为+38mm），发出报警信号。

② 高压加热器水位升至高Ⅱ值（如600MW机组为+88mm），开启事故疏水阀。

③ 高压加热器水位升至高Ⅲ值（如600MW机组为+138mm），解列加热器。

4.7.4 发电机、变压器的保护

组成电力系统的各电气元件在运行过程中，可能会出现各种故障或不正常的运行状态，影响电力系统的安全、可靠运行。严重时，甚至造成人身伤亡、设备损坏和大面积停电的事故。继电保护装置能反映电力系统中电气元件发生的故障或不正常运行状态，并动作于断路器跳闸或发出信号。被保护元件发生故障时，某些物理量将发生变化，如电流增大、电压降低、电压和电流的比值或相位变化等，继电保护能够反映这些物理量的变化，当突变达到一定值时，发出跳闸脉冲或信号。

发电机和变压器是电厂十分重要和贵重的电气设备，它们的故障将对系统的正常运行和供电可靠性造成影响。因此，必须根据其故障和异常情况，装设完善的保护装置。

1. 电力变压器的保护

电力变压器是电力系统中非常普遍和重要的设备，但由于各种原因其可能经常发生故障和出现异常运行状态。变压器的故障，可分为油箱内故障和油箱外故障。油箱内故障，主要包括：绕组的相间短路、匝间短路、绕组接地短路、铁心故障、内部引线故障等；油箱外的故障，主要包括：外部套管和引出线上发生的相间短路及中性点直接接地侧的接地短路等。

变压器的异常运行状态，主要包括：过负荷、油位降低、外部短路等引起的过电流、过电压，或低频率引起的过励磁、油温升高和冷却系统故障等。

为了反映变压器的各种故障和异常运行状态，必须根据变压器的容量和重要程度装设完

善的保护装置。变压器常设的保护有以下几种：

（1）纵差保护　纵差保护是电力变压器的主保护，保护范围为各侧电流互感器所包括的区域。它可以反映在该区域内发生的各种短路故障，动作后瞬时断开变压器各侧的断路器。

纵差保护的基本原理为基尔霍夫定律，把变压器、发电机等被保护电力设备看成是一个节点。当被保护的电力设备正常运行时，流入节点的电流等于流出节点的电流。若被保护的电力设备发生了故障，短路点变成新端子时，流入节点的电流不再等于流出节点的电流。纵差保护就是比较输入电流与输出电流的大小及相位而构成的保护。构成纵差保护需要在变压器的两侧装设电流互感器，电流互感器二次按环流法连接，反映电流差的差动继电器接在差动回路中。

由于变压器电压比的影响，在正常运行或外部故障时，流过变压器两侧的电流大小是不同的，为保证纵差保护能正确工作，必须适当选择变压器两侧电流互感器的电压比，使通过两侧电流互感器的二次电流大小相等。若流过差动继电器的电流为零则继电器不动作。实际上，由于变压器各侧的接线方式不同，各侧电流互感器型号、电压比及特性也不相同。有载调压会引起电压比变化，变压器空载合闸等情况下会出现励磁涌流等情况，使得即使变压器正常运行或外部短路时，差动回路中也会有不平衡电流。为防止纵差保护的误动作，其动作电流必须大于最大不平衡电流。当在保护范围内发生故障时，流入差动继电器的电流大于纵差保护的动作电流，纵差保护动作于跳闸。纵差保护不需要与相邻元件的保护，在整定值和动作时间上进行配合，故可构成瞬时动作保护。

变压器纵差保护复杂的主要原因，是由于其保护区内不仅存在电路，且存在非线性的铁心磁路。为此，对于超高压、大容量的变压器可采用分侧纵差保护，即把变压器的每个绕组作为独立的保护对象而分别采用纵差保护。分侧纵差保护不受励磁涌流、有载调压引起的电压比变化等因素的影响，其灵敏度高，但只有每一绕组都有两个引出端子时，才能采用此种保护方式。

（2）瓦斯保护　为了反映变压器油箱内的各种故障及油面的降低情况，应装设瓦斯保护。它包括轻瓦斯和重瓦斯两种，其中轻瓦斯保护动作于信号，而重瓦斯保护动作于各侧断路器跳闸。

气体继电器是构成瓦斯保护的主要元件，它安装在油箱与储油柜之间的连接管道上。当变压器油箱内部发生故障时，由于故障电流和电弧的作用，会使变压器油和其他绝缘材料受热分解而产生气体，故障越严重产生的气体越多、流速越快。因产生的气体较轻，它将从油箱流向储油柜的上部，瓦斯保护就是为反映上述气体而设置的。

瓦斯保护能灵敏地反映油箱内部的各种故障，尤其是在变压器发生铁心故障、匝间短路等情况下，当反映电气量的保护灵敏度不够时，则主要依靠瓦斯保护来切除故障。因此，纵差保护不能代替瓦斯保护。瓦斯保护不能反映油箱以外的套管及引出线等处发生的故障，所以瓦斯保护也不能代替纵差保护。只有瓦斯保护和纵差保护相互配合，才能快速而灵敏地切除变压器油箱内、外以及引出线等处发生的各种故障。

（3）变压器相间故障后备保护　变压器相间故障后备保护的保护范围延伸到母线或线路，保护定值和动作时间要和邻近元件的保护相配合。根据变压器容量、作用等情况的不同，可有以下几种实现方式。

1）过电流保护。这是最简单的一种后备保护，一般用于降压变压器。

2）低电压启动的过电流保护。该保护引入了低电压判断元件，只有当电流和电压元件同时动作，并经过一定的延时后才动作。对于升压变压器或容量较大的降压变压器，采用过电流保护灵敏度不能满足要求时，可采用低电压启动的过电流保护。

3）复合电压启动的过电流保护。在过电流保护的基础上，该保护增加了负序过电压元件和低电压元件，由两者共同作用。一般常用于升压变压器、系统联络变压器及过电流保护灵敏度不能满足要求的降压变压器。

4）负序电流及单相式低电压启动的过电流保护。该保护由负序过电流元件和单相式低电压启动的过电流保护组成，由负序过电流元件反映不对称故障，单相式低电压启动的过电流保护反映三相短路故障。

5）阻抗保护。变压器后备保护应首先选用比较简单的反映电压、电流变化的保护，当其灵敏度不能满足要求或根据保护配合需要时，才采用阻抗保护。阻抗保护一般适用于330～500kV 的大型变压器、联络变压器等。

（4）变压器接地短路后备保护　110kV 及以上中性点直接接地的变压器，应装设接地短路后备保护，以此作为变压器绕组、引线及其相邻母线或线路接地短路的后备保护。变压器接地后备保护，是电网接地保护的一个组成部分，所以要与相邻线路的接地保护在灵敏度和时间上相配合。

接地后备保护的实现方式与变压器的形式、中性点的运行方式及绝缘水平等有关。110kV 和 220kV 中性点直接接地的变压器，其接地后备保护常由两段式零序过电流保护构成，每段有两个时限，其中较短的时限用来缩小故障影响范围，如跳母联断路器。330kV 和 550kV 中性点直接接地的变压器，为降低保护动作时间并简化保护过程，高压侧零序过电流保护Ⅰ段可带一个时限跳高压侧断路器，Ⅱ段可带一个时限跳各侧断路器。

对中性点可能接地或可能不接地运行的变压器，应装设两种接地后备保护。一种是用于中性点接地运行时的零序过电流保护；另一种是用于中性点不接地运行时的零序保护。对于全绝缘变压器采用零序电压保护；对于分级绝缘且中性点有放电间隙的变压器，除了零序电压保护外，还要装设反映间隙放电电流的零序电流保护。零序电压保护作为间隙放电电流保护的后备。

（5）过负荷保护　变压器过负荷使绕组等温升过高，会引起绝缘老化、寿命降低。对400kV 以上的变压器，当数台并列运行或单独运行，并作为其他负荷的备用电源时，应装设过负荷保护。根据变压器的作用、电源数量和实际运行情况，过负荷保护可配置在变压器的一侧或几侧。如对于双绕组升压变压器，过负荷保护一般装设在主电源侧；两侧电源的三绕组降压变压器，三侧一般均装设过负荷保护。过负荷保护反映变压器对称过负荷引起的过电流，经延时动作于信号。变压器的过负荷电流在大多数情况下都是三相对称的，因此只需装设单相过负荷保护。对于无经常值班人员的变电站，必要时过负荷保护可动作于自动减负荷或跳闸。

（6）过励磁保护　对于大型高压变压器，由于其在额定电压下工作时的磁通密度接近于铁心的饱和磁通密度，且当频率降低或电压升高时，其工作时的磁通密度增大，铁心将饱和，使变压器励磁电流增大，造成铁心、绝缘介质等过热。因此，应装设过励磁保护。过励磁保护的动作特性应与变压器的过励磁倍数曲线相配合。过励磁保护通常分两段：在变压器允许的过励磁范围内，保护作用于信号；当过励磁超过允许值时，保护动作于跳闸。

（7）其他辅助保护　变压器后备保护中其他辅助保护，包括以下几方面：

1）变压器绕组温度过高且超过允许值时，动作于信号或跳闸。

2）冷却系统故障、油温升高超过允许值时，动作于信号或跳闸。

3）变压器油箱的压力释放装置动作，动作于信号或跳闸。

4）有载调压变压器的调压装置故障时，动作于信号或跳闸。

5）当出口断路器为分相操作时，还需装设非全相保护。

2. 发电机的保护

发电机既要承受机械振动，又要承受电流、电压的冲击。因此，发电机在运行中可能会发生各种故障和异常运行状态。发电机常见的故障包括：定子绕组相间短路、定子绕组匝间短路、定子绕组单相接地、励磁回路一点接地或两点接地及失磁等。发电机常见的异常运行状态包括：定子绕组过负荷、励磁回路过负荷、外部短路等引起的定子绕组过电流、逆功率运行、转子表层过热、失步、定子绕组过电压等。

针对各种故障和异常运行状态，发电机应设置完备的保护装置。为了减少机组停机次数，缩短恢复正常供电的时间，根据故障及异常运行状态的性质，其保护的出口动作方式有停机、解列灭磁、解列、减出力、发出声光信号和程序跳闸等几种。

发电机设置的保护，包括以下几方面：

（1）发电机纵差保护　容量为1MW及以上的发电机应装设纵差保护，它是发电机定子和引出线相间短路的主保护，瞬时动作于全停。由于发电机纵差保护两侧可以选用同电压等级、同型号、同电压比且性能相近的电流互感器，且不受励磁涌流等的影响，因此正常运行和外部短路时，流过差动继电器的不平衡电流比变压器纵差保护小、易实现，且正确动作率高。

发电机的纵差保护，不能反映定子绕组的匝间短路。而变压器绕组发生匝间短路时，可通过磁路耦合，改变各侧电流的大小和相位，使得变压器的纵差保护具有一定的反映其匝间短路的能力。但由于变压器分侧纵差保护是借鉴发电机纵差保护而来的，所以也不能准确反映匝间短路。为了能同时反映定子绕组的相间短路、匝间短路和定子绕组开焊故障，可采用不完全纵差保护。

该保护用于每相定子绕组具有多分支结构的发电机，中性点引出4个或6个端子，用来保护每相所用的电流互感器，一个接于发电机机端相电流回路，另一个接在发电机中性点侧每相的一个分支电流回路中。此时，引入该差动保护各相的电流为发电机中性点电流的一部分及机端电流的全部，所以称为不完全纵差保护。

（2）定子绕组匝间短路保护　发电机定子绕组的匝间短路，包括同一分支匝间和同一相不同分支间的短路。发生匝间短路时，短路环中的电流可能很大，若不及时处理可能发展成相间短路或接地短路。发电机尤其是大型发电机，应装设瞬时动作于全停的匝间短路保护。

定子绕组为双星形接线且中性点引出6个端子的发电机，通常装设单继电器式横差保护，作为匝间短路保护。它把定子绕组分成几部分，比较的是不同部分的分支绕组电流，所以称为横差保护，而纵差保护比较的是定子绕组首末两端的电流，同时横差保护还可以反映定子绕组开焊故障。对于中性点只有3个引出端子的大容量发电机的匝间短路保护，一般采用带负序功率方向闭锁、转子二次谐波电流式或零序电压式匝间保护。

(3) 定子绕组单相接地保护 为了保证现场人员的人身安全，发电机的外壳、铁心是接地的，若定子绕组与铁心间绝缘在某一处损坏，就会发生单相接地故障。由于发电机中性点一般都不直接接地，单相接地时的短路电流很小，故纵差保护不能动作。虽然单相接地瞬时电流不大，但接地电流会引起电弧灼伤铁心、破坏绝缘，若不能及时发现，可能发展为匝间短路或相间短路。单相接地时，定子绕组绝缘损坏及铁心烧伤程度与接地电流大小及持续时间有关。为确保发电机的安全，需采取措施减小单相接地故障电流。

可利用接地时产生的零序电流、零序电压、三次谐波电压等构成定子接地保护。当发电机直接与母线相连时，发电机单相接地时流过机端的零序电流较大，可采用反映零序电流的接地保护。利用三次谐波电压构成的接地保护，可以反映发电机绕组中性点侧的单相接地故障，且故障点越接近中性点，保护的灵敏度越高。利用基波零序电压构成的接地保护，当故障点越接近于发电机出线端时，其保护的灵敏度越高，但在中性点附近灵敏度差，有一定的死区。因此，将基波零序电压式和三次谐波电压式两种保护相组合，可构成100%的定子接地保护，称为双频式定子接地保护。

此外，还可利用外加电源的方式构成100%的定子接地保护。如附加一个低频电源，正常运行时定子回路对地绝缘完好，外加电源只产生很小的电流。发生接地故障后，定子回路对地绝缘受到破坏，外加电源可通过故障点产生较大的电流，使保护动作。

中小型发电机定子绕组一般不采用水内冷方式，靠近中性点附近的电位又不高，因此发生单相接地的可能性较小，允许中性点附近有一定的保护死区。因此，100MW以下的与变压器组成单元接线的发电机，可装设保护范围为90%的定子单相接地保护。对于100MW及以上的与变压器组成单元接线的发电机，由于其地位重要、价格昂贵、结构复杂、损坏后修复困难、停机时间长，尤其是水内冷机组，中性点附近定子绕组漏水造成单相接地的可能性大，所以对其定子单相接地保护的性能提出了更严格的要求，需装设保护范围为100%的定子单相接地保护。

(4) 发电机励磁回路接地保护 发电机转子发生一点接地时不会形成故障电流的通路，且对发电机不会产生直接危害。但如果接地故障不能及时排除，当某些原因引起转子对地电压升高时，可能造成励磁回路的另一点接地，从而形成两点接地。转子两点接地时，将流过相当大的短路电流，会烧伤转子绕组和铁心，由于部分转子绕组被短接，使转子磁场畸变，力矩不平衡，引起机组强烈的振动，且此时还可能引起轴系和汽轮机磁化，其后果相当严重。

中小型汽轮发电机可只装设供定期检测用的绝缘检查电压表，及正常情况下不投入运行的两点接地保护，不考虑装设一点接地保护。当用绝缘检查电压表发现一点接地故障后，再把两点接地保护装置投入，两点接地保护动作于全停。对于转子水内冷汽轮发电机和100MW及以上汽轮发电机，考虑到转子接地的可能性增大和机组重要程度较高，一般应装设转子一点接地保护和两点接地保护。在一点接地时发出信号，此时应加强检查、监视同时转移负荷，尽快停机检修。两点接地保护可在一点接地后再投入，动作于停机。

(5) 发电机失磁保护 发电机失磁是指发电机的励磁突然全部或部分消失。发电机失磁将对电力系统的运行造成很大危害。如失磁发电机要从电网中吸收很大的无功功率，以建立发电机的磁场，如电网系统无功储备不足，将引起系统电压下降，甚至可能造成电网电压崩溃。并且由于此时其他发电机会增大无功输出，可能使某些发电机、变压器等过电流，甚至使后备保护误动作。与此同时，由于有功功率的摆动和电压的降低，还可能引起系统的振荡。

失磁对发电机本身也会产生不良影响。如失磁后发电机转入异步运行，在转子回路中将感应出一定频率的交流电流，其损耗会使转子过热。当机组在高负荷时突然失磁，发电机将吸收大量的无功功率，会使定子绕组过电流。而为了防止定子绕组过电流，发电机所发出的有功功率与同步时相比将会有所降低。失磁还将使发电机端部元件过热、机组振动加剧等。因此，发电机尤其是大型发电机，应装设失磁保护。

发电机失磁的危害并不像内部短路那样可迅速表现出来，而汽轮发电机突然跳闸，会给机组本身及其辅机造成很大的冲击，并对电力系统造成扰动。故汽轮发电机如果失磁，则会危及系统的安全。如果高压母线电压严重下降，可能使电压发生崩溃时，失磁保护动作迅速断开发电机。如果失磁不危及系统安全，则失磁保护动作于断开灭磁开关、投入异步电阻、将有功负荷减少到允许值且切换厂用电源，尽量保持低负荷异步运行，如果不能在允许的异步运行时间内消除失磁原因，保护再动作于跳闸。

（6）发电机的负序过电流保护　电力系统发生不对称短路或三相负荷不平衡时，在发电机定子绕组中将会出现负序电流。负序电流在发电机气隙中建立与转子运动方向相反的负序旋转磁场，将在转子上感应出频率为100Hz的电流，由于倍频电流的趋肤效应，该电流主要在转子表面流过，可能使转子某些部分产生局部过热，甚至使护环受热松脱，导致发电机重大事故。为防止发电机的转子遭受负序电流的损伤，发电机尤其是大型发电机，需装设负序过电流保护，它实际上是对定子绕组电流不平衡而引起转子过热的一种保护。

发电机负序过电流保护的动作电流和动作时限，取决于发电机转子表层的负序发热情况及发电机承受负序电流的能力。一般50MW及以上的发电机应装设定时限负序过电流保护，可设两段动作于信号或跳闸。对于承受负序电流能力较差的大型发电机，如100MW及以上的汽轮发电机，应装设定时限和反时限负序过电流保护，动作于信号或跳闸。反时限特性的负序过电流保护，能与发电机的负序过热曲线较好地配合。

（7）发电机相间短路后备保护　为了防止外部短路引起的过电流，并作为发电机主保护的后备，需装设相间短路后备保护，可采用以下几种保护方式：

1）过电流保护。其灵敏度不高，常用于1MW以下的小型发电机。

2）复合电压启动的过电流保护。常用于1MW以上的发电机。

3）负序电流及单相式低电压启动的过电流保护。常用于50MW及以上的发电机。

4）阻抗保护。对大型发电机组，当其对后备保护的灵敏度和时限特性要求比较严格时，可以采用阻抗保护作为发电机的后备保护。

大型发电机一般和变压器组成发电机变压器组单元接线，主保护通常采用双重化配置。因此，后备保护可以进行适当的简化。

（8）发电机定子绕组过负荷保护　发电机尤其是大型发电机，由于定子材料利用率很高，其热容量和铜损的比值较小，且热时间常数也较小，容易因过负荷而使温升过高，影响机组的正常寿命。因此，应装设反映绕组发热状况的定子绕组过负荷保护。

对于非直接冷却方式的中小型发电机，定子绕组过负荷保护采用单相式定时限电流保护，经延时动作于信号或减出力。对于热容量裕度小的直冷方式的大型发电机，定子绕组的过负荷保护一般由定时限和反时限两部分组成。定时限部分一般动作于信号或减出力，反时限部分动作于解列或程序跳闸等。

(9) 定子绕组过电压保护　调速系统惯性较大的发电机，由于机组突然甩负荷等原因，导致转速急剧上升，发电机电压迅速升高，会使定子绕组绝缘损坏。因此，对于200MW及以上的汽轮发电机，应装设过电压保护且信号动作于跳闸。中小型汽轮发电机，一般不装设过电压保护。

(10) 逆功率保护　逆功率保护用于保护汽轮机设备，其核心元件是逆功率继电器。当主汽门误关或机、炉保护动作关闭主汽门而出口断路器未跳闸时，发电机将从电力系统吸收有功功率。这种逆功率工况对发电机并无太大危害，但由于残留在汽轮机尾部的蒸汽与叶片产生鼓风摩擦生热，尾部叶片有可能过热受损造成事故。因此，不允许在这种状态下长期运行，一般只允许运行几分钟。我国一般在200MW及以上汽轮发电机上装设逆功率保护，其延时通常分为两段：短延时发信号和长延时跳闸。

除了逆功率保护用的逆功率继电器外，还可再设一个逆功率继电器，用于实现发电机过负荷保护、过励磁保护、失磁保护和远后备保护等动作后的程序跳闸，即首先关闭汽轮机主汽门，待逆功率动作后，再断开断路器并灭磁，避免因主汽门未关而断路器先断开时，引起汽轮机飞车事故。

(11) 失步保护　对于中小型发电机，通常不装设失步保护。当失步时，由运行人员通过增加励磁电流、增加或减少原动机出力、局部解列等方法来处理。对于大型发电机变压器组和超高压电力系统，发电机和变压器的阻抗值增加，而系统的等效阻抗值下降，因此振荡中心常落在发电机机端或升压变压器的范围内，使机端电压随振荡而周期性地下降，导致厂用设备难以稳定运行，甚至处于制动状态，容易造成停机、停炉或炉膛爆炸。故发电机发生失步时后果严重，一般要求300MW及以上的大型发电机需装设失步保护。

失步保护动作后的行为，由系统安全稳定运行的要求决定。一般不要求立即动作于跳闸，应视发电机的具体情况采用不同的措施。例如：对于加速状态的发电机，应减少原动机的出力，必要时切除发电机；对于减速状态的发电机，在不致过负荷的条件下，应增加原动机的出力，必要时切除部分负荷；当失步振荡次数或持续时间超过规定，失步保护在振荡电流较小时，使发电机跳闸。

(12) 转子绕组过负荷保护　由于励磁回路故障或强励时间过长等原因，会造成转子绕组过负荷而引起发热。对于100MW及以上的采用半导体励磁装置的发电机，装设转子绕组过负荷保护，一般接于转子回路的直流电压侧。300MW以下的发电机，通常只装设定时限转子绕组过负荷保护，而对300MW及以上的发电机，转子绕组过负荷保护一般由定时限和反时限两部分组成。

(13) 其他保护　发电机其他方面的保护，可归纳为以下内容：

由于汽轮发电机低频运行会使汽轮机叶片疲劳而损伤，对汽轮机危害极大，故300MW及以上的汽轮发电机需装设低频保护，一般仅动作于信号而不跳闸；为防止水冷发电机断水，可装设断水保护；对频率降低和电压升高引起的工作铁心磁通密度过高，300MW及以上的发电机可装设过励磁保护，通常包括定时限部分和反时限部分；当发电机处于盘车状态而断路器误合闸时，发电机处于异步启动的状态，系统向定子绕组倒送大电流，转子上会出现滑差电流引起发热，且此时润滑油压低，转子急剧加速，极易损坏轴瓦，因此大型发电机需装设误上电保护，且信号动作于跳闸；在大型发电机变压器组并网过程中，为防止断路器断口闪络，需装设相应的断口闪络保护；为防止轴承绝缘能力降低，引起较大的电流流过轴承而造成其损坏，还需设置轴电流保护，它实际上是一种反映轴电流变化的过电流保护。

目前，在变压器和发电机等各种电气设备上，计算机保护技术已被广泛应用。与传统的保护相比，计算机保护体积小、功能全、灵活性强、性能稳定、可靠性高、运行维护工作量小且现场调试方便，同时利用计算机强大的逻辑运算能力和记忆功能，可改善保护性能、提高保护的灵敏性。例如，在计算机保护中，可将发电机模拟式纵差保护，发展为故障分量纵差保护；可采用故障分量负序方向保护，用以保护发电机绕组相间和匝间短路；可将模糊逻辑、小波变换等理论，应用在变压器纵差保护中以提高其性能；还可采用与励磁涌流无关的变压器主保护原理。

对于大型发电机变压器组，可装设包括主保护、后备保护和异常运行保护在内的两套计算机保护装置，每套保护装置的直流电源、电流互感器和跳闸线圈出口均各自独立，以确保安全可靠。

思 考 题

4-1 分散控制系统的控制功能有哪些？系统由哪几部分组成？
4-2 分散控制系统有哪些特点？
4-3 什么是数据采集系统？由哪几部分组成？
4-4 数据采集系统有哪些功能？
4-5 协调控制系统的基本任务是什么？
4-6 协调控制系统由哪几部分组成？
4-7 负荷管理控制中心的主要作用是什么？
4-8 机炉主控制器的主要作用是什么？
4-9 单元机组主控制系统一般设有哪几种运行方式？
4-10 顺序控制系统采用哪几级控制？
4-11 顺序控制的对象和控制的项目一般包括哪些？
4-12 顺序控制系统中的设备保护、设备闭锁各指什么？
4-13 锅炉炉膛安全监控系统主要由哪几部分组成？
4-14 锅炉炉膛安全监控系统的主要功能是什么？
4-15 锅炉点火前，为什么必须进行炉膛吹扫？
4-16 炉膛吹扫必须满足哪些条件？简述炉膛吹扫过程。
4-17 炉膛火焰检测的方法有哪些？何种方法适用于四角切圆燃煤锅炉？
4-18 什么是层火焰信号？
4-19 如何判断全炉膛失去火焰？
4-20 汽轮机数字电液控制系统有哪几种投运方式？
4-21 汽轮机数字电液控制系统具有哪些功能？
4-22 汽轮机旁路控制系统有哪些功能？
4-23 高压旁路控制系统有哪几种运行方式？
4-24 简述高压旁路压力控制系统的工作原理。
4-25 低压旁路控制系统由哪几部分组成？

4-26 炉、机、电大联锁保护系统的动作特点是什么？
4-27 FCB 动作的主要内容有哪些？
4-28 什么是 RB？RB 保护的主要内容有哪些？
4-29 锅炉锅筒水位保护的目的是什么？
4-30 锅炉主蒸汽压力高保护包括哪些内容？
4-31 危急遮断系统包括几种情况？
4-32 危急跳闸系统监视的项目和主要参数有哪些？
4-33 汽轮机设置哪些热工自动保护？
4-34 变压器常设置的保护有哪些？
4-35 发电机常设置的保护有哪些？
4-36 燃煤电厂火焰检查装置为什么不采用闭路电视技术？

第 5 章　单元机组试验

5.1　单元机组联锁试验

1. 单元机组联锁试验的目的

为确保新建或大修后的机组能正常、安全、稳定、连续的运行，需对单元机组进行联锁试验。通过对单元机组的联锁试验，来检验机、炉、电之间的协调保护功能，保证机组在故障情况下的设备安全。

2. 单元机组联锁试验的条件

DEH、ETS、DCS 控制系统具备投用条件，汽轮机润滑油系统已经启动且运行正常，EH 油系统已经启动且运行正常，确认发变组出口刀开关均在分闸状态。

磨煤机、一次风机、给煤机、送风机、预热器、密封风机送试验位，运行人员退出所有锅炉 MFT 条件，手动复位 MFT 并强制相关条件。仿真风量大于 30% MCR，仿真油泄漏试验完成，仿真火检冷却风炉膛差压合适，仿真一次风、二次风、引风机运行，仿真两台空气预热器运行，仿真炉水循环正常。

汽轮机和发电机送试验位，汽轮机具备挂闸条件，解除汽轮机低真空跳闸保护。

锅炉、汽轮机、电气均投入与机组联锁试验相关的保护。其中，锅炉侧投汽轮机跳闸联跳锅炉和发电机、汽轮机侧投锅炉跳闸联跳汽轮机、发电机侧投热工保护跳发电机。试验相关人员做好各项准备工作，并做好各项事故的预案。

3. 单元机组联锁试验的内容

（1）发电机跳闸，联跳汽轮机、锅炉试验　炉膛吹扫完毕后，复位锅炉 MFT 且汽轮机挂闸。检查汽轮机的 TV、GV、RSV 和 IV 动作正确，DEH 各阀位指示与就地状态一致。

合上发变组出口开关（两侧刀开关一定断开），热工仿真给煤机系统运行，电气仿真发变组差动保护动作，联锁汽轮机 ETS 动作且汽轮机跳闸，且汽轮机的 TV 和 GV 全关。汽轮机跳闸信号触发锅炉 MFT，锅炉灭火，且磨煤机、一次风机联锁跳闸。

MFT 首出原因为汽轮机跳闸且负荷大于 15%，汽轮机自动跳闸，TV、GV、RSV 和 IV 关闭，且汽轮机 ETS 首出原因为发电机故障。解除给煤机系统运行的仿真信号，解除电气仿真的保护，试验完毕系统恢复。

（2）汽轮机跳闸，发电机解列、锅炉 MFT 试验　炉膛吹扫完毕后，复位锅炉 MFT 且汽轮机挂闸，检查汽轮机的 TV、GV、RSV 和 IV 动作正确，DEH 各阀位指示与就地状态一致。

合上发变组开关，热工仿真给煤机系统运行，热工投入汽轮机任一跳闸保护（如低真空保护），汽轮机自动跳闸且 TV、GV、RSV 和 IV 关闭，汽轮机 ETS 首出原因为相应投入跳闸的热工保护名称。

由运行人员操作或由热工强制信号触发汽轮机 ETS 动作，跳闸汽轮机。汽轮机跳闸且 TV 及 GV 全关。汽轮机跳闸信号触发锅炉 MFT 锅炉灭火，且磨煤机、一次风机联锁跳闸。

汽轮机跳闸信号联跳发电机，发电机出口开关断开，MFT首出原因为汽轮机跳闸且负荷大于15%。解除给煤机系统运行的仿真信号，解除汽轮机跳闸保护，试验完毕系统恢复。

（3）锅炉跳闸，联跳汽轮机、发电机解列试验　炉膛吹扫完毕，复位锅炉MFT且汽轮机挂闸，检查汽轮机TV、GV、RSV和IV动作正确，DEH各阀位指示与就地状态一致。

合上发变组开关，热工手动模拟锅炉MFT保护，MFT首出原因为相应投入MFT保护名称。检查机组大联锁动作、汽轮机自动跳闸及TV、GV、RSV和IV关闭，且大机ETS首出原因为锅炉MFT，发变组开关自动跳闸。

（4）发电机手动解列，联跳汽轮机、锅炉试验　炉膛吹扫完毕后，复位锅炉MFT且汽轮机挂闸，检查汽轮机TV、GV、RSV和IV动作正确，DEH各阀位指示与就地状态一致。

合上发变组开关后，手动拉开发变组开关。发电机手动解列，联锁汽轮机ETS动作，跳闸汽轮机，TV及GV全关。汽轮机跳闸信号触发锅炉MFT，锅炉灭火，且磨煤机、一次风机联锁跳闸。MFT首出原因为汽轮机跳闸且负荷大于15%。汽轮机自动跳闸，TV、GV、RSV和IV关闭，且汽轮机ETS首出原因为手动解列发电机开关跳闸。解除给煤机系统运行的仿真信号，解除电气仿真的保护，试验完毕系统恢复。

5.2　锅炉试验

电厂的锅炉试验项目，主要包括锅炉水压试验、锅炉漏风试验、锅炉联锁及保护试验和安全门试验等。

5.2.1　锅炉水压试验

1. 锅炉水压试验的目的

水压试验用来检查锅炉承压部件的严密性，确保锅炉承压部件在正常运行时的可靠性。为此，新建机组或锅炉受热面大面积更换后，必须对其进行水压试验，且水压试验的压力应符合表5-1中的规定。

表5-1　锅炉水压试验压力对照表

项　目	工作压力 P/MPa	水压试验压力/MPa
锅炉本体	>1.6	$1.25P$
过热器	任何压力	与锅炉本体水压试验压力相同
省煤器	任何压力	$1.25P+0.5$

注：锅炉水压试验的水温，应大于5℃且小于70℃；再热器水压试验的压力为1.5倍的再热器工作压力；直流锅炉本体的水压试验压力，为过热蒸汽压力的1.25倍，且不小于省煤器进口压力的1.1倍。

2. 锅炉水压试验应具备的条件

锅炉本体及管道系统全部组装完毕，所有承压元件的焊接工作全部结束、胀接工作结束，无损探伤及有关检查项目合格，承压元件上各部件（勾钉、耳板等）均已焊接完毕。对于需要进行热处理的承压组件和元件，也应在水压试验前处理完毕。对于快装锅炉和立式锅炉可在锅炉房汽水管道安装完毕后，与系统水压试验一起进行。

在试验范围内，受热面及锅炉本体管道支吊架安装牢固，临时锅炉上水、升压、放水管道应安装完毕。管道、锅筒上全部阀门应按规定装齐，且需垫好垫片、拧紧螺栓。除排气阀以外，各阀门处于关闭状态。安全阀不能与锅炉一起进行水压试验，以防其损坏。

用来组合及安装水冷壁和锅筒用的一切临时加固件、支承件及支架应全部拆除，并清理干净。保证试压时锅筒、受热面及管道能自由膨胀。锅炉内部的锈污应彻底清理干净，锅筒内的工具、杂物等应全部运出，确认锅炉内部干净后将人孔封闭。清除锅炉焊缝、胀口附近的一切污物及铁锈，且需在胀口、坡口处搭设脚手架以便试压时进行检查。

水压试验时，锅炉上应安装不少于两块经校验合格、准确度不低于1.5级的压力表，试验压力以锅筒或过热器出口集箱处的压力表读数为准。现场准备好数量充足的照明设备，锅炉水压试验一般应在周围环境温度高于+5℃时进行，当环境气温低于+5℃时应有防冻措施。配备好试压人员，且熟悉试压的工艺及规程，明确各自分工范围，并作好详细记录。

3. 锅炉水压试验的内容

锅炉水压试验前，一般可对其进行一次0.2~0.3MPa的风压试验，风压试验合格后再进行锅炉水压试验。水压试验用水的温度应高于周围环境的露点温度，以防锅炉表面结露增加后续检查辨别的难度。但水温也不宜过高，防止发生水汽化和引起过大的温差应力。一般水压试验的水温维持在20~70℃，但最低不能低于5℃。

锅炉水压试验的一般规定为：对于胀接锅炉，最高试验水温不应超过60℃；对于焊接锅炉，最高试验水温不应超过70℃。水压试验的水质，应符合设备技术文件的相关规定，当无具体规定参照时应符合《电力建设施工及验收技术规范（火力发电化学篇）》的规定。对合金钢承压元件进行水压试验时，水温必须高于所用钢种的脆性转变温度。奥氏体承压元件水压试验时，应控制水中氯离子的质量浓度不超过25mg/L，如不能满足此要求时，水压试验后应立即将锅炉水渍去除干净。

锅炉水压试验时，锅炉上水应缓慢进行，上水时间应控制在2~4h之间，当水温接近环境温度时可加快锅炉的上水速度，水温高于环境温度时考虑到热应力的影响需缓慢上水。锅炉受热面上水时，应将系统内的空气排尽，待装设在锅筒上部的放空气阀溢水后停止上水操作，并关闭放空气阀。锅炉上水完毕后，先初步检查焊缝、胀口、人孔、手孔、法兰及阀门等处均无渗漏后，方可进行锅炉的升压操作。水压试验压力的升降速度一般不应大于0.3MPa/min，当压力升到工作压力的10%左右时（且不超过0.4MPa），就地对锅炉进行初步检查，不应有泄漏现象，必要时可对人孔、手孔、法兰等处的螺栓进行一次拧紧。待确认无任何泄漏后，可将压力升至工作压力，然后暂停锅炉升压，检查有无漏水或其他异常情况。若存在漏水或其他异常情况，需找出泄漏的原因，待锅炉卸压放水后进行处理，合格后再重新试压。若确认无漏水及其他异常情况，可继续升压至试验压力，在此压力下保持20min，然后降至工作压力进行全面检查。

当试验压力降至工作压力后进行检查，压力应维持不变，且应在承压元件的金属壁和焊缝处无水珠和水雾、胀口处不滴水珠，水压试验结束后应不发生残余变形，锅炉水压试验即为合格。水压试验过程中，检查发现的焊缝渗漏点，均应进行处理并修复。是否再作超压试验应视渗透数量和具体部位，由锅炉监察部门、业主和施工单位技术部门共同研究后决定。

水压试验合格后，应办理签证并及时放水。如锅炉的水压试验距锅炉的化学清洗时间超过30天，应按规定对锅炉采取防腐措施。

4. 锅炉水压试验的注意事项及相关安全措施

1）锅炉水压试验前应清理现场，保持工作场地的畅通，并停止与锅炉水压试验无关的所有工作。

2）锅炉试验压力必须按相关规定确定，不得任意加大或减小。

3）水压试验时，禁止在受压情况下敲打承压部件、攀踩受热面管道。

4）锅炉进行1.25倍工作压力下的超压试验时，在保持锅炉试验压力的时间内，不准工作人员进行任何检查，待压力降到工作压力后，方可进行检查。

5）锅炉带压检查时，现场应照明充足，且配备足够的行灯或手电筒。

6）省煤器单独进行水压试验时，应停止锅炉本体及周围一切无关工作。当水压试验压力在0.4MPa以上时，严禁对人孔、手孔及法兰等处的螺栓进行拧紧工作。

7）锅炉降压应缓慢，不得骤降压力。一般情况下降压速度应控制在0.2MPa/min，待压力降至0MPa后，方可开启锅炉的空气门进行放水。

5.2.2 锅炉漏风试验

1. 锅炉漏风试验的目的

检查燃烧室、制粉系统、冷热风系统、烟气系统等的严密性，并找出漏风部位以便进行修复和处理。

2. 锅炉漏风试验的条件

锅炉本体炉墙及灰渣井工作已全部结束，密封装置可投入使用，炉膛的风压表安装完毕并可正常使用，锅炉本体的人孔及门类等齐全并可封闭。

空气预热器、烟风道经内部检查合格，人孔、试验孔全部封闭。燃烧器一、二次风门操作灵活，且开闭指示正确，大风箱人孔封闭。所有风机检查完毕，且具备启动条件。

炉膛、风道内确认无人员及杂物，所有风机调节挡板和液力耦合器装置调试完毕，并验收合格。现场照明充足且无障碍物，保持现场通信畅通，并准备充足的白灰、火把、蜡烛或烟雾弹等。

3. 锅炉漏风试验的内容

锅炉漏风检查的重点为出灰口、炉墙门孔、各膨胀间隙伸缩缝及过热器后的烟道负压较大处，还应包括有炉顶穿墙管四周、炉顶与前侧炉墙接缝处等。

检查锅炉漏风的方法有两种，即正压法和负压法。

对燃烧室、烟道等部位，试验采用负压法。启动锅炉的引风机，并微开引风机调节挡板，使系统维持300~400Pa的负压，然后用火把、蜡烛或烟雾弹等靠近各接缝处或有疑问的部位进行检查，凡火、烟被吸附处则说明该处可能漏风。

对制粉系统、风道、空气预热器等部位，试验采用正压法。启动锅炉的送风机，使该系统维持在300~400Pa的正压。或先关闭引风机的入口挡板，启动送风机维持燃烧室50~100Pa的正压，然后将白灰放入送风机入口或将燃着的烟雾弹放入，凡有白粉外泄或冒烟处，说明该处存在漏风。

对现场试验中发现的锅炉泄漏部位，应及时做好标记和记录。对焊缝处的泄漏，现场一般可以进行补焊修复；对一般的缝隙的泄漏，现场可采用石棉与粘土调和成泥状来涂抹，或用沥青和碎石棉混合堵塞；设备结合面处的泄漏，现场一般用拧紧螺钉或者更换衬垫等方法来消除。

4. 锅炉漏风试验的注意事项及安全措施

试验人员需戴口罩和防风镜，封闭锅炉人孔时应确认内部无人，现场杂物应彻底清理干净，且锅炉漏风试验前要求所有工作应符合《电业安全工作规程》的要求。

送风机、引风机及一次风机的启停操作，应符合分部试验措施的要求，试验中运行人员应加强对辅机巡检，出现异常时应及时向试验人员汇报。如危及设备安全，应按照紧急情况作事故停机处理。试验人员在现场必须穿戴劳动保护用品，登高工作时应正确系好安全带，并至少有一人担负监护工作。对于现场噪声较大的场所，工作人员必须佩带耳塞。

5.2.3 锅炉联锁及保护试验

1. 锅炉联锁及保护试验的目的

检验锅炉联锁及保护动作的正确性，确保设备能够正常投入运行。

2. 锅炉联锁及保护试验的条件

1）现场地面清洁、烟风道内清理干净，临时无用的支架已拆除，现场照明数量充足。

2）送风机、引风机、一次风机、密封风机、空气预热器、电气（布袋）除尘器等设备，分部试验结束且能够正常投运。

3）各风烟道挡板，包括磨煤机入口风挡板、燃烧器入口风挡板均已试验结束，且位置正确并能远方操作。要求各风门挡板轴头有指示标记，大风箱及所有风烟道安装完毕且密封良好。

4）电气（布袋）除尘器、省煤器、空气预热器、磨煤机以及炉底等处的灰渣斗已封闭，相应的放灰阀试验结束。

5）磨煤机安装完毕，各部位密封工作完毕。

6）风烟系统所有热工、电气仪表经过校验且指示准确。相应的联锁保护、声光报警信号试验合格，试验时要配备辅机巡查人员。

7）公用系统如消防水系统、压缩空气系统、冷却水系统应具备投入条件。有关风门、挡板、油泵、气动阀、电动阀等电源和气源正常，开关及方向正常，无机械卡涩、阀杆及阀芯脱落等现象。

8）设备运行中的试验应做好局部隔离，不得影响其他运行设备的安全。对于试验中可能出现的问题，应做好事故预案。

9）锅炉联锁及保护试验宜在冷态下进行，且应按设计逻辑进行，不得任意修改，否则应有严格的审批手续。计算机控制的BMS、DAS、SCS、CCS系统上有关的监控操作、数据采集、信号显示能正确投入使用。

3. 锅炉联锁及保护试验的内容

锅炉启动前或MFT后，必须进行炉膛吹扫，否则不允许锅炉再次点火。在整个吹扫过程中，FSSS逻辑要监视一次吹扫及二次吹扫的允许条件。一次吹扫允许的条件是指FSSS进入吹扫模式所必须具备的条件；二次吹扫允许条件是指启动吹扫计时器所必须具备的条件。

在吹扫过程中，如果某个二次吹扫条件突然不满足，则吹扫计时器就会复位，而并不中断吹扫。但如果某个一次吹扫条件不满足，就会导致吹扫中断，且吹扫计时器复位。如果吹扫中断，操作员需重新启动吹扫程序。其中，二次吹扫条件主要为风量方面的要求，一次吹扫条件满足后，发指令将所有的二次风挡板置于吹扫位，二次吹扫条件满足后，开始吹扫计时。

对于电气开关设计上具备“试验”功能的辅机，动力电源开关改至“试验位置”，投入其控制电源。在进行联锁试验前，应先进行就地及集控室手动启、停试验，并确认合格。

一次吹扫需满足：锅炉 MFT，且 MFT 条件已不存在；至少一台送、引风机及空气预热器运行，所有火检探头均探测不到火焰，所有磨煤机停且出口门均关闭；所有给煤机停、一次风机均停、风量合适、炉膛压力合适。二次吹扫需满足：辅助风挡板在吹扫位。吹扫试验要求当条件满足时，开始吹扫，不满足时禁止吹扫。

锅炉启动后满足下列条件之一，锅炉 MFT 动作：手动 MFT、一次风机均跳闸、送风机均跳闸、空气预热器均停运、风量低、炉膛压力高Ⅱ值、炉膛压力低Ⅱ值、火检冷却风丧失、全炉膛灭火、燃料失去、再热器保护动作、给水流量低及脱硫系统故障停运。

锅炉 MFT 动作后，其他辅机动作需满足：联跳一次风机、联跳磨煤机、联跳给煤机、联关进油速断阀、联关减温水闭锁阀、磨出口门全关、二次风门自动全开置吹扫位、MFT 信号去 ETS、MFT 信号去脱硫、MFT 信号去除尘、MFT 信号去小汽轮机及 MFT 信号去旁路。

在锅炉启动时，需投入烟温探针。烟温探针要求温度升高后能及时退出，且探针的进、退应具有中停功能。

在试验结束后，需做好系统及设备的恢复工作。确认保护定值正确，同时应分析试验结果，并作好详细记录。

4. 锅炉联锁及保护试验的注意事项及安全措施

现场所有工作，均须符合《电业安全工作规程》要求及现场有关安全规定，确保现场试验工作安全、可靠地进行。在生产工作场所需配备足够的安全帽，并要求所有试验人员正确佩戴安全帽。试验期间，运行人员应加强巡检，出现异常应及时向试验人员汇报。若出现异常情况，则应立即停止试验并恢复原运行方式，待故障消除并经相关领导批准后，方可继续进行试验。

5.2.4　安全门试验

1. 锅炉安全门试验的目的

安全门是防止锅炉超压，保证锅炉安全运行的重要保护装置。锅炉一般在主蒸汽管道上对称布置有弹簧安全门和动力排放阀（PCV 阀）。根据《电力工业锅炉监察规程》的要求，机组在整套启动之前，必须对安全门进行热态下的调整校验，以保障锅炉的安全运行。调整校验的安全门，包括过热器安全门、过热器 PCV 阀和再热器安全门。

动力排放阀主要是电磁释放阀，它的整定压力比弹簧安全门的整定压力低，这样可在过热蒸汽侧超压时首先动作，起到先期警报作用。按照美国 ASME 规范的相关要求，动力排放阀和弹簧安全门的设计总排量，应大于 100% BMCR 的过热蒸汽流量。再热器安全门全部布置在再热器的出口，当安全门动作时可保证有全部流量的再热蒸汽来冷却再热器受热面，使再热器受到充分的保护。

安全门的主要整定数据，需按锅炉厂的设计要求设置。

2. 锅炉安全门试验需具备的条件

1）锅炉吹扫工作完成，蒸汽管道的严密性试验合格。

2）锅炉应具备点火条件，其各部件的膨胀间隙正确，膨胀指示器安装齐全，且冷态调整到零。

3）汽轮机盘车、真空及高低压旁路的试验完毕，并可随时投入。

4）安全门的安装要求绝对垂直，且现场需做到检修、调整、运行、维护方便，安全门排汽管中心线与安全门中心线间的距离不得大于设计规定值，排放管径合理且安装牢固，受热后不影响其膨胀。安全门受热后，不应有其他物件（包括排汽管）带来的附加热应力。每只安全门的排放管、疏水管应分别设计，不准两只或多只安全门共用或连接在一起共用，且疏水管内不得有积水。安全门就地平台、栏杆设施齐全，现场照明数量充足，便于试验人员安全工作。

5）厂家提供的出厂前校验安全门的技术数据表（每只安全门一份），其内容应包括型号、编号、起跳压力、回座压力、启闭压差及弹簧单位压缩力等。

6）现场准备量程为8MPa、40MPa 的标准压力表各一块，精度等级为0.5 级；准备好研磨用的胎模及研磨膏，准备好调整用的专用扳手及套管；准备一条 $\Phi20\sim\Phi25$mm、长 20m 以上的麻绳，待吹扫阀门时用；准备好压阀杆用的压块。

7）在校验前应由厂家负责派人到现场指导，对带有水压阀瓣的安全门，应将水压阀瓣拆除，并保证各部件出厂前原始位置不变，将结合面处理到出厂时所要求的表面粗糙度。

8）除盐水储备不少于 3000m^3，燃煤储备不少于 20000t。

3. 过热器安全门的整定

锅炉过热器安全门应在 70% ~80% BMCR 工况下进行，在整定安全门时升压速度不超过0.08MPa/min，安全门整定应按整定压力由高到低的原则进行。

升压过程中，校对就地压力表与集控室显示值。将过热器出口压力升到安全门起座压力的 80%左右时，保持压力稳定。在需整定的安全门上用绳子系在安全门手柄上，试拉安全门一次，用油压助跳辅助装置助跳安全门，计算助跳安全门起座时液压油的压力，当听到安全门起座的声音时，需快速准确的记录。

如果安全门的起座压力不符合要求，则需对安全门的起座压力进行调整。移去提升装置及手柄组件，松开调整螺栓锁定螺母。如果安全门起座压力低，则顺时针旋转调整螺栓；如果安全门起座压力高，则逆时针旋转调整螺栓。每次调整后，都需将锁紧螺母锁紧，以防止调整螺栓松动。最后将提升装置重新安装就位，重新进行试验。

过热蒸汽的起跳压力与设定压力的偏差不得超过±1%，重复上述步骤到安全门起座压力合格后结束。对过热器安全门的最低起座压力进行实校，以验证液压设定装置的准确性及安全门的回座压力。当安全门起跳后，减少锅炉的燃料量，降低蒸汽压力，直至安全门回座。如果安全门回座压力不符合要求，则可以通过对调整环的调整来处理。

在调节回座压力时，必须将蒸汽压力降低到安全范围内，从安全门旋下调整环定位螺钉。当回座压力高时，逆时针旋转调整环；当回座压力低时，顺时针旋转调整环。重新旋上调整环定位螺钉，在校验各项工作完毕后，将安全门的手柄重新安装。

4. 过热器电磁释放阀的整定

电磁释放阀静态动作试验步骤如下：

1）就地控制面板选择开关到手动位置，在就地控制面板将电磁释放阀打开、关闭，控制板开关上的指示灯相应点亮，电磁释放阀实现起跳和回座。

2）就地控制面板选择开关到AUTO位置，CRT控制版面将电磁释放阀打开、关闭，控制板开关上指示灯相应点亮，电磁释放阀实现起跳和回座。

3）就地控制面板选择开关到AUTO位置，BTG盘将电磁释放阀打开、关闭，控制板开关上指示灯相应点亮，电磁释放阀实现起跳和回座。

5. 再热器安全门的整定

在机组首次整套启动前，锅炉点火热态冲洗期间及进行机组旁路系统热态试验的同时，投用高、低压旁路来校验再热器的安全门。利用机组高、低压旁路调整再热器出口压力至安全门起座压力的80%左右时，采用油压助跳装置辅助整定安全门，且安全门整定应按整定压力由高到低的原则进行。

升压过程中，校对就地压力表与集控室读数。将再热器出口压力升到安全门起座压力的80%左右时，保持压力稳定。在整定安全门前，用绳子系在安全门的手柄上，试拉安全门一次。用油压助跳辅助装置助跳安全门，计算助跳安全门起座时的液压油压力，当听到安全门起座声音时，快速准确的记录。如果安全门的起座压力不符合要求，则需对安全门的起座压力进行调整。移去提升装置及手柄组件，松开调整螺栓锁定螺母。如安全门起座压力低，则顺时针旋转调整螺栓；如果安全门起座压力高，则逆时针旋转调整螺栓。每次调整后，都需将锁紧螺母锁紧，以防止调整螺栓松动，最后将提升装置重新安装就位。再热蒸汽的起跳压力与设定压力的偏差同样不得超过±1%，重复上述操作步骤直至安全门起座压力合格。

对再热器安全门最低起座压力进行实校，以验证液压设定装置的准确性及安全门回座压力。当安全门起跳后，锅炉减少燃料量、降低蒸汽压力，直至安全门回座。如果安全门的回座压力不符合要求，则可通过调整环的调整来处理。在调节回座压力时，必须将蒸汽压力降低到安全范围内，从安全门旋下调整环定位螺钉。当回座压力高时，逆时针旋转调整环；当回座压力低时，顺时针旋转调整环。重新旋上调整环定位螺钉，在校验各项工作完毕后，将安全门手柄重新安装上。

6. 安全门试验的安全措施

试验操作人员均应戴好防护用具，并应由熟练人员负责进行调整操作，且无关人员不得进入现场。在开始校验前，必须仔细检查安全门有无泄漏。当开始校验后，试验人员必须与安全门保持一定的安全距离，校验时不得任意敲打安全门。在起跳安全门操作时，若安全门至整定值时还未起跳，允许超压0.1MPa。否则须降压至80%的整定值才能进行相应的调整工作，然后再进行升压校验。若调整三次安全门试跳均不成功，需待安全门冷却后再校验。

试验时，运行人员需精心操作，维持锅炉工况的稳定，按要求及时调整汽压和水冷壁出口温度；各分工人员应坚守岗位、加强联系，并派专人监视、联系灯光信号及通信信号。

现场所有工作均须符合《电业安全工作规程》要求及现场有关的安全规定，确保现场工作安全、可靠地进行。在生产工作场所需配备足够的安全帽，并要求所有试验人员正确佩戴安全帽。在高温高压的汽水管道旁工作时，应戴手套、穿长衣裤及戴其他必要的防烫伤安全用具，并尽量减少在其周围工作和停留的时间。对于现场噪声较大的场所，工作人员需佩带耳塞。

5.3 汽轮机试验

汽轮机试验项目主要包括：DEH静态试验、汽轮机超速保护试验、主汽门和调节汽门严密性试验、汽轮机甩负荷试验及凝汽器真空严密性试验等。

本节所涉及的汽轮机试验，主要适用于驱动发电机的凝汽式汽轮机，其中某些条款也适用于非发电用途的凝汽式汽轮机，部分内容还适用于背压式汽轮机、抽汽式汽轮机及混压式汽轮机。

5.3.1 DEH 静态试验

1. DEH 静态试验的目的

DEH 是把计算机控制系统和液压控制系统的优点结合在一起，用于控制进入汽轮机的蒸汽流量。DEH 静态试验的目的：检查 DEH 的设计是否符合技术合同的要求，检查系统设备的安装质量是否符合设计图样及制造厂技术文件的要求，试验调整及检查各设备部件的特性是否符合制造厂的要求，最终确认 DEH 工作性能的正常、保护正确及能正常投入运行。

2. DEH 静态试验的条件

DEH 的管道和设备均已安装完毕，热工、电气等相关施工调整完毕，且仪表、标牌完整；EH 油系统的油质合格，经调试能够正常投入运行；润滑油系统经调试，能够正常投入运行；顶轴装置和盘车装置，经调试能够正常投入运行，控制室内监控盘 DEH 等相关功能好用；具有现场与控制室的通信设备（电话或对讲机），现场与控制室内有相关专业运行维护人员配合；高压油泵启动机头挂闸，DEH 投入运行。

3. DEH 静态试验的内容

控制室操作主汽门的开、关，检查各高、中压主汽门全开到全关过程中是否有卡涩及跳动现象。并核对 DEH 输入为 50%、100% 时，各汽门的实际开度值，并配合热工进行高、中压主汽门行程开关的调整。控制室操作各调节阀，检查并记录各高、中压油动机全开到全关过程中是否有卡涩及跳动现象。并核对 DEH 输入为 50%、100% 时，各阀门的实际开度值。在需要时，配合热工进行 LVDT 线性调整等工作。检验就地或远程控制的打闸功能，打闸后主汽门、调节气门及各段抽汽逆止门、电动门应联动好用。检查并试验各油动机截止阀、单向阀等阀门应好用。操作主汽门活动试验按钮，调整活动电磁阀后节流孔，使高、中压自动关闭器下降 10mm。

开启自动主汽门及高压调节汽门、中压调节汽门、低压油动机，就地打闸检查主汽门、调速汽门、低压油动机以及各段抽汽逆止门应迅速关闭。

阀门关闭时间的测定试验要求，EH 油温应在 35～50℃之间，控制室打闸功能好用，自动关闭器和油动机动作灵活。控制室内打闸信号线（用于打闸到汽门始动的延迟记录）接入记录装置。其试验合格的标准为，机组主汽门总的关闭时间小于 0.4s，调节汽门总的关闭时间为 0.5s。

机组 EH 油系统、润滑油系统投入运行，作振动大跳机试验。解除锅炉 MFT、真空低跳机保护，联系热工专业有关技术人员准备作振动大跳机保护。汽轮机挂闸，联系热工专业有关技术人员分别短接各轴承振动。轴承绝对振动或轴颈相对振动达 0.08mm 或瓦盖振动达 0.03mm 时，TSI 发振动大报警，光字牌发声光信号，光字牌发振动大报警信号。当任一通道的轴振幅大于等于 254μm 且另一轴振幅大于等于 127μm 时，TSI 发振动大跳机信号，这时汽轮机跳闸，试验后系统恢复。

解除与试验无关的跳机保护，作 EH 油压低跳机保护试验。就地缓慢开启相应试验块 1

号通道泄油门，注意试验块1号通道油压变化。当1号通道EH油压降至9.8MPa时，ETS柜发信号，保持1号通道低油压，开启2号通道泄油门；当2号通道油压降至9.8MPa时，汽轮机跳闸。用同样的方法，对2号试验块进行试验。试验完毕后，关闭试验块1、2号通道手动泄油门，机组保护恢复。

解除锅炉MFT、真空度低、发电机主保护动作跳机保护，作润滑油压低跳机保护试验。就地缓慢开启润滑油试验块1号通道泄油门，注意试验块1号通道油压变化，当1号通道润滑油压降至0.06MPa时，汽轮机跳闸。同样方法，缓慢开启试验块2号通道泄油门，当油压降至0.06MPa时，汽轮机跳闸。试验完毕后，关闭试验块1、2号通道手动泄油门，机组保护恢复。

作润滑油系统、顶轴系统、盘车装置的保护试验，通知电气启动直流润滑油泵，停止交流润滑油泵，并将交流油泵联锁投入。关小油压继电器来油门，缓慢开启油压继电器泄油门，当就地试验指示表油压降至0.07MPa时，交流润滑油泵联动且相应红灯闪光，复位“启动”按钮，就地检查泵出口压力及振动情况；停止直流润滑油泵联锁投入，继续开启润滑油压继电器泄油门，当就地试验指示表油压降至0.06MPa时，直流润滑油泵联动相应红灯闪光，复位“启动”按钮；断开直流润滑油泵联锁开关，停止直流润滑油泵，继续开启润滑油压继电器泄油门，当就地试验指示表油压降至0.03MPa时，盘车自动跳闸。

轴向位移大、胀差大、真空低等外接保护试验与振动大试验的条件和方法相同，在此不作详细说明。试验完毕后，应将系统恢复到试验前状态。

4. DEH静态试验的注意事项及安全措施

在生产工作场所配备足够的安全帽，要求所有试验人员正确佩戴安全帽。进入现场时，应注意警戒标志，对不符合规定的通道及明显危及人身安全的工作场所禁止进入，照明不良的场所不得进入和工作。电气设备必须有良好的接地，参加试验的所有工作人员应严格执行《电业安全工作规程》及现场有关安全规定，确保试验工作安全、可靠地进行。运行中发现设备或管道发生剧烈振动，以及运行参数明显超标等情况时，应立即中止试验并分析原因，提出解决措施。

5.3.2 汽轮机超速保护试验

1. 汽轮机超速保护试验的目的

为了确保超速保护装置动作的可靠性，在汽轮机安装完毕后、每次机组大修前后、甩负荷试验前、危急保安器解体检查后或机组运行超过2000h后，均应按有关规定进行超速保护装置试验。

2. 汽轮机超速保护试验前应具备的条件

汽轮发电机组空负荷状态下运行一切正常，保安操作箱检查合格，各保护和联锁均正常。准备好试验用的设备、仪器、工具和记录表格，系统周围清理干净、道路畅通、照明充足且备有足够的消防器材。机组在额定转速3000r/min下运行，确认交流润滑油泵、直流油泵均处于备用状态。汽轮机就地跳闸、远方跳闸、主汽门及调节汽门严密性试验合格，汽门关闭时间符合要求。汽轮发电机组带20% MCR负荷连续运行4h以上，且汽轮机的汽缸温度在300℃以上。

3. 汽轮机超速保护试验的内容

在 DEH 手操盘上，将机组超速保护试验钥匙置于试验位置，且在电调操作画面中，进入超速试验画面。

1）103%超速保护试验。要求主机交流润滑油泵运行，低油压联锁投入。机组快速减负荷至 0MW，同时联系电气运行人员解列发电机，将超速保护试验开关置“试验”位置。按下“103%”键且灯亮，设定目标值 3100r/min、升速率 50r/min，按“进行”键且灯亮，当机组的转速升到 3090r/min，OPC 应动作，且高、中压调节汽门迅速关闭，快速记录 OPC 动作转速。按下“103%”键且灯灭后，实际转速降至 3000r/min，阀位复位。

2）DEH 的 110%超速试验。要求主机交流润滑油泵运行，低油压联锁投入运行。机组快速减负荷至 5%MCR，同时联系电气运行人员解列发电机，将超速保护开关置“试验”位置。将 ETS 超速钥匙打至“抑制”位置，将机械超速试验手柄搬至适当的位置，并按下“110%”键且灯亮，设定目标值 3310r/min、升速率 50r/min，按“进行”键，当机组转速升到 3300r/min 时，DEH 电超速保护动作，TV、GV、IV、RSV 应迅速关闭。

3）ETS 的 110%电超速试验。要求机组主机交流润滑油泵运行，低油压联锁投入运行。ETS 电超速钥匙打至“投入”位置，将超速保护试验“危急遮断”键按下且灯亮，其余试验方法与 DEH 电超速相同。

4）机械超速试验。要求主机交流润滑油泵运行，低油压联锁投入运行。将超速保护试验开关置“试验”位置，按下“危急遮断”键且灯亮，将 ETS 电超速钥匙打至“抑制”位置，设定目标值 3340r/min、升速率 50r/min，按“进行”键，当机组转速升至 3330r/min 时，机械保护飞锤动作，记录机组的动作转速。TV、GV、RSV、IV 应迅速关闭且无卡涩现象，CRT 显示各阀位指示到零，汽轮机脱扣灯亮。当机组转速降至 3000r/min 时，机头就地挂闸、DEH 盘面挂闸，机组恢复 3000r/min，该试验需进行二次，二次试验的机组动作转速差值应不超过 18r/min。试验结束后，将 ETS 电超速钥匙打至“投入”位置，DEH 超速保护试验开关打至“投入”位置，机组重新并网加负荷。

4. 汽轮机超速保护试验的注意事项及安全措施

在生产工作场所配备足够数量的安全帽，要求所有试验人员正确佩戴安全帽。进入现场时注意警戒标志，对不符合规定的通道和明显危及人身安全的工作场所禁止进入，照明不良的场所不得进入和工作。

参加试验的所有工作人员应严格执行《电业安全工作规程》及现场有关安全规定，确保试验工作安全可靠地进行。超速试验时，应注意机组轴向位移、排汽温度、轴承温度、润滑油温和油压的变化。如在试验过程中可能或已发生设备损坏、人身伤亡等情况，应立即停止试验工作，打闸破坏真空紧急停机。调节保安系统试验时，一定要注意防火，要有足够的消防设备且处于随时可用状态。同时应作好相应的措施，防止机组检修时有泄漏油的情况发生。机组超速试验时，若达到机组跳闸转速而保护装置拒动时，要及时手动打闸。

5.3.3 主汽门、调节汽门严密性试验

1. 主汽门、调节汽门严密性试验的目的

为了检查主汽门、调节汽门的严密性程度，保证机组发生事故情况下，阀门能够快速关闭、截断汽轮机进汽、防止汽轮机超速。

2. 主汽门、调节汽门严密性试验的条件

主汽门、调节汽门的严密性试验，应在以下条件满足时进行：

1）机组真空需大于规定值。

2）DEH 在“操作员自动”的控制方式。

3）机组在3000r/min 空负荷稳定运行，交流润滑油泵、氢密封备用油泵应正常运行，且直流润滑油泵处于良好的备用状态。

4）发电机解列运行。

5）主蒸汽压力稳定在50% MCR 以上。

3. 主汽门、调节汽门严密性试验的内容

（1）主汽门严密性试验　解除“机跳炉”保护，维持锅炉稳定燃烧。具备试验条件后，在 DEH 手操盘上将超速保护试验钥匙置于试验位置，选择“主汽门严密性试验”键确认后该灯亮，检查各主汽门关闭情况。在主蒸汽压力为额定压力下，汽轮机转速降至1000r/min 为严密性合格；如主蒸汽参数低于额定值时，确定严密性合格的转速的计算式为

$$合格转速=\frac{p_1}{p_2}\times 1000 \tag{5-1}$$

式中　p_1——试验时主蒸汽的压力（MPa）；

p_2——额定主蒸汽压力（MPa）。

试验合格后，先手动打闸再重新挂闸，机组按热态启动，恢复机组转速3000r/min。

（2）调节汽门严密性试验　调节保安系统投入后，汽轮机空负荷运行，主蒸汽及再热蒸汽参数不低于额定参数的50%且真空正常，启动油泵运行。

试验在 DEH 手操盘上，将超速保护试验钥匙置于试验位置，在电调操作画面中进入超速试验画面，选择“调门严密性试验”键，确认后该灯亮，检查所有调节汽门全关情况，在主蒸汽压力为额定压力下，汽轮机转速降至1000r/min 为严密性合格。如主蒸汽参数低于额定值时，确定严密性合格的转速应按式（5-1）计算。

试验合格后，先手动打闸再重新挂闸，机组按热态启动，恢复机组转速3000r/min。

注意机组试验时，应尽量保持主蒸汽压力和真空的稳定。试验过程中，机组通过临界转速时注意振动情况。转速每下降50r/min，需记录一次时间、转速、蒸汽参数和真空值，一直记录到转速至合格转速时为止。转速下降过程中应注意润滑油压的变化，如果汽门严密性不合格，禁止启动汽轮机。

4. 主汽门、调节汽门严密性试验的注意事项及安全措施

在生产工作场所配备足够数量的安全帽，要求所有试验人员正确佩戴安全帽。进入现场时注意警戒标志，对不符合规定的通道和明显危及人身安全的工作场所禁止进入，照明不良的场所不得进入和工作。参加试验的所有工作人员应严格执行《电业安全工作规程》及现场有关安全规定，确保试验工作安全可靠地进行。

在进行严密性试验前，应启动备用高压油泵，交流润滑油泵连续运行，且直流油泵、顶轴油泵备用状态良好。试验过程中应监视汽轮机胀差、轴向位移、振动、缸温变化及主、再热蒸汽参数的变化，避免机组在临界转速附近长时间停留。如转速不能降至规定转速以下，应在停机后全面检查汽门并进行处理。试验时，检修、运行人员应设专人就地观察汽门的动作情况。

5.3.4 汽轮机甩负荷试验

1. 汽轮机甩负荷试验的目的

检验汽轮机 DEH 的动态特性，测取动态过渡过程曲线。检验机组甩负荷后，汽轮机调速系统能否有效控制机组转速。要求机组甩负荷后，转子最高动态飞升转速应不使危急保安器动作或电超速保护（如 ETS）动作，且机组甩负荷后汽轮机调速系统能使转速迅速稳定，并维持空负荷运行。考核机组及各辅机的设计、制造、安装、调试质量及其对甩负荷工况的适应能力。

2. 汽轮机甩负荷试验前应具备的条件

1）汽轮机调节系统静态试验合格，速度变动率为 4% ~5%、迟缓率小于等于 0.2%，调节系统各部件无卡涩现象，电调经甩负荷模拟试验。

2）高、中压主汽门关闭时间小于等于 0.3s，高、中压调节汽门关闭时间小于等于 0.3s，且高、中压主汽门和调节汽门严密性均能在额定参数下，将汽轮机转子转速降至 1000r/min 以下［非额定参数应符合式（5-1）的修正值］。

3）汽轮机超速保护装置良好，电超速动作值 110% 额定转速、机械超速保护动作值应在 109% ~111% 额定转速范围内。

4）机组各轴承振动在合格范围内，汽轮机高压缸排汽逆止门及各段抽汽逆止门动作灵活，除氧器及汽封备用汽源自动切换可靠，各加热器及管道上的安全门在超压时均能正常动作，除氧器事故放水门开关良好。

5）锅炉一、二级喷水减温系统的阀门开关灵活，且严密性良好。

6）热控系统有关汽轮机、锅炉、电气的热工自动、保护、联锁等装置整定数据正确，且动作正常。

为防止危急遮断器意外卡涩，在机组甩负荷前应进行危急遮断器喷油试验。高、中压主汽门和高、中压调节汽门活动试验正常，无卡涩现象且严密性合格。旁路处于热备用状态，旁路阀前、后管路疏水门在试验前 2h 左右开启暖管。涉及机组安全的自动装置设专人监护，一旦自动失灵，应立即手动干预。机组甩负荷前，汽轮机润滑油冷油器出口油温保持在40 ~45℃，凝汽器和除氧器保持较高水位，汽动给水泵的汽源需切换到辅助蒸汽或冷段供汽。

主蒸汽压力和温度、再热蒸汽温度及送、引风的调节，应切换为手动控制。

3. 汽轮机甩负荷试验的内容

汽轮发电机组甩负荷试验，包括 50% MCR 和 100% MCR。

（1）机组甩负荷试验前 2h 主要的工作及操作

1）机组负荷在 70% MCR 以下时，进行高、中压主汽门活动性试验及机组低油压保护试验。

2）辅助汽源可靠，启动锅炉可提供稳定的汽源，且旁路系统热备用（甩 50% MCR 时，旁路切换至手动控制）。

3）与地区调度员进一步明确试验的时间，通告“试验前 2h”。

（2）机组甩负荷试验前 1h 主要的工作及操作

1）保持机组拟进行试验的负荷，确定机组运行蒸汽参数。启动或停运相应的附属设备，汽动给水泵汽源切换至辅助蒸汽或低温再热蒸汽供给（甩 50% MCR 时，启动电泵并停止一台汽泵。给水改由一台汽泵和一台电泵供给)。

2）电气专业需确保厂用电供应的安全，或切换至备用变来带厂用电。

3）确认主汽旁路在自动状态（甩50%MCR时，旁路切换至手动控制），DAS系统及常规记录仪时间校对，通告“试验前1h”。

（3）机组甩负荷试验前30min主要的工作及操作　机、炉投入运行，设备情况确认良好，进行操作盘报警信号指示灯试验。根据蒸汽参数情况，减锅炉的燃料量，确认励磁电压调节器在自动位置，确认专用测试仪器准备工作全部结束，通告“试验前30min”。

（4）机组甩负荷试验前10min主要的工作及操作　保持机组的试验负荷及蒸汽参数，各岗位操作人员全部入岗。确认除氧器水位、凝汽器水位及补给水箱水位均正常。开启除氧器辅助汽源进汽门，切换汽轮机轴封系统由辅汽供汽，确认DEH控制在“自动控制方式”。确认机、炉、电各项可能引起跳闸的参数，均在规定范围内，并通告“试验前10min”。

（5）机组甩负荷试验前5min主要的工作及操作　保持机组频率在50±0.5Hz范围之内，记录人员进入各自岗位，记录甩负荷试验前的机组参数。电气操作人员进入岗位，并通告“试验前5min”。

（6）机组甩负荷试验前2min主要的工作及操作　根据机组试验负荷的情况，切除部分磨煤机，并通告“试验前2min”。

（7）机组甩负荷试验前倒计时主要的工作及操作　5s启动试验测量记录仪表，0s解列发电机，为防止锅炉超压，锅炉PCV预先开启。

（8）机组甩负荷后的动态应变操作　确认旁路自动开启，否则“手动”干预（甩50%MCR，旁路切换至手动控制)。监视主蒸汽温度、再热器温度，保持其在允许范围之内。监视汽轮机转速达到111%额定转速，而超速保护装置拒动时，应立即手动紧急停机，在汽轮机转速稳定后才可进行必要的调整，保持其额定转速。确认除氧器备用汽源投入运行、汽封汽源正常、运行系统中各泵工作正常。监视汽轮机防进水系统各测点温度值，当确认有水倒流入汽缸时应立即停机。确认汽轮机轴向位移、胀差、轴振动、推力瓦及支持轴承温度、高压缸排汽温度及低压缸排汽温度稳定，凝汽器真空在允许范围内。

试验测试项目全部完成后，机组空转稳定运行，并通告“试验结束”。机组甩负荷试验结束后，应根据需要来决定发电机是否重新并网。

4. 汽轮机甩负荷试验的注意事项及安全措施

试验时设专人监视汽轮机的转速，当转速达到111%额定转速而危急遮断器未动作时，应立即打闸停机，并破坏真空，切断一切可能进入汽缸的汽源。机组甩负荷后，如调节系统严重摆动，无法维持空转运行时，应立即打闸停机。当机组振动超限时，应立即打闸停机。

注意主、再热蒸汽压力的监视和调整，注意调节级温度、高压缸排汽温度和低压缸排汽温度变化。当参数超过限定值时，应立即打闸停机。主、再热蒸汽温度变化剧烈且超过规定值时，应立即打闸停机。

机组甩负荷后，若旁路“自动”失灵，应立即切换至手动开启。机组甩100%MCR时，为防止锅炉超压，应预先开启PCV排泄部分汽量，同时相应减少锅炉的燃料量。机组甩负荷试验期间，一旦锅炉灭火应严格执行炉膛吹扫程序后，方能重新点火。

运行人员应做好厂用电全停、锅炉超压事故的预案。机组甩负荷时引起系统的周波和电压波动时，要有相应的处理措施。当机组甩50%MCR后，转速超调量大于等于5%时，则应中断试验，不再进行机组甩 100% MCR 试验。

5.3.5 凝汽器真空严密性试验

1. 凝汽器真空严密性试验的目的

为检查凝汽器铜管的胀管质量，检查凝结器与低压缸连接的质量，即对真空系统灌水进行严密性检查。

2. 凝汽器真空严密性试验应具备的条件

1）凝汽器本体及其附件安装完，且内部清理干净，底部临时支承完好，各疏水至凝汽器管道安装完毕。

2）从凝汽器底部至运转层，接一透明的塑料管来监视水位。

3）所有与汽轮机连接的管道、阀门及严密性检查范围内的管道与设备，均安装完好并经检查合格，但坡口和法兰不得保温。从工业水坑接一路临时管道至凝汽器底部放水阀作为上水管道。循环水坑内排污水管道安装试运完毕，排污泵试运良好，具备排水条件，否则应接临时潜水泵。关闭凝结器底部另一只放水门、凝结水泵出口电动门、凝结水含盐量取样门、凝结水泵放气门、抽真空阀门、凝结水最小流量再循环门、本体疏水扩容器减温水门、凝结器水幕保护喷水门、低旁三级减温水门、轴加风机入口蝶阀、大小机轴封汽至轴加风机阀门、凝汽器壳侧补水门、真空破坏门、相关设备及管道至无压放水母管控制门。

3. 凝汽器真空严密性试验的内容

打开临时上水门，缓慢注水并监视好水位。注水的高度至汽缸汽封洼窝下 100mm 后停止注水，检查所有处于真空状态的容器、管道、阀门法兰结合面、焊缝、堵头、插座和接头等，检查凝结水泵的连接法兰，与真空系统连接的阀门及 U 形水封管的外露部分等，检查凝汽器铜管及其胀口、与凝汽器连接的排汽缸接口、疏水扩容器及其他设备均应无泄漏。试验合格后办理签字认证手续，打开底部放水门，利用排污泵排走循环水坑内积水。

4. 凝汽器真空严密性试验的注意事项及安全措施

注水时严格检查各系统，发现泄漏点应及时处理。在疏水最高水位处做明显标志，水位不得超高。各试验人员应统一听从指挥、各司其职、坚守岗位、保持通信畅通、发现问题及时解决。夜间试验时，应有充足数量的照明设备，保持道路畅通，且沟道盖板已盖好。试验后，及时放掉管内积水，如使用临时潜水泵排水，必须装设漏电保护器和就地开关，并由专人监护和操作。

现场所有工作均须符合《电业安全工作规程》要求及现场有关安全规定，确保现场工作安全、可靠地进行。

5.3.6 水泵联锁试验

1. 水泵联锁试验的目的

水泵联锁是一种对给水系统的保护，目的是保证给水系统工质压力的正常。在机组大修后、启动前要作水泵联锁试验。水泵联锁试验的目的，是检验系统各种表计，应投入完好，且操作员站和就地指示正确，检验水泵启停正常且联锁投入正常。

2. 水泵联锁试验的条件

现场照明设备数量充足、道路畅通，且备有足够的消防设施。系统安装完毕后，有关阀门开关试验结束，且各阀门开关满足要求。热控仪表安装完毕且指示正确，测量系统校核、控制定值设定结束，且电动机试转正常。油站油箱检查完毕，充入合格的润滑油至正常油位。用过滤器进行油箱内部闭路循环冲洗，直至油质合格。油泵在操作员站应具备手动启、停的条件，油冲洗期间最好实施油温交变冲洗。油冲洗期间，应实施油管路、弯头及焊接处振打，且板式过滤器应配合进行过滤。油循环的油质应符合《电力建设施工及验收技术规范》。油系统经化验合格后，进行轴承清扫和恢复，装入轴承进油节流孔板。启动油泵进行油系统再冲洗，定期检查滤网。

3. 水泵联锁试验的内容

当两台泵作联锁试验时，将一台泵投入运行，另一台泵备用且联锁投入，停止运行泵，备用泵随之启动。之后将备用泵投入运行，运行泵转备用状态且联锁投入，方法同上。三台或以上的泵，其联锁试验也按照此方法进行。

当两台泵作联锁试验时，将一台泵投入运行，另一台泵备用且联锁投入，当运行泵出口压力过低时（利用厂家提供的调压开关实现），备用泵随之启动。三台或以上的泵，其联锁试验也按照此方法进行。

4. 水泵联锁试验的注意事项及安全措施

注意泵的转速、流量、压力及电流之间的变化关系，且电泵在合闸后 2s 内不能转动，应立即停止启动。电泵启动时，就地事故按钮处设专人看护，如发生异常情况，应立即停泵。若电泵跳闸，须查明原因不得盲目再次启动。

电泵联锁试验时，要求统一指挥，控制室与就地通信畅通。当出现如威胁人身及设备安全的情况、保护定值超限而保护未动作、水泵内部有明显摩擦声且电流增大、油系统漏油且无法补偿、各轴承振动增大、给水管道突然破裂等情况时，应进行紧急停泵操作。

5.4 电气试验

电气试验项目主要包括：电力系统稳定器现场整定试验、AVC 系统试验、励磁系统试验、励磁系统建模测试试验及蓄电池组带大负荷试验等。

5.4.1 电力系统稳定器现场整定试验

1. 电力系统稳定器现场整定试验的目的

随着电力系统的规模、电厂单机容量的不断增大及快速励磁系统的广泛采用，电力系统低频振荡的问题越来越突出。尤其是全国电网联网以后，阻尼情况较联网前明显恶化。在这种情况下，将系统中有关发电机的电力系统稳定器（PSS）投入运行，可以明显改善系统的阻尼情况。

电力系统稳定器现场整定试验的目的是，检查电力系统稳定器的设计是否符合技术合同的要求。电力系统稳定器试验，可以调整及检查各设备部件的特性，观察电力系统稳定器能否正常、可靠工作。

2. 电力系统稳定器现场整定试验的条件

试验机组和励磁系统处于完好状态，调节器除 PSS 外，所有附加限制和保护功能投入运行，与试验机组有关的继电保护投入运行。励磁调节器制造厂家的技术人员，需到现场确认设备符合试验要求。试验人员应熟悉相关试验方法和仪器，检查试验仪器工作是否正常。试验时，发电机保持有功功率为额定值，机组的无功功率在30MW左右。试验机组的AGC、AVC退出运行。试验时，励磁调节器单通道运行而另一套备用。本试验需励磁调节器厂家的技术人员到现场配合完成。

3. 电力系统稳定器现场整定试验的内容

试验时，将发电机三相电压信号（PT二次），A、C两相电流（CT二次）信号，发电机转子电压（励磁绕组一次母线）、转子电流（分流器）接入WFLC录波仪。试验时，记录发电机的电压、有功功率、发电机励磁电压等信号。将动态信号分析仪的白噪声信号，接入励磁调节器的TEST输入端子。

1）在PSS输出信号迭加点输入白噪声信号（PSS退出运行），用动态信号分析仪测量发电机电压对于PSS输出信号迭加点的相频特性，即励磁系统无补偿特性。此过程发电机励磁电压波动较大（大约10%额定励磁电压），其他量无明显波动，机端电压波动小于1%。

2）PSS超前滞后整定，根据励磁系统无补偿特性和PSS的传递函数，计算PSS相位补偿特性进而整定PSS参数。

3）有补偿特性试验（结合现场有条件时完成）在PSS投入运行的情况下进行，在PSS的信号输入端输入白噪声信号，用动态信号分析仪测量发电机电压对于PSS信号输入端的相频特性，校验PSS补偿特性的正确性。此过程发电机励磁电压波动较大（大约为10%的额定励磁电压），其他量无明显波动，机端电压波动小于1%。

4）PSS临界增益测量：逐步增加PSS的增益，观察发电机转子电压和无功功率的波动情况，确定PSS的临界增益，PSS的实际增益取临界增益的20%～30%。

5）发电机电压给定阶跃试验，需在PSS投入和退出两种情况下进行并录波，阶跃量根据发电机有功的波动情况进行调整，但一般不超过额定电压的4%，比较PSS投入和退出两种情况下有功功率的波动情况，如有需要可对PSS的参数进行调整。阶跃过程中，发电机无功功率大约波动30MW左右，每次波动时间小于10s，且重复多次。试验合格后，将最终的PSS参数写入另一套调节器。然后切换到另一套调节器运行，重复发电机电压给定阶跃试验。

6）PSS反调试验在PSS投入的情况下，按照运行时可能出现的最快调节速度进行原动机功率调节（增加和减少各20MW），观察发电机无功功率的波动即反调情况。

4. 电力系统稳定器现场整定试验的安全措施

试验前现场应进行技术交底，参加试验人员应熟悉试验方案。发电机继电保护和励磁调节器各功能（除PSS外）均投入运行。做好励磁调节器备用通道的跟踪和切换准备工作。试验接线，应防止PT短路、CT开路，由熟悉励磁调节器的电厂检修人员或制造厂人员进行励磁调节器的操作。发电机负载电压阶跃试验中的阶跃量应小于3%～4%，试验中如发生有功功率振荡时，应停止PSS试验，且退出PSS运行，如继续振荡则切换到手动方式运行，或减少有功功率至振荡平息。

试验前，电气运行人员应做好失磁、过电压、发电机跳闸、发电机振荡等事故预案。测频率特性时，要保证在迭加信号被屏蔽的情况下，进行接线或拆线，防止试验端子开路可能造成的发电机强励或失磁。试验过程中，要求统一指挥，且通信畅通。动态信号分析仪电源必须可靠、接线牢固，且插座接触良好。现场试验接线及临时措施，应由指定班组负责连接、拆除及恢复，并由电科院相关人员负责检查确认。

5.4.2　AVC 系统试验

1. AVC 系统试验的目的

检查调度端 AVC 主站与本地 AVC 设备之间通道的连接是否良好，并验证本地 AVC 装置在省调 AVC 主站遥调控制情况下，跟踪系统电压的特性是否良好，并使该系统投入运行。

AVC 系统由调度端主站下发调节计划曲线，AVC 装置按无功优化算法，成组分配机组无功功率后，由 AVC 装置发出增、减无功功率的遥调命令。AVC 系统调节流程如图 5-1 所示。

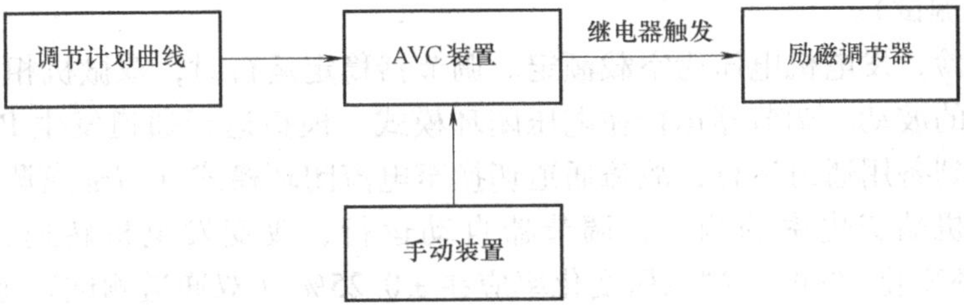

图 5-1　AVC 系统调节流程图

2. AVC 系统试验的内容

AVC 系统试验内容要求，无功调节装置参数设置正确，确定无功调节装置单体试验结束结果正确。本地采样及控制功能传动良好，装置采集数据与 RTU 采集数据一致。机组运行稳定，RTU 装置、无功调节装置运行良好，并作好记录试验数据的准备。

试验在当地闭环调节情况下，进行主/备机切换试验，发电机无功功率应稳定无较大波动。AVC 主站与电厂 AVC 子站分别连接对方机器 IP，确认物理通道连接正常，由主站 AVC 软件连接子站，且应连接成功；子站端查看通道原码，子站与主站连接应成功，主站发送的地址，子站能回复相对应的地址。子站 AVC 转发数据和主站接收到的数据应一致；主站下发计划曲线和子站接收到的曲线应一致；主站下发的遥调值、子站接受的遥调值以及子站转发到 DCS 的遥调值应一致。

远方遥调试验按对目标电压的调整幅度进行 6 次试验，即上升调节进行三次，下降调节进行三次。调节过程中，发电机无功功率、系统电压过渡应平稳，无较大波动。目标电压死区、无功功率死区应满足装置技术指标要求。试验前记录机组和装置参数，试验过程中记录系统电压、发电机电压、发电机无功功率、发电功率因素的变化。

3. AVC 系统试验的安全措施

试验前进行现场技术交底，参加试验人员应熟悉试验方案。严密监视无功调节装置、机组励磁系统及机组运行参数，如有异常应马上退出 AVC 系统试验。试验出现异常情况时，试验应立即停止。试验结束后，按调度要求确定 AVC 系统的运行方式。

5.4.3　励磁系统试验

1. 励磁系统试验的目的

励磁系统试验的目的是为了检查励磁系统各项性能指标是否满足发电机组运行的要求，

并确保该系统能正常投入运行。

2. 励磁系统试验内容

起励试验调节器的工作方式为恒转子电流方式，给定电流相对机端电压 $0.2U_e$ 时起励，并记录其稳定值（双通道测试）。

调节器工作方式为恒机端电压方式，给定电压 U_g 相对机端电压 U_e 时起励，录取机端电压、转子电流的波形，并记录其稳定值（双通道测试）。

灭磁试验调节器手动运行，相对机端电压 U_e 时进行逆变灭磁，录取机端电压、励磁电流波形（双通道测试）。

灭磁试验调节器自动运行，相对机端电压 U_e 时进行逆变灭磁，录取机端电压、励磁电流波形（双通道测试）。

双机切换试验，发电机电压为空载额定。调节器稳定运行时，双微机相互切换，发电机端电压不应有大的波动。调节器运行在电压闭环模式，模拟运行通道发生 PT 断线故障，调节器应自动切换到备用通道运行，故障通道切换至电流闭环模式（双通道测试）。

频率变化时机端变化率的测定，调节器自动运行、改变发电机转速，使频率变化为 ±3Hz，要求频率变化 1% 时，端电压变化率应在 ±0.25%（双通道测试）范围之内。

阶跃响应试验，要求发电机在空载额定工况下，调节器自动运行，使给定电压阶跃变化 ±5%，录取机端电压、励磁电流波形，结果要求超调量应不大于 30% 的阶跃量，振荡次数不大于 3 次，上升时间不大于 0.6s，调节时间 TS 应不大于 5s（双通道测试）。

调差率的测定，要求发电机并网带负载运行，调节器自动给定电压值维持不变，调整系统或并联机组无功，测定被试发电机端电压与无功电流变化关系曲线。

甩负荷试验要求机组逐次甩 50%、100% 额定无功功率，录取发电机有功、无功、机端电压、定子电流、励磁电流的波形。

大负荷下的励磁系统试验，要求机组带满负荷运行后，观察励磁系统各柜是否正常工作，严密监视电压、电流与各元器件，特别是晶闸管的温升变化。同时测量在额定工况下，晶闸管整流器的均流值，及测量各柜带电部分的温升。

3. 励磁系统试验的安全措施

试验前现场进行技术交底，参加试验人员应熟悉试验方案。励磁调节器装置及控制室的控制画面严禁误按和误碰，尤其是控制室画面上控制重要的操作应加再次确认按钮。励磁室内禁止使用无线通信设备，励磁调节器的自动通道发生故障时，应及时进行修复并投入运行，严禁发电机在手动通道长期运行。

在手动通道运行期间，调节发电机的有功负荷时，必须先调节发电机的无功负荷，从而防止发电机失去静态稳定。在电源电压偏差 +10% ~15%、频率偏差 +4% ~6% 时，要求励磁控制系统及继电器、开关等操作系统均能正常工作。机组在启动、停机或其他试验过程中，应有机组低转速时切换至发电机励磁的功能，即 V/F 限制等功能。对发电机系统加强巡视、定期测温、加强通风冷却，必要时可加临时外部通风。

5.4.4 励磁系统建模测试试验

1. 励磁系统建模测试试验的目的

发电机励磁控制系统，对电力系统的静态稳定、动态稳定和暂态稳定性都有显著的影响。在电力系统稳定计算中，采用不同的励磁系统模型和参数，其计算结果会产生较大的差异。因此，励磁系统需能正确反映实际运行设备、运行状态的数学模型和参数，使计算结果真实可靠。同时，随着我国电力系统的全国联网，对电力系统稳定计算提出了更高的要求，新的稳定导则要求发电机采用精确模型，并且要求在计算中采用实际的励磁系统模型和参数。

通过对电网内的发电机励磁系统、调速系统模型和参数进行调查和测试，获得发电机励磁系统的精确模型，为系统的稳定计算及电网日常生产调度提供准确的计算数据，是保证电网安全运行的有效措施，具有重要的社会意义和良好的经济效益。

2. 励磁系统建模测试试验的内容

励磁系统建模测试试验工作包括：收集发电机参数、励磁变参数、励磁调节器模型及参数，通过现场试验尽可能多的获得该机组励磁系统的实测参数和特性，利用实测数据和设备厂家提供的原始数据，计算出电力系统稳定计算（精确模型）中励磁系统模型和参数。依据实测的励磁系统特性，通过仿真计算对励磁调节器内部参数进行校核，最终获得与本机实际特性相符的电力系统稳定计算模型和参数。

励磁系统建模测试项目包括：发电机空载特性试验、发电机空载时间常数试验、静态放大倍数测量、发电机空载阶跃响应试验、最大/最小 α 角校核试验、调差极性校核等。

励磁系统建模测试要求将发电机三相电压（PT 二次）、发电机转子电压（一次母线）及转子电流（分流器二次）接入 WFLC 录波仪。

发电机空载特性试验，要求发电机维持额定转速、发电机空载，将发电机定子电压、励磁电压、励磁电流接入 WFLC 电量记录分析仪。逐渐改变励磁电流，测量发电机定子电压为20%～120%额定电压（当发电机与主变压器相连时，发电机电压不能超过105%额定电压）时上升和下降的特性曲线。测量交流发电机空载情况下，励磁电流和机端电压的关系。

发电机空载时间常数试验有两种方法：

方法一：发电机维持额定转速，励磁系统采用（6kV）临时他励电源。在发电机空载条件下，将发电机电压升至70%，然后断开（6kV）临时他励电源开关，用 WFLC 电量记录分析仪，测录发电机电压下降的特性曲线，计算发电机转子的时间常数。

方法二：发电机维持额定转速，励磁系统自并励方式。在发电机空载条件下，将发电机电压升至70%，然后切断可控硅整流桥控制脉冲电源，用 WFLC 电量记录分析仪，测录发电机电压下降的特性曲线，计算发电机转子的时间常数。

静态放大倍数测量，要求发电机维持额定转速、发电机空载，使用自并励方式。将发电机定子电压、励磁电压、励磁电流接入 WFLC 电量记录分析仪。退出调节器积分环节，降低比例放大倍数，逐渐改变给定电压，同时测量发电机定子电压、励磁电压、给定电压。

发电机空载阶跃响应试验，要求测量励磁系统整体特性。发电机维持额定转速，使用自动励磁方式。用自动励磁调节器，调整发电机电压为95%额定电压，进行5%阶跃（上、下阶跃）试验，用 WFLC 电量记录分析仪，测量发电机电压、转子电压、转子电流。

最大/最小 α 角校核试验，要求发电机维持额定转速，使用自动励磁方式。用自动励磁调节器调整发电机电压为50%额定电压，进行20%阶跃（上阶跃）试验，用 WFLC 电量记录分析仪，测量发电机电压、转子电压、转子电流。

调差极性校核试验，要求发电机并网运行，自动励磁方式，并保持给定电压不变，逐步改变 AVR 调差系数。分别在调差系数为 5%、4%、3%、2%、1%、-1%、-2%、-3%、-4%、-5%时记录发电机无功功率、发电机电压等值。发电机无功功率、发电机电压应呈现上升趋势。

3. 励磁系统建模测试试验的安全措施

励磁系统建模测试试验方案准备就绪，有关试验及操作人员应熟悉本方案。系统运行方式及机组运行工况在满足试验要求的情况下，试验方可进行。试验中一旦出现异常，应立即暂停试验，待分析研究后再决定试验是否继续进行。试验接线时，应严防 PT 回路短路。试验前，应确认励磁调节器工作正常，自动、手动切换工作正常，增、减磁操作正常，发变组保护应投入运行。试验中，自动通道与手动通道切换时，应在两者输出平衡时进行，以免切换时出现较大波动。每次试验结束后，应立即检查试验录波是否完好，否则应重复该项试验。修改调节器参数时，应在备用通道上进行。励磁系统空载试验时，可临时将发电机过电压保护改为零秒。

此试验在励磁调节器上的操作比较复杂，应由励磁调节器厂家技术人员当现场配合完成。

5.4.5 蓄电池组带大负荷试验

1. 蓄电池组带大负荷试验的目的

蓄电池组带大负荷试验的目的为检验直流蓄电池组在机组发生事故情况下，带直流大负荷的能力。

2. 蓄电池组带大负荷试验的条件

直流蓄电池组安装完毕后，蓄电池组充、放电结束并投入正常运行，直流电压保持稳压值在 230V。主充机已试验完毕，且投入运行正常。UPS 交流侧能保持负荷稳定，电流表指示稳定可靠。参与试验的所有直流油泵静态试验完毕，且试运行正常。进行试验时，需机务人员进行配合来完成试验。

3. 蓄电池组带大负荷试验的内容

直流动力母线投入运行，充电装置在停用状态，6kV 开关柜动力直流、灭磁屏直流投入运行。停 UPS 交流输入电源，完成 UPS 交流切换至直流运行方式。将厂内各直流设备、经常性直流负荷尽可能投入运行。与热控和机务人员配合，当条件具备后投入全部直流油泵。试验开始后，注意监视蓄电池运行工况，要求蓄电池组能带大负荷连续运行 60min 以上，每 5min 记录一次有关数据。当试验时间达到预定时间或蓄电池组电压降至最低允许值时，陆续断开直流油泵并停止试验，以保护蓄电池组。试验结束后，运行人员恢复直流系统的正常运行。

4. 蓄电池组带大负荷试验的安全措施

试验前应现场进行技术交底，参加试验人员应熟悉试验方案。若单体电压值降至 1.85V 或电池组电压降至 196V，应立即向试验指挥报告并停止试验。设备状态就地监测人员需注意电机轴承、电机机身和机械轴承的温升，当电机侧温度达到 50℃或机械侧温度达到 60℃，应立即向试验指挥报告。监测 UPS 工作状态，注意逆变器的工作温升，并检测电池间连接处温升和电池组至直流盘电缆连接处温升，如有异常应立即向试验指挥报告。

思 考 题

5-1　单元机组联锁保护试验的主要内容有哪些？

5-2　锅炉水压试验过程中需注意哪些问题？

5-3　锅炉 MFT 动作的条件是什么？

5-4　锅炉过热器 PCV 和弹簧安全阀的启动顺序如何？为什么采用该种启动顺序？

5-5　汽轮机主汽门、调节汽门严密性试验时，当蒸汽参数低于额定值时，阀门严密性试验合格的标准是什么？

5-6　凝汽器真空严密性试验时，注水量标准如何确定？

5-7　为什么要进行水泵联锁试验？

5-8　什么叫 PSS？其有何作用？

5-9　为什么要进行励磁系统建模测试试验？

5-10　蓄电池组单体电压降至多少时，必须停止蓄电池组带大负荷的试验？

5-11　为什么要进行 AVR 系统试验？

5-12　锅炉安全门试验时，如何调节安全门的整定值？

5-13　锅炉水压试验时，采用水压试验的水温如何规定？为什么水温不能过高或过低？

5-14　励磁系统建模测试试验的目的是什么？

5-15　电力系统稳定器现场整定试验的目的是什么？

5-16　汽轮机超速保护试验的目的是什么？

5-17　汽轮机超速保护试验的内容有哪些？试验过程中的注意事项有哪些？

第 6 章　单元机组事故处理

6.1　事故处理原则

6.1.1　单元机组事故特点

单元机组运行生产过程中，任意时刻都有可能发生事故和异常运行情况。当机组发生事故时，要求运行人员能够沉着、冷静、果断、准确、迅速、及时地进行处理，并尽可能维持机组的运行，防止事故的扩大化。

单元机组事故的特点，主要包括以下几方面：

1. 机组容量越大，事故造成的经济损失越大

当前，我国 600MW 及以上机组已成为电网的主力机型，且我国最大的单机容量已达到 1000MW。上述机组一旦发生事故而停运，会对电厂造成巨大的经济损失，其主要体现在以下两方面：

1）机组事故中损坏设备的检修费用、事故处理过程及完毕后机组的启停费用，均属于电厂的直接经济损失。

2）机组事故过程中，金属的热胀冷缩和热应力的大幅度变化，会降低机组及附属设备的使用寿命，属于电厂的间接经济损失。

2. 机组设备损坏时维修困难，维修后隐患多

单元机组主要设备的结构复杂且安装技术要求高，机组一旦发生事故破坏，其造成的后果会非常严重。例如：锅炉灭火打炮，将造成炉体的漏风、变形、甚至塌落；汽轮机动、静部分摩擦碰撞，将造成叶轮和隔板的磨损、大轴弯曲；机组超速飞车事故时，甩出的断裂叶片将穿透汽缸，导致整机报废；变压器故障，将造成绕组的严重变形和烧毁，同时也会烧毁发电机铁心。这些主设备损坏的修复将十分困难且耗时，一般需要数月至半年。严重时无法修复只能废弃，即使能够修复也难以恢复到原设计状态，且修复的设备中可能存在更大、更多的安全隐患，整个设备的运行水平将显著降低，机组出力也因此受到影响。

3. 运行过程中任一环节发生故障，将影响整机运行

单元机组的纵向联系十分紧密，且机、炉、电的生产环节环环相扣。其中任一环节发生事故，都将影响机组的正常运行。随着单元机组容量和参数的提高，对应辅机容量也相应增大，故对辅机设备的要求也因主机参数的提高而更加严格。因而不论主机、辅机还是附属设备的损坏，都可能造成机组的事故停运。

在单元机组的事故中，辅机和附属设备故障占有相当高的比例。所以在工程设计中，为辅机和附属设备设置了两台或多台备用设备，以确保辅机发生事故时，不会对机组正常运行造成致命影响。

4. 单元机组内部发生故障，不会影响其他单元机组的正常运行

电厂中各单元机组之间并无直接联系，仅有间接联系。例如，公用输煤系统、公用除灰系统及公用辅助蒸汽系统等，且该类公用系统都设置了快速隔断装置。故某单元机组内部的故障，不会影响其他机组的正常运行，这也是单元制相比于母管制的优势。

5. 发生参数超限和管壁超温的事故频率高

单元机组属于大容量、高参数设备，所采用的耐热合金钢价格昂贵。所以在设计热力系统时，材料性能的允许裕度非常有限，因而金属材料总是处于极限条件下工作。随着先进的检测手段和监控保护系统的不断发展，单元机组各主要监视点的运行参数及监控水平也在不断提高，但参数超限和管壁超温的事故仍时有发生，且在各类机组事故中占较大的比例。其主要原因有以下几方面：

1）工质流动不稳定。

2）检测设备和监控保护系统本身存在缺陷。

3）承压元件的磨损。

4）安装的监控测点数量少。

6. 保护装置异常工作，进而引发机组事故

单元机组是一个有机的整体，随着自动保护控制装置日益完善，机组运行的可靠性也不断提高。但由于自动保护装置异常工作，而引发的机组事故也时有发生，其主要原因有以下几方面：

1）电厂相关人员疏于对自动保护装置的检查、试验或检修维护不彻底，致使保护装置存在安全隐患、缺失保护功能，造成机组异常工况时拒动，从而导致事故的发生。

2）操作人员未完全掌握自动保护装置的技术特性、工作原理及运行时的操作要求，未完全理解电厂运行规程的内容，导致操作人员错误地利用保护装置，进而引发事故。

6.1.2　单元机组事故处理原则

当单元机组发生事故时，处理的总原则为“保人身、保电网、保设备”。其具体内容主要包括以下几方面：

1. 正确判断、及时处理、尽快汇报、听从指挥

操作人员只有对机组进行连续、认真的运行监视，才能在机组事故发生时根据现场各表计指示、声光信号、警示光牌及设备异常表象，作出及时、全面、细致的分析，并给出正确的判断及处理措施。当确定机组事故已经发生，且在保护装置拒动时，应及时处理并将事故影响降到最低。在机组事故处理中，相关人员要坚守岗位、沉着冷静、抓住重点，快速操作和处理，不能急躁慌乱、顾此失彼，避免因误操作而扩大事故。同时，应尽快汇报上级管理部门，听从统一指挥，如遇到紧急停机情况，应立即果断的打闸停机，然后再汇报上级。

现场机组发生事故时，相关人员需听从指挥，具体要求如下：

1）全体运行值班人员，必须服从值长的统一指挥。

2）各级领导、专业技术人员应根据现场实际情况，提出合理有效的技术指导和建议，但不得干涉值长的指挥，技术指导和建议必须通过值长下令才能执行。

3）值长应及时将故障情况通知相关人员，使全厂各岗位作好事故处理的预想，以防事故进一步扩大。

4）接到处理命令后，应对下达的命令进行复诵，且要保证操作的正确和及时。命令执行完毕后，立刻向发令人汇报执行情况。

5）在交接班期间发生机组事故时，应立即停止交接班。由交班者进行处理，接班者可在交班方同意的情况下，由交班值长统一指挥协助处理。在接班人员未签名之前，交班人员应继续坚守岗位，并在接班人员协助下消除故障，直至机组恢复正常运行并接到值长关于接班的命令为止。

2. 迅速解除对人身、电网和设备的直接威胁

对直接威胁到人身、电网及设备安全的事故，要迅速、无条件地解除。

1）机组发生事故时，值班人员必须首先解除对人身和设备安全有威胁的系统，立即停用事故设备，并保持其他设备的安全运行。根据电网频率、电压情况，适当地增加非事故机组的出力，尽量保持电网系统运行的稳定。如今电网容量的提高，个别机组的事故解列，不会对电网系统的稳定性产生过大影响。所以，一旦机组出现事故且满足紧急停机条件时，应立即执行打闸停机操作，以避免设备的损坏。在机组事故处理结束后，应立即进行深入、细致、全面的调查和分析，以便确定事故发生的原因，制订相关防范技术措施，防止此类事故再次发生，并确定事故责任划分。

2）值班员外出检查和寻找故障点时，集控室值班员在未与其取得联系之前，无论何种情况，均不允许强行送电启动被检查设备。

3. 尽量维持厂用电正常供电

机组发生事故时，要尽最大努力维持厂用电的正常供电。一旦失去厂用电，则附属设备将失去电源，这意味着单元机组几乎所有的转动机械均停止运转，将会导致事故迅速扩大，且处理事故的时间也将大大增加。如厂用电已经失去，要确保机组保安电源正常供电，实现安全停机并尽快恢复厂用电系统供电。

4. 缩小故障范围，迅速查清原因，缩短恢复时间

当机组发生内部故障时，要尽量缩小范围，并就地解决处理，不能让内部故障引起机组的联锁反应，同时还要考虑缩短机组恢复的时间。更重要的是应迅速查清故障的原因，并快速排除使机组恢复正常运行状态。紧急事故处理过程中，可以不使用操作票，但必须遵守相关的规定。

5. 从思想意识上重视机组事故的预防

加强运行人员的责任心，是保证机组安全运行的根本。运行人员要加强自身道德修养，自觉养成高度的职业责任感，把职业责任感贯彻到工作的每一环节。在值班中要善于控制自身的情绪变化，保持良好心态，不怕吃苦受累，要有敬业精神、务实作风及良好的心理素质，这是设备运行安全的根本保证。

6.2 锅炉典型事故诊断及处理

6.2.1 锅炉锅筒水位事故

1. 锅炉锅筒水位高

发生锅炉锅筒水位高时的现象为：锅筒各水位计的水位指示升高，且锅筒水位高报警；

给水流量不正常地大于蒸发量；严重满水时，主蒸汽温度急剧下降，蒸汽管道发生水冲击。

发生锅炉锅筒水位高的原因是：给水自动调节装置工作失灵，运行人员未及时发现和处理；锅炉负荷或汽压变化速率过大；水位计指示不正确，导致运行人员误判；运行人员疏忽大意，对水位监视不严或误操作。

当发生锅炉锅筒水位高，应采取以下方法处理：

1）水位超过正常水位时，应校对各水位计指示差值。

2）水位异常升高时，首先应排除虚假水位的干扰，然后立即解除给水自动控制，手动降低给水流量，并开启锅筒放水门进行放水。

3）在锅炉水位的调整过程中，应严密监视蒸汽温度变化，尽量维持蒸汽温度稳定，同时向值长汇报并采取机组降负荷操作。

4）若锅筒水位继续升高，则应暂停锅炉进水。

5）如锅筒水位继续上升，CRT 显示水位达高Ⅲ值时，应立即执行锅炉 MFT 动作。同时，应立即全面、仔细地分析锅炉锅筒水位升高的原因。

2. 锅炉锅筒水位低

发生锅炉锅筒水位低时的现象为：锅筒各水位计水位指示降低，锅筒水位低报警；给水流量不正常地小于蒸汽流量。

发生锅炉锅筒水位低的原因：给水自动调节装置工作失灵，运行人员未及时发现和处理；给水泵故障，给水流量下降；水冷壁或省煤器严重爆管，导致水位急剧下降；锅炉负荷或汽压变化速率过大；水位计指示不正确，导致运行人员误判；锅炉排污时操作不当；运行人员疏忽大意，对水位监视不严或误操作。

当发生锅炉锅筒水位低，应采取以下方法处理：

1）水位异常降低时，首先应排除虚假水位的干扰，然后立即解除给水自动，手动增加给水流量。

2）若运行中给水泵发生故障并跳闸，应立即启动备用给水泵。

3）检查给水系统的阀门是否误关，若误关则采取措施将误关阀门复位或开启旁路阀门。

4）若水位继续下降，CRT 显示水位降低至低Ⅲ值时，应立即执行锅炉 MFT 动作。

5）锅炉 MFT 后，视锅筒缺水情况重新缓慢上水。待锅筒水位正常后，且锅炉承压部件无损坏，锅炉方可重新启动。如承压部件发生损坏，在锅炉 MFT 后应加强上水强制冷却，并尽量维持锅筒水位，当锅筒水位无法维持时，给水泵停止运行，待锅炉完全冷却后查找故障点。

3. 给水中断

发生锅炉给水中断时的现象为：省煤器入口流量迅速下降，给水流量低限报警；主汽流量、压力及机组负荷下降；锅炉各受热面工质温度迅速上升；给水中断严重时，锅炉保护装置动作。

发生锅炉给水中断的原因为：机组运行中汽泵发生故障，而备用泵未能自动投入；锅炉给水自动装置工作失灵；除氧器内压力突然下降，造成给水泵入口工质汽化；高压加热器发生故障，回热加热系统阀门误动作；锅筒压力高。

当发生锅炉给水中断时，应采取以下方法处理：

1）如因给水自动控制装置工作失灵，而导致的给水流量中断，则应立即切换到“手动”位置，并维持正常的给水流量和压力。

2）根据给水流量下降的情况，采取降低锅炉负荷、及时调整风量和减温水量等措施，严格控制蒸汽参数在正常范围内。

3）当给水流量下降至低于最低允许值且延时满足要求时，如锅炉保护装置拒动，则应立即按“紧急停炉”按钮。

4）停炉后再给水前，应检查受热面情况，确认无过热现象方可进水。

4. 锅筒水位低、锅炉 MFT 动作

某电厂为两台引进型 300MW 机组，配 1025t/h 亚临界控制循环锅炉，其锅筒长度为 13016mm、内径为 1778mm，锅筒水容积为 13.5m^3。

（1）事故的经过及处理方法　该电厂在某天的 19 时 45 分，机组除氧器水位迅速降低至 200mm，运行人员立即启动备用凝结水泵并开启凝结水精处理旁路门，同时关小锅炉的连续排污阀，并将机组运行负荷由 280MW 降至 260MW。21 时 00 分左右，通过化学分析，锅炉的水质变差，运行人员随即关小精处理旁路门，打开锅炉定排放水门，放水 2min 后关闭。不久锅炉锅筒水位迅速下降，21 时 15 分，锅炉低水位保护动作 MFT，后经处理于 23 时 44 分，机组重新并网。

（2）发生事故的原因分析　锅炉的定排放水门只有开、关两个位置（即两行程阀门），当定排放水门打开再关闭后，锅筒水位稍有降低，汽动给水泵小汽轮机 A、B 自动增速。但由于该厂的汽动给水泵高压自动主汽门、高压电动汽门存在缺陷，导致阀门不能进一步开大，且当时小汽轮机 A、B 泵进口汽源为低压汽源，故给水泵的最大转速受到限制，给水量不能维持锅炉锅筒的正常水位，引起锅炉低水位保护动作。

（3）事故处理对策　该事故的处理对策有以下几方面。

1）设备存在缺陷时应及时消除，以免发生突发事故而导致机组停运。

2）锅炉定排放水门可设置为调节形式，建议在下次机组停运时更换。

3）锅炉锅筒的水位计一般设置两套，即一套就地水位计和一套电子水位计。水位计的配置应采用两种以上工作原理共存的配制方式，保证锅炉在任何工况下，对锅筒水位都能正确监视。当其中任一水位计故障时，应立即派相关人员就地对照水位，并及时联系检修处理。

4）锅炉启动前，对所有的水位计投入情况应进行严格检查。如水位保护不完整、投入不正常，机组不允许启动。

5）锅炉运行中，保持锅筒水位在正常水位中心线 ±50mm 运行。

6）同一类型的水位计，运行中如偏差大于 30mm，应立即通知有关人员，联系检修处理。当不能保证两种类型水位计的正常运行时，应立即派相关人员就地对照水位，并请示停炉处理。

7）当发生所有水位计损坏时，应立即紧急停炉。当发生部分水位计损坏时，严格执行锅炉运行规程中有关水位计损坏处理的相关规定。

8）认真执行锅筒水位计定期冲洗和定期对照制度（每班不少于 2 次）。

9）锅炉锅筒水位高、低保护，应采用独立测量的三取二逻辑判断方式。当有某点因故退出运行时，可转为二取一的逻辑判断方式，并且需办理审批手续，限期（8h 以内）恢复；

当有两点因故退出运行时，应转为一取一的逻辑判断方式，且应制订相应的安全运行措施，经总工程师批准，限期（8h以内）恢复，如逾期不能恢复，应立即停止锅炉运行。

10）锅炉锅筒水位保护在锅炉启停前，应进行实际的传动校验。用锅炉上水方式进行锅筒高水位保护试验、利用锅炉排污门放水方式进行锅筒低水位保护试验，严禁用信号短接方法进行模拟传动。

11）锅炉水位保护的停退，必须经总工批准。

12）当机组运行中，因水位计故障而无法判断锅筒的实际水位时，应立即执行紧急停炉操作。

6.2.2　锅炉受热面损坏事故

1. 水冷壁损坏

发生锅炉水冷壁损坏事故时的现象为：四管泄漏检测装置报警，炉膛内有泄漏声或爆破声；炉膛火焰燃烧不稳，炉膛负压变小或变正压，严重时锅炉灭火，从人孔、检查孔等不严密处喷出烟气或蒸汽；水平烟道两侧烟气温温度差增大且两侧蒸汽温度差增大，同时泄漏侧烟气温度下降；水冷壁泄漏严重时，蒸汽流量、给水压力、机组负荷均下降；泄漏侧给水流量不正常地大于蒸发量，泄漏点后各段工质温度升高；引风机动叶投自动时不正常地开大，电流增加；锅筒水位下降，蒸汽压力降低。

（1）发生锅炉水冷壁损坏的原因

1）水冷壁材质不良，制造、安装、焊接质量不合格。

2）给水品质长期不合格，使管内结垢、腐蚀或管壁长期超温损坏。

3）燃烧室内炉衬脱落、管束局部负荷过高，管内结垢加速管外壁的高温腐蚀发展。

4）锅炉水动力工况不稳定，炉内热负荷分配不均，且传热恶化造成管壁超温。

5）燃烧器运行方式不合理、燃水比失调，水冷壁出口蒸汽过热度过高，导致内螺纹水冷壁管屏热应力偏差增大，水冷壁超温运行。

6）水冷壁管道支吊架安装不正确，造成自由膨胀不均匀、应力集中。或水冷壁管屏晃动，相互碰撞、摩擦。

7）炉膛内发生严重的爆炸，导致水冷壁损坏。

8）燃烧器、吹灰器喷嘴的工作位置不正确，且管内疏水未放尽吹损管壁，或炉内大块结焦坠落，砸坏水冷壁。

（2）发生锅炉水冷壁损坏事故的处理方法

1）如水冷壁轻微泄漏，尚能维持机组短时间内连续运行时，应及时汇报值长请示尽早停炉处理。当水冷壁损坏不严重，且能维持锅筒正常水位时，则允许机组在降低负荷的情况下短期运行，同时汇报值长申请停炉。

2）如水冷壁严重泄漏或爆破，导致工质温度急剧升高、管壁严重超温，已不能维持机组运行或已威胁人身设备安全时，应立即紧急停炉。停炉后，保留一列风机运行，并维持炉膛负压。停止向电除尘器供电，防止电极积灰，将电除尘器和空气预热器灰斗积灰放尽以防止堵灰。待无汽水向外喷时，方可停止该列风机运行。

2. 过热器损坏

发生锅炉过热器损坏事故时的现象为：四管泄漏检测装置报警，过热器管处有泄漏或爆破声；炉膛负压变正压，烟道不严密处有烟气或蒸汽喷出；机组负荷下降，且自泄漏点后各段蒸汽温度上升；泄漏侧蒸汽流量不正常地小于给水流量；两侧烟气温度差、蒸汽温度差增大。

（1）发生过热器损坏的原因

1）过热器材质不良，且制造、安装质量不合格。

2）给水品质不合格导致管内结垢，进而使过热器长期超温。

3）飞灰严重磨损过热器。

4）燃烧调整不当造成热偏差过大，使过热器长期超温。

5）减温水量过大，造成蒸汽带水。

6）吹灰器喷嘴安装位置不正确，或吹灰介质压力过高，吹损过热器管。

7）过热器管内有杂物堵塞，引起超温。

8）机组运行时间长，管材老化。

（2）发生过热器损坏事故的处理方法

1）过热器轻微泄漏，如能维持机组短时间连续运行，应及时汇报值长并请示尽早停炉处理。

2）当过热器发生爆破且达到停炉条件时，应立即按“紧急停炉”操作按钮。停炉后保持一列风机运行维持炉膛负压，待炉膛内无蒸汽后，方可停止该列风机运行。

3. 再热器损坏

发生再热器损坏事故时的现象为：四管泄漏检测装置报警，再热器处有泄漏或爆破声；炉膛负压变正压，烟道不严密处有烟气或蒸汽喷出；再热器出口压力下降，再热蒸汽温度异常升高或偏差增大；在机组负荷不变的情况下，主汽流量增加。

（1）发生再热器损坏的原因

1）蒸汽品质长期不合格，管内结垢。

2）飞灰磨损或吹灰器安装不良吹损管子。

3）运行中管壁经常超温。

4）材质不良，制造、安装质量不合格。

5）再热器管内有杂物堵塞而引起超温。

（2）发生再热器损坏事故的处理方法

1）再热器轻微泄漏，如能维持机组短时间连续运行，应及时汇报值长请示尽早停炉处理。

2）若再热器损坏严重且达到停炉条件，应立即按“紧急停炉”操作按钮。停炉后保持一列风机运行维持炉膛负压，待炉膛内无蒸汽后，方可停止该列风机运行。

4. 省煤器损坏

发生省煤器损坏事故时的现象为：锅筒水位下降，给水流量不正常地大于蒸汽流量，同时机组负荷降低；四管泄漏检测装置报警，就地检查可听到省煤器部位有泄漏声，如果泄漏严重，省煤器灰斗不严密处有冒汽、冒水和湿灰现象；省煤器、空气预热器、电除尘器灰斗、仓泵、输灰管道可能堵灰，空气预热器可能积灰，电除尘器可能工作不正常；省煤器两侧烟气温度偏差增大，泄漏侧烟气温度降低；预热器两侧出口风温差增大；引风机动叶投自动时不正常地开大，电流增加。

(1) 发生省煤器损坏的原因

1) 炉水质量不符合标准，机组长期运行造成管内结垢和腐蚀。

2) 材质不良，且制造、安装工艺不合格。

3) 省煤器防磨瓦安装位置不正确或运行过程中脱落过多，检修周期过长造成飞灰磨损，导致管壁磨损减薄，甚至爆管。

4) 吹灰器运行不良，吹损管子。

5) 省煤器处发生再燃烧造成省煤器超温损坏。

(2) 发生省煤器损坏事故的处理方法

1) 如省煤器泄漏不严重，给水流量能够满足机组负荷的需要，各水冷壁金属温度不超温，此时需注意监视各受热面沿程温度，并及时汇报、密切关注泄漏情况的发展。

2) 在省煤器人孔、灰斗处增设围栏并悬挂标示牌，防止汽水喷出伤人。

3) 若泄漏严重，爆破点后工质温度急剧升高无法维持正常运行时，应立即手动锅炉 MFT。

4) 注意监视除灰系统和空气预热器的工作情况，加强巡视检查。如除灰系统或空气预热器堵灰严重，电除尘器无法正常工作时，应请示停炉处理。

5) 停炉后应保留送、引风机运行，待不再有汽水喷出后，方可停止送、引风机运行。

6.2.3 蒸汽温度异常事故

电站锅炉运行中，必须保证过热蒸汽温度稳定在规定值范围内。一般要求过热蒸汽温度与规定值的暂态偏差值不超过 ±10℃，长期偏差不超过 ±5℃，且锅炉制造厂都提出了各自产品具体的超温允许值和延时时间。大型火电厂过热蒸汽温度调节采用多级、串级控制系统，设备正常运行时控制性能较好。一旦机组发生故障，特别是下降管泄漏、水冷壁泄漏、过热器泄漏或爆管时，过热蒸汽温度在短时期内会迅速上升，从而导致过热蒸汽温度超过规定值范围。

发生主、再热蒸汽温度异常事故时的现象为：CRT、有关表计、记录仪、温度趋势曲线显示突变；CRT 和 BTG 盘报警；锅炉负荷变化；汽轮机胀差、轴向位移异常。

(1) 发生主、再热蒸汽温度异常事故的原因

1) 主蒸汽或再热蒸汽的喷水减温系统工作不正常或失灵。

2) 锅筒满水。

3) 锅炉燃烧调节不当或失控。

4) 锅炉严重结焦。

5) 锅炉负荷变化过快，且水质不合格。

6) 锅炉辅机运行异常、煤质突变、仪表失灵。

(2) 发生主、再热蒸汽温度异常情况时的处理方法

1) 发现主蒸汽、再热蒸汽温度异常变化时，应立即核对各有关温度表计，确认是否为真实变化。

2) 当主蒸汽、再热蒸汽温度异常变化时，应及时调整，尽快恢复正常。

3) 某电厂主蒸汽或再热蒸汽温度上升时的处理方法：

① 主蒸汽或再热蒸汽温度上升至552℃应汇报值长和单元长，并采取措施尽快恢复至正

常范围，且全年累计运行时间不超过400h。

② 主蒸汽或再热蒸汽温度上升至552～566℃，且运行15min后仍不能恢复正常，应联系值长和单元长，进行不破坏真空紧急停机，且全年累计运行时间不超过80h。

③ 主蒸汽或再热蒸汽温度上升且超过566℃，应不破坏真空紧急停机。

4）某电厂主蒸汽或再热蒸汽温度下降时的处理方法：

① 主蒸汽或再热蒸汽温度在10min内下降50℃，应破坏真空紧急停机。

② 主蒸汽或再热蒸汽温度下降至520℃，应汇报值长和单元长，并采取措施尽快恢复至正常范围。

③ 当主蒸汽或再热蒸汽温度下降至495℃，应联系值长和单元长，适当降低锅炉负荷并采取滑压运行，同时打开汽轮机本体疏水。

④ 主蒸汽或再热蒸汽温度逐渐降至465℃时，经调整和减负荷至零操作后，仍不能恢复时应脱扣停机。

⑤ 在主蒸汽或再热蒸汽温度下降过程中，注意监视蒸汽过热度不应小于50℃。若过热度小于50℃应不破坏真空停机。如发生水冲现象时，则应破坏真空紧急停机。

6.2.4 锅炉燃烧事故

1. 锅炉灭火事故

锅炉发生灭火事故时的现象为：炉膛负压突然增大，炉膛风压表指示在最大负值；二次风压表指示减小，炉膛内变暗、发黑，从看火孔看不到火焰；汽压、汽温、水位及蒸汽流量急剧下降；若是由于锅炉辅机事故而引起的灭火，则应该有事故报警信号。

（1）发生锅炉灭火的原因

1）燃料质量低劣。燃煤中的挥发分低，而水分、灰分高或者燃油中的水分高、粘度大，都会造成燃料着火困难、燃烧不稳的情况。煤中水分过高，还易发生煤斗、给煤机、给粉机及落煤管、煤粉管道堵塞，使下煤不均甚至中断供煤。以上情况的发生，都可能造成锅炉灭火。此外，燃用易结渣的煤种，炉内经常会出现大量塌焦事故，从而导致锅炉灭火。因此，在燃用低品质煤种时应加强检查，严密监视燃烧工况、精心调节、防止灭火。

2）燃烧调节不当。风、粉或风、油比例配合不当；旋流燃烧器扩展角大小不合适；直流燃烧器四角气流方向紊乱，混合不好；一次风速过高或过低等。特别在锅炉负荷低时，燃烧调节不当，会造成炉内燃烧不稳定而灭火。

3）燃烧设备损坏。煤粉燃烧器喷口烧坏，导致煤粉气流紊乱；给粉机事故“缺角”运行，使得炉膛火焰不稳；喷嘴烧坏，使燃油的雾化质量恶化等。

4）煤粉或燃油供应不当。煤粉仓粉位过低，使给粉机给粉不均匀或部分给粉机给粉中断。燃油杂质多、粘度大、油温低，以致雾化质量不良、堵塞喷嘴、供油不均。

5）炉膛温度低。当燃料中的水分、灰分过高时，易使炉膛温度降低；此外，送风量或炉墙漏风量过大，除灰时开启放灰门，大量冷空气进入炉内；水冷壁管严重爆破，大量水汽泄漏入炉膛等，都会导致炉膛温度降低。炉膛温度降低使燃烧工况变坏，严重时会造成锅炉灭火。

6）机械设备故障。全部引风机或送风机跳闸；仓储式制粉系统事故；直吹式制粉系统的给煤机事故或停电，以上都会造成锅炉灭火事故。

（2）锅炉发生灭火事故时的处理方法

1）发生锅炉灭火事故时，应立即停止制粉系统的运行，完全切断向炉内的燃料供给。

2）所有的自动调节改为手动调节，关小减温水和锅炉给水流量，控制锅筒水位在-100mm左右，以免重新点火后水位过高。

3）减小锅炉送、引风量至最低负荷值，调整炉膛负压进行吹扫。

4）查明灭火原因并加以消除，然后锅炉重新点火。

5）如造成灭火的原因不能在短期内消除，则应按正常停炉程序停炉。

2. 锅炉炉膛爆炸事故

炉膛爆炸有两类：一种是正压爆炸，又称外爆；另一种是负压爆炸，又称内爆。

（1）炉膛外爆机理分析　外爆是指炉膛中积存的可燃混合物瞬间同时爆燃，从而使炉膛烟气侧的压力突然升高，超过了锅炉结构设计所能承受压力的允许值，而造成水冷壁、刚梁、炉顶及炉墙破坏的现象。

爆炸的发生需要三个条件，即通常所说的三要素：一是要有燃料和助燃空气的积存、二是燃料和空气的混合物达到了爆燃的浓度、三是有足够的点火能量，且三个条件缺一不可。

锅炉在启动过程中，后两个条件是必然成立的。故防止锅炉启动过程中不发生爆炸的关键问题是避免燃料和助燃空气的积存。因为从发现炉膛灭火到切断燃料的这段时间里，实际上已有一定质量的燃料进入炉膛。加之给粉机、阀门、挡板等的动作滞后时间和关闭不严，都可能将燃料继续送入炉膛而造成积存。但只要采取有效的措施，使炉膛内不具备爆燃的三要素，就可以防止发生锅炉爆炸现象。为防止炉膛发生爆炸，现场一般可采用的方法为：使炉膛不具有可燃物的积存；或虽有可燃物大量积存，但可采用强力通风吹扫，使其与空气混合达不到爆燃浓度；或不提供足够的点火能量等。

（2）炉膛内爆机理分析　内爆是指采用平衡通风方式运行的机组，当主燃料点燃之前或燃料突然中断时，送风机突然停运而引风机继续运行，因而使炉内的空气量和烟气量陡减，在10～20s内烟气量减少到额定值的50%，使烟气侧压力急降，炉膛负压在7～8s内骤降到3050～6860Pa，造成锅炉炉膛、刚梁及炉墙的破坏。

大型机组采用离心式引风机时，容易发生锅炉内爆的事故。这是因为离心式风机在低负荷运行时，会对锅炉产生很大的负压，且在调节风机挡板时，挡板开度越小风机的工作特性曲线越陡，这时风机流量的微小变化，会导致风机的压头跳跃式升高很多。

炉膛内燃料燃烧产生的烟气量大于送入炉内的空气量，且炉内燃烧温度很高，烟气的体积很大。当炉膛熄火后，炉内烟气在标准状态下体积缩小为熄火前的16%～20%，因而灭火会导致炉膛风压剧烈降低。发生破坏性内爆事故的锅炉容量一般多在500MW及以上容量，且其中燃油、燃煤锅炉占有绝对的比重。

（3）发生锅炉炉膛爆炸事故的原因

1）锅炉设计上未采用安全防爆的必要措施，即缺乏可靠的灭火保护和可靠的联锁、报警及跳闸系统。针对此问题，近年我国《火力发电厂设计技术规程》中明确规定：“锅炉燃烧系统应设置炉膛火焰监视、炉膛灭火保护、炉膛压力保护和炉膛吹扫闭锁功能”。但锅炉安全防爆的必要条件，至今尚未全部解决。

2）炉膛及刚性结构欠佳。原来国产锅炉炉膛的炉墙多为光管轻型炉墙，而现在的发展方向为膜式全焊接的气密性结构，以增强其抗爆能力。原来国产锅炉炉膛发生爆炸时，之所以可撕开四角并揭开炉顶棚，就是因为炉墙为光管且节距大导致刚性不足所至。

3）防爆门不起防爆作用。大型电站锅炉的防爆门，一般应装在水平烟道两侧墙上。但是由于爆炸是瞬间发生的过程，在压力波还未传到炉膛的上部时，炉膛就已经被炸坏。即使防爆门设置在燃烧区，由于防爆门自重惯性，也不能在炉内发生爆炸时瞬间打开，从而导致事故的发生。

4）运行人员误判断、误操作。在已发生的炉膛爆炸案例中，爆炸原因中有90%与操作人员的误判断、误操作有关。

5）制粉系统设备存在缺陷。目前给粉机的通病是出力不足、卡涩、给粉不均匀，对于四角切圆燃烧的锅炉，常常会造成锅炉四角给粉不均及燃烧不稳。在风扇磨直吹系统中，由于各磨煤机磨损的程度不同，其出力也不尽相同，这导致了各角给粉的不均匀。特别是当风扇磨一侧的制粉系统出现事故时，单侧运行的制粉系统会造成炉内缺角燃烧以致灭火，从而导致炉膛爆炸。

6）严禁爆燃的规定未贯彻执行。《电力工业技术管理法规》中对防止锅炉爆燃作出规定，即锅炉在熄火后和点火前，炉膛和所有的烟道，或在使用天然气或燃油为燃料时，必须用送、引风机通风吹扫，且时间不少于10min；在燃用固体燃料时，烟道通风可只用吸风机，且时间不少于5min；同时还规定，炉膛灭火时严禁利用炉内余热，强送燃料进行爆燃。但是，这些规定内容在电厂中有时得不到认真贯彻和执行。

（4）防止锅炉炉膛爆炸事故的方法

1）采用膜式、全焊接的气密炉膛，并采用双面满焊，来确保焊接质量。

2）刚性梁的抗爆能力应由3000Pa提高到5000～6000Pa，且需改进刚性梁结构性能。如节点的形式应取缔焊接式或滑接式，并在铰接及可调螺钉式的基础上进行改造。以及研究整体防爆刚性梁结构。

3）大型机组取消防爆门，运行人员利用计算机进行程控点火，并投入灭火保护及联锁系统、锅炉报警及跳闸系统等。

4）严禁采用爆燃法点火。

5）在炉内燃烧不稳定、炉膛负压波动剧烈时，运行人员应严密监控和调整炉内燃烧，严格控制锅炉负压，必要时及时投油助燃。

6）施工单位要严格按照图样、技术文件及有关规程和规定认真施工，尤其应确保锅炉水冷壁四角焊接及刚性梁接头的安装质量。

3. 锅炉尾部烟道二次燃烧

锅炉发生尾部烟道二次燃烧时的现象为：锅炉尾部烟道烟气温度不正常地突然升高；从锅炉尾部烟道的人孔，可发现火星或冒烟；若空气预热器处发生二次燃烧，则空气预热器外壳发热或烧红，空气预热器电流表指针晃动；烟道内负压剧烈变化；烟道防爆门动作等。

（1）锅炉发生尾部烟道二次燃烧事故的原因

1）燃烧工况失调。锅炉正常运行时，如风量调节不当，会使大量未燃尽的燃料进入尾部烟道燃烧；如制粉设备调节不当，煤粉太粗或细粉分离器堵塞时，将会引起炉内燃烧不稳定，使尾部烟道沉积大量可燃物；如燃油中水分大、杂质多、温度过低、来油不均匀、油喷嘴堵塞、油的雾化质量不好、风油混合差等，都会造成炭黑或油雾沉积在烟道中。

2）锅炉低负荷运行时间过长。锅炉长时间在低负荷运行时，炉膛温度低、燃烧工况差、燃料未完全燃烧损失大，且低负荷运行时，风量小，燃料易大量积存在烟道上，导致二次燃烧。

3）锅炉启动和停炉频繁。锅炉启动时，炉膛温度低容易有可燃物沉积于烟道中，加上启动时烟道中氧含量大，因而易引起再燃烧事故；同样，停炉时如操作调整不当，将引起炉内燃烧恶化，燃料便会大量进入尾部烟道，沉积在受热面上可能引起再燃。

4）吹灰不及时。锅炉及时有效的吹灰，可将少量沉积在炉内及烟道的可燃物吹走，减少烟道再燃的机会。

（2）发生锅炉尾部烟道二次燃烧事故时的处理方法

1）当发现排烟温度不正常地升高时，应检查炉内燃烧工况、增加空气量，使炉内燃烧充分。

2）如果排烟温度急剧上升，炉膛负压波动剧烈，采取相应措施无效时，应当检查并确认锅炉尾部烟道是否二次燃烧。如确认为尾部烟道的二次燃烧，则应紧急停炉、切断煤粉，且将引、送风机停止，关闭所有风烟道挡板隔绝空气。

3）将炉膛和烟道的各部分人孔门关严，烟道保持密闭状态，然后向炉膛尾部烟道内充入蒸汽灭火。

4）必要时保持锅炉连续少量进水，打开过热器疏水门保护过热器，对于再热机组应该开启旁路系统以保护过热器和再热器的安全。

5）当确认烟道内燃烧完全扑灭后，可以启动引风机，逐渐开启其入口挡板，抽出烟道中的烟气和蒸汽，待炉膛冷却后应对烟道受热面进行全面的检查。

6）如果是在引风机壳内发现火星或者火焰，应立即关闭其挡板且停止运行，以免风机损坏或者变形。

4. 锅炉结焦

锅炉发生结焦时的现象为：各部位烟气温度及排烟温度升高，造成炉内燃烧不稳定、热负荷分配不均、受热面金属温度偏差增大；锅炉水冷壁、燃烧器、冷灰斗内可能有焦渣聚集；沿烟气流程各受热面金属温度可能超温；对于直流锅炉，在燃水比不变的情况下，锅炉中间点温度下降、过热蒸汽温度下降、再热蒸汽温度上升。

（1）锅炉发生结焦的原因

1）煤质差，且所含灰分熔点低。

2）煤粉与燃油混烧时间过长。

3）煤粉过粗，火焰中心上移，过热器受热面易结焦。

4）炉膛内风量不足，燃料燃烧不完全，局部还原性气体过浓。

5）磨煤机出口温度过高、一次风量过低、煤粉过细造成燃料着火点提前。

6）炉膛热负荷及炉温过高，燃烧器热负荷分配不均匀。

7）锅炉配风不合理，造成炉膛火焰中心偏斜、冲刷炉墙，且温度场分布不均。

8）吹灰器故障或长期没有进行锅炉吹灰。

（2）发生锅炉结焦事故时的处理方法

1）全面彻底的对锅炉进行吹灰操作。

2）调整炉内燃烧，降低火焰中心高度。

3）调整和保持合理的一、二次风配比，防止火焰贴壁。

4）确保正常的磨煤机出口温度、一次风量和煤粉细度。如果燃烧器附近结焦，可适当降低磨煤机出口温度、增加一次风量，将燃料着火点推后，并采取相应的措施将焦块打掉。

5）调整燃烧器的运行方式，并使各个燃烧器的热负荷分配合理。

6）申请适当降低锅炉负荷，通过煤质调整以减少炉膛结焦。如经努力调整，仍不能维持正常烟温、汽温，或壁温持续超过允许值，应申请停炉。

7）利用停炉机会，针对所燃用的煤种，进行一、二次风调整和标定。

8）清除炉内受热面上的积焦。

6.2.5 制粉系统事故

1. 制粉系统爆炸

（1）发生制粉系统爆炸的原因

煤粉发生自燃和爆炸，是由煤粉特性以及煤粉所处的环境条件所决定的。一般情况下，制粉系统爆炸必须满足以下几个必要条件：氧浓度、煤粉浓度、煤粉细度、燃料挥发分、煤粉水分、风粉混合物温度及点火源。

从氧浓度和煤粉浓度（即风粉混合物浓度）方面来讲，当煤粉浓度达到爆炸的标准而氧浓度未达到一定值时，或者氧浓度达到爆炸标准而煤粉浓度未达到爆炸标准时，制粉系统不存在爆炸的危险。当燃料挥发分≤10%时，无自燃或爆炸的危险。而当煤的挥发分达到20%及以上时，由于此时的煤的反应能力较强，燃料挥发分的析出和着火温度都较低，很容易发生煤粉自燃和爆炸事故。

从燃烧理论分析，电厂中所用的煤种一般都近似于劣质烟煤，挥发分在10%～25%之间。电厂掺混煤的挥发分一般要求控制在15%～20%之间。一般说来，挥发分≤10%的无烟煤是没有爆炸危险的。而≥25%的煤粉（如烟煤等）很容易自燃，且爆炸的可能性大。同时，煤粉磨制越细则越容易自燃和爆炸，因此挥发分大的煤不能磨制过细。煤粉是由不规则形状的颗粒组成的，尺寸一般为0～50μm之间，其中20～50μm的颗粒占多数。干的煤粉能吸附大量的空气，且流动性强像流体一样很容易通过管道进行输送。由于干煤粉流动性好，且可以流过很小的空隙，当风粉混合物的质量浓度在0.32～4kg/m^{3}范围内时就会发生爆炸，且在1.2～2kg/m^{3}范围内时，最容易发生爆炸。若风粉混合物的质量浓度恰好在此范围内时，如遇到足够的点火能就会发生爆炸事故。

因此，制粉系统的整体严密性要好，不能在制粉系统管路中出现漏风情况。煤的挥发分过低，会引起煤粉着火时间的延迟，造成煤粉炉的灭火。使得煤粉在从风道进入炉膛后，没有及时的燃烧，且后续入炉的煤粉也因为没有足够的加热热源而出现灭火事故，同时也会使锅炉内的煤粉浓度达到爆炸极限，而此时的炉膛内氧含量已经达到爆炸的极限，极易引起锅炉爆炸。挥发分过高，则会引起煤粉在没有进入炉膛以前，因热风的加热作用，在煤粉管道中发生煤粉提前燃烧的情况，在制粉系统中就会有爆炸的危险。

从电厂锅炉运行的爆炸事故分析来看，制粉系统处于封闭状态时，发生爆炸的引爆点主要在长期易积煤或积粉的位置。如磨煤机入口、细粉分离器水平段入口管、粗粉分离器等。以下是电厂锅炉运行中，总结、分析的制粉系统爆炸原因：

1）与煤粉细度、风粉浓度及燃煤成分有关。煤粉爆炸的前期往往是自燃，一定浓度的风粉气流吹过自燃点时，不仅加剧此处的燃烧，且接触到明火的风粉气流可能会产生爆炸。造成流动煤粉爆炸的主要因素为风粉气流中的氧含量、煤粉细度、风粉混合物的浓度及温度。煤粉越细，爆炸的危险性就越大，而粗煤粉爆炸的可能性就小些，当煤粉粒度大于0.1mm时几乎不会爆炸。当煤粉质量浓度大于3～4 kg/m^3或小于0.32～0.47 kg/m^3时不易发生爆炸。只有煤粉质量浓度为1.2～2 kg/m^3时最易产生爆炸。

2）与磨煤机入口处积煤自燃有关。磨煤机积煤主要发生在其入口上部6.5m的管道内，在此处管道开设4个孔洞，分别与回粉管、再循环管和两个防爆门连接。从一侧过来的热风与对应流过的风粉形成涡流，从给煤机落下的湿煤就被冲击粘贴在开孔上方管道的内壁上，在运行中人工无法清除此处的积煤，同时从空气预热器来的一次风温达300℃以上。在制粉系统停运后，由于磨煤机入口风门不严，漏过的热风使磨煤机入口处温度达100℃以上，容易将入口处积煤引燃，燃烧的煤进入磨煤机就会引起爆炸。

3）与细粉分离器处积粉自燃有关。细粉分离器处积粉自燃，主要发生在细粉分离器入口方形管道下部的较平缓段上。因为此平缓段正上方开有一个方形防爆门，因而使该处的通流面积增大，风粉气流的流速下降，增加了积粉的可能性。

4）与再循环风门处积粉自燃有关。乏气中较细的煤粉，容易积存在排粉机出口的再循环风门处。由于此系统不经常使用，在制粉系统停运时，从磨煤机热风门漏过的热风，在系统负压下经再循环流向排粉机，会引起该处积粉自燃。燃烧的煤粉掉入排粉机或磨煤机内，就会引起爆炸。

（2）锅炉制粉系统爆炸事故的预防措施

1）防止磨煤机入口积煤。磨煤机入口6.5m处积煤，主要是湿煤在气流冲击下粘贴管壁引起的，故不论制粉系统在运行中或是停运时，都有可能将积煤引燃。如果将回粉管向上移到落煤管入口，将粉与煤的预混阶段提前，就减少了积煤的可能性。如果在磨煤机入口上方的管道内加一个混合器，可使粉、煤、风得到良好的混合，既可防止在6.5m处积煤，又能缓解下部料斗斜坡积煤问题，还能解决添加钢球时钢球落入热风门处卡涩风门的问题。

2）改造细粉分离器。对细粉分离器入口切向处积粉问题，可通过在风道内加装导流板、增加局部扰动，以提高该处的流速，增强气流对下部积粉的冲刷。同时，在加装导流板后，因风粉气流均匀，还可提高分离效率。

3）改进粗粉分离器。原粗粉分离器内锥体下方回粉挡板（百叶窗），经常堆积杂物或煤粉，不但会造成风粉气流短路影响回粉，也经常会自燃引起爆炸，应对其进行改进。

4）消除热风门内漏。制粉系统设计有启停程序，热风总门操作采用电动执行机构。但锅炉投产后几乎很少使用该程序，且此电动风门不严易造成漏风。可将磨煤机入口热风总门改装成（或额外增加）一只手动总门以减少漏风。还可将自然冷风门位置从热风调门前改至热风调门后，使其处于负压区。这不但可以解决漏入热风造成磨煤机入口温度高的问题，还可以解决运行中热风从自然冷风门外漏污染环境的问题。

5）加强运行管理。锅炉正常运行中，应对制粉系统的近路风风门，特别是容易积粉的磨煤机再循环风门坚持定期吹扫工作制度。随着自动化程度的提高和全能值班制度的实行，应进一步加强对新值班人员的培训，以达到熟悉系统、操作到位的水平。

2. 煤粉仓温度高

（1）发生锅炉制粉系统煤粉仓温度高的原因

1）煤粉仓的设计结构存在问题。由于煤粉仓内壁面角度和内锥体角度太小（如煤粉仓横向仓壁设计倾角为71.6°，底部内锥体角度为65°），使仓壁及内锥体易积粉，造成煤粉仓温度高；煤粉仓顶部四周因安装时留下一段高约600mm、深约540mm，角度约为45°的死角，当煤粉落入煤粉仓内时，较细的煤粉会慢慢沉积在该处且长期堆积，如遇上仓内温度高时，积粉便会自燃。

2）在煤粉仓顶部横向装有2个人孔门，其中一侧人孔门封闭不严，空气漏进煤粉仓引起煤粉自燃，高温气体聚积将粉仓顶棚烤裂。

3）吸潮阀不按规定操作。在煤粉仓上部装有吸潮管，按运行规程要求，制粉系统运行时煤粉仓吸潮阀必须开启，制粉系统停运时吸潮阀应关闭。但在机组实行运行过程中，制粉系统到煤粉仓的吸潮阀，应开启而没有开启，备用制粉系统到煤粉仓的吸潮阀应关闭而未关闭。该打开的吸潮阀处于关闭状态，不但潮气不能吸出，且煤粉仓内的负压也很难建立和保证。该关闭的吸潮阀处于打开状态，增加了煤粉仓的漏风，为煤粉仓内可燃气体和煤粉混合物爆燃提供了必要条件。特别是当制粉系统频繁启停时，各吸潮阀不能按规定及时开启和关闭，就会加剧粉温的升高。按规定在排粉机由制粉乏气倒向近路风后，应及时关闭制粉系统各吸潮阀，但在运行中也没有按要求进行操作。

4）锁气器失去作用。细粉分离器下部有两道锁气器，它的作用一是防止漏风、二是在制粉系统爆炸后防止火源进入粉仓。由于某些锅炉只剩一道锁气器起作用，因而易引起煤粉仓的起火。

5）绞龙下粉插板未关闭。在绞龙（螺旋输粉机）的下方设有下粉口，分别与各制粉系统联接。在每个下粉口安装一只手动插板，只有在绞龙进行送粉时，需要授粉的下粉口插板才会打开。但在实际运行中，各绞龙的下粉插板经常处于开启或半开启状态，特别是绞龙两端的下粉插板经常在全开位置。因此，也就使煤粉仓不能形成负压，绞龙内也无法形成封闭。

6）换向挡板问题。在每套制粉系统的细粉分离器下方，设有一只手动换向挡板，其作用是把细粉分离器下来的煤粉分别切换至煤粉仓或绞龙。当制粉系统停止运行时，应使挡板关闭煤粉仓一侧，以防止空气进入煤粉仓。但在实际运行中，当制粉系统停运时，此换向挡板很少切换至煤粉仓侧进行封闭。

(2) 锅炉制粉系统煤粉仓温度高的预防措施

1）煤粉仓内壁面角度和内锥体角度太小，可对其进行改造。在煤粉仓内壁打出麻坑，浇上一层耐火砼（如使两壁角度由原71.6°变为77°，还可在原内锥体上加焊一层钢板，使底部内锥体角度由原65°改为70°以消除积粉）。

2）煤粉仓顶部四周安装时留下的死角用砼浇灌，使其与壁面平齐，以根除积粉点。

3）细粉分离器至煤粉仓下粉管之间设计为换向挡板，如不严密、易漏风、漏粉，可以将换向挡板更换成插板式闸板门，以解决漏风问题。

4）煤粉仓吸潮管出口与粗粉分离器入口的煤粉管道相接，因系统负压小易被沉积的煤粉堵塞。为了提高其负压，可将吸潮管出口从粗粉分离器入口管道改接到排粉机入口管道上，出口负压可得到提升。

5）膜片式防爆门在多次煤粉仓爆炸时均未打开，加之防爆门铁皮经常腐蚀漏风，难以起到防爆门的作用。可以用重力（翻板）式人孔门代替，且采用铝板结构和黄砂密封，效果良好。

6）加强运行管理也是预防煤粉仓温度高的有效措施，其中包括：控制好磨煤机出口温度，防止水分过大的煤粉进入粉仓；定期降低粉位，防止煤粉长时间在仓内存留；避免输粉机内积粉；需特别注意在临时停炉期间，一定要密封煤粉仓，防止自燃；修订和完善现场运行规程。

6.2.6 锅炉主要辅机事故

1. 锅炉引风机常见的故障及处理方法

（1）轴承温度高　引风机轴承温度异常升高的原因有三种：润滑不良、冷却不够、轴承工作异常。

润滑效果和冷却效果，主要靠观察轴承的润滑油进出口温度、冷油器的冷却水进出口温度和轴承金属温度进行判断，还可以在窥视镜内直接观察润滑油的流动状态，以判断润滑油流量是否满足要求。轴承工作异常是指由于轴承疲劳磨损出现脱皮、麻坑、间隙增大而引起的温度升高，可通过听轴承声音、测量振动或查看振动记录曲线等方式来判断。

（2）引风机振动　引风机振动会引起轴承损坏、叶片损坏、地脚螺栓松动或断裂、机壳和风道损坏、轴弯曲等故障，严重危及引风机的安全运行。

磨损是引风机最常见的问题，也是振动的主要原因。引风机在运行中振动缓慢增大，一般是由于叶片磨损不均匀使平衡破坏而造成的，或者叶片表面的防磨层磨损而导致机翼型叶片磨漏，叶片内积灰且积灰不均匀，而导致振动超值引起整机振动。处理引风机振动的问题一般在停炉后对其作动平衡试验，根据引风机的特点，也可以在不停炉情况下对引风机作动平衡试验。

（3）叶片磨损　叶片磨损的主要原因为气流中的尘粒对叶片进口端边缘产生严重的冲刷磨损，就像锉刀锉削金属一样，尤其是除尘效果差的条件下，磨损更加严重。

减轻叶片磨损的措施，主要有以下几方面：

1）根据运行工况的需要，及时、合理地调节动叶角度，使进入叶道的气流方向接近叶片进口圆弧的切线方向。

2）及时清理除尘器下部积尘斗的积尘。

3）检查并减少除尘器漏风。

4）用耐磨焊条在叶片表面和入口边缘进行防磨堆焊。

5）改进除尘器，提高除尘效果。

2. 给煤机故障及其处理方法

如果给煤机发生故障或出现异常情况，需采取相应的对策予以处理解决。

（1）给煤机传动带不运行的原因及处理方法

1）产生给煤机传动带不运行，可能的原因为：主电动机无电、主电动机发生故障、传动带在驱动滚筒上打滑、电动机的变频器发生故障等。

2）处理该事故的方法：检查主电动机电源断路器是否完好、检查主电动机电源继电器（或接触器）是否损坏或有故障、检查电源电压是否正常或存在断相运行情况、检修电动机或修理变频器、更换变频器的控制线路板、检修控制仪表、调节传动带张紧装置。

（2）给煤机的传动带无法停运的原因及处理方法

1）产生给煤机传动带无法停运，其发生的原因为：电动机的启动按钮短路、继电器短路、变频器故障等。

2）处理该事故的方法：检查或更换启动按钮或继电器、修理变频器、更换变频器的控制线路板等。

（3）电动机噪声异常的原因及处理方法

1）发生电动机噪声异常，其原因为：连接法兰错位、连接或固定螺栓松动、轴承损坏。

2）处理该事故的方法：调整连接法兰、拧紧螺栓、更换轴承等。

（4）清扫输送机不能启动运行的原因及处理方法

1）清扫输送机不能启动的原因为：刮板或滑块损坏、链条断裂、电动机发生故障。

2）处理该事故的方法为：更换刮板或滑块，更换链条，修理变频器或更换变频器的控制线路板。

（5）控制精度超过允许误差的原因及处理方法

1）控制准确度超过允许误差的其原因为：量程校准不正确，传感器发生故障，传动带秤仪表显示不正确，测速编码器（测速传感器）故障，传动带张紧力不合适。

2）处理该事故的方法为：重新调试零点和校准量程，检查传感器连接电缆接头是否可靠，按照仪表使用说明书调整或修理仪表，检查编码器是否需要更换或调节传动带张紧力。

（6）传动带跑偏的原因及处理方法

1）传动带跑偏的其原因为：传动带调节张紧不合适，托辊不旋转。

2）处理该事故的方法为：调节传动带张紧力，更换托辊。

（7）给煤机耐压壳体内的温度高于环境温度的原因及处理方法

1）温度高的原因为：给煤机耐压壳体内出现正压，给煤机耐压壳体内煤粉、灰尘较正常情况下多，煤流出现中断现象，落煤管内出现堵塞现象，控制柜面板上的堵煤指示灯亮。

2）处理该事故的方法为：给煤机应为负压运行方式，如果出现正压，应检查给煤机工作是否正常，清除给煤机落煤管内的煤块或搭桥。

3. 磨煤机故障及处理方法

（1）磨煤机发生故障的原因

1）减速器老化，负荷增大。

2）磨煤机内风嘴环固定螺钉及固定铁片磨损，风嘴环掉落在磨煤机内，磨煤机内导轨板固定螺钉松脱，导轨板掉落在磨煤机风嘴环上。

3）磨煤机润滑油系统高低压泵偷停或压力过低，减速器因缺油导致轴承损坏或卡死。

4）环境温度过高、冷油器堵塞、循环水量减少、循环水压降低。

5）磨煤机电气故障，致使高压电机无法正常启动。

6）磨煤机电动机故障，无法正常启动。

7）磨煤机出粉管堵塞，或主排粉风机工作失常。

8）突然停电，使磨煤突然中断。

（2）磨煤机发生故障时的现象

1）磨煤机无法启动，或正常运行中突然停止工作。

2）磨煤机运行中声音突然增大，且有明显的撞击声。

3）磨煤机运行中参数失常，减速器轴瓦温度接近或超过75℃，磨煤机压差不稳或无法正常磨煤。

（3）磨煤机发生故障时的处理方法

1）当磨煤机无法启动或正常运行中突然停止工作时，应及时查明原因并汇报上级。当半小时以内不能查明原因或查出是减速器、磨煤机电动机、主排风机、引风机等关键设备故障时，应汇报主管领导。

2）当磨煤机运行中声音突然增大，有明显的撞击声时，应立即停运磨煤机。打开磨煤机门检查导风板、风嘴环、刮渣板是否掉落，以及研磨件是否破损。

3）突然停电时，应检查磨煤系统各阀门是否在正确位置。

4）加强设备点检，保证磨煤机润滑油压力在规定范围内，发现漏油应及时处理，以免因减速器缺油而导致轴承损坏或卡死。

5）减速器轴瓦温度大于65℃以上时，检查润滑站油温和磨煤机负荷是否在正常范围内。采取措施降低润滑油站的油温，当减速器轴瓦温度大于75℃时，必须停磨检查。

6）环境温度过高时，应采取轴流风机外部降温的措施；当冷油器堵塞时应及时疏通；当循环水量减少、水压降低时应及时查明原因，必要时使用备用冷却水降温。

7）当磨煤机入口温度瞬间升高时，应紧急停磨。

6.3　汽轮机典型事故诊断及处理

6.3.1　汽轮机振动及转子弯曲事故

1. 汽轮机振动

汽轮机振动的主要危害是：可能造成转子轴承损坏、动静摩擦，甚至导致机组报废。

汽轮机振动的处理要点：汽轮机冲转后，在轴系一阶临界转速前，任一轴承出现0.04mm振动或任一轴承处轴振动幅度超过0.12mm时不应降速暖机，应立即打闸停机，同时查找原因；在机组稳定工况下，汽轮发电机组转轴振动幅度突然变化，且超过制造厂规定的上限值，一般预示机组已发生了损坏或是发生故障的前兆，现场应立即采取措施，将机组稳定在允许振动限值内，否则应立即停机。

汽轮机产生振动的主要原因，一般来说是机组在启停过程中，当转速达到临界转速时，机组会出现剧烈振动，而超过这一转速后振动又将减小且恢复正常。引起汽轮发电机组振动的原因很多，但主要原因是制造质量、安装精度、检修和运行操作水平问题，且它们之间又相互影响，其具体原因如下：

1）汽轮机启动时，如暖机时间不充分，机组升速或加负荷过快，将引起汽缸受热膨胀不均匀，或滑销系统卡涩使汽缸不能自由膨胀，均会使汽缸与转子发生相对歪斜、机组产生不正常的位移，从而造成机组的振动。

2）机组在运行过程中，若真空度下降将使排汽温度升高、后轴承上抬，因而破坏了机组的中心，从而引起机组的振动。

3）机组大修后联轴器及其法兰安装不正确，中心没有找准，因而运行时机组产生振动。

4）机组在进汽温度超过设计规定的条件下运行，将使其胀差和汽缸变形增加，如高压轴封向上抬起等。这样会造成机组的轴向位移超过允许限度，从而引起机组的振动。

5）当转子因某种原因与汽缸不同心时，可能产生间隙振荡，也称为汽隙振荡。

6）运行中汽轮机叶片断裂、脱落或不均匀磨损、腐蚀、结垢，使转子发生质量不平衡。或如发电机转子绕组松动或不平衡等，均会使转子发生质量不均。由于上述原因，转子出现质量不平衡时，每转一周就要受到一次不平衡质量所产生的离心力冲击，这种离心力周期作用的结果就是机组的振动。

7）转子发生弹性弯曲（大轴弯曲）而引起振动。转子发生弯曲，即使不引起汽轮机动、静部件之间的摩擦，也会引起机组的振动。其振动特性和转子质量不平衡振动的情况类似。不同之处在于，该振动显著地表现为轴向振动，尤其当机组通过临界转速时，其轴向振幅增大得更为显著。

8）轴承油膜不稳定或受到破坏而引起振动。油膜不稳定或破坏，将会使轴瓦乌金很快烧毁，进而引起轴颈弯曲，造成机组剧烈的振动。

9）汽轮机内部发生摩擦而引起振动。动叶片和静叶片相互摩擦、通流部分轴向间隙不够或安装不当、隔板弯曲、叶片变形、推力轴承工作不正常或安置不当、轴颈或轴承乌金侧间隙太小等，均会引启动、静部分的摩擦，从而造成机组的振动。

10）水冲击而引起的机组振动。当蒸汽带水进入汽轮机内部后，会发生水冲击事故。将造成转子轴向推力增大和产生很大的不平衡扭力，使转子产生剧烈的振动，甚至烧毁推力瓦。

11）汽缸受到急速冷却，而发生变形。

汽轮机振动发生时，其带来的主要危害有：汽轮机异常振动，将影响整个电厂的安全生产，严重时可造成电厂无法供电，影响工业生产和人们日常生活。

（1）机组异常振动的危害

1）导致端部轴封磨损。低压端部轴封磨损，可导致密封作用破坏，使空气漏入低压缸，从而破坏凝汽器的真空。高压端部轴封磨损，会使高压缸向外漏汽增大，引起转子局部受热发生弯曲，严重时蒸汽可喷到支持轴承上，进入轴系中使润滑油内混入水分，破坏油膜，并引起轴瓦乌金熔化。同时，汽轮机漏汽损失的增大，将影响机组的热经济性。

2）导致隔板汽封磨损。隔板汽封磨损严重时，将使级间漏汽增大，且增加转子的轴向推力，引起推力瓦乌金熔化。

3）导致滑销系统磨损。滑销系统一方面起固定汽轮机汽缸及轴承外壳的作用，另一方面在机组运行过程中，保证机组可以自由膨胀或收缩。滑销严重磨损时，会影响机组的正常热膨胀，从而引起更严重的事故。

4）导致发电机或励磁机部件松动或损坏。

（2）机组异常振动的处理方法　对汽轮机的振动异常情况，应通过科学的试验和现场观察，分析总结出有针对性的处理方法。

1）机组异常的振动，是汽轮发电机组缺陷和隐患在机组运行中的综合反映，是机组发生故障的信号。新安装或检修后的机组，必须经过试运行，测试各轴承振动及轴振动应在合格标准之内，方可将机组投入运行。如振动超标则必须查找原因，采取措施将振动降到合理范围之内，才能移交生产或投入正常运行。

2）监视措施。汽轮机应当装设轴承振动测量装置和大轴振动测量装置，用于监视机组的振动情况。当机组振动超过允许值时，应当发出声光报警信号，以提醒运行人员注意，并及时采取相应措施，以免造成恶性事故的发生。加强机组振动的监督，对振动监测做到制度化、经常化，必须在机组振动突然达到或超过到允许值时，及时果断地将机组停运，防止事故的进一步扩大。

3）利用传感器进行有效的保护。汽轮机振动监视和保护系统，以及由其所组成的信号报警系统和保护控制系统，是保护汽轮机安全运行的重要保证。机组应装设振动保护装置，当振动超过极限值时，发出脉冲信号驱动保护控制电路，自动关闭主汽门，并执行紧急停机，同时通知运行人员，确保机组的绝对安全。随着机组容量的增大，汽轮机安全监视和保护显得更加重要，对汽轮机的安全监视和保护装置动作的正确性、可靠性和实时性也提出了更高的要求。

2. 汽轮机转子弯曲

大轴弯曲通常分为热弹性弯曲和永久性弯曲。热弹性弯曲即热弯曲，是指转子内部温度不均匀，转子受热膨胀不均匀而造成转子的弯曲。这时转子所受应力未超过材料在该温度下的屈服强度，通过延长盘车时间，当转子内部温度均匀后，这种弯曲会自行消失；永久性弯曲则不同，转子局部受到急剧加热或冷却时，该区域与临近部位产生很大的温度差而受热部位热膨胀受到约束，产生很大的热应力，其应力值超过转子材料在该温度下的屈服强度。例如在剧烈摩擦时，摩擦局部温度可能高达650～1300℃，使转子局部产生压缩的塑性变形。当转子温度均匀后，该部位将有残余拉应力，塑性变形并不消失，造成转子的永久弯曲。发生大轴永久性弯曲后可以发现，事故过程中转子热弯曲的高位恰好是永久性弯曲后的低位，其间有180°的位差，这也说明了因热弯曲摩擦而发热的部位，恰好是受周围温度低的金属挤压产生塑性变形的部位。由此可见，大轴的永久性弯曲是由热应力引起的，且往往是由暂时弯曲和摩擦振动引起的。

造成大轴弯曲的因素主要有两大类：一是转子动、静部分严重摩擦，大轴旋转时动挠度与转子的偏心值成正比，原始的热挠曲越大，动挠度越大。当转速小于临界转速时，振动的方位与转子质量偏心方向相一致。例如某电厂机组，中压转子临界转速在1680r/min左右，在中速暖机以前汽轮机轴承振动过大时轴的瞬间振动方向与摩擦高位点之间的相位角是小于90°的锐角，说明热变形与转子原来的偏心方向趋于一致，引起离心力的叠加。偏心引起摩擦，摩擦热变形进一步加大偏心，此种情况可以在短时间内使动挠度加剧，振动恶化；二是汽缸进冷汽、冷水，使转子局部受到急剧冷却。

（1）引起动、静摩擦的原因　机组运行过程中，可能引启动、静摩擦的原因，归纳为以下几方面：

1）转子热弯曲，即转子受热不均匀。

2）转子动弯曲，即转子自身动不平衡，引起同步振动。

3）汽缸热挠曲，即汽缸受热不均匀，上缸温度大于下缸温度，引起缸体向上拱背弯曲；或者法兰加热不足时，汽缸前部呈扁椭圆、中部呈立椭圆，容易引启动、静部分间隙消失，动、静部分产生摩擦。

4）机组在启动过程中，如有冷汽、冷水进入汽轮机，机组将产生强烈的振动。这时，下缸受到突然冷却，使得汽缸产生拱背变形，造成通流部分径向间隙消失，使转子汽封体产生摩擦，转子无法旋转，盘车被迫停止。转子在高温条件下突然受到冷水侵袭，下半部受到冷却，表面急剧收缩，会使转子弯曲，浸入冷水的下半部为凹面，受到没有冷却部分钢材的约束，承受拉应力。根据计算，热态停机后如汽水系统隔离不当而使汽轮机下部进水，当转子上下出现200℃的温差时，冷却部分因急剧的收缩而受拉，其所受应力值将超过屈服强度。

（2）影响大轴弯曲的重要参数　为防止机组大轴弯曲，运行人员应熟知相关机组振动及热变形的重要参数，该类参数如下：

1）大轴晃度表测点安装位置、转子原始弯曲的最大晃动度值、最大弯曲点的轴向位置、圆周方向的相位。

2）汽轮发电机组轴系各阶临界转速点及正常机组启动过程中各轴承振动值。

3）机组正常情况下的盘车电流及电流摆动值。

4）机组正常停机时的惰走曲线及执行紧急破坏真空停机时的惰走曲线。

5）停机后，正常情况下高压内、外缸及中压缸上、下壁温度的下降曲线。

6）通流部分轴向及径向的间隙。

（3）防止转子弯曲的措施　机组在正常运行时，为防止发生转子弯曲，应采取以下措施：

1）汽轮机冲转前必须符合以下条件，否则禁止机组启动：大轴晃动度（偏心度）不超过原始值的0.02mm。高压内缸上、下温差不超过35℃，高压外缸及中压缸上、下温差不超过50℃。主、再热蒸汽温度至少高于汽缸最高金属温度60～100℃，但不应超过额定蒸汽温度，蒸汽过热度不低于50℃。

2）冲转前，应对机组进行连续盘车，一般连续盘车投入不应少于2～4h，且盘车期间不得间断。

3）机组热态启动时，当汽封需要使用高温汽源时，应注意与金属温度相匹配，轴封和管路需经充分疏水后方可投汽。

4）启动升速中，应有专人监视轴承振动，如发现异常，应查明原因并进行处理。

5）机组启动中，因振动异常而停机后，需经全面检查，确认机组已符合启动条件后仍需连续盘车4h，方能再次启动。

6）启动过程中疏水系统投入时，应注意保持凝汽器水位低于疏水扩容器的标高。

7）当主蒸汽温度较低时，调节阀的大幅度开关，可能会引起汽轮机的水冲击。

8）机组在启停及变工况下运行时，应按规定的曲线控制蒸汽参数的变化。当10min内蒸汽温度直线下降50℃以上时，应立即打闸停机。

9）运行过程中，轴承振动振幅一般不应超过0.03mm，如超过0.05mm时应设法消除，否则立即打闸停机。

10）停机后应立即投入盘车装置，当盘车电流较正常值大、有摆动或有异响时，应及时汇报、分析及处理。当汽封摩擦严重时，应先改手动盘车180°，待摩擦基本消失后再投入连续盘车。当盘车盘不动时，禁止用桥式起重机强行盘车。

11）停机后，应认真监视凝汽器、除氧器、加热器的水位，防止冷汽、冷水进入汽轮机，造成转子弯曲。

12）停机后且汽轮机旁路停用后，应检查再热器减温水阀和Ⅰ级旁路减温水阀是否关闭严密。

13）汽轮机在热态下，如主蒸汽系统阀门关闭不严，则锅炉不宜进行水压试验。如确需进行水压试验，应采取有效措施，防止水漏入汽轮机。

14）热态启动前应检查停机记录，并与正常停机曲线进行比较。

15）热态启动时，应先送轴封后抽真空，高压汽封使用的高温汽源应与金属温度相匹配，轴封管道应进行充分的暖管和疏水，防止水或冷汽从轴封进入汽轮机。

16）停机后，机组真空度未降到零时，轴封送汽不能停，即真空度到零，轴封供汽停。

6.3.2　汽轮机水冲击事故

汽轮机运行过程中，由于水或冷蒸汽（低温饱和蒸汽）进入汽轮机，致使汽轮机发生水冲击事故，造成机组停运或设备损坏。

1. 汽轮机发生水冲击事故的原因

除了设备或系统本身存在缺陷外，运行人员的误操作也有可能造成汽轮机进水或进冷蒸汽。

造成汽轮机水冲击的原因，有以下几方面：

1）锅炉满水、机组负荷骤增、蒸汽管道积水、主蒸汽或再热蒸汽温度调节阀失灵等原因，会造成带水的蒸汽进入汽轮机。

2）回热加热器的管道泄漏、疏水器缺陷等原因，造成的加热器汽侧满水后倒灌入汽轮机。

3）轴封进水，轴封供汽管道、回热抽汽管道疏水不畅、积水或疏水进入汽缸，汽轮机本体疏水不良。

4）由于运行人员的误操作，而引起汽轮机进水。

5）由于冲转前管道内疏水不畅或暖管不充分，造成的管道积水进入汽轮机，疏水管路连接不合理或疏水联箱容积小。几路疏水同时进行时，疏水压力升高，导致疏水压力低的管路向汽轮机内返水。

6）机组启动期间，蒸汽过热度低，进入汽轮机后过热蒸汽湿度超标。

7）蒸汽温度急剧降低到允许值以下。

2. 汽轮机发生水冲击事故的现象

1）主、再热蒸汽温度或抽汽温度急剧下降，且过热度减少。

2）从进汽管法兰、阀门盘根、主汽门及调速汽门门杆、汽缸结合面处冒出湿蒸汽。

3）蒸汽管道或抽汽管道发生振动，蒸汽管道上下温差增大，且管内有水冲击声音。

4）轴向位移增大，推力瓦温度急剧升高，汽轮机振动突然增大，机组内声音异常且伴随着水冲击或金属摩擦声，监视段压力剧烈摆动。

5）汽轮机转子的串轴增大，推力瓦片乌金温度和润滑油温度急剧增高。

6）机组负荷骤降。

3. 汽轮机发生水冲击的危害

1）叶片损坏。汽轮机通流部分进水，直接导致动叶片尤其是较长的末几级叶片，受到水冲击而损伤或断裂。

2）动、静部分碰撞摩擦。由于水或低温蒸汽进入汽轮机，使得处于高温下的金属部件突然冷却而迅速收缩，产生极大的热应力和热变形，相对膨胀量急剧变化，机组强烈振动。动、静部分轴向及径向发生碰撞和摩擦，且汽轮机径向碰撞摩擦严重时，会造成转子的大轴弯曲。

3）冲击叶片。进入汽轮机的水或冷蒸汽的密度比过热蒸汽密度大得多，因而其在喷嘴内不能获得与蒸汽同样的加速度，且喷嘴出口的蒸汽绝对速度也比过热蒸汽小很多，使其相对速度的进汽角远大于过热蒸汽相对速度的进汽角，即汽流不能按照正确的方向进入动叶通道，而造成对动叶进口边的背弧产生较大冲击。

4）永久变形。若阀门和汽缸受到急速冷却，会使金属产生永久变形，导致阀门或汽缸接合面漏汽。

5）金属出现裂纹。机组启停时，如经常出现进水或进冷蒸汽，金属在频繁交变的热应力作用下，会产生裂纹。

6）推力轴承损伤。由锅炉带出的水进入汽轮机，由于水的密度比蒸汽大，在喷嘴内不能获得合适的加速，使动叶片焓降增加，轴向推力增大，从而使转子的推力增大造成推力轴承的损坏。

4. 防止汽轮机水冲击的措施

1）正确合理的设置疏水点。在主蒸汽管道的每段最低点处均设置疏水点，且合理设置汽轮机本体的疏水系统，改进疏水系统，并按疏水的压力合理布置进入疏水扩容器的位置及顺序，确保各级疏水畅通。

2）完善保护系统。设置可靠的水位监视装置、报警装置及联锁保护装置，如除氧器、加热器和凝汽器应装设高水位报警。当加热器水位高时，应有自动事故放水保护，且抽汽逆止门和电动隔离门应能自动关闭。

3）设置温度测点。完善调节级、高压缸排汽、再热蒸汽进口、各汽缸抽汽口等部位的温度测点，以便及时监视汽缸进水或进冷汽情况，并坚持定期试验确保抽汽逆止门和电动隔离门动作可靠、严密不内漏。

4）充分暖管和疏水。机组启动前，管道暖管时应做到操作缓慢、暖管充分。为防止蒸汽在管道内大量凝结而积水，开启阀门时应缓慢进行。同时，应注意检查管道的振动情况，当发现管道内有强烈的撞击声时，则应减慢操作速度，必要时关小或关闭阀门，直至撞击声消除后方可继续操作。

5）及时、果断处理。机组发生水冲击事故时，应该立即破坏真空并紧急停机。尤其汽轮机处于低转速下时进水危害更大。如果停机过程中未发现任何不正常现象，可在增加暖管时间的前提下，重新启动机组。若停机或再次启动时发现异常情况，则不准继续进行机组的启动操作。

总之，汽轮机水冲击事故在国内外时有发生且危害巨大，因而要求运行人员予以高度重视。一旦发生此类事故，必须正确、迅速、果断地处理，以免造成汽轮机设备的严重损坏甚至机组报废。

6.3.3 汽轮机叶片损坏和脱落事故

1. 发生汽轮机叶片损坏和脱落事故的现象

1）发出金属撞击声音、凝结水电导率增大且凝结水水位增高。汽轮机叶片脱落往往伴随着机组内部或凝汽器内部有金属撞击声，当脱落的叶片进入凝汽器时，会将凝汽器的铜管打断，使凝汽器内的循环水混入凝结水中，导致凝结水硬度和电导率突然增大，凝结水水位增高，凝结水泵电动机电流增大。

2）机组振动突然加剧。叶片脱落时，机组的振动通常会明显加剧，有时还会产生瞬间强烈抖动。其原因是叶片断裂脱落后，会使转子失去平衡产生摩擦和撞击。但有时叶片在转子中间某级的脱落，并未引起机组严重的动、静摩擦，在工作转速下机组振动不一定明显增大，只有在启动、停机过程中及在机组的临界转速范围内，机组振动会出现明显增大。

3）主要监视点参数变化异常。叶片损坏较多时，会使蒸汽通流面积改变，从而使同一负荷的蒸汽流量、监视段压力、调节门开度等均发生改变。如脱落的叶片发生在抽汽级处，叶片就可能进入抽汽管道，造成抽汽逆止门卡涩或直接进入加热器，使加热器内管子受到强烈的撞击而爆管，引起加热器水位升高甚至满水事故。

4）转子惰走时间缩短。在停机惰走过程或盘车状态下，有可能听到内部金属摩擦声音，使得转子惰走时间明显缩短。

2. 发生汽轮机叶片损坏和脱落事故的原因

造成叶片损坏和脱落的原因有很多，它与设计、制造、材质、安装、检修工艺和运行维护等因素均有关系，归纳起来有下列几方面的影响：

（1）机械损伤　外来的杂质随蒸汽进入汽轮机内部，易打伤转子叶片。汽缸内部的固定零部件脱落（如汽封片、导流环等），会造成叶片的严重损伤。因轴承或推力瓦损坏、大轴弯曲、胀差超限及机组强烈振动，造成通流部分动、静摩擦，使叶片损坏。腐蚀损伤的叶片常位于开始进入湿蒸汽阶段的各级，这些级段在运行中，蒸汽干、湿交替变化，使腐蚀介质易浓缩，引起叶片腐蚀。另外，长期停机备用的机组，往往会因空气中的潮气进入汽轮机内造成叶片严重锈蚀。叶片受到侵蚀削弱后，不但强度减弱，且叶片被侵蚀的缺口、孔洞还将产生应力集中。被侵蚀严重的叶片，还会改变叶片的振动频率，从而使叶片因应力过大或疲劳而断裂。

（2）水蚀损伤　水蚀一般发生在汽轮机低压缸末几级湿蒸汽区的长叶片上，尤其是最末级叶片。水蚀是湿蒸汽中分离出来的水滴对叶片冲击造成的一种机械损伤，而末级叶片旋转线速度大、且蒸汽湿度大、水滴多，故水蚀程度最为严重。叶片发生水蚀后将在叶片表面出现缺口、孔洞等，强度降低，导致其断裂损坏。

（3）叶片本身存在缺陷　设计应力过高或结构不合理，如叶片顶部薄、围带铆钉应力集中，在运行中发生应力集中、铆钉头断裂、围带折断，从而导致叶片损坏；叶片振动特性不合格，在运行中会因共振产生过大的动应力，使叶片损坏；叶片的材质不良或错用材料，如叶片材料力学性能差、金属组织有缺陷或存在裂纹，叶片经过长期运行后，会因材料抗疲劳的性能和振动衰减性能的降低而导致叶片损坏；加工工艺质量差，如叶片表面粗糙、留有刀痕，围带铆钉孔或拉筋孔处无倒角等，都会导致应力集中而损坏叶片。

（4）运行维护不当　机组运行维护不当主要表现在以下几方面：

1）转子偏离额定频率运转。汽轮机叶片的振动特性，均按照机组运行频率为50Hz而设计。电网频率变动超出允许范围时，过高或过低的变化都可能使叶片的振动频率进入其共振区而产生共振，从而使叶片损坏或断裂。

2）机组过负荷运行。机组过负荷运行时，各级叶片应力增大特别是最末几级叶片，叶片应力除了随蒸汽流量的增大而成正比增大外，还随其级内焓降的增加而增大。因此，机组过负荷运行时，叶片的工作应力增加很多，从而导致叶片严重超负荷。主蒸汽参数不符合要求，参数频繁较大幅度的波动，会加剧叶片的超负荷或水蚀，进而损坏叶片。

3）蒸汽温度过低。蒸汽温度降低会对机组运行带来危害，一是最末级叶片处湿度过大，叶片受冲蚀，从而引起叶片损坏；二是当蒸汽温度降低，而机组出力不变时，进入汽轮机的蒸汽流量会增加，从而引起叶片过负荷，导致叶片损坏。

4）蒸汽品质不良。蒸汽品质不良会使叶片结垢，造成叶片损坏。叶片结垢会使汽轮机内部的通流面积减小，造成各级焓降增大、轴向推力增大、叶片应力增大。另外，结垢也容易引起叶片的腐蚀，发生叶片应力集中现象，使材质的机械强度降低，导致叶片损坏。

5）真空度过高或过低。真空度过高时，可能使末级叶片过负荷、排汽湿度增大，加速叶片的水蚀，容易引起叶片的损坏；真空度过低时，如需维持机组出力不变，也将造成汽轮机末几级叶片过负荷而引起叶片损坏。

6）水冲击。机组运行时，发生汽轮机水冲击的可能性极大，特别是大容量再热机组，由于汽水系统复杂，汽轮机进水的可能性更大。蒸汽与水一起进入汽轮机，产生水冲击和汽缸等部件的不规则冷却和变形，导致动、静部件发生碰撞和摩擦，使叶片受到严重损坏。叶片遭严重水冲击时，会发生扭曲变形，其进汽侧扭向内弧、出汽侧扭向背弧，并在进汽侧、出汽侧产生细微裂纹，成为叶片振动断裂的根源。水冲击有时会使叶片拉筋断裂，并改变叶片连接形式，甚至原来成组的叶片变成单个叶片，改变了叶片振动频率，降低了叶片的工作强度，最终会造成叶片断裂。

7）机组振动过大。机组启动、停机或增减负荷时，如果操作不当，变速率过大则会使动、静部分发生摩擦，导致叶片损坏。

8）停机后，由于主蒸汽或抽汽系统不严密，使少量的汽、水漏入汽缸，造成通流部分锈蚀而损坏。

3. 发生汽轮机叶片损坏和脱落事故的处理方法

由于事故发生在运行机组的汽缸内部，故只能根据叶片损坏可能出现的现象进行综合判断。当清楚地听到汽缸内发出金属声响，或机组出现强烈振动时，应判断为通流部分损坏或叶片脱落，须立即紧急故障停机，并准确记录惰走时间并绘制惰走曲线，在惰走和盘车过程中仔细倾听缸内声音，经全面分析和研究，决定是否需揭缸处理。

4. 对于汽轮机叶片损坏和脱落事故的防范措施

1）加强对频率的控制。电力系统应保持频率在额定值范围内稳定运行，根据叶片损坏事故的分析和统计，电网频率偏离正常允许值，是造成叶片断裂的主要原因之一。因此，对频率的控制极为重要。

2）避免机组过负荷运行。机组运行中，要避免机组过负荷运行，特别要防止低频率过负荷运行。对机组的超负荷运行，需事先进行热力计算和主要部件的强度核算，确认其强度允许后方可进行，否则不允许机组超负荷运行。

3）加强对运行参数的监视。机组启停和正常运行时，必须加强对各运行参数（如蒸汽压力、蒸汽温度、出力、真空）的监视，运行中不允许这些参数剧烈波动。严格执行电厂的运行规章制度，启停必须合理，防止动、静部件在运行中发生摩擦，并加强汽、水品质的监督。

4）果断停机检查。当机组运行过程中，振动突然异常增大，且听到脱落叶片的撞击声，机组内部有摩擦声，凝汽器管子突然泄漏等情况，是汽轮机叶片脱落事故发生的现象，应按规程规定，果断破坏真空，停机并对机组进行全面检查。否则，会对高速转动的机组造成严重损坏。

5）采用正确的保养方法。汽轮机停机后，需加强对主汽阀严密性检查，防止汽、水漏入汽缸。停机时间较长的机组（包括为消缺安排的检修），应认真做好汽轮机的相关保养工作，防止通流部分锈蚀。

6.3.4 汽轮机油系统火灾事故

汽轮机油系统（包括润滑油系统、EH油系统、密封油系统）担负着汽轮机的控制、润滑及发电机氢冷系统的密封任务。其工作正常与否，是影响汽轮机能否安全运行的重要因素。油系统故障是汽轮机多发性故障，不仅会影响机组出力，严重时还会导致汽轮机断轴毁机的恶性事故。

1. 汽轮机油系统火灾事故的原因

汽轮机油系统着火，一般是由于油系统不严密而导致漏油，当漏油接触到高温部件（汽缸、蒸汽管道等保温不完善的部位）而引起的。若现场处理不及时，会给电厂带来灾难性后果。汽轮机油系统的火灾事故，大都发生在机头侧附近的高温区，这些地方正是油管道与蒸汽管道的密集交汇处。

发生火灾的主要原因，是高压油管道或法兰垫片在运行过程中破裂，而在机组运行中只要有一处破裂就会外喷油，如油源不断遇到未保温或保温不完善高温部位，就会着火燃烧，迅速酿成火灾。

2. 汽轮机油系统火灾预防的措施

1）防止油系统泄漏，需严格执行电厂的安全运行规程。

① 严控检修工艺过程，提高机组的检修质量。机组大修时，要有针对性的对油管道、法兰接合面进行研磨磨平，连接的接触面要确保紧密，消除运行中漏油、渗油的危险。

② 油系统应尽量避免使用法兰连接，且禁止使用铸铁类阀门。

③ 油系统法兰接合处，严禁使用塑料或橡胶垫片，法兰螺栓需均匀拧紧。

④ 完善保温。高温蒸汽管道、疏水管道及阀门都要保温完整，在高温区油管道附近的蒸汽管道，应外包保温保护层，还可设置防火墙隔离。

⑤ 机头下部油管道较密集，需合理布置。油管道尽可能布置在蒸汽管道下方，且油系统需采用套装结构，并尽量减少法兰连接。运行中如存在振动的油管，需设置合理的支吊架予以消除。

⑥ 从运行维护方面来讲，运行人员应认真进行巡回检查，注意监视油压、轴承回油、轴承挡油环处情况是否正常。当调节系统大幅度摆动时，或机组油管发生振动时，应及时检查油系统管道是否泄漏，发现漏油应及时汇报并处理。

⑦ 机组油系统的设备及管道发生损坏漏油时，凡不能与系统隔绝处理或已向热力管道渗油时，应立即打闸停机。

⑧ 发现油管的法兰或螺母接头处有漏油现象，且不能在机组运行过程中消除时，应尽快汇报有关领导，安排停机处理。但在未停机之前，运行人员应尽最大努力，加强维护或采

取措施，不使事故扩大。

⑨ 事故排油装置是由事故排油阀、事故油池及排油管道所组成。一旦汽轮机的油系统发生火灾，需立即开启事故排油阀，尽快排掉油箱存油，以减少火灾的损失。

2）为防止火灾事故的发生，现场应采取以下控制措施：

① 汽轮机所用的润滑油燃点最低的只有200℃左右，300MW及以上容量机组调速系统采用高压抗燃油的燃点为500℃以上。因此，对油系统附近的高温高压管道，在保温层外应加装保护层。现代大容量汽轮机的保温措施比较完整，基本做到了保护层铁皮或铝皮外壁温度不大于50℃，有效地防止了汽轮机油系统火灾事故的发生。

② 厂区内禁止吸烟。

③ 在油系统周围，严禁明火作业。禁止在油系统运行时，对其进行焊接工作。在拆下的油管上需进行焊接工作时，必须事先将管子清洗干净。

④ 氢冷发电机空侧回油到主油箱要封闭，以防止油箱内氢气积聚爆炸。

⑤ 汽轮机运行过程中，应防止大轴弯曲，避免轴封处动、静部分摩擦产生火花。

⑥ 不论在检修或运行过程中，如有油泄漏到高温管道的保温层上，应对高温管道进行更换保温层操作，同时要设法消除漏油点或采取防漏措施。

⑦ 汽轮机房内应配置足够的消防器材，并放置在明显的位置，且附近区域不得堆放杂物，保持厂房内通道畅通。在油箱等管道密集区的上方，应装设烟感报警探测装置和消防喷嘴，以便出现火情时，能自动报警并向火源处喷洒灭火剂。此外，还需要运行人员定期进行防火、灭火的反事故演习。油系统的防火工作，必须坚持以防为主，消防结合的方针。认真执行《中华人民共和国消防法》和《中华人民共和国安全生产法》等有关法律、法规，建立健全完善的消防设施和消防管理制度，并配备强有力的专业和业余相结合的消防队伍。

3. 处理汽轮机油系统火灾的注意事项

当汽轮机油系统发生火灾并无法控制时，要根据有关规定立即破坏真空紧急停机，切断油源，开启事故排油阀排掉主油箱中的存油。为了保证汽轮机转子在惰走时间内的润滑油，应选择适当的排油管径或加装节流孔板控制排油速度，使排油时间比紧急停炉转子惰走时间长1min左右。

6.3.5 汽水管道事故

1. 汽水管道事故的分类

汽水管道事故按其严重程度，可分为爆破和泄漏两种。管道材质不合格，施工、检修质量不好，管内工质压力超过允许极限值，管道内工质温度经常超过允许极限值，管道内工质两相流动引起管道冲击，管道胀缩受到限制，等等，都是引起汽水管道事故的原因。如汽水管道事故处理不当或不及时，不但会造成设备事故，且极可能造成人身伤亡事故。

2. 汽水管道事故的处理原则

尽可能不使运行人员和相关设备受到损害，尤其是高温高压管道事故，对人身安全应特别注意。在查明管道泄漏部位时，应特别小心谨慎，运行人员最好不要在没有任何安全隔离措施的前提下，扒掉管道保温层。检查人员应根据事故声音的大小、泄漏工质温度的高低与泄漏点保持足够的安全距离，并做好防止他人误入危险区的安全警示措施。在确保设备的安全方面，则主要是防止电气设备受潮短路，必要时切除有危险的设备。

1）发生汽水管道事故时，尽可能不停用其他无关的运行设备。

2）发生汽水管道事故时，应采取先关来汽、来水阀门，后关出汽、出水阀门的操作顺序。

3）发生汽水管道事故时，应先关闭离事故点近的阀门。如无法接近隔绝点，应再扩大隔绝范围，待可以接近隔绝点时，迅速缩小隔绝范围。

3. 汽水管道事故的处理方法

1）主蒸汽、给水管道事故的处理。当主蒸汽系统或给水系统的主要管道或阀门爆破时，应立即破坏真空事故停机。如为支管或阀门破裂，且尚未达到需将汽轮机转速迅速降到零的程度时，可不破坏真空停机。不论采用何种停机方式，都需要尽快隔绝事故点进行泄压，并开启汽轮机房窗户排放蒸汽。此时，要求运行人员不要乱跑，防止被蒸汽吹伤、烫伤，且采取必要措施防止电气设备受潮短路。同时，当高温、高压蒸汽外泄时，现场还需采取必要的防火措施。

2）蒸汽、抽汽管道水冲击的处理。蒸汽、抽汽管道发生水冲击，一般因管道内产生两相流体流动或工质参数急剧变化而引起。特别是蒸汽、抽汽管道启动初期，由于暖管不当极易产生上述情况。管道发生水冲击时，将发生强烈振动并伴有巨大的噪声。当蒸汽、抽汽管道发生水冲击时，应开启有关疏水阀，在不影响主机运行的情况下，应尽量停用发生水冲击管道，并查明原因及时消除。若事故扩大到发生汽轮机水冲击时，则应按汽轮机水冲击事故处理。

3）管道振动的处理。管道振动可由水冲击、管道流速过大、管道支吊架系统不合理、水管道发生水锤等原因引起。若是因水冲击而引起的管道振动，则按上述管道水冲击规定处理；若是因工质流速过大引起的管道振动，则应适当减少管道流量；若是因流量不稳定且波动剧烈而引起的管道振动，则应设法保持工质流量的稳定；若是因管道支吊架设置不合理而引起的管道振动，则应设法根据现场振动的实际情况，增加或减少支吊点数量或支吊点类型；若是水管道水锤引起的管道振动，可设法缓慢关闭或开启发生水锤管路的阀门。管道发生振动后，经现场处理无效且威胁到与其相连设备的安全运行时，应停用该系统。

4）凝结水管道破裂的处理。凝结水管道破裂时，应先采取有效措施减小凝结水的泄漏或隔离事故点，利用旁路来维持机组的运行。若事故点无法隔离且影响到机组正常运行时，应申请停机处理。

5）循环水管道破裂的处理。循环水管道由于其内工质压力低，其破裂的主要原因除上述一般管道事故原因外，还因年久腐蚀、支承缺陷等原因引起破裂。如发现循环水管破裂，除设法减少泄漏外，还需注意对循环水母管压力的影响。若影响了母管压力，则需监测汽轮机真空、油温、风温是否发生了异常变化。泄漏量大时，还需注意防止泄漏水淹没其他设备，并视危险大小决定是否停机处理。当泄漏点在凝汽器循环水进水阀后，可采用机组减少负荷，将破裂侧隔离而保持凝汽器半面运行的方式处理。

4. 电厂预防管道事故发生的原则

汽水管道的事故，在汽轮机事故中占相当大的比例。为了防止汽水管道事故的发生，除了提高设备材料及设计安装、检修的质量，防止摩擦碰撞、腐蚀，按规定进行超压试验、金相试验、坡口检查等工作外，机组运行时运行人员还应做到：

1）控制管内工质参数在允许范围以内，且尽量不要超限运行，发生超限时应按规定处理。

2）投用蒸汽、抽汽管道时，要充分对管道进行暖管。运行中防止管道发生水冲击，蒸汽管道的低点处应保持疏水畅通，防止管道内积水。

3）输送饱和温度水时，要注意管道压降的影响。否则，管道内饱和水将因压力降低而汽化，产生汽液两相流从而引起管道振动。

4）防止水管道产生水锤现象而损坏管道或阀门。当管道内有水流动且快速关闭阀门时，就会引发水锤。水锤的冲击力比汽水冲击更大且破坏性更强。因此，在正常关闭水管道阀门且接近关闭时，要放缓关闭的速度，尽量避免水锤发生。

6.3.6 真空度下降事故

1. 汽轮机真空度下降

1）汽轮机真空度降低的主要危害，可表现为以下几方面：

汽轮机运行过程中凝汽器真空度下降，若机组维持负荷不变，则汽轮机的进汽量势必需要加大，导致汽轮机轴向推力增大及叶片过负荷。不仅如此，由于真空度下降使低压缸排汽室温度升高，从而引起排汽缸变形、机组中心偏移，使机组产生附加振动及凝汽器铜管因受热膨胀产生松弛、变形甚至断裂。

因此，机组在运行中如发现真空度下降时，除按规定减负荷外，必须查明原因并及时处理。汽轮机真空度下降不仅使机组的热经济性降低，严重时还可能造成转子振动等异常情况。

2）汽轮机真空度降低时，现场处理的方法为：

① 发现机组真空度下降，首先应对照低压缸排汽温度表进行确认并查找原因，进行相应的处理。

② 机组真空度下降时，应按规定限制机组负荷处理，且真空度低自动减负荷保护装置不得切除。

③ 若机组负荷降至30% MCR后，真空仍不能恢复，应立即减负荷至0% MCR并实施停机操作。

2. 机组真空度急剧降低的原因和处理方法

1）循环水中断。循环水中断事故可以从循环水泵的工作情况作出判断，若循环水泵电动机电流和水泵出口压力到零，即可确认为循环水泵跳闸，此时应立即启动备用循环水泵。若强合跳闸泵，则应检查泵是否倒转，若倒转则严禁强合，以免电动机过载和断轴。若如无备用泵，则应迅速将机组负荷降至零并打闸停机。循环水泵出口压力降低或电动机电流摆动，通常是由于循环水泵吸入口水位过低、滤网堵塞等原因引起，此时应尽快采取措施，提高水位或清理滤网杂物。如果循环水泵出口压力或电动机电流大幅度降低，则可能是循环水泵本身事故引起的。如果循环泵在运行中出口门误关，或备用泵出口门误开，则会造成循环水倒流，进而造成机组真空度急剧下降。

2）射水抽气器工作失常。如果发现射水泵出口压力或电动机电流同时到零，则说明射水泵跳闸。如射水泵出口压力或电动机电流下降，则说明泵本身事故或水池水位过低。发生以上情况时，均应启动备用射水泵和射水抽气器，水位过低时应补水至正常水位。

3）真空泵工作异常。如果发现真空泵入口压力升高、出口压力降低，且电动机电流同时到零，则说明真空泵跳闸。如果真空泵入口压力升高、出口压力降低，且电动机电流下降，则说明真空泵本身事故。发生以上情况时，均应启动备用真空泵及其辅助系统。

4）凝汽器满水。凝汽器在短时间内满水，一般是凝汽器铜管泄漏严重，大量循环水进入汽侧，或凝结水泵事故所致。处理方法为立即开大水位调节阀并启动备用凝结水泵，必要时可将凝结水排入地沟，直至凝汽器水位恢复正常。其中，铜管泄漏还表现为凝结水硬度增加，此时应停运泄漏的凝汽器。如为凝结水泵事故，可从凝结水泵出口压力和电动机电流来判断。

5）轴封供汽中断。如果轴封供汽压力到零或出现微负压，则说明轴封供汽中断，其原因可能是轴封压力调节器失灵、调节阀阀芯脱落或轴封系统进水。此时，应开启轴封调节器的旁路阀门，检查除氧器是否满水。如满水，则应倒换轴封的备用汽源，并迅速降低除氧器水位。

3. 机组真空度缓慢降低的原因和处理方法

因为真空系统庞大，影响机组真空的因素较多，所以真空度缓慢下降时，寻找原因比较困难。现场可重点关注以下原因，并进行相应的处理。

1）循环水量不足。循环水量不足表现在同一负荷下，凝汽器循环水进、出口温差增大。其原因可能是凝汽器穿管进入杂物且堵塞。对于装有胶球清洗装置的机组，应对其进行反冲洗；对于凝汽器出口管有虹吸的机组，应检查虹吸功能是否被破坏，如出现凝汽器出口侧循环水量真空度到零，同时凝汽器入口循环水压力增加，应使用循环水系统的辅助抽气器，恢复出口处的真空，必要时可增加进入凝汽器的循环水量；凝汽器进出口温差增加，还可能是由于循环水出口管积存空气或是结垢严重，此时应开启出口管放空气阀，排除空气或投入胶球清洗装置进行清洗，必要时在停机后用高压水进行冲洗。

2）凝汽器水位升高。导致凝汽器水位升高的原因，可能是凝结水泵入口水汽化或凝汽器铜管破裂漏入循环水等。凝结水泵入口水汽化，可以通过凝结水泵电流的减小来判断。当确认是由于此原因造成凝汽器水位升高时，应检查水泵入口侧法兰盘根是否严密。凝汽器铜管破裂可通过检验凝结水硬度加以判断。

3）射水抽气器工作水温升高。射水抽气器工作水温升高会使抽气室压力升高，从而降低抽气器的工作效率。当发现工作水温升高时，应开启工业水进行补水，降低工作水的温度。

4）水环式真空泵工作水温升高。水环式真空泵工作水温升高，会使真空泵抽气室压力升高，降低抽气效率。当发现水温升高时，应检查水环式真空泵的冷却器工作状态，或启动备用冷却器，降低工作水的温度。

5）真空系统漏入空气过多。真空系统是否漏入的空气过多，可通过凝汽器严密性试验来检查。空气漏入真空系统，表现为凝结水过冷度增加及凝汽器端差增大。

6.4　电气典型事故诊断及处理

6.4.1　发电机故障及处理

1. 发电机定子接地

（1）发电机定子接地时的现象

1）“发电机定子接地”保护装置报警，且发电机跳闸。

2）发电机PT（电压互感器）开口三角电压有指示。

（2）发电机定子接地时的处理方法

1）定子接地保护跳闸时，按主开关跳闸处理。

2）若“发电机定子接地”、“发电机内有油水”先后报警，则应将发电机紧急解列。

3）定子接地保护报警，但尚未跳闸时，应立即对发电机出口PT和励磁变压器，高厂变、高公变的高压侧进行外观检查，联系继保人员对发电机中性点接地变压器二次电压、出口PT二次电压进行测量。经综合分析判断后，如确定为发电机内部接地时，应立即将发电机解列灭磁。当为发电机外部接地时，则应申请停机进行处理，且处理时间不超过30min。

4）停机后应联系检修人员，分别测量和检查发电机出口PT、励磁变、主变低压侧，高厂变、高公变的高压侧和发电机定子绝缘，以准确判断故障发生在发电机的内部还是外部。

2. 发电机转子接地

（1）发电机转子接地时的现象

1）励磁系统“发电机转子一点接地”保护装置报警。

2）励磁系统“发电机转子两点接地”保护动作，发变组主开关跳闸，机炉跳闸。

3）正极或负极对地电压异常。

（2）发电机转子接地时的处理方法

1）转子两点接地保护跳闸时，按主开关跳闸处理。

2）转子一点接地时，按下述步骤进行处理：

① 投入转子两点接地保护。

② 对发电机励磁系统如电刷架、励磁交直流封闭母线等进行全面检查，确认有无明显接地。

③ 检查发电机大轴接地电刷接触情况，禁止在接地保护投入的情况下，直接将大轴接地电刷提起或进行调整。

④ 联系继保人员，用高阻万用表测量发电机转子正、负极对地及极间电压，换算绝缘电阻。

⑤ 经综合判断确定为励磁回路接地无法消除时，应汇报调度后将发电机解列。

⑥ 处理过程中，要防止人为造成两点接地，同时加强对发电机转子电压、电流、无功功率、机组振动等的监视。

3. 发电机失磁

（1）发电机发生失磁时的现象

1）“发电机失磁”保护报警，发电机可能跳闸。

2）励磁电流指示为零或接近于零。

3）发电机无功功率指示为零或负值，功率因数指示进相。

4）发电机有功功率指示降低并摆动。

5）发电机定子电压下降，定子电流大幅上升并摆动。

6）邻机无功电流大幅增加。

7）发电机转速周期性波动，发电机振动增大。

（2）发电机失磁时的处理方法

1）发电机失磁保护跳闸时，按主开关跳闸处理。

2）发电机失磁保护，但尚未跳闸时，按下述步骤进行处理：

① 立即退出 AVC 装置。AVC 为发电厂无功电压远方自动控制，即调度通过对各发电厂发电机组的无功功率进行远方控制，来提高各发电厂高压母线的电压水平，从而达到提高本地区的供电电压水平，改善地区电网的电能质量的目的。

② AVR（自动电压调节器）切换至手动方式或紧急备用通道，手动增加励磁，并快速减机组负荷。

③ 尽量增大其他未失磁机组的励磁电流，以提高系统的电压和稳定能力。

④ 尽快查找失磁原因，予以消除并恢复机组励磁。

⑤ 经 15min 处理无效时，应立即将发电机解列。

⑥ 500kV 系统电压不得低于 490kV。失磁危及系统安全时，应立即将发电机解列。

⑦ 处理过程中，应加强对发电机风温、端部构件等温度仪表的监视。

4. 发电机过励磁

（1）发电机发生过励磁时的现象

1）“发电机过励磁”保护报警。

2）发电机过励磁保护Ⅰ段动作至自动降低励磁电流，Ⅱ段动作至跳闸。

3）励磁调节器限制报警，自动降低励磁电流。

4）发电机端电压过高或频率过低。

（2）发电机过励磁时的处理方法

1）发电机过励磁保护跳闸时，按主开关跳闸处理。

2）下列情况造成发电机过励磁时，应立即将发电机灭磁：

① 发电机转速达额定转速前，误加励磁电流。

② 发电机升压并网操作时，由于 PT 断线误加大励磁电流或其他原因发生过励磁，发电机转子电压和电流大于空载值。

③ 发电机解列、主汽门关闭，机组惰走而励磁开关未断开。

④ 发电机甩负荷，发电机在励磁调节器自动失灵或手动运行状态下解列。

3）下列情况造成发电机过励磁时，应将励磁调节器切换至手动，并降低励磁电流：

① 因励磁调节器自动调节失灵，而引起发电机励磁电流骤增。

② 励磁调节器 PT 断线，而引起调节器误加励磁。

5. 发电机失步和振荡

（1）发生发电机失步和振荡时的现象

1）发电机“失步”保护报警，且振荡中心在发电机变压器组内部时，动作于跳闸（动作于跳闸指继电器输出的信号驱动跳闸回路，当然最终是否跳闸还要看具体的逻辑设计，满足最终跳闸条件才执行跳闸）。

2）发电机及线路电流、有功功率、无功功率的指示周期性剧烈摆动，并经常超过额定值。

3）发电机端电压、厂用电压、500kV 系统电压周期性摆动，并经常电压降低。照明设备周期性一明一暗，且发电机、主变轰鸣声合拍。

4）电力系统稳定器 PSS 动作，转子电压、电流周期性摆动。

5）汽轮机组转速波动，调速系统摆动。

6）根据振荡中心位置的不同，振荡可能呈现以下特点：

① 单机振荡时，振荡中心落在发电机变压器组内，发电机端电压和厂用电压周期性严重降低，失步发电机的指示与邻机及线路的指示摆动方向相反，摆动幅度比邻机及线路剧烈。自并励的发电机可能失步，且伴随失磁使振荡幅度更为剧烈。

② 发电厂和系统振荡时，振荡中心落在500kV线路以外，500kV电压周期性严重降低，且与本厂发电机摆动方向相同，摆动幅度基本一致。

（2）发生发电机失步和振荡事故的原因

1）系统故障、保护装置延时切除、自动装置失灵、系统联系电抗突然增大，造成系统动稳定破坏。

2）线路输送功率超过静稳定极限。

3）发电机励磁调节器自动失灵，从而造成发电机振荡放大而失步。

4）发电机失磁或欠磁引起励磁调节器手动运行，监视不利造成发电机滑极失步。

5）汽轮机调速系统大幅波动，引起原动机功率突变。

6）发电机非准同期并网。

（3）发生发电机失步和振荡事故时的处理方法

1）发电机失步保护跳闸时，按主开关跳闸处理。

2）发生下列情况，应立即将发电机解列：

① 单机振荡。

② 发电机失磁造成系统振荡，失磁保护装置拒动时。

③ 振荡原因是由于发电机误并列引起。

3）发电机与系统共同振荡时的处理方法为：

① 机组快速减负荷。

② 当励磁调节器自动方式运行时，严禁干扰励磁调节器动作。手动励磁时，增加发电机励磁电流至允许的最大值。

4）系统振荡时的处理方法为：

① 增加发电机励磁，增加发电机无功出力，使电压提高至允许的最大值。

② 频率偏高时，应立即降低机组出力，使频率下降直至振荡消失或频率降到50.2Hz为止。

③ 频率偏低时，应增加机组出力。

5）经过以上处理振荡仍未消失，应汇报调度并按调度指令处理。

6）若系统振荡引起机组MFT，则按机组MFT事故处理原则进行处理。

7）在系统振荡时，应密切注意机组辅机运行情况，设法将有关运行参数调整在允许范围内。

8）振荡消失后，通知各岗位全面检查厂用设备。

6. 发电机三相电流不平衡

（1）发电机发生三相电流不平衡时的现象

1）发电机三相电流差值增大。

2）发电机冷、热风温度升高。

3）发电机不对称过负荷保护，定时限部分动作于报警，反时限部分动作于跳闸。

（2）发电机发生三相电流不平衡时的处理方法

1）发电机不对称过负荷保护跳闸时，按主开关跳闸处理。

2）发电机三相不平衡电流超过规定值，应首先核对发电机、主变三相电流表及机组振动情况等，检查是否由于表计或仪用电流互感器回路故障而引起。

3）发生以下情况时，应降低机组无功负荷。

① 发电机任一相电流大于额定值。

② 定子最大相电流与最小相电流差值超过10%。

③ 负序电流超过8%。

降低机组无功负荷无效时，则向调度申请降低机组有功负荷，使定子电流不平衡度降低到允许值以内。经处理仍然无法使定子电流不平衡度降到安全范围时，应设法将机组解列。

4）若不平衡电流是由于机组内部故障引起，应立即将故障机组解列。

5）若不平衡电流是由于系统原因引起，应立即汇报调度尽快消除，以保证发电机继续运行。

6）发电机带不平衡电流运行期间，应严密监视发电机各部温度和机组振动情况。如果发现不平衡电流增大且温度异常升高时，应立即停机。

7. 发电机过负荷

（1）发电机发生过负荷时的现象

1）发电机定子电流增大，且超过额定值。

2）发电机各部温度升高。

（2）发生发电机过负荷时的处理方法

1）发电机对称过负荷保护跳闸时，按主开关跳闸处理。

2）发电机过负荷时，应密切监视机组运行时间，注意不超过过负荷允许的时间。

3）发电机过负荷时，若系统电压正常，则应减少励磁电流，降低定子电流到额定值。但应注意不得使发电机无功功率进相，如减小励磁电流不能使定子电流降到正常值，应汇报值长申请减小有功负荷。

4）发电机强励动作引起的机组过负荷，20s内运行人员不得干涉，超过时间应将调节器切换至手动，将发电机定子电流降至额定值以下。

5）发电机事故过负荷运行时，要密切注意发电机各部分温度不超过规定值。若超过应及时降低发电机负荷，使温度降低到规定值以内。

8. 发电机逆功率

（1）发生发电机逆功率时的现象

1）汽轮机主汽门或调门全关。

2）发电机有功负荷迅速下降至负功率，定子电流指示降低。

3）发电机无功指示升高，机端电压升高。

4）汽轮机排汽温度升高。

5）发电机“逆功率”保护报警，逆功率保护或程跳逆功率保护动作跳闸。

（2）发生发电机逆功率时的处理方法

1）如逆功率保护（程跳逆功率保护）动作跳闸，则按主开关跳闸处理。

2）如逆功率保护未动作，在确认汽轮机主汽门完全关闭，发电机功率已为负功率后，手动将发电机解列灭磁，逆功率运行不允许超过30s。

3）程序跳闸的保护动作将主汽门关闭后，若发电机功率仍指示正值，则禁止将发电机解列。必须在采取措施将汽源可靠切断，待功率指示负值后，方可将发电机解列灭磁。

9. 系统低频

（1）发生系统低频时的现象

1）系统频率长时间低于49.8Hz。

2）系统低频常伴随出现系统的低电压。

3）汽轮机声音变沉，且一次调频回路动作自动加出力。

4）发电机低频保护各段“低频”累计时间达允许时间时报警，严重低频Ⅳ段（持续运行低频保护）动作于跳闸。

（2）发生系统低频时的处理方法

1）若低频保护动作跳闸，则按主开关跳闸处理。

2）发生系统低频时，应不待调度命令立即将发电机出力升至最大，发电机的过负荷运行时间按相关规定执行，但应注意不得使过负荷保护动作。

3）系统低频时，应注意厂用负载监视和调整，防止重要辅机过载跳闸。

4）注意监视发电机励磁电流，防止发电机转子回路过负荷。

5）密切监视发电机进出风温度、定子铁心温度、定子铁心端部温度等，防止超温。

6）当系统低频和低电压同时发生时，应优先考虑满足频率要求。

10. 发电机非全相运行

（1）发生发电机非全相运行时的现象

1）若发电机主开关两相断开、一相接通，则发电机定子电流两相基本相等，第三相近似为零。

2）若发电机主开关一相断开、两相接通，则发电机定子电流两相近似相等，且为第三相电流为两项电流的一半。

3）发电机发生振动且声音异常。

4）发电机出口风温度明显升高。

（2）发生发电机非全相运行时的处理方法

1）在非全相状态下，严禁手动关闭汽轮机主汽门，严禁切断发电机励磁。

2）发生非全相运行时，发电机负序过流保护应动作，断开发电机主开关。若发电机主开关未断开，尽快设法使主开关三相全断开，或立即联系相关运行人员将500kV变电站对侧开关断开。

3）如在解列时出现主开关非全相分闸，严禁重新合上主开关。

4）若发电机保护动作，励磁开关已经断开，主开关非全相分闸，严禁重新加励磁。

5）为防止非全相事故发生，必须在机组转速达到3000r/min且稳定的情况下，才能合上发电机变压器组出口刀开关，且启停过程中需确认投入误上电保护。

6）发电机非全相运行期间，发电机有功负荷、无功负荷、定子电流减至最小，使发电机负序电流小于长期运行允许值。

11. 发电机变压器组开关自动跳闸

（1）发生发电机变压器组开关自动跳闸时的现象

1）警铃响，DCS发出报警。

2）发电机变压器组开关和励磁开关跳闸，发电机各表计指示值到零。

（2）发生发电机变压器组开关自动跳闸时的处理方法

1）检查励磁开关是否跳闸，发电机定子电压是否有不正常升高，如励磁开关未跳闸，应立即断开励磁开关。

2）如高厂变的6kV开关未跳闸，应立即手动断开，使备用电源开关自动合闸，否则应将备用电源强送电一次。

3）检查保护动作情况及跳闸原因。

4）当发电机由于内部故障保护动作时，应对发电机及有关设备和所有保护区的电气回路作详细的外部检查，测量定子线圈绝缘电阻，查明有无故障现象（烟火、响声、绝缘臭味、放电和烧伤痕迹等），对动作的装置进行检查，同时询问值班调度电网是否存在故障。如发电机及其回路没有明显故障，汇报值长对发电机进行零起升压。如升压时没有发现不正常现象，则可将发电机并入电网运行。如升压有不正常现象，应立即停机，通知检修处理。

5）如属机炉热工保护动作，待机炉正常后，值长命令重新并网。

6）如确系人员误碰、误操作，应尽快将发电机并入电网。

6.4.2　变压器故障及处理

1. 油浸式变压器紧急停运的条件

1）变压器内部声响明显增大，且很不均匀、有爆裂声。

2）在正常负荷和冷却条件下，变压器温度不正常，并且不断升高。

3）压力释放阀动作，向外喷油、喷烟火。

4）严重漏油使油位下降，使油面降低至油位计的低位。

5）油色变劣，油中出现炭质等。

6）套管有严重的破损和放电现象。

7）变压器故障，保护装置或开关拒动。

8）变压器着火。

9）发生危及人身安全的情况。

2. 干式变压器紧急停运的条件

1）变压器内部响声明显、异常增大，或存在局部放电响声。

2）发生异常过热现象。

3）冒烟或着火。

4）当发生危及安全的故障，而有关保护装置拒动。

5）当附近的设备着火、爆炸或发生其他情况，对干式变压器构成严重威胁。

3. 变压器跳闸处理措施

1）迅速将备用电源投入运行，然后查明跳闸原因。

2）查明跳闸原因，并记录是何种保护动作。

3）若无故障现象，则应检查当时直流系统有无接地现象，并对开关进行检查，待查明原因、缺陷消除后，方可再次投入运行。

4）变压器跳闸后，应停运全部冷却器。主变内部故障跳闸后，应立即停运潜油泵。

4. 变压器着火处理措施

1）立即切断电源，停运冷却器和潜油泵，并迅速采取灭火措施，防止火势蔓延。

2）若油溢在变压器顶盖上端并着火时，则应打开变压器下部事故放油阀放油，使变压器油位低于着火处。

3）若变压器内部故障引起着火时，则不允许放油，以防变压器发生爆炸伤人。

4）主变、高厂变、启/备变装有灭火喷淋装置，当变压器着火时，应根据有关规定使用相应喷淋装置进行灭火。

5. 变压器温度不正常升高处理措施

1）变压器在运行中，如油温或绕组温度超过允许值时，应查明原因并采取措施，使其降低。同时需进行下列工作：检查变压器的负荷和冷却介质的温度，核对在该负荷和冷却介质温度下，应有的油温和绕组温度。

2）核对 CRT 上的变压器显示温度及就地温度计有无异常。

3）检查冷却装置是否异常，备用冷却器是否投入。若自动未投成功，则应立即手动启动。

4）调整变压器负荷及运行方式，使变压器温度不超过允许值。

5）经检查，冷却装置及测温装置均正常。经调整负荷和运行方式后仍无效，变压器油温或绕组温度仍有上升趋势，或在同样负荷和冷却温度下油温比正常时高出 10℃ 以上，应立即汇报有关领导，停止变压器运行并通知检修处理。

6. 变压器油位显著变化处理措施

1）如由于长期微量漏油引起，应加补充油并视泄漏情况安排检修。

2）若因油温过低而使油位大大降低时，应适当调整冷却装置运行方式。

3）在加油过程中，应将重瓦斯保护由跳闸改投信号。待加油结束，按规程要求限时恢复重瓦斯保护。

4）因环境温度上升，而使变压器油位渐渐升高，若最高油温时的油位可能高出油位计时，则应通知检修人员放油。

5）变压器油流中断，检查油流指示器指示是否正常。

6）检查冷却装置工作电源是否中断，备用电源是否自动投入，油泵是否停转。若冷却装置故障，需调整当时的运行方式，但不允许超过变压器铭牌规定的该冷却条件时的允许容量。

7）压力释放装置动作，检查压力释放阀动作后是否大量喷油，检查变压器喷油是否着火，若着火按变压器着火处理。

8）由于变压器内部故障引起压力释放装置动作时，须按事故处理。检查压力释放装置能否自动复置。

7. 变压器冷却电源消失的处理措施

1）准确记录冷却装置的停运时间。

2）迅速查明原因，尽快恢复冷却装置运行。

3）降低变压器负荷至规定值，监视变压器油温不得超过规定值。

4）如电源未能恢复，且变压器上层油温已达到规定值或冷却器全停的持续时间已达规定值时，应停止变压器运行。

8. 瓦斯保护动作时的处理措施

瓦斯保护根据事故性质的不同，其动作情况可分为两种：一种是动作于信号，并不跳闸；另一种是两者同时发生。

（1）轻瓦斯保护动作的原因

1）在滤油、加油过程中，空气进入变压器内部。

2）温度下降，使油位过低。

3）变压器内部故障，分解出少量气体。

4）瓦斯保护二次回路故障。

（2）轻瓦斯保护动作时的处理方法

1）汇报值长，检查变压器油位是否正常，或是否存在漏油现象。

2）检查变压器是否有放电声和异常声音。

3）检查气体继电器内部是否有气体，若有气体应取样分析，并观察气体颜色。同时，需作放气试验，取样时应按“安规”要求执行。

4）若动作原因是油内有空气，应将空气放出，并准确记录信号动作时间，如相邻间隔动作时间缩短，应请示总工并根据值长指令，将轻瓦斯保护改为信号或切换至备用变压器运行。

（3）发生重瓦斯保护动作时的处理方式

1）重瓦斯保护投至信号位置而出现“重瓦斯动作”信号时，应立即切换至备用变压器运行。在“重瓦斯动作”信号出现的同时，发现变压器电流不正常，应立即停止变压器的运行。

2）重瓦斯保护跳闸的处理：

① 检查上层油温、油位是否正常，以及防爆管和其他部分是否喷油。

② 如重瓦斯跳闸及轻瓦斯发信号时，应检查气体继电器的动作情况，需进行气体、油质分析，不经试验检查不准将变压器投入运行。

③ 经检查分析确认变压器无异常时，应对瓦斯保护回路进行检查，确系瓦斯保护误动作，应将瓦斯保护投信号，变压器方可投入运行。瓦斯保护经保护班检查无异常后，方可投入运行。

9. 差动保护动作时的处理措施

1）检查变压器本体有无异常，检查差动保护范围内的瓷绝缘子是否有闪络或损坏，引线是否短路。

2）如果变压器差动保护范围内的设备无明显故障，应检查继电器保护及二次回路是否存在故障，直流回路是否有两点接地。

3）经以上检查无异常，应空载试送电一次。如试送电后又跳闸，则不得再送。

4）如果因继电器或二次回路故障、直流两点接地造成的误动作，应将差动保护退出运行，将变压器送电后，再处理二次回路故障及直流接地。

5）差动保护及重瓦斯保护同时动作至变压器跳闸时，不经内部检查和试验，不得将变压器投入运行。

10. 定时限过电流保护动作时的处理措施

当变压器由于定时限过电流保护动作跳闸，首先应解除声响，然后详细检查有无越级跳闸的可能，即检查各出线断路器保护装置的动作情况，各信号继电器是否有掉牌，各操作机构是否有卡死等现象。

如查明是因某一路出线故障引起的越级跳闸，则应拉开该出线的断路器，将变压器投入，并恢复向其余各线路送电；如查不出是否越级跳闸，则应将低压侧所有出线断路器全部拉开，并检查中、低压侧的母线及变压器本体有无异常情况；若查不出有明显的故障现象时，则变压器可在空载的情况先试送电一次，正常后再逐路恢复送电。当在某一出线断路器试送电又引起越级跳闸时，则应将其停用，而将其余线路恢复送电；若检查中、低压侧母线有明显故障现象，而变压器本体无明显故障现象时，则可切除故障母线后，再试合闸送电；若检查发现变压器本体有明显的故障现象时，则不可合闸送电，而应汇报上级听候命令再处理。

6.4.3 厂用电系统故障及处理

1. 厂用电全部失去

（1）发生厂用电全部失去时的现象

1）锅炉 MFT、汽轮机跳闸、发电机解列，报警器响且相应光字牌亮。

2）各段厂用母线电压为零，其电源开关均为绿灯亮。

3）所有运行的交流辅助设备停运，备用交流辅助设备不联动，电动门操作不动。

4）各直流设备联动。

5）交流照明灯灭，直流照明灯亮，控制室变暗。

（2）发生厂用电全部失去的原因

1）发电机解列，10kV 各段工作电源失去，备用电源均未自投成功。

2）高备变故障跳闸，保安电源均未自投成功。

（3）发生厂用电全部失去时的处理方法

1）确认主机、小机直流油泵以及直流密封油泵均已启动，否则可手动多次强合直至启动。检查主机润滑油压、油氢差压是否正常。

2）检查确认所有循环水泵出口蝶阀已关闭，否则应手动泄压关闭。

3）手动开启凝汽器真空破坏门，并关闭所有连接凝汽器的疏水门。投入空气预热器气动马达，关闭炉前燃油跳闸阀的手动门和回油手动门。

4）立即对保安电源进行如下检查和操作：

① 检查柴油发电机自启动成功，否则手动启动。投入保安电源，恢复保安母线电源。

② 保安母线电源恢复后，逐步恢复机、炉各段保安 MCC 电源和交流事故照明。

5）保安电源恢复后，应进行下列工作：

① 启动主机 MSP（启动油泵）、TOP（辅助油泵）、顶轴油泵、交流密封油泵、小机交流油泵、空气预热器电动马达、交流火检风机，检查各设备运行正常后，停运有关直流设备。

② 投入各辅助设备润滑油系统，并检查运行为正常。

③ 关闭汽泵、电泵出口门，检查并确认泵不存在倒转。

④ 检查确认高中压主汽门、调节气门、各抽汽逆止门已关闭，关闭有关电动门。

⑤ 检查调整所有停运制粉系统的风门、挡板位置正确，过热器、再热器减温水阀关闭。

⑥ 主机转速至零，且投入连续盘车运行。如在投盘车前转子已静止，应先手动翻转转子180°，停留一段时间后再投入连续盘车。

⑦ 检查UPS电源切换正常。检查110V、220V直流系统充电装置自启动正常。

6）拉开10kV各段所有合闸开关。检查10kV备用电源自投不成功的原因，缺陷消除后，恢复10kV各段电源和低厂变运行。

7）逐级恢复厂用电，并根据机组情况逐步恢复各系统。

8）若低压缸排汽温度大于50℃，应先启动凝结水泵、启动一台真空泵，保持凝汽器-20kPa的微真空。若循环水全失去，待排汽温度小于50℃后，方可投入循环水系统。

9）逐步进行恢复机组运行的其他操作。

2. 10kV（Ⅰ、Ⅱ、Ⅲ、Ⅳ）段厂用母线失电

（1）发生10kV段厂用电母线失电时的现象

1）事故报警发出，故障录波器动作，LCD上显示报警。

2）工作电源开关跳闸，跳闸段工作电源电流表指示为零。

3）厂用电快切装置“装置闭锁信号”、“切换失败”信号发出，若因“工作分支过电流”、“工作分支零序过电流”、“弧光保护”动作，则闭锁厂用电快切装置。

（2）发生10kV段厂用电母线失电时的处理方法

1）检查备用电源是否自投。

2）如果母线失电，应检查无“10kV母线工作电源进线分支过电流”、无“10kV母线备用电源进线分支过电流”、无“10kV母线工作电源进线分支零序过电流”、无“10kV母线备用电源进线分支零序过电流”、无“弧光保护”动作信号时，可用备用电源开关对失电母线强送电一次，若不成功则不得再送。

3）将该段负荷切换至另一路电源供电。

4）对失电母线测量绝缘，通知检修并处理故障，故障消除后用高备变对母线送电，并按照值长命令逐步恢复负荷。

思 考 题

6-1 如何判断蒸汽管道发生了水冲击事故？

6-2 简述锅筒锅炉虚假水位产生的原因以及对机组正常运行的影响。

6-3 为何将“锅炉各受热面工质温度迅速上升”列为锅炉给水中断事故的现象之一？

6-4 除氧器内压力突然下降会造成锅炉给水中断吗？为什么？

6-5 炉膛水冷壁爆管时，引风机动叶是会关小、开大或不变？为什么？

6-6 为何将蒸汽压力降低列为水冷壁爆管的现象之一？

6-7 给水品质长期不合格与水冷壁爆管的关系是什么？

6-8 再热器发生爆管时，再热蒸汽温度是会升高、降低或不变？为什么？

6-9 写出破坏真空紧急停机的条件，及不破坏真空紧急停机的条件，并说明两类操作的划分依据。

6-10 机组冷态启动过程中，转子表面受拉应力还是压应力？为什么？

6-11 进行紧急停机操作时，如汽缸内存有疏水，转子上、下表面哪面为凸面、哪面为凹面？此时上、下汽缸各受何种应力？

6-12 机组热态启动时，应先送轴封后抽真空的原因是什么？
6-13 试述发电机转子接地的现象。
6-14 发电机失磁时，采取的处理方法有哪些？
6-15 试述发电机失步和振荡的现象。
6-16 发电机过负荷时，采取的处理方法有哪些？
6-17 试述发电机逆功率的现象。
6-18 发电机逆功率时，采取的处理方法有哪些？
6-19 变压器着火时，采取的处理方法有哪些？
6-20 试述厂用电失去的现象。
6-21 厂用电失去时，采取的处理方法有哪些？

参考文献

[1] 辛国华，才延福．660MW 空冷汽轮机组培训教材：锅炉设备与系统［M］．长春：吉林大学出版社，2011.

[2] 周振起，纪连举．660MW 空冷汽轮机组培训教材：汽轮机设备与系统［M］．长春：吉林大学出版社，2011.

[3] 付妍玉．600MW 火电机组培训教材：集控分册［M］．北京：中国电力出版社，2007.

[4] 蔡军林，秦天柱，江春，等．300MW 火电机组集控运行［M］．北京：中国电力出版社，2005.

[5] 牛卫东．单元机组运行［M］．2 版．北京：中国电力出版社，2009.

[6] 张磊，彭德振．大型火力发电机组集控运行［M］．北京：中国电力出版社，2006.

[7] 尹静．大型火电机组集控运行指导［M］．北京：中国电力出版社，2007.

[8] 中国动力工程学会．火力发电设备技术手册［M］．北京：机械工业出版社，1999.

[9] 于国强，等．单元机组运行［M］．北京：中国电力出版社，2005.

[10] 丁立新．电厂锅炉原理［M］．北京：中国电力出版社，2007.

[11] 黄新元．电站锅炉运行与燃烧调整［M］．北京：中国电力出版社，2003.

[12] 岑可法，等．大型电站锅炉安全及优化运行技术［M］．北京：中国电力出版社，2003.

[13] 黄树红．汽轮机原理［M］．北京：中国电力出版社，2008.

[14] 康松，等．汽轮机原理［M］．北京：中国电力出版社，2000.

[15] 孙奉仲．大型汽轮机运行［M］．北京：中国电力出版社，2000.

[16] 朱全利．锅炉设备及系统［M］．北京：中国电力出版社，2006.

[17] 胡念苏．汽轮机设备及系统［M］．北京：中国电力出版社，2006.

[18] 陈启卷．电气设备及系统［M］．北京：中国电力出版社，2006.

[19] 张保衡．大容量火电机组寿命管理与调峰运行［M］．北京：中国水利电力出版社，1998.

[20] 中国华电集团公司电气及热控技术研究中心．分散控制系统的原理及运行案例［M］．北京：中国水利水电出版社，2009.

[21] 林文孚，胡燕．单元机组自动控制技术［M］．北京：中国电力出版社，2003.

[22] 于伯洋．现代火力发电机组集控运行实用手册［M］．北京：当代中国音像出版社，2005.

[23] 全国锅炉压力容器标准化技术委员会．GB/T 10184—1988 电站锅炉性能试验规程［S］．北京：中国电力出版社，1989.

[24] 电力行业电站锅炉标委会．DL/T 469—2004 电站锅炉风机现场性能试验［S］．北京：中国电力出版社，2004.

[25] 电力行业锅炉标委会．DL/T 467—2004 电站磨煤机及制粉系统性能试验［S］．北京：中国电力出版社，2004.

[26] 电力工业部电站锅炉标准化技术委员会．DL/T 611—1996 300MW 级锅炉运行导则［S］．北京：中国电力出版社，1997.

[27] 国家电力公司电力建设部．DL/T 5009.1—2002 电力建设安全工作规程　第 1 部分：火力发电厂［S］．北京：中国电力出版社，2002.

[28] 电力行业继电保护标准化技术委员会．DL/T 995—2006 继电保护和电网安全自动装置检验规程［S］．北京：中国电力出版社，2007.

[29] 全国汽轮机标准化技术委员会．GB/T 8117.1—2008 汽轮机热力性能验收试验规程　第 1 部分：方法 A——大型凝汽式汽轮机高准确度试验［S］．北京：中国电力出版社，2009.

[30] 全国汽轮机标准化技术委员会．GB/T 8117.2—2008 汽轮机热力性能验收试验规程　第 1 部分：方法 B——各种类型和容量的汽轮机宽准确度试验［S］．北京：中国电力出版社，2009.

[31] 中国华东电力集团公司科学技术委员会．600MW 火电机组运行技术丛书［M］．北京：中国电力出版社，1999.

